普通高等教育"十一五"国家级规划教材

PUTONG GAODENG JIAOYU SHIYIWU GUOJIAJI GUIHUA JIAOCAI

U0657899

REGONG CELIANG JI YIBIAO

热工测量及仪表

（第三版）

朱小良　方可人　编

黄素逸　苏　杰　主审

中国电力出版社

CHINA ELECTRIC POWER PRESS

内 容 提 要

本书为普通高等教育"十一五"国家级规划教材。

本书共十三章,主要讲述热工测量及仪表的基本知识;热力发电厂热工过程的各种参数,如温度、压力、流量、水位、炉烟成分的测量方法及测量仪表;热力生产过程中的机械量,如位移、振动、转速等参数的测量方法及测量仪表。

本书可作为普通高等院校能源与动力工程专业热工测量及仪表课程的教材,也可供有关工程技术人员参考。

图书在版编目(CIP)数据

热工测量及仪表/朱小良,方可人编. —3 版. —北京:中国电力出版社,2011.6(2025.6 重印)

普通高等教育"十一五"国家级规划教材

ISBN 978 - 7 - 5123 - 1537 - 2

Ⅰ.①热… Ⅱ.①朱…②方… Ⅲ.①热工测量-高等学校-教材②热工仪表-高等学校-教材 Ⅳ.①TK31

中国版本图书馆 CIP 数据核字(2011)第 051208 号

中国电力出版社出版、发行
(北京市东城区北京站西街 19 号 100005 http://www.cepp.sgcc.com.cn)
北京雁林吉兆印刷有限公司印刷
各地新华书店经售

*

1981 年 3 月第一版
2011 年 6 月第三版 2025 年 6 月北京第四十三次印刷
787 毫米×1092 毫米 16 开本 18.25 印张 446 千字
定价 45.00 元

前　言

　　本书是 1995 年由吴永生、方可人编写的《热工测量及仪表》（第二版）一书的修订版。十多年来，我国电力行业得到了前所未有的发展，随着发电机组不断向超大容量和超超临界参数变化，新的测量方法和新的测量技术不断出现。为满足高校学生及相关工程技术人员的需要，在第三版修订时，尽可能紧密结合专业特点，围绕热工测量原理和应用这一主题，注重基础知识和基本原理部分的阐述，同时，参考了国内外测量技术的新方法和新技术，增加了数字远传接口、新的检测传感设备等内容。此外，考虑到一些普通热工测量元件在工业中还将继续使用，适当保留了一些主要内容，删去了一些过时的、使用较少的部分。

　　本书由东南大学朱小良、方可人修订，朱小良负责全书统稿工作。全书由华中科技大学黄素逸教授、华北电力大学苏杰教授主审，主审老师提出了许多宝贵的意见和建议，在此深表感谢。在本书的修订过程中得到了许多兄弟院校的同仁以及从事检测方面研究和应用的技术人员的支持，在此深表谢意。

编　者

2011 年 4 月

第二版前言

本教材是 1981 年由水利电力出版社出版的《热工测量及仪表》教材的修订版，是根据 1988 年水利电力部热动类专业教学委员会的决定进行修订的。

近十多年来，我国热力发电厂的热力设备有了巨大的发展，随着机组不断向大容量、超高参数方向发展，新的测量方法和新的检测仪表不断出现。因此必须对第一版书中一些陈旧的或很少应用的内容删去，增添一些新颖的、使用较广的测量方法和新型的检测仪表。第二版对第一版教材中热工测量及仪表的基本理论部分仍加以保留并有所加强。

由于水利电力出版社另外出版了《热工测量及仪表习题集》（东北电力学院陈冀九主编，1993 年出版）、《热工测量及仪表实验指导书》（东南大学钟继贵编，1991 年出版），因此本教材中没有编写习题，实验内容相对较少。

本教材第二版仍由东南大学吴永生（第二至第七章、第八章部分、第十三章）、方可人（绪论、第一章、第八章部分、第九至第十二章）编写，并由浙江大学许冀森主审。在编写过程中得到许多兄弟院校和有关单位的热情支持，四川仪表七厂陶午年、上海自动化仪表三厂何业勋等同志为本教材提供了宝贵的资料，在此一并表示深切的谢意。

编者水平有限，缺乏实践经验，教材中难免有不足或错误之处，希望读者指正。

编　者

1994 年 7 月

目 录

第一章　热工测量的基本概念

一、热工测量的意义

测量是借助专门工具，通过试验测量并对试验数据进行分析、计算，将被测量 X_0 以测量单位 U 的倍数 μ 显示出来的过程，即

$$X_0 = \mu U \tag{1-1}$$

式中　μ——被测量的真实数值，简称真值。

上式称为测量的基本方程式。然而，实际上可能存在测量方法不够完善，测量工具不够精确，观测者的主观性和周围环境的影响以及所取数值化后的比值数位有限等因素，都会引起测量误差，所以被测量的真值 μ 只能近似等于其测量值 x，因此式（1-1）变为

$$X_0 \approx xU \tag{1-2}$$

由于测量中总存在着测量误差，测量工作者的任务之一就是要尽量使之减小，其方法是应选择合理的测量方法；所用的测量单位必须是稳定的，并且是国家法定或国际公认的，例如国际单位制中所规定的；所用的测量工具必须足够准确，并事先经过检定等。测量方法、测量单位及测量工具是测量过程的三要素。

热工测量是指压力、温度等热力状态参数的测量，通常还包括一些与热力生产过程密切相关的参数测量，如测量流量、液位、振动、位移、转速和烟气成分等。

在热力发电厂中，通过热工参数的测量，可及时反映热力设备的运行工况，为运行人员提供操作依据，为热工自动化装置准确及时地提供信号，为运行的经济性计算等提供数据。因此，热工测量是保证热力设备安全、经济运行及实现自动化的必要条件，也是经济管理、环境保护、研究新型热力生产系统和设备的重要手段。

随着电力工业的快速发展，电厂热力设备日益向大容量、超高参数发展，自动化水平不断提高，对热工测量的准确性、可靠性等要求也越来越高，测点数量越来越多，采用新原理、新材料和新结构的热工仪表不断涌现。据统计，一台 600MW 机组 DCS 系统的 I/O 点数约 8000 点，1000MW 超超临界参数机组 DCS 系统的 I/O 点数为 10 000 多点。图 1-1 所示为热工测量在热力生产过程控制系统中的地位。

我国在 1978 年以后，电力工业的发展非常快，图 1-2 所示为我国 1978～2009 年发电总装机容量变化示意。

二、测量方法

1. 按测量结果的获取方式分

测量方法是实现被测量与测量单位的比较，并给出比值的方法。按测量结果的获取方式来分，测量方法可分为直接测量法和间接测量法。这种分类方法对测量误差的分析很有意义。

（1）直接测量法。使被测量直接与测量单位进行比较，或者用预先标定好的测量仪器进行测量，从而得到被测量数值的测量方法，称为直接测量法。例如，用直尺测量长度，用压力表测量容器内介质压力，用玻璃温度计测量介质温度等。

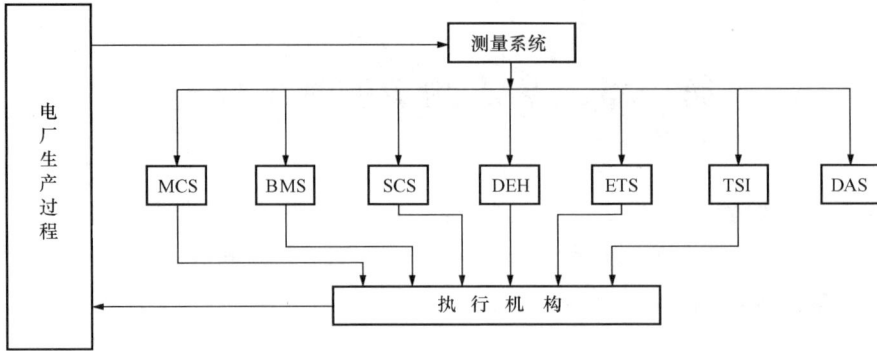

图 1-1　电站生产过程控制系统的组成

MCS—模拟量控制系统；BMS—燃烧器管理系统；SCS—顺序控制系统；DEH—电液调节系统；
ETS—紧急跳闸系统；TSI—汽轮机监视仪表；DAS—数据采集系统

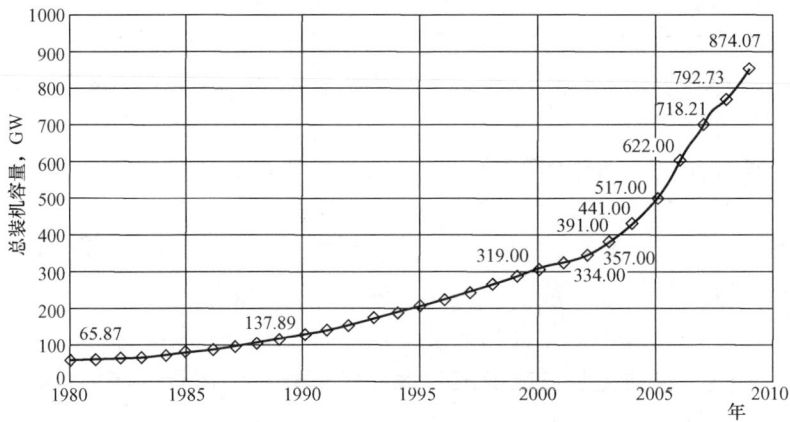

图 1-2　我国 1978～2009 年发电总装机容量变化示意

（2）间接测量法。通过直接测量与被测量有某种确定函数关系的其他各变量，再按函数关系进行计算，从而求得被测量数值的方法，称为间接测量法。例如，直接测量过热蒸汽的温度、压力和标准节流装置输出的差压信号，通过计算得到过热蒸汽的质量流量。

2. 按被测量与测量单位的比较方式分

按被测量与测量单位的比较方式来分，测量方法可分为偏差测量法、微差测量法和零差测量法。

（1）偏差测量法。测量器具受被测量的作用，其工作参数产生与初始状态的偏离，由偏离量得到被测量值，称为偏差测量法。例如，单管压力计在压力作用下，管中水银柱偏离初始零刻度点，偏离量就显示了被测压力值，如图 1-3 所示。

由图 1-3 可知，被测量的值为

$$p_测 = \rho g \Delta h$$

（2）微差测量法。用准确已知的、与被测量同类的恒定量去平衡掉被测量的大部分，然后用偏差

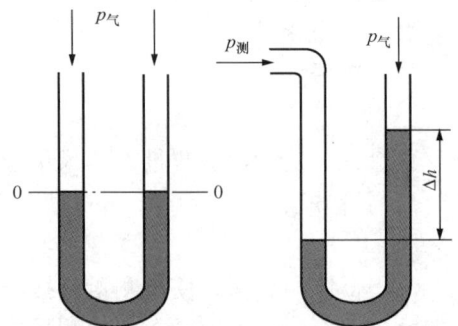

图 1-3　偏差测量法示意

法测量余下的差值，测量结果是已知量值和偏差法测得值的代数和。例如，用微差法检定热电偶时，将同类型的标准热电偶与被校热电偶反向串接，两者的热端同置于检定炉中，冷端置于冰点瓶中，它们的负热电极并接在一起，冷端的正极则和电位差计的两输入端子相连接、用电位差计测量标准热电偶与被校热电偶热电势的差值，如图 1-4 所示。由于标准热电偶热电势的准确度很高，被校热电偶的热电势大部分被其所平衡，两者差值很小，再通过电位差计测量此差值，就可得到较高的测量准确度，即

$$E_X = E_B + \Delta E$$

（3）零差测量法。用作比较的量是准确已知并连续可调的，测量过程中使它随时等于被测量，也就是说，使已知量和被测量的差值为零，这时偏差测量仅起检零作用，因此，被测量就是已知的比较量。例如。用电位差计测量热电偶产生的热电动势。零差测量法比微差测量法具有更高的测量准确度。此方法操作时间较长，更适合于稳定参数的测量。

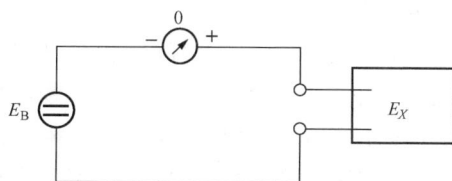

图 1-4　微差测量法示意

3. 按被测量在测量过程中的状态分

按被测量在测量过程中的状态来分，测量方法又可分为静态测量方法和动态测量方法。被测量在测量过程中不随时间变化，或其变化速率相对于测量速率十分缓慢，对这类量的测量称为静态测量。若测量过程中，被测量随时间有明显变化，则称为动态测量。一般来说，要得到较高的动态测量准确度很困难，这是由于被测量随时间变化的规律和测量仪器本身的动态特性对测量值有着较为复杂的影响。因此，动态测量的数据处理有着与静态测量不同的原理和方法。

三、热工仪表的组成

热工仪表的种类繁多，尽管各种仪表的原理、结构千差万别，但就其基本功能来看，一般可认为由下列三个基本部分构成。

1. 感受件

感受件直接与被测对象相联系，感受被测量的量值，并将感受到的被测量信号转换成相应的信号输出。例如，热电偶温度计中的热电偶，它把对象的被测温度转换成热电动势。感受件也称敏感元件、一次元件或发送器。对感受件的要求如下：

（1）输出信号必须随被测量变化，它们之间的关系是稳定的、可复现的。

（2）输出信号只能随被测量变化而变化。如果其他参数的变化会影响感受件的输出，那么，测量过程中这些参数的变化就是测量误差的来源。在这种情况下，一般要使这些参数不变，或附加补偿装置，使这些参数的变化不影响（或很少影响）测量结果。

（3）输出信号与被测量之间必须是单值关系，最好是线性关系。

感受件按被测参数分类，有温度感受件、压力感受件等；按输出信号能量的主要来源来分，可分为能量转换型（或称发生器型、有源型，如热电偶、压电式压力传感器等）和能量控制型（或称参数型、无源型，如热电阻、电容式差压变送器等）；按输出信号形式分，有模拟式（其输出信号为连续变化的模拟量）和准数字式（如涡轮流量计、旋涡流量计等，其输出为频率式准数字信号）两种。

2. 显示件

仪表最终是通过它的显示件向观察者反映被测量的变化的。按显示件的功能不同，仪表有以下几种：

（1）显示被测量瞬时值的，称为显示仪表。按显示方式不同，显示仪表又有模拟显示、数字显示和屏幕显示之分。

（2）记录被测量随时间变化的，称为记录仪表。在记录仪表中，除了以记录笔的运动来反映被测量变化外，还需要有一个等速运动的部件（一般为同步电动机）来带动记录纸。记录纸形状有长方形的，也有圆形的。笔的类型有墨水型、热敏型和打印型等。

（3）显示被测量对时间的积分结果的，称为积算仪表或积算器。例如，在测量流量时，如果要测出某个时间间隔内流过的物质总量，就要采用流量积算仪表。

（4）反映被测量是否超过允许限值的，称信号式仪表。当被测量达到或超出所规定的限值时，仪表可发出声、光信号，引起操作人员注意或使设备停止运行。

（5）有些显示件可根据被测量与规定值的偏差情况，发出对被测对象进行调节的信号，其调节作用可使被测量保持在预定的数值，也就是说，该显示件附加有调节功能。具有这种调节功能的显示仪表称为带调节的显示仪表。

3. 传送件

传送件的作用是将感受件输出的信号，根据显示件的要求，传输给显示件。根据不同情况，传送件有下列功能：

（1）单纯起传输作用。当感受件输出的信号只送给显示件时，传送件只起传输作用，如信号导管和电缆。

（2）将感受件输出的信号放大，以满足远距离传输以及驱动显示、记录装置的需要。

（3）为了使各种感受件的输出信号便于与显示仪表和调节装置配接，要通过传送件把信号转换成标准化的统一信号。例如，在单元组合仪表中，各种感受件的输出信号都被转换成统一数值范围的气、电信号，这时的传送件常称为变送器。这样，同一种类型的显示仪表常可用来显示不同类型的被测量。

四、仪表内信号的传输过程

测量过程实质上是仪表内信号的转换和传输的过程，这过程中有时也包含着信号能量的转换与放大。因此，仅从信号传输过程来看，仪表中每一次信号转换和传输可作为一个环节，静态条件下每个环节的输出与输入之比，称为该环节的传递系数，也就是该环节的灵敏度。整个仪表是各环节的连接。这种表示方法给仪表的分析带来了方便。仪表各环节之间的连接方式主要有开环连接与闭环连接两种，相应地构成开环系统和闭环系统。

1. 开环系统

在该系统中，仪表中各环节开环串联、信号沿一个方向传输。这类仪表按偏差测量法工作，也称直接变换式仪表。图 1-5 所示为直接变换式仪表的一个实例——电流表方框图。输入信号电流 I，通过磁电系统转换为处于磁场中的可动线圈的转动力矩 T，转动力矩 T 通过

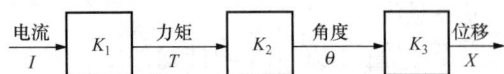

图 1-5　电流表方框图

与张丝反力矩平衡转换成动圈转角 θ，转角 θ 通过线圈上的指针转换成指针对标尺的位移 X。在稳定工况下，仪表输入信号 I 与输出信号 X 之间的关系（即仪表的静态特性）可由下式

表示：

$$X = K_1 K_2 K_3 I = KI \tag{1-3}$$

式中　K_1、K_2、K_3——各环节的传递系数，即各环节的灵敏度；

　　　　K——仪表的传递系数，即仪表的灵敏度，$K = K_1 K_2 K_3$。

由此可见，对直接变换式仪表，要保证仪表指示准确，必须保持每个环节的灵敏度不变，而由于环境等因素的影响，每个环节灵敏度或多或少总是有变化的，其变化将使仪表产生测量误差。

2. 闭环系统

仪表各环节中的一部分或全部构成负反馈式的闭环连接，这类仪表在闭环部分是按零差测量法工作的，称为平衡式仪表。图 1-6 所示为属于平衡式仪表的电子电位差计的方框图。输入信号为电动势 e，与电桥（包括滑线电阻）上产生的反馈电压 U 相减，其差值 Δe 经放大器放大后

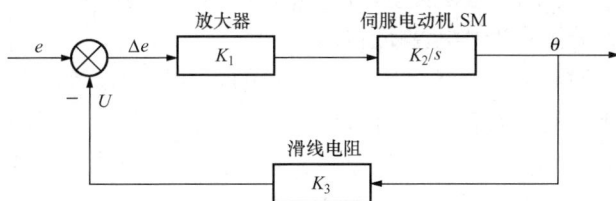

图 1-6　电子电位差计方框图

推动伺服电动机 SM 旋转，SM 旋转带动滑线电阻上的滑动触点移动，从而改变反馈电压 U，直至 $U = e$ 时，$\Delta e = 0$，电动机才停止转动，伺服电动机旋转的角度为 θ，由上述框图可写出该系统的传递函数为

$$\frac{\theta(s)}{E(s)} = \frac{K_1 \dfrac{K_2}{s}}{1 + K_1 \dfrac{K_2}{s} K_3} = \frac{K_1 K_2}{s + K_1 K_2 K_3} \tag{1-4}$$

静态时输入输出关系为

$$\theta = \frac{K_1 K_2}{K_1 K_2 K_3} e = \frac{1}{K_3} e = Ke \tag{1-5}$$

由此可见，闭环系统中仪表的传递系数 K 只与反馈环节的传递系数 K_3 有关，即 $K = 1/K_3$，而与闭环部分中正向环节的传递系数 K_1、K_2 无关。因此，仪表对正向环节如放大器等部分的性能要求可降低。K_3（滑线电阻）通常要做得比较准确与稳定，这也是采用闭环系统的模拟式仪表有较高准确度的原因。

五、仪表的质量指标

仪表的质量指标主要包括评价仪表计量性能、操作性能、可靠性和经济性等方面的指标。仪表的可靠性是对仪表，特别是过程检测仪表的基本要求。目前常用有效性（MTBF）作为仪表的可靠性指标，即

$$有效性 = \frac{平均无故障工作时间}{平均无故障工作时间 + 平均修复时间} \tag{1-6}$$

此外，选用仪表时，首先要了解仪表计量性能方面的指标，主要指标包括以下几个。

1. 准确度

这是表征仪表指示值接近被测量真值程度的质量指标。

（1）仪表的示值误差。它表征仪表各个指示值的准确程度，常用示值的绝对误差 δ 和示

值的相对误差 r 表示。若仪表指示值为 x，被测参数的真值为 μ，则

$$\delta = x - \mu \tag{1-7}$$

$$r = \frac{x - \mu}{|\mu|} \times 100\% = \frac{\delta}{|\mu|} \times 100\% \approx \frac{\delta}{|x|} \times 100\% \tag{1-8}$$

示值绝对误差与被测量有一致的量纲，并有正负值之分，正值表示偏大，负值表示偏小。绝对误差是表示误差的基本形式，但相对误差更能说明示值的准确程度。例如，用温度计测量一炉子温度，温度计指示值为 $1645℃$，炉子真实温度为 $1650℃$，示值绝对误差为 $-5℃$，示值相对误差为 $-5/1650 \times 100\% = -0.3\%$；如果测量 $100℃$ 的水，虽然同样有 $-5℃$ 的示值绝对误差，但其示值相对误差则为 -5%，显然后者示值相对误差大得多，说明后者的测量准确度要低得多。

被测量的真值通常是不知道的，在校验仪表时，常用标准仪表的示值、理论值或定义值等所谓约定真值来代替真值。

（2）仪表的基本误差。在规定的工作条件下，仪表量程范围内各示值误差中的绝对值最大者称为仪表的基本误差 δ_j，即

$$\delta_j = \pm |\delta_{max}|_A \tag{1-9}$$

式中 $|\delta_{max}|_A$——具有量程 A 的仪表，其示值误差中的绝对值最大者，仪表量程 A 即仪表测量上限与测量下限之差。

超出正常工作条件引起的误差称为仪表的附加误差。

仪表的引用误差 r_y 定义为仪表示值的绝对误差 δ 与该仪表量程 A 之比，并以百分数表示，即

$$r_y = \frac{\delta}{A} \times 100\% \tag{1-10}$$

在仪表量程范围内，示值误差中绝对误差值最大者与量程之比（以百分数表示）称为最大引用误差，$r_{y,max}$，即

$$r_{y,max} = \frac{\pm |\delta_{max}|_A}{A} \times 100\% \tag{1-11}$$

这样，按引用误差的形式，仪表的基本误差也可用最大引用误差来表示。

（3）仪表的准确度等级。为了保证质量，对各类仪表规定了其基本误差不能超过的限值，此限值称为该类仪表的允许误差（或称基本误差限），用 δ_{yu} 或 r_{yu} 表示，因此允许误差也是一种极限误差。

仪表最大引用误差表示的允许误差 r_{yu} 去掉百分号后余下的数字称为该仪表的准确度等级。工业仪表准确度等级的国家标准系列有 0.1，0.2，0.5，1.0，1.5，2.5，4 七个等级。仪表刻度盘上应标明该仪表的准确度等级。

例如：一测量范围为 $0 \sim 10MPa$ 的弹簧管压力计经校验，在其量程上各点处最大示值绝对误差 $\delta_{max} = \pm 0.14MPa$，则该表的最大引用误差 $r_{ymax} = \frac{\pm 0.14}{10 - 0} \times 100\% = \pm 1.4\%$。若该仪表的准确度等级为 1.5 级，则该仪表的允许误差 $r_{yu} = \pm 1.5\%$。因该仪表的基本误差未超过允许误差，故认为该仪表的准确度合格。

值得注意的是，目前关于仪表准确度等级的规定尚未完全统一，例如，我国流量计的允许误差是根据在流量计测量上限的 $20\% \sim 100\%$ 范围内，其示值相对误差 r 不超过某一限值

来规定的，该示值相对误差的限值去掉百分号后，就是该流量计的准确度等级。若一台涡轮流量计，其准确度等级为 0.5 级，测量上限为 50m³/h，允许误差为 ±0.5%，则在 10～50m³/h 测量范围内，各点处的示值相对误差 r 不应超过 ±0.5%，而允许的示值绝对误差却随着流量减小而减小，这是选用和校验仪表时必须注意的。

引起仪表指示值误差的因素很多，如线性度、回差、重复性、分辨率和漂移等。

2. 线性度（或非线性误差）

对于理论上具有线性"输入—输出"特性曲线的仪表，由于各种原因，实际特性曲线往往偏离线性关系，它们之间最大偏差的绝对值与量程之比的百分数称为线性度。

3. 回差（变差）

输入量上升和下降时，同一输入量相应的两输出量平均值之间的最大差值与量程之比的百分数称为仪表的回差。它通常是由于仪表运动系统的摩擦、间隙，弹性元件的弹性滞后等因素造成的。

4. 重复性和重复性误差

同一工作条件下，多次按同一方向输入信号作全量程变化时，对应丁同一输入信号值，仪表输出值的一致程度称为重复性。对于全行程范围，在同一工作条件下，从同方向对同一输入值进行多次连续测量所获得的输出两极限值之间的代数差或均方根误差称为重复性误差。它通常以量程的百分数表示。

5. 分辨率

引起仪表示值可察觉的最小变动所需的输入信号的变化，称为仪表的分辨率，也称灵敏限或鉴别域。输入信号变化不至引起示值可察觉的最小变动的有限区间与量程之比的百分数，称为仪表的不灵敏区或死区。为了保证测量准确，一般规定不灵敏区不应大于允许误差的 1/10～1/3。

6. 灵敏度

仪表在到达稳态后，输出增量与输入增量之比称为仪表的灵敏度，即仪表"输入—输出"特性的斜率。若仪表具有线性特性，则量程各处的灵敏度为常数。仪表灵敏度应与仪表准确度相适应，即灵敏度的高低只需保证仪表示值的最后一位比允许误差 δ_{yu} 略小即可。灵敏度过低会降低仪表的准确度，过高会增大仪表的重复性误差。

7. 漂移

在保持工作条件和输入信号不变的条件下，经过规定的较长一段时间后输出的变化，称为漂移，它以仪表量程各点上输出的最大变化量与量程之比的百分数来表示。漂移通常是由电子元件的老化、弹性元件的失效、节流件的磨损、热电偶或热电阻的污染变质等原因引起的。

此外，在被测量快速变化时，常常会由于仪表的输出信号跟不上被测量的变化而产生动态误差，动态误差的大小与仪表的动态特性及被测量的变化规律有关。常用感受件的时间常数与仪表的全行程时间来表征仪表的动态特性。

六、仪表的检定

检定是为了评定仪表的计量性能，并与规定的指标比较，以确定仪表是否合格。进行检定工作应遵循国家法定性技术文件，即国家计量检定规程。规程详细规定了被检仪表的技术条件；检定用的标准测量器具和设备；检定项目、方法和步骤；检定结果处理；检定证书的格式和填写要求等。

检定方法一般可分为定点法和示值比较法两类。定点法是提供被检仪表测量所需的某种标准量值，例如已知的某种纯金属相变点温度、标准成分气样等，从而确定仪表的示值误差。工业上常用的是示值比较法，就是用被检仪表与标准仪表同时去测量同一被测量，比较两者的指示值，从而确定被检仪表的基本误差、回程误差等质量指标。一般要求标准仪表的测量上限应等于或稍大于被检仪表的测量上限。标准仪表的允许误差为被检仪表误差的$1/10 \sim 1/3$。在这种情况下，可以忽略标准仪表的误差。将标准仪表的指示值作为被测量的真值。检定点常常取在仪表标尺的整数分度值（包括上、下限）上和经常使用的标尺刻度附近，必要时可适当增加检定点。

第二章　测量误差和不确定度

由于测量过程中所用仪表准确度的限制，环境条件的变化，测量方法的不够完善，以及测量人员自身的原因，测量结果与被测真值之间不可避免地存在差异，这种差异称为测量误差。因此，只有在得到测量结果的同时，指出测量误差的范围，所得的测量结果才是有意义的。测量误差分析的目的是，根据测量误差的规律性，找出消除或减少误差的方法，科学地表达测量结果，合理地设计测量系统。由于误差的存在使测量结果带有不确定性，不确定度越小，测量结果的质量就越高；反之，其质量越低。测量数据的不确定度是评定测量结果质量高低的一个重要指标。

第一节　测量误差的基本概念

一、测量误差的分类

测量误差是被测量的测得值与其真值之间的差。按照误差的特点与性质，测量误差分为粗大误差、系统误差、随机误差三类。

1. 粗大误差

明显歪曲了测量结果，使该次测量失效的误差称为粗大误差。含有粗大误差的测量值称为坏值。出现坏值的原因有测量者的过失，如读错、记错测量值；操作错误；测量系统突发故障等。在测量时一旦发现坏值，应重新测量。如已离开测量现场，则应根据统计检验方法来判别是否存在粗大误差，以决定是否剔除坏值，但不应无根据轻率地剔除测量值。

2. 系统误差

在同一条件下，多次测量同一被测量，绝对值和符号保持不变或按某种确定规律变化的误差称为系统误差，前者称为恒值系统误差，后者称为变值系统误差。当测量系统和测量条件不变时，增加重复测量次数并不能减少系统误差。系统误差通常是由于测量仪表本身的原因，或仪表使用不当，或测量环境条件发生较大改变等原因引起的。例如，仪表零位未调整好会引起恒值系统误差。系统误差可通过校验仪表，求得与该误差数值相等、符号相反的校正值，加到测量值上来消除。又如，仪表使用时的环境温度与校验时不同，并且是变化的，这就会引起变值系统误差。变值系统误差可以通过实验方法找出产生误差的原因及变化规律，改善测量条件来加以消除，也可通过计算或在仪表上附加补偿装置加以校正。

还有一些未定系统误差尚未被充分认识，因此，只能估计它的误差范围，在测量结果上标明。

3. 随机误差

在同一条件下（同一观测者、同一台测量器具、相同的环境条件等）多次测量同一被测量时，绝对值和符号不可预知地变化着的误差称为随机误差。这类误差对于单个测量值来说，误差的大小和正、负都是不确定的，但对于一系列重复测量值来说，误差的分布服从统计规律。因此，随机误差只有在不改变测量条件的情况下，对同一被测量进行多次测量才能计算出来。

随机误差大多是由测量过程中大量彼此独立的微小因素对测量影响的综合结果造成的。这些因素通常是测量者所不知道的，或者因其变化过分微小而无法加以严格控制的，如气温和电源电压的微小波动，气流的微小改变等。

值得指出，随机误差与系统误差之间既有区别又有联系，二者并无绝对的界限，在一定条件下它们可以相互转化。随着测量条件的改善、认识水平的提高，一些过去视为随机误差的测量误差可能分离出来作为系统误差处理。

二、测量的精密度、正确度和准确度

上述三类误差都使测量结果偏离真值，通常用精密度、正确度和准确度来衡量测量结果与真值的接近程度。

1. 精密度

对同一被测量进行多次测量，测量的重复性程度称为精密度。精密度反映了测量值中的随机误差的大小。随机误差越小，测量值分布越密集，测量的精密度越高。

2. 正确度

对同一被测量进行多次测量，测量值偏离被测量真值的程度称为正确度。正确度反映了测量结果中系统误差的大小，系统误差越小，测量的正确度越高。

3. 准确度

精密度与正确度的综合称准确度，它反映了测量结果中系统误差和随机误差的综合数值，即测量结果与真值的一致程度。准确度也称为精确度。

对于同一被测量的多次测量，精密度高的准确度不一定高，正确度高的准确度也不一定高，只有精密度和正确度都高时，准确度才会高。图 2-1 说明了这三种情况。

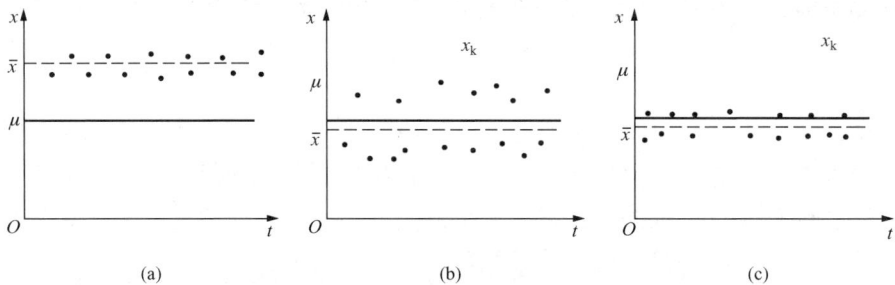

图 2-1　测量值及其误差图

(a) 精密度高；(b) 正确度高；(c) 准确度高

μ—被测量的真值；$\bar{x}$—多次测量值的平均值；小黑点—各次测量值；x_k—应剔除的坏值；t—测量顺序

第二节　随机误差的分布规律

本节讨论随机误差，并假定在对粗大误差和系统误差讨论之前，所涉及到的测量值都只含有随机误差。

一、随机误差的正态分布规律

随机误差对单个测量值而言，其大小和正负都是随机的。在相同条件下，对同一被测量

的一系列重复测量（测量值为 x_1，x_2，$\cdots$，x_n）来说，它的分布服从统计规律。对大量测量值观察统计，可得到随机误差分布的性质。

（1）有界性。绝对值很大的误差出现的概率接近于零，也就是说，在实际测量中，随机误差的绝对值不会大于一定的界限值。

（2）单峰性。绝对值小的误差出现的概率大于绝对值大的误差出现的概率。

（3）对称性。绝对值相等而符号相反的随机误差出现的概率相同。

（4）抵偿性。当测量次数 n 不断增加而趋于无穷多时，随机误差 δ_i 的算术平均值趋于零，即

$$\lim_{n\to\infty}\frac{1}{n}\sum_{i=1}^{n}\delta_i = \lim_{n\to\infty}\frac{1}{n}\sum_{i=1}^{n}(x_i-\mu) = 0 \tag{2-1}$$

也就是说，此时测量的平均值趋于被测量的真值 μ。

随机误差是由大量彼此独立的微小因素对测量影响的综合结果造成的。根据概率论的中心极限定理可知，这种情况下只要重复测量次数足够多，测定值的随机误差概率密度分布就服从于正态分布。分布密度函数可用下式表示：

$$f(\delta) = \frac{1}{\sigma\sqrt{2\pi}}\exp\left(-\frac{\delta^2}{2\sigma^2}\right) \tag{2-2}$$

$$f(x) = \frac{1}{\sigma\sqrt{2\pi}}\exp\left[-\frac{(x-\mu)^2}{2\sigma^2}\right] \tag{2-3}$$

上两式中　x——测量值；

　　　　　δ——随机误差；

　　　　　μ——真值，即概率论中的数学期望；

　　　　　σ——标准误差或均方根误差，它是概率论中方差 σ^2 的平方根，表征了测量值在真值周围的离散程度。

μ 和 σ 是决定正态分布的两个特征参数，它们确定之后，正态分布也就完全确定了。当 $x=\mu$，即 $\delta=0$ 时，

$$f(\delta) = f(x) = \frac{1}{\sigma\sqrt{2\pi}} = h$$

式中　h——精密度指数。

μ 完全是由被测参数本身确定的，常常是不知道的，但当测量次数趋于无穷多时，有

$$\mu = \lim_{n\to\infty}\frac{1}{n}\sum_{i=1}^{n}x_i \tag{2-4}$$

σ 是由测量条件决定的，其定义式为

$$\sigma = \lim_{n\to\infty}\sqrt{\frac{1}{n}\sum_{i=1}^{n}\delta_i^2} = \lim_{n\to\infty}\sqrt{\frac{1}{n}\sum_{i=1}^{n}(x_i-\mu)^2} \tag{2-5}$$

σ 具有与误差 δ 相同的量纲，然而 σ 并不是一个具体的误差，σ 的数值大小只不过说明在一定条件下进行一系列等精密度测量时，随机误差出现的概率密度分布情况。在一定的测量条件下，随机误差 δ 的分布是完全确定的，σ 也是完全确定的。因此，在一定条件下进行一系列测量时，任何单次测量值的误差 δ_i 可能都不等于 σ，但可以认为这一系列测量值具有同样的均方根误差 σ，而不同条件下进行的两列测量，其结果一般来说具有不同的 σ 值。图 2-2

所示为三列具有不同 σ 值的测量值的随机误差正态分布曲线。由图可见，σ 值越小，精密度指数 $h = \dfrac{1}{\sigma\sqrt{2\pi}}$ 越大，测定值接近于真值的概率越大，正态分布曲线越尖锐，峰值越大，说明测定值的集中程度越好，精密度越高，因此常用 σ 或 h 来表征测量的精密度。

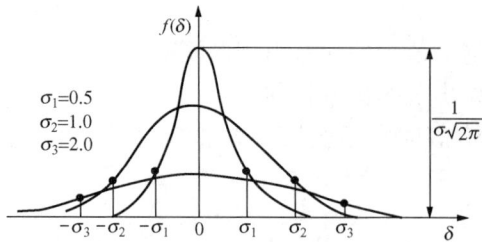

图 2 - 2　随机误差的正态分布曲线

应该指出，在测量技术中，还存在着一些非正态分布的随机误差，如模拟显示仪表估计末位读数的误差，数字仪表的量化误差等均可看作服从均匀分布，圆形分度盘偏心产生的读数误差属于反正弦分布等，但绝大多数测量误差服从正态分布。所以本书着重讨论正态分布测量误差的分析与处理。

二、正态分布的概率运算

根据随机误差的正态分布性质，通过一定的概率运算可估算随机误差 δ 的数值范围，或者求取误差出现在某个区间 $[a，b]$ 内的概率。由于随机误差的对称性，常用对称区间 $[-a，a]$ 表示。随机误差 δ 出在 $[-a，a]$ 中的概率可通过概率积分来计算：

$$P\{-a \leqslant \delta \leqslant a\} = P\{|\delta| \leqslant a\} = 2\int_0^a \frac{1}{\sigma\sqrt{2\pi}} \exp\left(-\frac{\delta^2}{2\sigma^2}\right) \mathrm{d}\delta \qquad (2-6)$$

因为 σ 反映了测量的精密度，故常以 σ 的若干倍数来描述对称区间，即令

$$a = z\sigma \qquad (2-7)$$

式中　　z——置信系数，$z = a/\sigma$。

将 z 代入式（2 - 6），得

$$P\{|\delta| \leqslant a\} = P\{|\delta| \leqslant z\sigma\} = P\left\{\left|\frac{\delta}{\sigma}\right| \leqslant z\right\} = \frac{2}{\sqrt{2\pi}}\int_0^z \exp\left(-\frac{z^2}{2}\right)\mathrm{d}z = \phi[z] \qquad (2-8)$$

式中　　　　　　　　　$\phi[z]$——误差函数，其部分数值见表 2 - 1；

$[-a，a]$ 或 $[-z\sigma，z\sigma]$——置信区间，其上、下限称为置信限；

$P\{|\delta| \leqslant a\} = 1 - a$——置信概率或置信水平；

a——显著性水平，表示随机误差落在置信区间以外的概率。

通常利用置信区间和置信概率共同说明测量结果的可靠性。

表 2 - 1　　　　　　　　　　　　　　　误 差 函 数 表

z	0	0.1	0.2	0.3	0.4	0.5	0.6	0.7	0.8	0.9
0	0.000 00	0.079 66	0.158 52	0.235 82	0.310 84	0.382 93	0.451 49	0.516 07	0.576 29	0.631 88
1	0.682 69	0.728 67	0.769 86	0.806 40	0.838 49	0.866 39	0.890 40	0.910 87	0.928 14	0.942 57
2	0.954 50	0.964 27	0.972 19	0.978 55	0.983 60	0.987 58	0.990 68	0.993 07	0.994 89	0.996 27
3	0.997 300	0.998 065	0.998 626	0.999 033	0.999 326	0.999 535	0.999 682	0.999 784	0.999 855	0.999 904

【例 2 - 1】　在同样条件下，一组重复测量值的误差服从正态分布，求误差 $|\delta|$ 不超过 σ、2σ 和 3σ 的置信概率 P。

解　根据题意，$z = 1，2，3$。从表 2 - 1 中查得 $\phi(1) = 0.682\,69$，$\phi(2) = 0.954\,50$，$\phi(3) = 0.997\,300$，因此

$$P\{|\delta| \leqslant \sigma\} = 0.682\,69 \approx 68.3\%$$

相应地，显著性水平

$$a = 1 - P = 1 - 0.682\,69 = 0.317\,31 \approx \frac{1}{3}$$

$$P\{|\delta| \leqslant 2\sigma\} = 0.954\,50 \approx 95.5\%$$

相应地，显著性水平

$$a = 0.045\,5 \approx \frac{1}{22}$$

$$P\{|\delta| \leqslant 3\sigma\} = 0.997\,3 \approx 99.7\%$$

相应地，显著性水平

$$a = 0.002\,7 \approx \frac{1}{370}$$

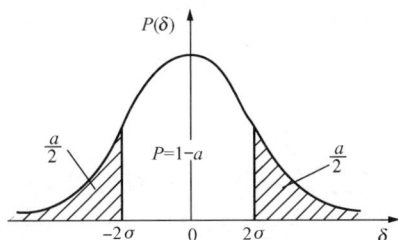

图 2-3 所示为置信概率等在图形上的表示。

图 2-3 置信概率等在图形上的表示

由上例可见，对于一组重复测量中的任何一个测量值来说，随机误差超过 $\pm 3\sigma$ 的概率仅为 3‰以下，超过 $\pm 2\sigma$ 的概率为 5%以下，可以认为是小概率事件，因此，人们常把 3σ 或 2σ 称为随机不确定度，也称极限误差。

第三节　直接测量值的误差分析与处理

正态分布特征参数 μ 和 σ 是当测量次数趋于无穷多时的理论值，而实际测量中不可能进行无穷多次测量，也就是说只是测量"母体"的一部分，这部分称为子样。子样中包含的测量个数称为子样容量，容量大的称为大子样，容量小的称为小子样，一般是从子样来求取"母体"特征参数 μ 和 σ 的最佳估计值。

一、真值的估算

可以证明，在 n 个重复测量值（x_1，x_2，$\cdots$，x_n）中，其被测量真值的最佳估计值 $\hat{\mu}$ 就是各测量值的算术平均值，即

$$\bar{x} = \hat{\mu}$$

$$\hat{\mu} = \bar{x} = \frac{1}{n}(x_1 + x_2 + \cdots + x_n) = \frac{1}{n}\sum_{i=1}^{n} x_i \qquad (2-9)$$

算术平均值是子样的一个统计量，同一"母体"的各个子样，其平均值也会有差异。所以，测量值的子样平均值 $\bar{x}$ 也是一个随机变量，也服从正态分布。当子样容量 n 趋于无穷大时，$\bar{x}$ 趋近真值 μ。

二、标准误差的估算

有限个测量值的真值 μ 未知，其随机误差 $\delta_i = x_i - \mu$ 也无法求得，只能得到测量值与算术平均值之差 ν_i，称为残差或剩余误差，即

$$\nu_i = x_i - \bar{x}(i = 1, 2, \cdots, n) \qquad (2-10)$$

可以证明，可用贝塞尔公式求取"母体"标准误差 σ 的估计值 S，即

$$S = \sqrt{\frac{\sum_{i=1}^{n}(x_i - \bar{x})^2}{n-1}} = \sqrt{\frac{\sum_{i=1}^{n}\nu_i^2}{n-1}} \qquad (2-11)$$

式中　$n-1$——自由度。

由于残差有 $\sum\limits_{i=1}^{n} \nu_i^2 = 0$ 的性质，所以 n 个残差中只有 $n-1$ 个是独立的，这时自由度 $\gamma = n-1$，而不是 n。

在仪表检定等工作中，如果通过标准仪表或定义点获知了约定真值 μ，则 n 个重复测量值的自由度就为 n，可用下式来计算标准误差的估计值：

$$S = \sqrt{\dfrac{\sum\limits_{i=1}^{n}(x_i - \mu)^2}{n}}$$

三、算术平均值的标准误差

如上所述，测量子样的算术平均值 $\bar{x}$ 是一个服从正态分布的随机变量。可以证明，平均值 $\bar{x}$ 的标准误差 $S_{\bar{x}}$ 为

$$S_{\bar{x}} = \frac{S}{\sqrt{n}} = \sqrt{\frac{1}{n(n-1)}\sum_{i=1}^{n}(x_i-\bar{x})^2} \tag{2-12}$$

由此可见，测量值子样算术平均值的标准误差只有测量值 x_i 的标准误差 S 的 $\dfrac{1}{\sqrt{n}}$。这表明用多次重复测量取得的子样平均值作为测量结果比单次测定值具有更高的精密度，即增加测量次数能提高平均值的精密度。但由于是平方根关系，在 n 为 $20\sim30$ 次时，再增加测量次数，所取得的效果就不明显了。此外，很难做到长时间的重复测量而保持测量对象和测量条件的稳定。

四、测量结果的表示

多次重复测量的测量结果一般可表示为，在一定置信概率下，以测量值子样平均值为中心，以置信区间半长为误差限的量，即

$$测量结果 X = 子样平均值 \bar{x} \pm 置信区间半长 a（置信概率 P） \tag{2-13}$$

例如：$X = \bar{x} \pm 3S_{\bar{x}}$（$P=99.73\%$），$X = \bar{x} \pm 2S_{\bar{x}}$（$P=95.45\%$）。

【例 2 - 2】　对恒转速下旋转的转动机械的转速进行了 20 次重复测量，得到如下一组测量数据（单位为 r/min）：

4753.1　4757.5　4752.7　4752.8　4752.1　4749.2　4750.6　4751.0　4753.9　4751.2

4750.3　4753.3　4752.1　4751.2　4752.3　4748.4　4752.5　4754.7　4750.0　4751.0

求该转动机械的转速（要求测量结果的置信概率为 95%）。

解

（1）计算测量值子样平均值：

$$\bar{x} = \frac{1}{n}\sum_{i=1}^{n}x_i = \frac{1}{20}\sum_{i=1}^{20}x_i = 4752.0(\text{r/min})$$

（2）计算标准误差估计值 S：

$$S = \sqrt{\frac{1}{n-1}\sum_{i=1}^{n}(x_i-\bar{x})^2}$$

为计算方便，上式可改写为

$$S = \sqrt{\frac{1}{n-1}\left[\sum_{i=1}^{n} x_i^2 - \frac{1}{n}\left(\sum_{i=1}^{n} x_i\right)^2\right]}$$

$$= \sqrt{\frac{1}{20-1}\left[\sum_{i=1}^{20} x_i^2 - \frac{1}{20}\left(\sum_{i=1}^{20} x_i\right)^2\right]}$$

$$= 2.0(\text{r/min})$$

（3）求子样平均值的标准误差 $S_{\bar{x}}$：

$$S_{\bar{x}} = \frac{S}{\sqrt{n}} = \frac{2.0}{\sqrt{20}} = \frac{1}{\sqrt{5}}(\text{r/min})$$

（4）对于给定的置信概率，求置信区间半长 a：

根据题意
$$P\{\bar{x}-a \leqslant \mu \leqslant \bar{x}+a\} = 95\%$$

即
$$P\{-a \leqslant \bar{x}-\mu \leqslant a\} = 95\%$$

设 $a=zS_{\bar{x}}$，记做
$$\bar{x}-\mu = \delta_{\bar{x}}$$

则
$$P\{|\delta_{\bar{x}}| \leqslant z\delta_{\bar{x}}\} = 95\%$$

查表 2-1 得
$$z = 1.96$$

所以
$$a = 1.96S_{\bar{x}} \approx 0.9 \ (\text{r/min})$$

测量结果可表示为
$$X = 4752.0 \pm 0.9(\text{r/min})(P = 95\%)$$

实际测量工作中经常只能作单次测量，但如果已经得到同样测量条件下的标准误差估计值 S，则可用下式求测量结果 X：
$$X = 单次测量值 \pm 置信区间半长(P = 置信概率) \tag{2-14}$$
例如：$X = $ 单次测量值$\pm 3S$（$P=99.73\%$），$X=$单次测量值$\pm 2S$（$P=95.45\%$）。

【例 2-3】 在与［例 2-2］同样的测量条件下，单次测量转动机械的转速为 4753.1r/min，求该转动机械的转速（测量结果的置信概率仍要求为 95%）。

解

（1）由上例已计算得到，在相同测量条件下的标准误差估计值 $S=2.0$r/min。

（2）给定的置信概率 $P=95\%$，求置信区间半长 a，即
$$P\{x-a \leqslant \mu \leqslant x+a\} = 95\%$$
$$P\{-a \leqslant x-\mu \leqslant +a\} = 95\%$$

设
$$a=zS，记为 \ x-\mu = \delta$$

那么
$$P\{|\delta| \leqslant zS\} = 95\%$$

查表 2-1 得
$$z = 1.96$$

所以
$$a = 1.96S \approx 3.9 \ (\text{r/min})$$

测量结果可表示为
$$X = 4753.1 \pm 3.9(\text{r/min})(P = 95\%)$$

五、小子样误差分析

实际测量中，子样容量通常是非常小的（例如 $n<10$），甚至测量值只有 2~3 个，而

且不知道该测量条件下测量精密度的大小，如果按上述方法，用小子样去推断 $S_{\bar{x}}$，就很不准确，子样容量越小，这种情况就越严重，这是因为上述方法是以子样平均值服从正态分布为条件的，而小子样平均值偏离了正态分布，所以用小子样求得的 σ 代替"母体"的 σ，可能产生较大的误差，这时应以 t 分布的置信系数 $t(a,\nu)$ 代替正态分布的置信系数 z 来增大同样置信概率下的置信区间。t 分布的置信系数 $t(a,\nu)$ 与置信水平 $a=1-P$ 及自由度 $\nu=n-1$ 都有关，即考虑了子样容量大小的影响，而 z 仅与 a 有关，且认为 n 趋于无穷大。

随机变量 t 由下式定义：

$$t=\frac{\bar{x}-\mu}{S_{\bar{x}}}=\frac{\bar{x}-\mu}{S}\sqrt{n} \qquad (2-15)$$

随机变量 t 的概率密度 $f(t)$ 服从 t 分布（又称学生氏分布），其图形成单峰状，对称于 $t=0$。当 $n\to\infty$ 时，t 分布很快收敛于正态分布。由随机变量 t 的定义式（2-15）可得到 μ 的置信区间为

$$\bar{x}-t(a,\nu)\frac{S}{\sqrt{n}}\leqslant\mu\leqslant\bar{x}+t(a,\nu)\frac{S}{\sqrt{n}} \qquad (2-16)$$

或

$$\bar{x}-t(a,\nu)S_{\bar{x}}\leqslant\mu\leqslant\bar{x}+t(a,\nu)S_{\bar{x}} \qquad (2-17)$$

表 2-2 列出了不同显著性水平 a 及自由度 ν 时，相应的 t 分布的置信系数 $t(a,\nu)$ 的数值。

表 2-2　　　　　　　　　　t 分布的置信系数 $t(a,\nu)$

$\nu=n-1$ ＼ $a=1-P$	0.05	0.01	$\nu=n-1$ ＼ $a=1-P$	0.05	0.01
1	12.71	63.7	14	2.14	2.98
2	4.30	9.92	15	2.13	2.95
3	3.18	5.84	16	2.12	2.92
4	2.77	4.60	17	2.11	2.90
5	2.57	4.03	18	2.10	2.88
6	2.45	3.71	19	2.09	2.86
7	2.36	3.50	20	2.09	2.84
8	2.31	3.36	25	2.06	2.79
9	2.26	3.25	30	2.04	2.75
10	2.23	3.17	40	2.02	2.70
11	2.20	3.11	60	2.00	2.66
12	2.18	3.06	120	1.98	2.62
13	2.16	3.01	∞	1.96	2.58

对于子样，特别是小子样，其测量结果 X 最终应表示为

$$X=\bar{x}+t(a,\nu)S_{\bar{x}}=\bar{x}+t(a,\nu)\frac{S}{\sqrt{n}}\text{（置信概率为 }P\text{）} \qquad (2-18)$$

而已经知道同样测量条件下的标准误差估计值 S，用单次测量结果作为测量结果 X 时，应表示为

$$X = \bar{x} + t(a,\nu)S(置信概率为 P) \tag{2-19}$$

【例 2 - 4】　用光学高温计测某种金属固液共存点的温度，得到下列 5 个测量值（℃）：975、1005、988、993、987。试求该点的真实温度（要求测量结果的置信概率为 95%）。

解

因为是小子样，采用 t 分布置信系数来估计置信区间。

（1）求出五次测量的平均值 $\bar{x}$：

$$\bar{x} = \frac{1}{5}\sum_{i=1}^{5} x_i = 989.6(℃)$$

（2）求 $\bar{x}$ 的标准误差估计值 $S_{\bar{x}}$：

$$S_{\bar{x}} = \sqrt{\frac{1}{5\times 4}\sum_{i=1}^{5}(x_i - \bar{x})^2} = 4.85(℃)$$

（3）根据给定的置信概率 $P=95\%$，求得显著性水平 $a=1-P=0.05$ 和自由度 $\nu=5-1=4$，查表 2 - 2 得，$t(0.05,4)=2.77$。所以，测量结果为

$$X = \bar{x} \pm t(0.05,4)S_{\bar{x}} = 989.6 \pm 13.4(℃)(P=95\%)$$

即被测金属固液共存点温度有 95% 可能在温度区间 [976.2，1003.0] 之内。

上例中，若以正态分布求置信概率为 95% 的置信区间，从表 2 - 1 中可查得 $z=1.96$，则可求得置信区间为 [-9.5，$+9.5$]，显然小于 [-13.4，$+13.4$]。这表明在测量次数较少的情况下，用正态分布估计误差往往会夸大测量结果的精密程度。

第四节　间接测量误差的分析与处理

间接测量就是通过直接测量与被测量有某种确定函数关系的其他各个变量，再按函数关系进行计算，从而求得被测量数值的方法。间接测量值的误差不仅取决于各有关直接测量值的误差，还与它们之间的函数关系有关。间接测量的误差分析与处理，就是要解决如何由各直接测量值的测量结果，求得间接测量值的测量结果。

一、间接测量值的最佳估计值

设间接测量值 y 是直接测量值 x_1，x_2，$\cdots$，x_m 的函数，其函数的一般形式为

$$y = f(x_1,x_2,\cdots,x_m) \tag{2-20}$$

则间接测量值的最佳估计值 $\bar{y}$ 可由与其有关的各直接测量值的算术平均值 $\bar{x}_i$（$i=1$，2，$\cdots$，m）代入函数关系求得，即

$$\bar{y} = f(\bar{x}_1,\bar{x}_2,\cdots,\bar{x}_m) \tag{2-21}$$

二、间接测量值的标准误差的估算

若各直接测量值是相互独立的，则间接测量值的标准误差 σ_y 是直接测量值的标准误差和函数对该直接测量值的偏导数乘积的平方和的平方根，即

$$\sigma_y = \sqrt{\sum_{i=1}^{m}\left(\frac{\partial f}{\partial x_i}\right)^2 \sigma_{xi}^2} \tag{2-22}$$

上式称为随机误差传递公式，其中，$\dfrac{\partial f}{\partial x_i}$ 为第 i 个直接测量值的误差传递系数，表示该测量值误差对间接测量值误差影响的大小。

若各直接测量有相关量存在，则一定要把其中相关的量分解为独立的基本量，或者用实验方法测定相关量之间的相关系数，并在式（2 - 22）中的根号中附加 $2\left(\dfrac{\partial f}{\partial x_i}\right)\left(\dfrac{\partial f}{\partial x_k}\right)$ $\rho_{jk}\sigma_{xj}\sigma_{xk}$ 项，其中，x_j、x_k 为相关的两直接测量量，ρ_{jk} 为它们之间的相关系数。

【例 2 - 5】　铜电阻值与温度之间的关系为 $R_t = R_{20}[1 + a_{20}(t-20)]$，通过直接测量，已知 $20℃$ 下的铜电阻值 $R_{20} = 6.0\Omega \pm 0.3\%$，电阻温度系数 $a_{20} = 0.004/℃ \pm 1\%$，铜电阻所处的温度 $t = (30 \pm 1)℃$，置信概率皆为 68.27%，求电阻值 R_t 及其标准误差。

解

（1）求电阻值 R_t：

$$R_t = R_{20}[1 + a_{20}(t-20)] = 6[1 + 0.004(30-20)] = 6.24(\Omega)$$

（2）求电阻值的标准误差，先求函数对各直接测量量的偏导数：

$$\frac{\partial R_t}{\partial R_{20}} = [1 + a_{20}(t-20)] = [1 + 0.004 \times (30-20)] = 1.04$$

$$\frac{\partial R_t}{\partial a_{20}} = R_{20}[0 + (t-20)] = 6.0 \times (30-20) = 60.0$$

$$\frac{\partial R_t}{\partial t} = R_{20}a_{20} = 6.0 \times 0.004 = 0.0240$$

再求各直接测量量的标准误差：

$$\sigma_{R_{20}} = R_{20} \times (\pm 0.3\%) = 6.0(\pm 0.003) = \pm 0.018(\Omega)$$

$$\sigma_{a_{20}} = a_{20} \times (\pm 1\%) = 0.004(\pm 0.01) = \pm 4 \times 10^{-5}(1/℃)$$

$$\sigma_t = \pm 1(℃)$$

所以

$$\begin{aligned}
\sigma_{R_t} &= \sqrt{\left(\frac{\partial R_t}{\partial R_{20}}\right)^2 \sigma_{R_{20}}^2 + \left(\frac{\partial R_t}{\partial a_{20}}\right)^2 \sigma_{a_{20}}^2 + \left(\frac{\partial R_t}{\partial t}\right)^2 \sigma_t^2} \\
&= \sqrt{1.04^2 \times 0.018^2 + 60^2 \times (4 \times 10^{-5})^2 + 0.024^2 \times 1^2} \\
&= 0.03(\Omega)
\end{aligned}$$

（3）间接测量电阻值 R_t 的测量结果可表示为

$$R_t = 6.24 \pm 0.03(\Omega)(P = 68.27\%)$$

三、微小误差取舍原则

根据误差传递公式，间接测量值误差为

$$\sigma_y = \sqrt{\sum_{i=1}^{m}\left(\frac{\partial f}{\partial x_i}\sigma_i\right)^2} = \sqrt{D_1^2 + D_2^2 + \cdots + D_m^2}$$

式中　$D_i = \dfrac{\partial f}{\partial x_i}\sigma_i$——局部误差。

若某个局部误差小于间接测量值标准误差的 $1/3$，则该局部误差是微小误差，可以忽略；反之，为提高间接测量的精密度，应着力于减小局部误差中的大者。

四、误差分配

在测量系统设计中，若规定了欲求的间接测量值的标准误差，要求各直接测量值应达到的标准误差限值，这是测量系统设计中的误差分配问题。如果不再给出其他条件，就会有许多组解。因此，常按等分配原则决定各直接测量值的局部误差，即令 $D_1 = D_2 = \cdots = D_m$，然后，根据测量的难易程度，对各局部误差进行调整，调整完毕后应进行验算，以核查按选定的各直接测量值的标准误差要求进行测量时，间接测量值的标准误差是否在规定值以内。如果局部误差中的一部分已确定，则分配时，先扣除这部分，余量再向其余各局部误差分配，即

$$\sigma_y^2 - D_1^2 = D_2^2 + D_3^2 + \cdots + D_m^2$$

式中 D_1——已确定的局部误差。

第五节 粗大误差的检验与坏值的剔除

对于在同一条件下，多次测量同一被测量时所得的一组测量值，可用多种统计检验法来判断是否存在粗大误差。

一、拉依达准则

对于大量的重复测量值，如果其中某一测量值残差 ν_i 的绝对值大于该测量列的标准偏差的 3 倍，那么可以认为该测量值存在粗大误差，即

$$| \nu_i | = | x_i - \bar{x} | > 3\sigma \tag{2-23}$$

故拉依达准则又称 3σ 准则。实际使用时，标准误差 σ 可用其估计值 S 代替。按上述准则剔除坏值后，应重新计算剔除坏值后测量列的算术平均值和标准误差估计值 S，再进行判断，直至余下测量值中无坏值存在。

用 3σ 准则判断粗大误差的存在，虽然方法简单，但它是依据正态分布得出的。当子样容量不很大时，由于所取界限太宽，坏值不能剔除的可能性较大。特别是当子样容量 $n < 10$ 时，尤其严重，所以目前都推荐使用以 t 分布为基础的格拉布斯准则。

二、格拉布斯准则

将重复测量值按大小顺序重新排列，$x_1 \leqslant x_2 \leqslant \cdots \leqslant x_n$，用下式计算首、尾测量值的格拉布斯准则数 T_i：

$$T_i = \frac{| \nu_i |}{S} = \frac{| x_i - \bar{x} |}{S} (i \text{ 为 } 1 \text{ 或 } n) \tag{2-24}$$

然后根据子样容量 n 和所选取的判断显著性水平 a，从表 2-3 中查得相应的格拉布斯准则临界值 $T(n, a)$。若 $T_i \geqslant T(n, a)$，则可认为 x_i 为坏值，应剔除。每次只能剔除一个测量值。若 T_1 和 T_n 都不小于 $T(n, a)$，则应先剔除 T_i 中的大者，再重新计算 $\bar{x}$ 和 S，这时子样容量只有 $n-1$，再进行判断，直至余下的测量值中再未发现坏值。

表 2-3 格拉布斯准则临界值 $T(n, a)$

n ＼ a	0.05	0.01	n ＼ a	0.05	0.01
3	1.153	1.155	7	1.938	2.097
4	1.463	1.492	8	2.032	2.221
5	1.672	1.749	9	2.110	2.323
6	1.822	1.944	10	2.176	2.410

n ╲ a	0.05	0.01	n ╲ a	0.05	0.01
11	2.234	2.485	21	2.580	2.912
12	2.285	2.550	22	2.603	2.939
13	2.331	2.607	23	2.624	2.963
14	2.371	2.659	24	2.644	2.987
15	2.409	2.705	25	2.663	3.009
16	2.443	2.747	30	2.745	3.103
17	2.475	2.785	35	2.811	3.178
18	2.504	2.821	40	2.866	3.240
19	2.532	2.854	45	2.914	3.292
20	2.557	2.884	50	2.956	3.336

　　显著性水平 a 一般可取 0.05 或 0.01，其含义是按该临界值判定为坏值而其实非坏值的概率，即判断失误的可能性。

【例 2 - 6】　有一组重复测量值 x_i（$i=1$，2，$\cdots$，16）（℃）：

39.44	39.27	39.94	39.44	38.91	39.69	39.48	40.56
39.78	39.35	39.68	39.71	39.46	40.12	39.39	39.76

试分别用拉依达准则和格拉布斯准则检验粗大误差和剔除坏值。

解

（1）按由小到大重新排列数据 x_i（$i=1$，2，$\cdots$，16）：

38.91	39.27	39.35	39.39	39.44	39.44	39.46	39.48
39.68	39.69	39.71	39.76	39.78	39.94	40.12	40.56

（2）计算子样平均值 $\bar{x}$ 和测量列的标准误差估计值 S：

$$\bar{x} = \sum_{i=1}^{16} x_i = 39.62$$

$$S = \sqrt{\frac{1}{16-1} \sum_{i=1}^{16} (x_i - \bar{x})^2} \approx 0.38$$

（3）先按拉依达准则检验，由于

$$3S = 3 \times 0.38 = 1.14$$

$$|\nu_1| = |38.91 - 39.62| = 0.71 < 3S$$

$$|\nu_{16}| = |40.56 - 39.62| = 0.94 < 3S$$

经检验，这组测量值不存在坏值。

（4）再按格拉布斯准则检验，根据选定判别的显著性水平 $a=0.05$ 和子样容量 $n=16$，从表 2 - 3 中查得格拉布斯准则临界值 $T(16，0.05) = 2.443$。

　　由于

$$\frac{|\nu_1|}{S} = \frac{0.71}{0.38} = 1.87 < T(16,0.05)$$

$$\frac{|\nu_{16}|}{S} = \frac{0.94}{0.38} = 2.47 > T(16,0.05)$$

故 $x_{16}=40.56$ 在显著性水平 5% 之下，被判断为坏值，应剔除。

（5）剔除坏值后，重新计算余下测量值的算术平均值 $\bar{x}$ 和标准误差 S：

$$\bar{x} = \frac{1}{15}\sum_{i=1}^{15} x_i = 39.56$$

$$S = \sqrt{\frac{1}{15-1}\sum_{i=1}^{15}(x_i - \bar{x})^2} \approx 0.30$$

根据 $a=0.05$，$n=15$ 查表 2-3 得，$T(15, 0.05) = 2.409$

由于
$$\frac{|\nu_1|}{S} = \frac{|38.91-39.56|}{0.30} = 0.61 < T(15, 0.05)$$

$$\frac{|\nu_{15}|}{S} = \frac{|40.12-39.56|}{0.30} = \frac{0.56}{0.30} = 1.89 < T(15, 0.05)$$

故可知余下的测量值中已不含坏值。

第六节 系 统 误 差

系统误差是测量值中所含有的不变的或按某种确定规律变化的误差，前者称为恒值系统误差，后者称为变值系统误差。用重复测量并不能减小系统误差对测量结果的影响，也难以发现系统误差，并且有时误差数值可能很大。例如，测量高温烟气温度时，测温元件对冷壁的辐射散热可能引起上百摄氏度的误差，因此，测量中特别要重视这项误差。通过对测量对象与测量方法的具体分析，用改变测量条件或测量方法进行对比分析，对测量系统进行检定等来发现系统误差，并找出引起误差的原因和误差的规律。通常采用计算或补偿装置对测量值进行修正，以消除系统误差。

一、恒值系统误差

恒值系统误差的存在只影响测量结果的正确度，并不影响测量的精密度，可用更准确的测量系统和测量方法相比较来发现恒值系统误差，并提供修正值。

采用"交换法"测量技术对消除恒值系统误差有一定的作用。例如，用天平称重时，交换砝码与被测物的左右位置，取两次称重平均值作测量结果，可消除天平臂长不等引起的系统误差。又如，用平衡电桥测电阻，用交换电阻两接点来消除接触电动势造成的误差等。

二、变值系统误差

根据变化的特点，变值系统误差可分为：①累积系统误差，测量过程中它是随时间增大或减小的，其产生的原因往往是元件老化或磨损、工作电池电压下降等；②周期性系统误差，测量过程中它的大小和符号均按一定周期发生变化，如秒表指针与度盘不同心就会产生这种误差；③复杂变化的系统误差，这是一种变化规律仍未被认识的系统误差，即未定系统误差，其上、下限值常常确定了测量值的系统不确定度。

采用适当的测量方法有助于消除或减少变值系统误差对测量结果的影响。例如，用对称观测法来消除线性变化的累积系统误差的影响。在用电位差计法测量电阻值时，为消除电池电压下降引起工作电流减小带来的误差，在相等的时间间隔上先测标准电阻上的电压降，再测被测电阻上的电压降，最后再测标准电阻上的电压降，用两次测得的标准电阻上电压降的平均值以及被测电阻上电压降和标准电阻值来计算被测电阻值。又如，用半周期偶数观测法来消除周期性变化的系统误差。当误差变化周期已知时，在测得一个数据后，时间间隔半个周期再测一个数据，取两者平均值作为测量结果。

三、变值系统误差存在与否的检验

在容量相当大的测量列中，如果存在变值系统误差，那么测量值的分布将偏离正态分布特性。可借助考察测量值残差的变化情况和利用某些较简捷的判据来检验变值系统误差的存在与否。

1. 根据测定值残差的变化检验

将测量值按测量的先后次序排列，若残差的代数值有规则地向一个方向变化，则测量列中可能有累积系统误差；若残差的符号呈规律性交替变化，则含有周期性系统误差。这种方法，只有在变值系统误差比随机误差大时，才是有效的。

2. 用马尔科夫准则检验

按测量先后顺序排列测量值，用前一半测量值残差之和减去后一半测量值残差之和，若差值显著地异于零，则认为测量列含有累进的系统误差。实际上，当测量次数 n 很大时，只要差值不等于零，一般可认为测量列含有累积系统误差；但当 n 不太大时，一般认为只有当差值大于测量列中的最大残差时，才能判定测量列中含有累积系统误差。

3. 用阿贝准则检验

按测量先后顺序排列测量值，求出测量列标准误差估计值 S，计算统计量 $C = \sum_{i=1}^{n-1} \nu_i \nu_{i+1}$。

若 $|C| > \sqrt{n-1} S^2$，则可以认为该测量列中含有周期性系统误差。

【例 2 - 7】　对某恒温箱温度进行了 10 次测量，依测量的先后顺序获得如下测量值（℃）：

　20.06　20.07　20.06　20.08　20.10　20.12　20.14　20.18　20.18　20.21
试检验该测量列中是否含有变值系统误差。

解

（1）计算测量列的算术平均值 $\bar{x}$ 和标准误差估计值 S：

$$\bar{x} = \frac{1}{10} \sum_{i=1}^{10} x_i = 20.12$$

$$S = \sqrt{\frac{1}{10-1} \sum_{i=1}^{10} (x_i - \bar{x})^2} \approx 0.055$$

计算各测量值的残差 ν_i：

　-0.06　-0.05　-0.06　-0.04　-0.02　0　+0.02　+0.06　+0.06　+0.09

（2）根据残差的变化，即根据残差由负到正，代数值逐渐增大的现象，可判断该测量列中存在积累系统误差。

（3）根据科夫准则检验，求得

$$D = \sum_{i=1}^{5} \nu_i - \sum_{i=6}^{10} \nu_i = -0.23 - 0.23 = -0.46$$

因为 $|D| \gg |\nu_{\max}| = 0.09$，故判定该测量列含有累积系统误差。

（4）根据阿贝准则检验，求得

$$C = \sum_{i=1}^{9} \nu_i \nu_{i+1} = 0.019\,4$$

$$\sqrt{n-1}S^2 = \sqrt{9} \times 0.055^2 = 0.009\,1$$

因为　　　　　　　　　$|C| = 0.019\,4 > \sqrt{9}S^2 = 0.009\,1$

故可判断该测量列中含有周期性系统误差，而这一结论在用残差变化观察中并未发现。

四、系统误差的估计

在用物理方法求得系统误差的修正值，并对测量值进行修正后，测量结果中就不再含有该项系统误差。

未定系统误差的变化规律难以掌握，要确定引起该误差原因要花过多代价，所以只能以某种依据为基础来估计其上限值 a 和下限值 b，进而估计其误差的恒值部分 θ 和系统不确定度 e。

$$\left.\begin{aligned} \theta &= \frac{a+b}{2} \\ e &= \frac{a-b}{2} \end{aligned}\right\} \tag{2-25}$$

由于估计误差时常带有主观臆断因素，故这种系统不确定度虽常作为极限误差，但它不像随机不确定度那样具有明确的置信概率。

五、间接测量中系统误差的传递

如果间接测量值 y 与 m 个相互独立的直接测量值 x_i（$i=1, 2, \cdots, m$）有如下函数关系：

$$y = f(x_1, x_2, \cdots, x_m)$$

则　　　　　　　　　$y + \varepsilon_y = f(x_1 + \varepsilon_{x1}, x_2 + \varepsilon_{x2}, \cdots, x_m + \varepsilon_{xm})$

式中　　ε_y、ε_{xi}——间接测量值和各直接测量值的随机误差。

由于一般情况下测量值远大于不确定度，故按泰勒级数展开上式，并略去高次项得

$$\varepsilon_y = \sum_{i=1}^{m} \frac{\partial f}{\partial x_i} \varepsilon_i \tag{2-26}$$

但由于各直接测量值的系统不确定度带有正负号，故在应用各直接测量值的系统不确定度 e_i 求取间接测量值 y 的系统不确定度 e_y 时，应采用如下公式：

$$e_y = \sum_{i=1}^{m} \left| \frac{\partial f}{\partial x_i} \right| |e_i| \tag{2-27}$$

第七节　误 差 的 综 合

测量中，经常可能同时存在多个随机误差和系统误差，为判断测量结果的准确度，需要对全部误差进行综合。

一、随机误差的综合

若测量结果中含有多个彼此独立的随机误差，它们的标准误差分别为 σ_1，σ_2，$\cdots$，σ_k，则它们的综合效应所造成的综合标准误差 σ 为

$$\sigma = \sqrt{\sum_{i=1}^{k} \sigma_i^2} \tag{2-28}$$

若它们的随机不确定度为 δ_1，δ_2，$\cdots$，δ_k，置信概率都为 P，则综合的随机不确定度

δ 为

$$\delta = \sqrt{\sum_{i=1}^{k} \delta_i^2} \qquad (2-29)$$

置信概率也为 P。

二、系统误差的综合

若测量结果含有 m 个未定系统误差，其系统不确定度分别为 e_1，e_2，$\cdots$，e_m，则其总的系统不确定度 e 为

$$e = \sum_{i=1}^{m} e_i \qquad (2-30)$$

三、测量结果的表示

对某一测量列，在对其已知的恒值系统误差和变值系统误差进行修正，剔除粗大误差，进行随机不确定度和系统不确定度估计和综合后，测量结果的准确度可用随机不确定度和系统不确定度来表示，表示方法有多种，如：

（1）随机不确定度和系统不确定度在结果中分别标明，最后结果可表示为

$$M(\pm\delta, \pm e) \qquad (2-31)$$

式中　M——测量值或测量列的算术平均值；

e、δ——相应的随机不确定度和系统不确定度。

（2）用随机不确定度和系统不确定度的综合值表示，最后结果表示为

$$M \pm g \qquad (2-32)$$

式中　g——随机不确定度和系统不确定度的综合值。

根据综合方法不同，g 值分别为

$$g = \delta + e \text{（线性相加法）} \qquad (2-33)$$

$$g = \sqrt{\delta^2 + e^2} \text{（方和根法）} \qquad (2-34)$$

$$g = K_g \sqrt{\sigma^2 + \left(\frac{e}{K}\right)^2} \text{（广义方和根法）} \qquad (2-35)$$

式中　K_g——综合置信系数；

σ——随机误差部分的标准误差；

K——系统误差估计时的估计置信系数。

第八节　不　确　定　度

1927 年，德国物理学家海森柏在量子力学中提出了不确定度关系，又称测不准关系。1970 年前后，部分学者开始使用不确定度这一概念，部分国家的计量部门也开始相继使用。1980 年，国际计量局（BIPM）征求多国的意见后提出了《实验不确定度建议书 INC-1》。1986 年，由国际标准化组织（ISO）等七个国际组织共同组成了国际不确定度工作组，制定了《测量不确定度表示指南》，1993 年，由国际标准化组织颁布实施该指南。

测量的不确定度是表示用测量值代表被测量真值的不肯定程度，它是对被测量的真值以多大的可能性处于以测量估计值为中心的某个量值范围之内的一个估计。不确定度是测量准确度的定量表示，一个完整的测量结果应包含被测量值的估计与分散性参数两部分。例如，

被测量 Y 的测量结果为 $y\pm U$，其中 y 是被测量的估计值，其测量不确定度为 U。可见，测量结果所表示的并非一个确定的值，而是所处的一个区间。显然，不确定度越小的测量结果，其准确度越高。

按照误差的性质，把随机误差引起的不确定度称为随机不确定度，由未定系统误差引起的不确定度称为系统不确定度。

也有把不确定度划分为 A、B 两类的分法。A 类即统计不确定度，它能用统计方法估算出来；B 类即非统计不确定度，它是用经验或其他信息估算出来的。它们与随机不确定度和系统不确定度并不一定存在简单的对应关系。

一、标准不确定度的评定

标准不确定度是用标准差表征的不确定度，一般用 u 表示。其评定方法有两类：

1. 标准不确定度的 A 类评定

用统计方法评定称为 A 类评定，其标准不确定度 u 为系列观测值获得的标准差 σ，即 $u=\sigma$。其评定方法为：首先对被测量 X 进行 n 次等精度的独立测量，得到 x_1，x_2，$\cdots$，x_n 一组数据；然后用统计方法由 n 个观测值求得单次测量标准差 σ。当用单次测量值 x_i 作为 X 的估计值时，$u=\sigma$；当用 n 次测量值 x_1，x_2，$\cdots$，x_n 的平均值 $\bar{x}$ 作为 X 的估计值时，$u_{\bar{x}}=\sigma/\sqrt{n}$。

2. 标准不确定度的 B 类评定

采用其他方法估计概率分布或分布假设来评定标准差并得到标准不确定度的方法，称为 B 类评定法。采用 B 类评定的几种不确定度求法如下所述。

（1）当测量值 x 可以假设为正态分布时，采用置信概率 P 的分布区间半宽 a 与包含因子 k_p 来估计标准不确定度，即

$$u_x = \frac{a}{k_p} \qquad (2\text{-}36)$$

（2）当测量值 x 服从于均匀分布，且 x 在 $(x-a，x+a)$ 区间的概率为 1 时，其标准不确定度为

$$u_x = \frac{a}{\sqrt{3}} \qquad (2\text{-}37)$$

（3）当测量值 x 服从于三角分布，且在 $(x-a，x+a)$ 区间的概率为 1 时，其标准不确定度为

$$u_x = \frac{a}{\sqrt{6}} \qquad (2\text{-}38)$$

（4）当测量值 x 服从于反正弦分布，且在 $(x-a，x+a)$ 区间的概率为 1 时，其标准不确定度为

$$u_x = \frac{a}{\sqrt{2}} \qquad (2\text{-}39)$$

二、标准不确定度的合成方法

测量结果往往受多个因素的影响，该测量结果的标准不确定度 u_c 由各个因素的标准不确定度合成而定。合成方法如下，通过分析各测量因素与测量结果的关系，确定各不确定度分量，然后通过计算得到合成的标准不确定度。在热工测量中经常遇到间接测量问题，一般

可用下式表示：

$$y = f(x_1, x_2, \cdots, x_i, \cdots, x_N) \ (1 \leqslant i \leqslant N)$$

设各直接测量值 x_i 的标准不确定度为 u_{xi}，测量结果 y 的标准不确定度用 u_c 来表示，u_c 的计算公式为

$$u_c = \sqrt{\sum_{i=1}^{N} \left(\frac{\partial f}{\partial x_i}\right)^2 (u_{xi})^2 + 2\sum_{1 \leqslant i < j}^{N} \frac{\partial f}{\partial x_i} \frac{\partial f}{\partial x_j} \rho_{ij} u_{xi} u_{xj}} \quad (2-40)$$

式中　ρ_{ij}——任意两个直接测量值 x_i 与 x_j 的不确定度的相关系数。

当 $\rho_{ij}=0$，即 x_i、x_j 的不确定度互相独立时，合成标准不确定度的计算公式可表示为

$$u_c = \sqrt{\sum_{i=1}^{N} \left(\frac{\partial f}{\partial x_i}\right)^2 (u_{xi})^2} \quad (2-41)$$

当 $\rho_{ij}=1$，且 $\partial f / \partial x_i$、$\partial f / \partial x_j$ 同符号；或 $\rho_{ij}=-1$，且 $\partial f / \partial x_i$、$\partial f / \partial x_j$ 异号时，则

$$u_c = \sum_{i=1}^{N} \left| \frac{\partial f}{\partial x_i} \right| u_{xi} \quad (2-42)$$

三、展伸不确定度

在间接测量中，合成不确定度与标准差对应，其表示的测量结果为 $y \pm u_c$，置信概率为 68%。在实际测量中，一般要求包含被测量 Y 的真值的概率要大一些，也就是所给出的测量结果的区间，能将被测量的大部分值包含在其中，故引入了展伸不确定度（也称为扩展不确定度）表示测量结果。

展伸不确定度用 U 表示，其值为合成不确定度 u_c 与包含因子 k 的乘积，即

$$U = ku_c$$

测量结果表示为

$$Y = y \pm U \quad (2-43)$$

包含因子 k 由 t 分布的临界值 $t_P(\nu)$ 给出，即

$$k = t_P(\nu) \quad (2-44)$$

式中　ν——合成标准不确定度 u_c 的自由度，它在概率统计中有相应的定义。

由给定的置信概率 P 与自由度 ν 查 t 分布表可得到 $t_P(\nu)$ 的值。当各标准不确定度分量 u_i 相互独立时，合成不确定度 u_c 的自由度 ν 由下式计算得到：

$$\nu = \frac{u_c^4}{\sum_{i=1}^{N} \dfrac{u_i^4}{\nu_i}} \quad (2-45)$$

式中　ν_i——各标准不确定度分量 u_i 的自由度。

由于 ν_i 的值在实际测量中难以确定，一般情况下取包含因子 $k=2\sim3$。

第三章　温　度　测　量　概　述

　　温度（temperature）是表示物体冷热程度的物理量，微观上讲，是物体分子热运动的剧烈程度。物体的许多物理现象和化学性质都与温度有关，许多生产过程均是在一定的温度范围内进行的。在生产过程和科学实验中，人们经常会遇到温度和温度测量问题。温度只能通过物体随温度变化的某些特性来间接测量，而用来度量物体温度数值的标尺叫温标标尺，简称温标。

　　华氏度和摄氏度都是用来计量温度的单位。包括我国在内的世界上很多国家都使用摄氏度，美国和其他一些英语国家使用华氏度而较少使用摄氏度。它们都是根据液体（水银）在玻璃管内受热后体积膨胀这一性质建立起来的。由于这两种温标所定出的温度数值随液体的性质（如水银的纯度）和玻璃管材料的性质不同而不同，因此，不能保证各国所用的基本测温单位（摄氏度）的一致性。

　　1848 年，汤姆逊首先提出绝对温标（即热力学温标），它是以卡诺循环为基础建立起来的。在卡诺循环中可写出以下方程式：

$$\frac{Q_1}{T_1} = \frac{Q_2}{T_2} \tag{3-1}$$

该式表示工质在温度 T_1 时吸收热量 Q_1，而在温度 T_2 时向低温热源放出热量 Q_2。如果指定了一个定点 T_2 的数值，就可以由热量的比例求得未知量 T_1。由于式（3-1）与工质本身的种类和性质无关，所以用这个方法建立起来的热力学温标就避免了分度的"任意性"。

　　但是卡诺循环实际上是不存在的。实际上用氢、氦和氮等近似理想气体作出定容式气体温度计，并根据热力学第二定律得出对这种气体温度计的修正值，然后用气体温度计来制订热力学温标。然而气体温度计结构复杂，使用不便，除了在低温测量中使用外，还必须建立一种能够用计算公式传递的、既能高精度复现温标，又使用简便的温标，用它来统一各国之间的温度计量，这就是国际温标。

第一节　国　际　温　标

　　国际温标是用来复现热力学温标的，自 1927 年建立以来，为了更好地符合热力学温标，曾先后作了多次修改。国际计量委员会在 18 届国际计量大会第七号决议授权予 1989 年会议，通过了 1990 年国际温标 ITS—90。还决定自 1990 年 1 月 1 日起使用此温标。我国规定自 1991 年 7 月 1 日起使用此温标。ITS—90 国际温标（international temperature scale of 1990），区别于国际实用温标 IPTS—68（international practical temperature scale of 1968），是一个国际协议性温标，它与热力学温标相接近，而且复现性好，使用方便。下面简要地介绍 "90 国际温标"。

一、温度的单位

　　"90 国际温标"规定热力学温度（符号为 T）是基本的物理量，其单位是开尔文（符号为 K）。它规定水的三相点热力学温度为 273.16K，定义开尔文一度等于水三相点热力学温度的 1/273.16。

由于习惯，温度也可以用摄氏温度表示，其符号为 t，单位为℃，其定义为

$$t = T - 273.15 \qquad\qquad (3-2)$$

因此水的三相点为 0.01℃。

二、ITS—90 的温度范围

ITS—90 所包含的温度范围自 0.65K 至单色辐射温度实际可测量的最高温度。采用的内插仪器规定有：^{3}He、^{4}He 蒸汽压温度计；^{3}He、^{4}He 气体温度计；标准铂电阻温度计和光电高温计。ITS—90 定义固定点❶和温度点共有 17 个，包括 14 个纯物质的三相点、熔点和凝固点以及 3 个用蒸汽温度计或气体温度计测定的温度点（见表 3-1）。ITS—90 通过各温区来定义 T_{90}，而某些温区是重叠的，重叠区的 T_{90} 定义有差异，但这些差异非常小，可以忽略不计，因此这些定义是等效的。表 3-1 所示为 ITS—90 定义的固定点。

表 3-1 　　　　　　　　　　　　　　　　ITS—90 定义的固定点

序号	温度		物质①	状态②	W_r（T_{90}）
	T_{90}（K）	t_{90}（℃）			
1	3～5	−270.15～−268.15	He	V	
2	13.803 3	−259.346 7	e—H$_2$	T	0.001 190 07
3	约 17	～−256.15	e—H$_2$（或 He）	V（或 G）	
4	约 20.3	～−252.85	e—H$_2$（或 He）	V（或 G）	
5	24.556 1	−248.593 9	Ne	T	0.008 449 74
6	54.358 4	−218.791 6	O$_2$	T	0.091 718 04
7	83.808 5	−189.344 2	Ar	T	0.215 859 75
8	234.315 6	−38.834 4	Hg	T	0.844 142 11
9	273.16	0.01	H$_2$O	T	1.000 000 00
10	302.914 6	29.764 6	Ga	M	1.118 138 89
11	429.748 5	156.598 5	In	F	1.609 801 85
12	505.078	231.928	Sn	F	1.892 797 68
13	692.677	419.527	Zn	F	2.568 917 30
14	933.473	660.323	Al	F	3.376 008 60
15	1 234.93	961.78	Ag	F	4.286 420 53
16	1337.33	1064.18	Au	F	
17	1357.77	1084.62	Cu	F	

① 除 ^{3}He 外，其他物质均为自然同位素成分。

② V—蒸汽压点；T—三相点；G—气体温度计点；M、F—熔点和凝固点，是在压强为 101 325Pa 时固、液相的平衡温度。

❶ 定义固定点是指在一定条件下，某些高纯物质在平衡状态所具有的温度，固定点的温度除水的三相点是定义的外，其他都是根据各国标准气体温度计来测定的，并以概率最高的数值来给定的。

ITS—90 的温度范围、内插仪器及内插公式如下：

（1）0.65～5.0K 之间采用的内插仪器是 ³He 或 ⁴He 蒸汽温度计，采用的内插公式为

$$T_{90} = A_0 + \sum_{i=1}^{9} A_i \left[\frac{\ln p - B}{C} \right]^i \qquad (3-3)$$

式中　　　　　p——蒸汽压力，Pa；

A_0、A_i、B、C——常数。

在 3.0～24.556 1K 之间，T_{90} 采用在三个温度点分度过的 ³He 或 ⁴He 定容气体温度计作为内插仪器，采用的内插公式为

$$T_{90} = \frac{a + bp + cp^2}{1 + B_x T_{90} N/V} \qquad (3-4)$$

式中　p——气体温度计的压力；

a、b、c——系数；

N——气体温度计温包中的气体量；

V——温度计温包的容积；

B_x——第二维里系数，采用 ³He 或 ⁴He 时，x 取 3 或 4。

在这一温区内，还有其他形式的内插公式，这里就不一一列举了。

（2）在13.803 3K～961.78℃之间采用铂电阻温度计作为内插仪器。借测量 T_{90} 时的电阻 $R(T_{90})$ 与水三相点时的电阻 $R(273.16\text{K})$ 之比来求得温度，此比值 $W(T_{90})$ 为

$$W(T_{90}) = \frac{R(T_{90})}{R(273.16\text{K})} \qquad (3-5)$$

选用的铂电阻温度计必须满足下列两个关系式之一：

$$W(29.764\,6℃) > 1.118\,07$$
$$W(-38.834\,4℃) < 0.844\,235$$

若所用的铂电阻温度计需要用至 961.78℃，则同时还应满足以下要求：

$$W(961.78℃) > 4.284\,4$$

在每个高温区中，T_{90} 由相应的参考函数 $W_r(T_{90})$ 和偏差函数 $W(T_{90}) - W_r(T_{90})$ 得到。

在各定义固定点，此偏差函数由温度计分度直接得到，中间温度则由各相应的偏差函数得到。

从13.803 3～273.16K 的参考函数为

$$\ln[W_r(T_{90})] = A_0 + \sum_{i=1}^{12} A_i \{[\ln(T_{90}/273.16) + 1.5]/1.5\}^i \qquad (3-6)$$

其逆函数在 0.13mK 之内相当于

$$T_{90}/273.16\text{K} = B_0 + \sum_{i=1}^{15} B_i \{[W_r(T_{90})^{1/6} - 0.65]/0.35\}^i \qquad (3-7)$$

从 0～961.78℃ 的参考函数为

$$W_r(T_{90}) = C_0 + \sum_{i=1}^{9} C_i [(T_{90} - 754.15)/481]^i \qquad (3-8)$$

其逆函数在 0.13mK 之内相当于

$$T_{90} - 273.15 = D_0 + \sum_{i=1}^{9} D_i \{[W_r(T_{90}) - 2.64]/1.64\}^i \qquad (3-9)$$

上几式中　A_0、B_0、A_i、B_i、C_0、D_0、C_i 和 D_i——常数，可由相关文献查得。

部分温区内的偏差函数及其分度点见表 3-2。

表 3-2　　　　　　　　　定义 T_{90} 的各温度区内铂电阻的偏差函数和分度点

温区上限	温区下限	偏差函数 $W(T_{90})-W_r(T_{90})$	分度点（见表 3-1 序号）	
273.16K	13.803 3K	$a[W(T_{90})-1]+b[W(T_{90})-1]^2$ $+\sum_{i=1}^{5}c_i[\ln W(T_{90})]^{i+n}$	式中 $n=2$	2～9
	24.556 1K		式中 $c_4=c_5=n=0$	2，5～9
	54.358 4K		式中 $c_2=c_3=c_4=c_5$ $=0$　$n=1$	6～9
	83.805 8K	$a[W(T_{90})-1]+b[W(T_{90})-1]\ln W(T_{90})$	—	7～9
961.78℃	0℃	$a[W(T_{90})-1]+b[W(T_{90})-1]^2$ $+c[W(T_{90})-1]^3+d[W(T_{90})$ $-W(660.323℃)]^2$	—	9，12～15
660.323℃			式中 $d=0$	9，12～14
419.527℃			式中 $c=d=0$	9，12，13
231.928℃			式中 $c=d=0$	9，11，12
156.598 5℃			式中 $b=c=d=0$	9，11
29.764 6℃			式中 $b=c=d=0$	9，10
29.764 6℃	234.315 6K $(-38.834 4℃)$		式中 $c=d=0$	8～10

注　以上偏差函数中的各系数 a、b、c_i、c 及 d 可在定义点上测定得到。

（3）961.78℃以上的温区，采用的内插仪器是光学（光电）高温计，内插公式则是根据普朗克定律得出的，由下式求得 T_{90}：

$$\frac{L_\lambda(T_{90})}{L_\lambda[T_{90}(x)]}=\frac{\exp\{c_2[\lambda T_{90}(x)]^{-1}\}-1}{\exp\{c_2[\lambda T_{90}]^{-1}\}-1} \quad\quad (3-10)$$

$$c_2=0.014\ 388\text{m}\cdot\text{K}$$

式中　　　　　　　$T_{90}(x)$——指银、金或铜三者之一的凝固点温度；

$L_\lambda[T_{90}]$ 和 $L_\lambda[T_{90}(x)]$——波长为 λ，温度分别为 T_{90} 和 $T_{90}(x)$ 时在真空中全辐射体的辐射亮度。

三、T_{90} 与 T_{68} 的差值

现在使用的国际温标（ITS—90）与国际实用温标（IPTS—68）及 EPT—76 之间有差别，其差值可见表 3-3。

表 3-3　　　　　ITS—90 与 EPT—76 以及 ITS—90 与 IPTV—68 之间的差值

T_{90} (K)	\multicolumn{10}{c}{$T_{90}-T_{68}$ (mK)}

T_{90} (K)	0	1	2	3	4	5	6	7	8	9
0					-0.1	-0.2	-0.3	-0.4	-0.5	
10	-0.6	-0.7	-0.8	-1.0	-1.1	-1.3	-1.4	-1.6	-1.8	-2.0
20	-2.2	-2.5	-2.7	-3.0	-3.2	-3.5	-3.8	-4.1		

T_{90} (K)	\multicolumn{10}{c}{$T_{90}-T_{68}$ (K)}

T_{90} (K)	0	1	2	3	4	5	6	7	8	9
10					-0.006	-0.003	-0.004	-0.006	-0.008	-0.009
20	-0.009	-0.008	-0.007	-0.007	-0.006	-0.005	-0.004	-0.004	-0.005	-0.006

续表

$T_{90} - T_{68}$ (K)										
30	−0.006	−0.007	−0.008	−0.008	−0.008	−0.007	−0.007	−0.007	−0.006	−0.006
40	−0.006	−0.006	−0.006	−0.006	−0.006	−0.007	−0.007	−0.007	−0.006	−0.006
50	−0.006	−0.005	−0.005	−0.004	−0.003	−0.002	−0.001	0.000	0.001	0.002
60	0.003	0.003	0.004	0.004	0.005	0.005	0.006	0.006	0.007	0.007
70	0.007	0.007	0.007	0.007	0.007	0.008	0.008	0.008	0.008	0.008
80	0.008	0.008	0.008	0.008	0.008	0.008	0.008	0.008	0.008	0.008
90	0.008	0.008	0.008	0.008	0.008	0.008	0.008	0.009	0.009	0.009
T_{90} (K)	0	10	20	30	40	50	60	70	80	90
100	0.009	0.011	0.013	0.014	0.014	0.014	0.014	0.013	0.012	0.012
200	0.011	0.010	0.009	0.008	0.007	0.005	0.003	0.001		

$t_{90} - t_{68}$ (℃)										
t_{90} (℃)	0	−10	−20	−30	−40	−50	−60	−70	−80	−90
−100	0.013	0.013	0.014	0.014	0.014	0.013	0.012	0.010	0.008	0.008
0	0.000	0.002	0.004	0.006	0.008	0.009	0.010	0.011	0.012	0.012
t_{90} (℃)	0	10	20	30	40	50	60	70	80	90
0	0.000	−0.002	−0.005	−0.007	−0.010	−0.013	−0.016	−0.018	−0.021	−0.024
100	−0.026	−0.028	−0.030	−0.032	−0.034	−0.036	−0.037	−0.038	−0.039	−0.039
200	−0.040	−0.040	−0.040	−0.040	−0.040	−0.040	−0.040	−0.039	−0.039	−0.039
300	−0.039	−0.039	−0.039	−0.040	−0.040	−0.041	−0.042	−0.043	−0.045	−0.046
400	−0.048	−0.051	−0.053	−0.056	−0.059	−0.062	−0.065	−0.068	−0.072	−0.075
500	−0.079	−0.083	−0.087	−0.090	−0.094	−0.098	−0.101	−0.105	−0.108	−0.112
600	−0.115	−0.118	−0.122	−0.125	−0.08	−0.03	0.02	0.06	0.11	0.16
700	0.20	0.24	0.28	0.31	0.33	0.35	0.36	0.36	0.36	0.35
800	0.34	0.32	0.29	0.25	0.22	0.18	0.14	0.10	0.06	0.03
900	−0.01	−0.03	−0.06	−0.08	−0.10	−0.12	−0.14	−0.16	−0.17	−0.18
1000	−0.19	−0.20	−0.21	−0.22	−0.23	−0.24	−0.25	−0.25	−0.26	−0.26
t_{90} (℃)	0	100	200	300	400	500	600	700	800	900
1000	−0.19	−0.26	−0.30	−0.35	−0.39	−0.44	−0.49	−0.54	−0.60	−0.66
2000	−0.72	−0.79	−0.85	−0.93	−1.00	−1.07	−1.15	−1.24	−1.32	−1.41
3000	−1.50	−1.59	−1.69	−1.78	−1.89	−1.99	−2.10	−2.21	−2.32	−2.43

四、温标的传递

国际温标由各国计量部门按规定分别保持和传递。在我国，由中国计量科学研究院用国际温标所规定的各定义固定点和一整套基准仪器来复现，并由各省市计量局逐级传递到工业用测温仪表和实验用精密测温仪表。

下面用一张框图（见图 3-1）来表明 273.15～903.89K（0～630.74℃）范围内温度计量器具的检定系统。从此图可以了解到温标传递系统。

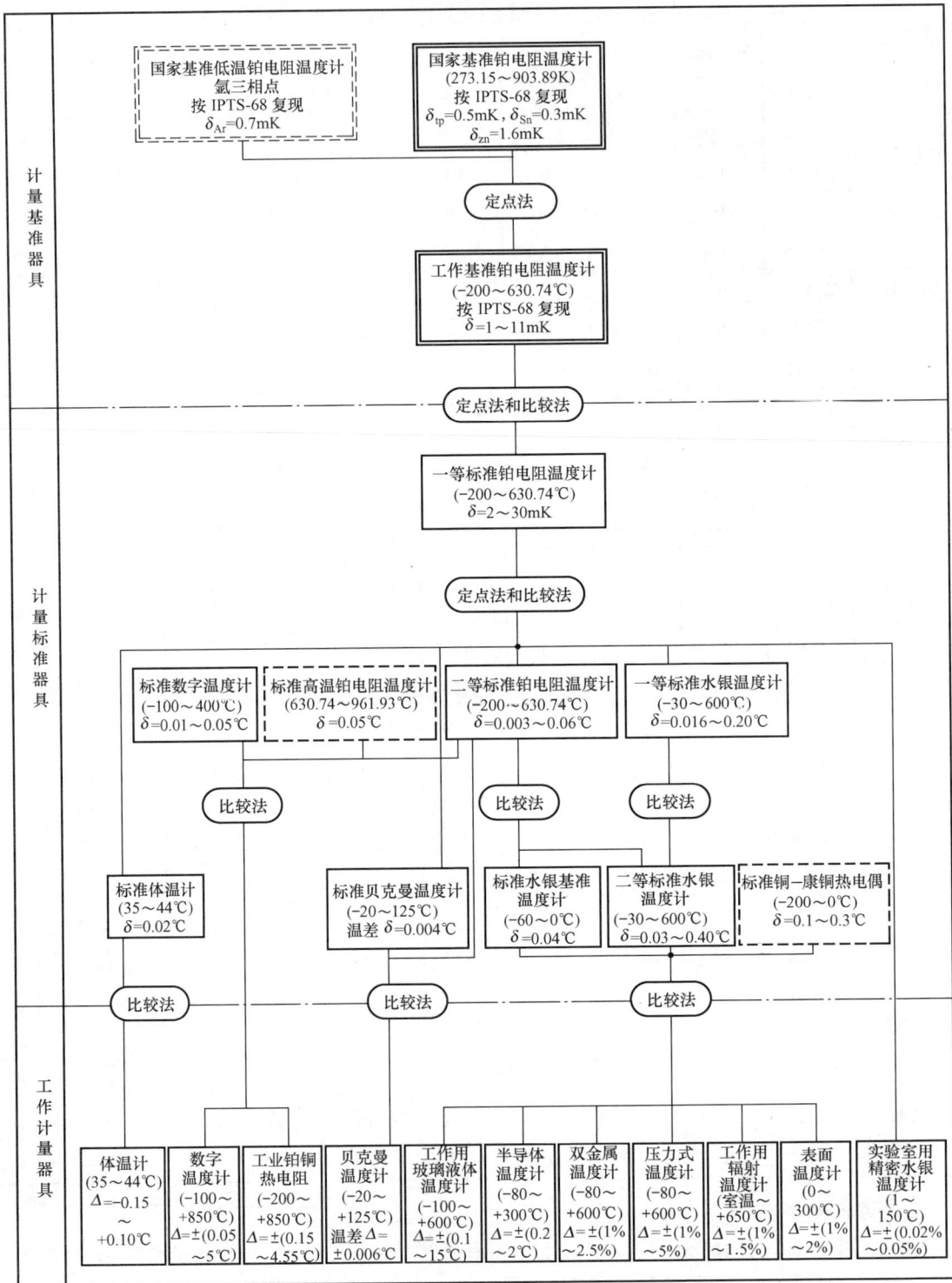

计量基准器具

国家基准低温铂电阻温度计
氩三相点
按 IPTS-68 复现
$\delta_{Ar}=0.7mK$

国家基准铂电阻温度计
（273.15～903.89K）
按 IPTS-68 复现
$\delta_{tp}=0.5mK$，$\delta_{Sn}=0.3mK$
$\delta_{zn}=1.6mK$

定点法

工作基准铂电阻温度计
（-200～630.74℃）
按 IPTS-68 复现
$\delta=1～11mK$

定点法和比较法

计量标准器具

一等标准铂电阻温度计
（-200～630.74℃）
$\delta=2～30mK$

定点法和比较法

标准数字温度计
（-100～400℃）
$\delta=0.01～0.05℃$

标准高温铂电阻温度计
（630.74～961.93℃）
$\delta=0.05℃$

二等标准铂电阻温度计
（-200～630.74℃）
$\delta=0.003～0.06℃$

一等标准水银温度计
（-30～600℃）
$\delta=0.016～0.20℃$

比较法

比较法

比较法

标准体温计
（35～44℃）
$\delta=0.02℃$

标准贝克曼温度计
（-20～125℃）
温差 $\delta=0.004℃$

标准水银基准温度计
（-60～0℃）
$\delta=0.04℃$

二等标准水银温度计
（-30～600℃）
$\delta=0.03～0.40℃$

标准铜-康铜热电偶
（-200～0℃）
$\delta=0.1～0.3℃$

比较法

比较法

比较法

工作计量器具

体温计
（35～44℃）
$\Delta=-0.15$
$\sim$
$+0.10℃$

数字温度计
（-100～+850℃）
$\Delta=\pm(0.05\sim5℃)$

工业铂铜热电阻
（-200～+850℃）
$\Delta=\pm(0.15\sim4.55℃)$

贝克曼温度计
（-20～+125℃）
温差 $\Delta=\pm0.006℃$

工作用玻璃液体温度计
（-100～+600℃）
$\Delta=\pm(0.1\sim15℃)$

半导体温度计
（-80～+300℃）
$\Delta=\pm(0.2\sim2℃)$

双金属温度计
（-80～+600℃）
$\Delta=\pm(1\%\sim2.5\%)$

压力式温度计
（-80～+600℃）
$\Delta=\pm(1\%\sim5\%)$

工作用辐射温度计
（室温～+650℃）
$\Delta=\pm(1\%\sim1.5\%)$

表面温度计
（0～300℃）
$\Delta=\pm(1\%\sim2\%)$

实验室用精密水银温度计
（1～150℃）
$\Delta=\pm(0.02\%\sim0.05\%)$

图 3-1　273.15～903.89K 温度计量器具检定系统框图

第二节 各种测温方法简介

各种测温方法是基于物体的某些物理化学性质与温度之间的一定关系，例如物体的几何尺寸、颜色、电导率、热电动势和辐射强度等都与物体的温度有关。当温度不同时，以上这些参数中的一个或几个随之发生变化，测出这些参数的变化，就可间接地知道被测物体的温度。温度测量方法分为接触法和非接触法两类，如图 3-2 所示。

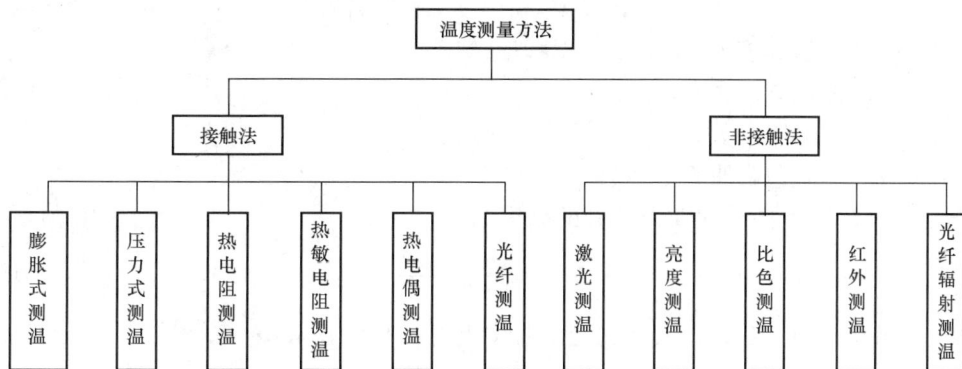

图 3-2 温度测量方法

表 3-4 列出一些测温仪表以及它们的工作原理。其中序号 1～5 是常用的测温仪表，6～9是用来测量热力学温度的测温仪表。

表 3-4 温 度 计 分 类 表

序号	温度计分类		温度计工作原理
1	膨胀式温度计	液体膨胀式 固体膨胀式	液体或固体受热膨胀
2	压力式温度计	液体式 气体式 蒸汽式	封闭在固定容积中的液体、气体或某种液体的饱和蒸汽受热体积膨胀或压力变化
3	电阻温度计		导体或半导体受热电阻变化
4	热电偶温度计		热电偶的热电动势与温度有关
5	辐射式温度计	光学式 辐射式 比色式	物体热辐射与温度有关
6	气体温度计		利用理想气体 $pV=f(T)$ 的关系
7	声学温度计		气体中声波的传播速度与温度有关
8	噪声温度计		电阻体中噪声电压平方与温度成正比
9	磁温度计		顺磁性材料磁化率随温度变化

本节仅对膨胀式温度计、压力式温度计作一简述，其他常用温度计在以后的章节中叙述。

一、膨胀式温度计

许多液体和固体，当温度升高时体积膨胀，根据受热膨胀性质制作的温度计称为膨胀式温度计。

1. 液体膨胀式温度计

液体膨胀式温度计中应用最广泛的是水银玻璃温度计，简称玻璃温度计。它构造简单，使用方便，准确度高和价格低廉。玻璃液体温度计由装有液体的玻璃温包和毛细管及刻度标尺三个部分构成。它的测温原理是应用了液体在受热后体积发生膨胀的性质。液体受热膨胀量可为

$$\Delta V = V_{t0}(\alpha - \alpha')(t_2 - t_1) \tag{3-11}$$

式中　ΔV——液体从温度 t_1 增至 t_2 的膨胀量；

　　　V_{t0}——液体在 0℃时的体积；

　　　α——液体膨胀系数；

　　　α'——玻璃温包膨胀系数。

温升 1℃时，液体在毛细管中上升的高度为

$$h = \frac{V_{t0}(\alpha - \alpha')}{0.785d^2} \tag{3-12}$$

式中　h——液体温升 1℃时，液体在毛细管中上升的高度，mm；

　　　d——毛细管直径，mm。

从上式中可以看出：温包越大（即 V_{t0} 越大）、液体的膨胀系数 α 越大、毛细管越细，上升高度越大，则温度计测量的准确度越高。

图 3-3　水银玻璃温度计
1—玻璃温包；2—毛细管；3—刻度标尺

玻璃温度计的结构多为棒式，如图 3-3 所示，它的标尺直接刻在玻璃的外表面上。玻璃温度计的测温范围一般为 -38～+356℃。如在玻璃管中充以 8MPa 的氮气，并采用石英玻璃管，则测温上限可扩展到 750℃。

热工测量用玻璃温度计按用途又可分为工业用、标准用及实验室用三种。标准水银温度计按其准确度可分为一等和二等，它们都是按测温范围制成多支成套供应的，一般用于校验其他温度计。工业用温度计的尾部有直的、弯成 90°角和 135°角的。为了防止碰碎和安装方便，在玻璃管外面通常罩有金属保护套管。在玻璃温包与金属套管之间填有良导热物质，以减小温度计测温的惯性。实验室用温度计的结构和标准的相仿，准确度也较高。

如果玻璃管中充其他低凝固点的液体，可将量程扩展到 -200℃。

标准及实验室用玻璃温度计分度时是将液柱全部插入被测介质中，使用时也必须满足这一要求才能测得准确的温度值。工业用玻璃温度计使用时也必须把标记以下全部插入被测介质中才能测得准确值。

2. 固体膨胀式温度计

固体膨胀式温度计是利用固体受热膨胀原理制成的温度计，可分为杆式温度计和双金属温度计，其中使用最多的就是双金属温度计。它是由两种线膨胀系数不同的金属片叠焊在一

起制成的。金属片一端固定，另一端可自由移动。如果下面金属的线膨胀系数比上面的大，则当温度升高时，金属片会产生向上的弯曲变形。温度越高，弯曲角度越大，如图 3-4（a）所示。为使双金属材料长而结构紧凑，占据的空间小而变形显著，常将双金属片绕制成螺旋形，将其一端固定，另一端和指针相连接，如图 3-4（b）所示。受热后金属片自由端的偏转角度可用下式计算：

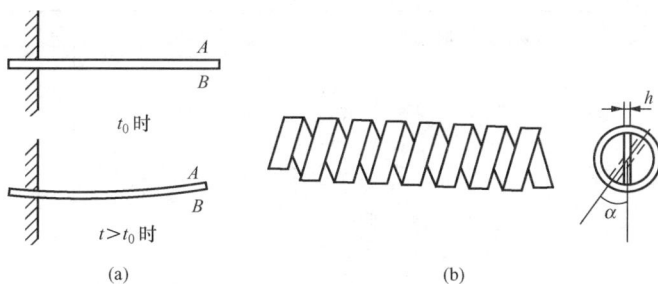

图 3-4　双金属温度计原理图
（a）条形双金属；（b）螺旋形双金属

$$\alpha = \frac{360}{\pi} K \frac{L(t-t_0)}{h} \qquad (3-13)$$

式中　　K——比弯曲，1/℃；

　　　　t——被测温度，℃；

　　　　t_0——仪表起始温度，℃；

　　　　h——双金属片的厚度，mm；

　　　　L——双金属的展开长度，mm。

双金属温度计又可分为杆形和盒形两种，通常杆形双金属温度计使用最多。杆形中按其表盘装置位置的不同，又可分为轴向型和径向型，如图 3-5 所示。也有设计成表盘位置可以任意转动的。双金属温度计的准确度等级自 1.0～2.5 级都有生产，表 3-5 是国内某厂生产的 1.5 级杆形双金属温度计的主要性能指标。

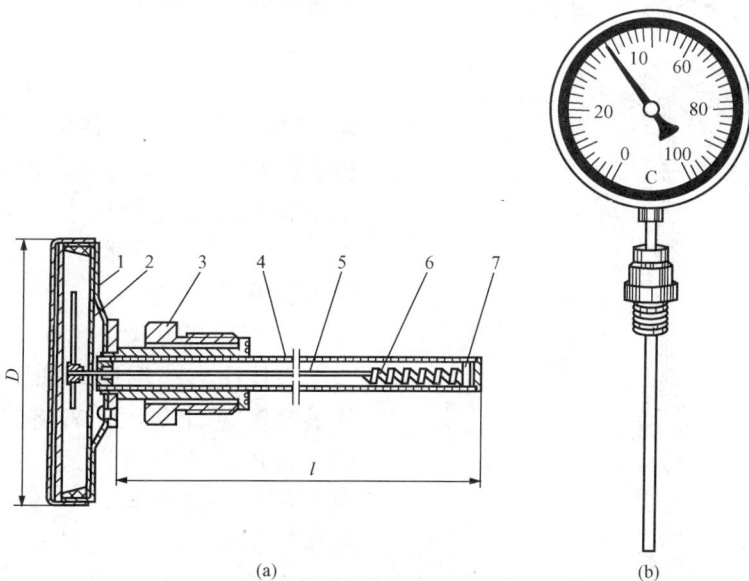

图 3-5　双金属温度计结构
（a）轴向型；（b）径向型

1—表壳；2—刻度盘；3—活动螺母；4—保护套管；5—指针轴；6—感温元件；7—固定端

表 3-5　　　　　　　　　　　双金属温度计主要技术性能

表壳直径 D（mm）	测量范围（℃）	分度值（℃）	保护套管直径（mm）	保护套管长度（mm）
60	−80~40	2	6	75，100，150，200，250，300
	−40~80	2		
	0~50	1		
	0~100	2		
	0~150	2		
	0~200	5		
	0~300	5		
100，150	−80~40	2	10	75，100，150，200，250，300，400，500，750，1000
	−40~80	2		
	0~50	1		
	0~100	2		
	0~150	2		
	0~200	5		
	0~300	5		
	0~400	5		
	0~500	10		

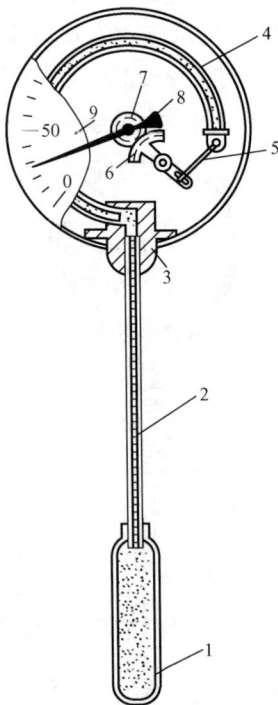

图 3-6　液体压力式温度计原理
1—温包；2—毛细管；3—基座；4—弹簧管；5—连杆；
6—扇形齿轮；7—小齿轮；8—指针；9—刻度盘

双金属温度计由于其结构简单，抗振性能好，比水银温度计坚固，且可以避免水银污染，因此工业上已用它逐步取代水银温度计，近几年来它的发展很快，品种规格也在不断增加，以满足工业测温的需要。

二、压力式温度计

压力式温度计是根据在封闭容器中的液体、气体或低沸点液体的饱和蒸气受热后体积膨胀或压力变化这一原理而制作的，并用压力表来测量这种压力变化，从而测得温度。它的结构一般都由温包、毛细管和弹性压力表组成。

1. 液体压力式温度计

液体压力式温度计如图 3-6 所示，它比玻璃温度计坚固，若将热电阻安装于测温元件内，读数可以远传。金属温包和金属毛细管一端相连，毛细管的另一端和一测量压力的弹簧压力计相连。温包、毛细管和弹簧管内都充满液体，液体受热后压力升高，压力经毛细管传递给弹簧管、使弹簧管变形，通过连杆和传动机构带动指针转动，在表盘上指示出被测温度。液体压力式温度计常用的工作液体及其主要技术性能见表 3-6。在测量下限时，以较高的压力（1～5MPa）的液体充入仪表的封闭系统内，这样可以减小温包和压力表不在同一高度时由液柱高度差所引起的误差。测量上限时的压力可达 17.5MPa。

表 3-6　　　　液体压力式温度计常用工作液体的主要技术数据

工作液体	平均膨胀系数（℃⁻¹）	测温范围（℃）	毛细管最大长度（m）	刻度特性
水银	0.000 18	−30～550	20	均匀
二甲苯	0.001 08	−40～400	20	不均匀
乙醇	0.001 05	−46～150	20	均匀
甘油	0.000 5	20～175	20	均匀

2. 气体压力式温度计

理想气体状态方程式 $pV=mRT$ 表明，对一定质量（m）的气体，如果它的体积 V 一定，则其热力学温度 T 与压力 p 成正比。因此，在密封容器内充气体，就构成气体压力式温度计。在温度不太低而压力不太高时，一般气体都能较精确地遵守气体状态方程式。气体压力式温度计在测温过程中虽然其温包、毛细管和压力弹簧管的体积会有变化，但和气体的热膨胀系数相比，此变化非常小，可以忽略不计，因此仍可视其体积 V 一定。压力式温度计中通常充氮气，此时测量的最高温度可达 500～550℃，在低温下则充氢气，此时的温度下限可达 −120℃。通常气体压力式温度计的初始充气压力为 1～3MPa，温度计的上限压力主要受系统能承受的最大压力限制，一般为 6MPa。

3. 蒸气压力式温度计

蒸气压力式温度计是根据液体的饱和蒸气压力只和气液分界面的温度有关这一道尔顿饱和蒸气压定律而制作的。如图 3-7 所示，金属温包的一部分容积内盛放着低沸点的液体，其余空间以及毛细管、弹簧管内充满这种液体的饱和蒸气。由于气液分界面在温包内，因而这种温度计的读数仅与温包温度有关。这种温度计的压力—温度关系是非线性的，不过可用变刚度弹簧管或在压力表的连杆机构中采取一些补偿措施，使温度刻度线性化。温包中常用液体及其有关数据见表 3-7。

表 3-7　　　　常用液体及其有关数据

液体	沸点（℃）	临界温度（℃）	临界压力（MPa）	典型量程（℃）
氯甲烷	−24.2	143.1	6.45	0～50
溴甲烷	4.6	—	—	25～80
丁烷	−0.5	153.0	3.53	20～80
氯乙烷	12.37	187.2	5.10	30～100
乙醚	34.51	193.8	—	60～160
丙酮	56.2	232.0	5.10	100～120
乙醇	78.5	243.1	6.18	100～180
水	100.0	374.0	21.3	120～220
甲苯	110.6	320.6	4.08	150～250
氩	−187.5	−122.0	4.71	—

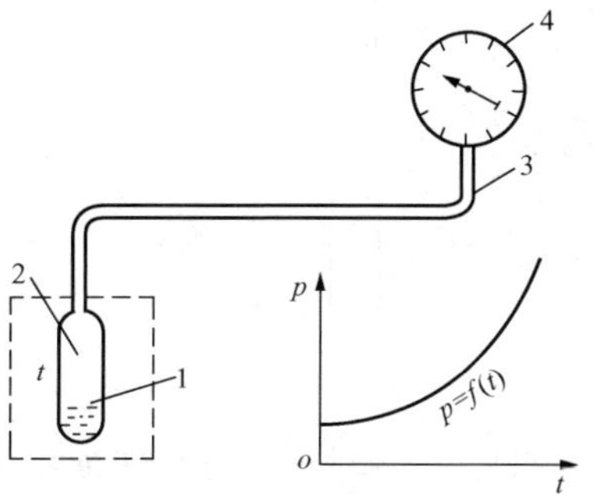

图 3-7　蒸汽压力式温度计及其特性
1—低沸点液体；2—饱和蒸气；
3—毛细管；4—压力表

对于测量温度高于环境温度的蒸气压力式温度计，由于毛细管和弹性元件所处的温度（环境温度）低于温包内气液分界面温度（被测温度），因此毛细管和弹性元件内部全部为冷凝液体所充满。对于测量温度低于环境温度的蒸气压力式温度计，由于毛细管和弹性元件所处的温度高于温包温度，因此毛细管和弹性元件内将充满蒸气。对于测量温度与环境温度相交错的蒸气压力式温度计，毛细管和弹性元件内可能充满液体也可能充满蒸气。

4. 压力式温度计的附加误差

对于压力式温度计，除仪表制造尺寸不精确、传动间隙和摩擦等会引起误差外，下面一些因素也会引起误差。

（1）温包浸入深度的影响。各种压力式温度计在测温时，毛细管或保护套管会对外散失热量，热量的损失会减小所测得的温度值。测量时如果温包只有一部分浸入被测介质中，则由于散热损失，温包温度低于被测介质温度，测量结果就不准确。只有在温包浸入被测介质中达一定深度时才能测出正确的温度值。

（2）环境温度的影响。在液体压力式温度计中，如果充液和毛细管材料、弹簧管材料的膨胀系数不同，环境温度变化就会产生测量误差。为了减小这一误差，一种方法就是另外再装一根补偿毛细管和弹簧管，如图3-8所示，这种方法可以同时补偿毛细管和弹簧管周围环境温度变化所引起的误差，但其成本比较高；另一种方法就是在弹簧管自由端与传动放大机构之间引入一个双金属片，如图3-9所示，环境温度变化时，双金属片产生相应的变形，以此来补偿弹簧管周围环境温度变化引起的误差。还有一种方法就是在毛细管中放置一根细长的金属丝，当环境温度变化时，毛细管内壁和金属丝之间所形成的环形空间的容积变化刚好与其内部工作液体的体积变化量相等，以此来补偿毛细管的温度附加误差。

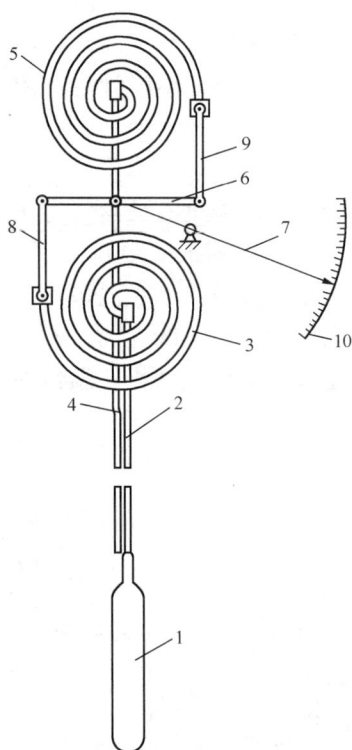

图3-8　具有双色毛细管温度补偿
系统的液体压力式温度计

1—温包；2—主毛细管；3—主弹簧管；
4—辅助毛细管；5—辅助弹簧管；6—差动
杠杆；7—指针；8，9—连杆；10—刻度盘

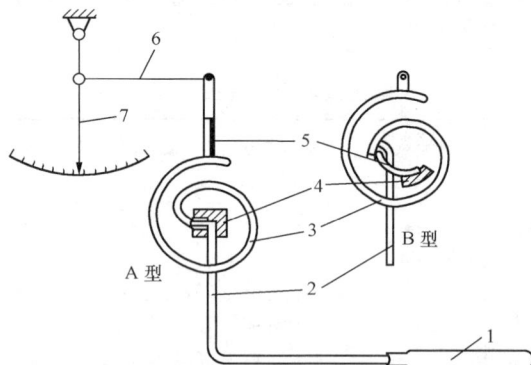

图3-9　具有双金属温度补偿装置的液体压力式温度计

A型—弹簧管自由端和传动放大机构之间加双金属片；
B型—仪表基座和弹簧管之间加双金属片

1—温包；2—毛细管；3—弹簧管；4—基座；5—双金属片；
6—连杆；7—指针

对于气体压力式温度计，环境温度变化引起的温度附加误差的情况和液体压力式温度计相仿，通常都采用加大温包容积来减小这一误差。对于蒸气压力式温度计，环境温度变化对其测量准确度影响不大。

（3）大气压力的影响。使用时，大气压力的数值与仪表标定时不一致，会引起仪表附加误差。对于液体压力式温度计和气体压力式温度计，其封闭系统内部的初始填充压力较高，因此大气压力的波动不会引起过大的仪表附加误差。对于气体压力式温度计还可采用辅助弹性元件补偿法来消除大气压力产生的附加误差。对于蒸气压力式温度计，由于初始填充压力和系统的工作压力一般都比较低。因此，大气压力变化会造成仪表测量附加误差，可以在仪表投入使用前在现场重新校正仪表零点以减小此项误差。

（4）液柱高度的影响。液体压力式温度计安装时，如果温包与压力表的位置不在同一高度上，毛细管中的液柱高度将对压力表施加一个正的或负的压力，造成附加误差。如果系统中原来的充压很高，毛细管中的液柱高低对系统产生的误差就相对很小。气体压力式温度计由于气体的密度很小，液柱高度的影响可以忽略不计。蒸气压力表式温度计充压通常是很低的，当毛细管及压力弹簧管内充满液体时，毛细管中液柱高度差同样会对仪表示值造成附加误差。

第四章　热电偶和热电阻温度计

热电偶和热电阻是常用的测温元件，本章分别介绍其测温原理、分类及校验方法。

第一节　热电现象和关于热电偶的基本定律

热电偶温度计由热电偶、电测仪表和连接导线组成。它被广泛用来测量 $100 \sim 1600 \, ^{\circ}\!C$ 范围内的温度，用特殊材料制成的热电偶还可以测量更高或更低的温度。热电偶测量温度有较高的准确度。由于热电偶能把温度信号转变成电信号，便于信号的远传和实现多点切换测量，因此，它在工业生产和科学研究领域中被广泛用于测量温度。

一、热电现象和热电偶测温原理

由两种不同的导体（或半导体）A、B组成的闭合回路（见图 4-1）中，如果使两个接点 1、2 处于不同温度 t 及 t_0，且有 $t > t_0$，回路就会出现电动势，称为热电动势，这一现象称为热电现象，这是塞贝克在 1821 年发现的，故又称为塞贝克效应。进一步的研究指出，热电动势是由温差电势和接触电势组成的。

温差电动势（汤姆逊电动势）是一根导体上因两端温度不同而产生的热电动势。当同一导体的两端温度不同时，高温端的电子能量比低温端的电子能量大，因而从高温端跑到低温端的电子数比从低温端跑到高温端的要多，结果，高温端因失去电子而带正电荷，低温端因得到电子而带负电荷，从而在高、低温端之间形成一个从高温端指向低温端的静电场。该电场阻止电子从高温端跑向低温端，同时加速电子从低温端跑向高温端，最后达到动平衡状态，即从高温端跑向低温端的电子数等于从低温端跑向高温端的电子数。动平衡状态时，在导体两端产生一个相应的电位差，该电位差称为温差电动势。此电动势只与导体性质和导体两端的温度有关，而与导体长度、截面大小、沿导体长度上的温度分布无关。如均匀导体 A 两端的温度为 t 和 t_0（见图 4-2），则在导体两端之间的温差电动势 e_A 为

$$e_A = \psi_A(t) - \psi_A(t_0) \tag{4-1}$$

式（4-1）中，函数 ψ_A 的形式只与导体 A 的性质有关。

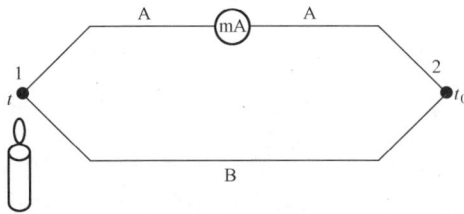

图 4-1　塞贝克效应示意　　　　　图 4-2　温差电动势

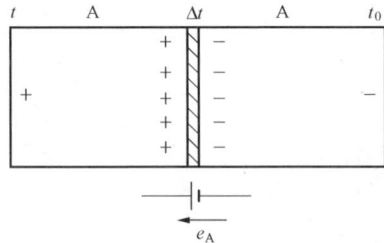

接触电动势（珀尔帖电动势）是在两种不同的导体 A 和 B 接触时产生的。A、B 金属有不同的电子密度，设导体 A 的电子密度 N_A 大于导体 B 的电子密度 N_B，则从 A 扩散到 B 的

电子数要比从 B 扩散到 A 的多，A 因失去电子而带正电荷，B 因得到电子而带负电荷，于是在 A、B 的接触面上便形成了一个从 A 到 B 的静电场。这个电场将阻碍电子扩散的继续进行，同时加速电子向相反方向转移，即从 B 回到 A 的电子数增多，最后达到动平衡状态。在动平衡状态时，A、B 之间形成一个电位差，这个电位差称为接触电动势（见图 4 - 3），其数值取决于两种不同导体的性质和接触点的温度。如导体 A 和 B 相接触，接触点温度为 t，则接点处的接触电动势为 $\phi_{AB}(t)$，函数 ϕ_{AB} 的形式只与 A 和 B 的性质有关。

一个由 A、B 两种均匀导体组成的热电偶，当两个接点温度分别为 t 和 t_0（见图 4 - 4）时，按顺时针取向，热电偶产生的热电动势 $E_{AB}(t, t_0)$ 为

$$E_{AB}(t,t_0) = \phi_{AB}(t) - \psi_A(t) + \psi_A(t_0) - \phi_{AB}(t_0) + \psi_B(t) - \psi_B(t_0)$$

整理上式，将含 t 及 t_0 的函数分开，则

$$E_{AB}(t,t_0) = [\phi_{AB}(t) - \psi_A(t) + \psi_B(t)] - [\phi_{AB}(t_0) - \psi_A(t_0) + \psi_B(t_0)]$$
$$= f_{AB}(t) - f_{AB}(t_0)$$

或写作
$$E_{AB}(t,t_0) = e_{AB}(t) - e_{AB}(t_0) \qquad (4 - 2)$$

式中　$E_{AB}(t, t_0)$——总的热电动势；

　　　　$A、B$——产生热电动势的两种导体（或半导体）；

　　　　$t、t_0$——两接点的温度；

$e_{AB}(t)、e_{AB}(t_0)$——接触电动势、温差电动势二者合成的分电动势，它只与 A、B 材料的性质及温度 $t、t_0$ 有关。

下角的顺序表示电动势的方向是由前者指向后者，若下标的顺序变更，e 前面的符号也就要改变，例如 $e_{AB}(t) = -e_{BA}(t)$。

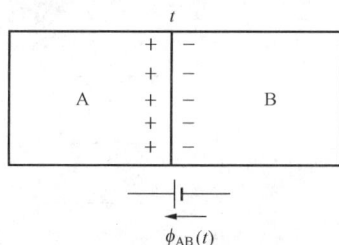

图 4 - 3　接触电动势　　　　　　　图 4 - 4　热电偶回路

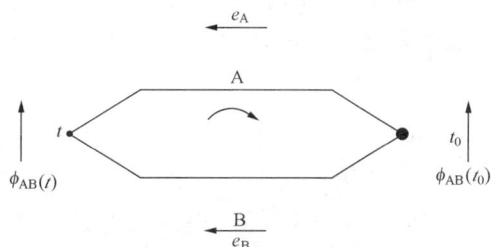

若使热电偶的一个接点温度 t_0 保持不变，则式（4 - 2）中的 $e_{AB}(t_0)$ 项也不变，可视为常数 C，这时式（4 - 2）可写成

$$E_{AB}(t,t_0) = e_{AB}(t) - C \qquad (4 - 3)$$

即热电偶所产生的热电动势 $E_{AB}(t, t_0)$ 只和温度 t 有关，因此，测量热电动势的大小，就可求得温度 t 的值，这就是用热电偶测量温度的工作原理。组成热电偶的两种导体，称为热电极。通常把 t_0 端称为热电偶的参考端、自由端或冷端，而 t 端称为测量端、工作端或热端（以下统称为冷端、热端）。如果在冷端电流从导体 A 流向导体 B，则 A 称为正热电极，B 称为负热电极。

二、热电偶的基本定律

在使用热电偶测量温度时，需要应用关于热电偶的三条基本定律，它们已由实验所确立，分述如下。

1. 均质导体定律

由一种均质导体（或半导体）组成的闭合回路，不论导体（或半导体）的截面积如何以及各处的温度分布如何，都不能产生热电动势。由此定律可以得到如下的结论：

（1）热电偶必须由两种不同性质的材料构成；

（2）由一种材料组成的闭合回路存在温差时，回路如产生热电动势，便说明该材料是不均匀的。据此，可检查热电极材料的均匀性。

2. 中间导体定律

由不同材料组成的闭合回路中，若各种材料接触点的温度都相同，则回路中热电动势的总和等于零。由此定律可以得到如下的结论：

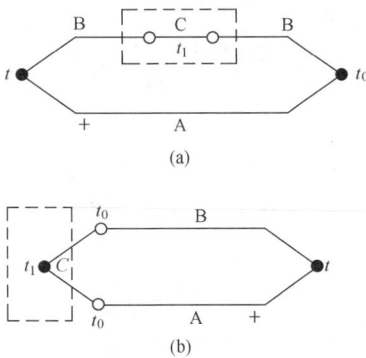

图 4-5　热电偶回路中插入第三种材料

（1）在热电偶回路中加入第三种均质材料，只要它的两端温度相同，对回路的热电动势就没有影响。如图 4-5 所示，利用热电偶测温时，只要热电偶连接显示仪表的两个接点的温度相同，那么仪表的接入对热电偶的热电动势没有影响。而且对于任何热电偶接点，只要它接触良好，温度均一，不论用何种方法构成接点，都不影响热电偶回路的热电动势。例如对图 4-5（a）可以写出回路热电动势为

$$E_{ABC}(t,t_1,t_0) = e_{AB}(t) + e_{BC}(t_1) + e_{CB}(t_1) + e_{BA}(t_0)$$
$$= e_{AB}(t) + e_{BA}(t_0)$$
$$= E_{AB}(t,t_0)$$

由图 4-5（b），可以写出回路热电动势为

$$E_{ABC}(t,t_1,t_0) = e_{AB}(t) + e_{BC}(t_0) + e_{CA}(t_0)$$

若设 $t=t_1=t_0$，则根据本定律可得

$$e_{AB}(t_0) + e_{BC}(t_0) + e_{CA}(t_0) = 0$$

以此关系代入上式，可得

$$E_{ABC}(t,t_1,t_0) = e_{AB}(t) - e_{AB}(t_0) = E_{AB}(t,t_0)$$

以上两种形式的热电偶回路，都可证明本结论是正确的。

（2）如果两种导体 A、B 对另一种参考导体 C 的热电动势为已知，则这两种导体组成热电偶的热电动势是它们对参考导体热电动势的代数和（见图 4-6）。例如若把图 4-6（a）、（b）改画成（c）形式，则回路的热电动势可写成

$$E_{AC}(t,t_0) + E_{CB}(t,t_0) = e_{AC}(t) + e_{CB}(t) + e_{BA}(t_0)$$

同样应用本定律，可得

$$e_{AC}(t) + e_{CB}(t) + e_{BA}(t) = 0$$

即

$$e_{AC}(t) + e_{CB}(t) = -e_{BA}(t) = e_{AB}(t)$$

由此可得

$$E_{AC}(t,t_0) + E_{CB}(t,t_0) = e_{AB}(t) + e_{BA}(t_0) = E_{AB}(t,t_0)$$

这个结论大大简化了热电偶的选配工作。参考导体也称标准电极。因为铂的物理、化学性能稳定，熔点高，易提纯，

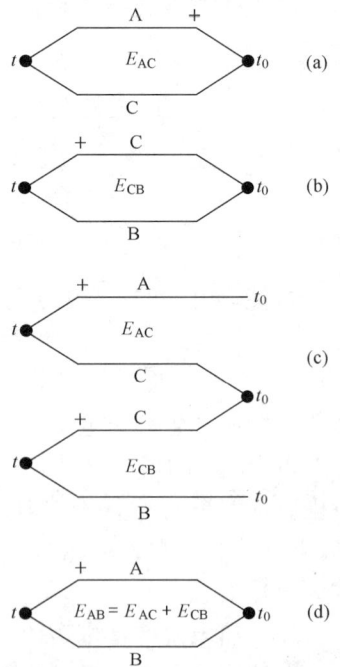

图 4-6　参考导体热电动势的代数和

复制性好，所以标准电极常用纯铂丝制作。只要取得一些热电极与标准铂电极配对的热电动势，其中任何两种热电极配对时的热电动势就可通过计算求得。

3. 连接温度（或中间温度）定律

接点温度为 t_1 和 t_3 的热电偶，它的热电动势等于接点温度分别为 t_1、t_2 和 t_2、t_3 的两支同性质热电偶的热电动势的代数和，如图 4-7 所示，可以写出它的热电动势：

$$E_{AB}(t_1, t_2) + E_{AB}(t_2, t_3) = e_{AB}(t_1) + e_{BA}(t_2) + e_{AB}(t_2) + e_{BA}(t_3)$$
$$= e_{AB}(t_1) + e_{BA}(t_3)$$
$$= E_{AB}(t_1, t_3)$$

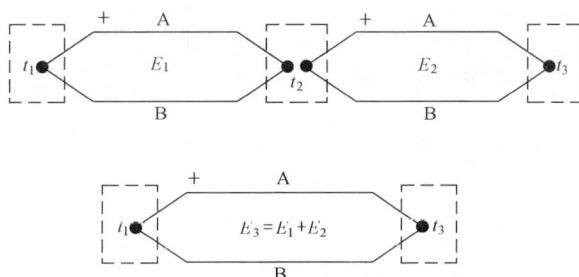

图 4-7 中间温度定律

由此定律可以得到如下结论：

（1）已知热电偶在某一给定冷端温度下进行的分度，只要引入适当的修正，就可在另外的冷端温度下使用。这就为制订热电偶的热电动势—温度关系分度表奠定了理论基础。

（2）和热电偶具有同样热电性质的补偿导线可以引入热电偶的回路中，相当于把热电偶延长而不影响热电偶应有的热电动势，这就为工业测温中应用补偿导线提供了理论依据。

在测温时，为了使热电偶的冷端温度保持恒定，可以把热电偶做得很长，使冷端远离热端，并连同测量仪表一起放置到恒温或温度波动较小的地方（如集中控制室）。但这种方法要耗费许多贵重的热电极材料，因此，一般是用一种补偿导线和热电偶的冷端相连接（见图4-8），这种补偿导线是两种不同的金属材料，它在一定的温度范围内（0~100℃）和所连接

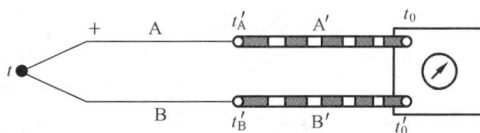

图 4-8 补偿导线在测温回路中的连接
A，B—热电偶热电极；A′，B′—补偿导线；
t'_0—热电偶原冷端温度；t_0—新冷端温度

的热电偶具有相同的热电性质，可用它们来做热电偶的延伸线。我国规定补偿导线分为补偿型和延伸型两种。补偿型补偿导线的材料与对应的热电偶不同，是用贱金属（便宜的金属）制成的，但在低温下它们的热电性质是相同的。延伸型补偿导线的材料与对应的热电偶相同，但其热电性能的准确度要求略低。补偿导线的结构与电缆一样，有单芯、双芯等；芯线又分单股硬线和多股软线；芯线外为绝缘层和保护层，有的还有屏蔽层。根据补偿导线所耐环境温度不同，又可分为一般用和耐热用两种。根据补偿导线热电动势的允许误差大小又可分普通级和精密级两种。一般而言，补偿导线电阻率较小，线径较粗，有利于减小热电偶回路的电阻。常用补偿导线列于表 4-1 中。

表 4 - 1　　　　　　　　　　　　　　　　　　　　　　　　　　　　　　　　　　　　**补偿导线的**

热电偶分度号	补偿导线型号	补偿导线合金丝名称	补偿导线						20℃时电阻率（$\mu\Omega \cdot m$）
			正极			负极			
			成分	绝缘层着色	代号	成分	绝缘层着色	代号	
S 或 R	SC	铜—铜镍 0.6	100Cu	红	SPC	99.4Cu+0.6Ni	绿	SNC	SPC/RPC <0.018
	RC				RPC			RNC	SNC/RNC <0.12
K	KCA	铁—铜镍 22	100Fe	红	KPCA	78Cu+22Ni	蓝	KNCA	KPCA <0.15 KNCA <0.55
	KCB	铁—铜镍 40	100Cu	红	KPCB	60Cu+40Ni	蓝	KNCB	KPCB <0.018 KNCB <0.50
	KX	镍铬 10—镍硅 3	90Ni+10Cr	红	KPX	97Ni+3Si	黑	KNX	KPX <0.75 KNX <0.30
E	EX	镍铬 10—铜镍 45	90Ni+10Cr	红	EPX	55Cu+45Ni	棕	ENX	EPX <0.75 ENX <0.50
J	JX	铁—铜镍 45	100Fe	红	JPX	55Cu+45Ni	紫	JNX	JPX <0.15 JNX <0.50
T	TX	铜—铜镍 45	100Cu	红	TPX	55Cu+45Ni	白	TNX	TPX <0.018 TNX <0.50
N	NC	铁—铜镍 18	100Fe	红	NPC	82Cu+18Ni	灰	NNC	NPC <0.25 NNC <0.50
	NX	镍铬 14 硅—镍硅 4 镁	84Ni+14.5Cr+1.5Si	红	NPX	94.5Ni+4.5Si+1.0Mg	橙	NNX	NPX <1.05 NNX <0.38

性能简表

使用分类	测量端温度（℃）	热电动势标称值（μV）	补偿导线热电动势及允差（正负配对时）				绝缘层及保护层的材料	使用温度范围（℃）
			精密级		普通级			
			允差（μV）	热电动势范围（μV）	允差（μV）	热电动势范围（μV）		
G	100	646	±30	616~676	±60	586~706	PVC，PVC PVC，PVC	0~70 0~100
H	100	646	—	—	±60	586~706	PVC，PVC B，B F，B	0~70 0~100 0~180 0~200
H	200	1441				1381~1501		
G	−25	−968	±44	−924~−1012	±88	−880~−1056		
G	100	4096		4052~4140		4008~4184		
H	−25	−968	±44	−924~−1012	±88	−880~−1056	PVC，PVC	0~70
H	100	4096		4052~4140		4008~4184	PVC，PVC	0~100
H	200	8138		8094~8182		8050~8226	PVC，PVC	0~70
G	−25	−968	±44	−924~−1012	±88	−880~−1056	PVC，PVC	0~100
G	100	4096		4052~4140		4008~4184		
G	200	8138		8094~8182		8050~8226		
G	−25	−968	±44	−924~~−1012	±88	−880~1056	PVC，PVC PVC，PVC	−20~70 −20~100
G	100	4096		4052~4140		4008~4184	PVC，PVC	−20~70
H	−25	−968	±44	−924~~−1012	±88	−880~~−1056	PVC，PVC B，B F，B B，B F，B	−20~100 −40~180 −40~200 −40~180 −40~200
H	100	4096		4052~4140		4008~4184		
H	200	8138		8094~8182		8050~8226		
G	−25	−1432	±81	−1351~−1513	±138	−1294~−1570	PVC，PVC PVC，PVC	−20~70 −20~100
G	100	6319		6238~6400		6181~6457	PVC，PVC	−20~70
H	−25	−1432	±81	−1351~−1513	±138	−1294~−1570	PVC，PVC B，B F，B B，B F，B	−20~100 −40~180 −40~200 −40~180 −40~200
H	100	6319		6238~6400		6181~6457		
H	200	13421		13340~13502		13283~13559		
G	−25	−1239	±62	−1177~−1301	±123	−1116~−1362	PVC，PVC PVC，PVC	−20~70 −20~100
G	100	5269		5207~5331		5146~5392	PVC，PVC	−20~70
H	−25	−1239	±62	−1177~−1301	±123	−1116~−1362	PVC，PVC B，B F，B B，B F，B	−20~100 −40~180 −40~200 −40~180 −40~200
H	100	5269		5207~5331		5146~5392		
H	200	10779		10717~10841		10656~10902		
G	−25	−940	±30	−910~−970	±60	−880~−1000	PVC，PVC PVC，PVC	−20~70 −20~100
G	100	4279		4249~4309		4219~4339	PVC，PVC	−20~70
H	−25	−940	±48	−892~−988	±90	−850~−1030	PVC，PVC B，B F，B B，B F，B	−20~100 −40~180 −40~200 −40~180 −40~200
H	100	4279		4231~4327		4189~4369		
H	200	9288		9240~9336		9198~9378		
G	−25	−646	±43	−603~−689	±86	−560~−732	PVC，PVC PVC，PVC	−20~70 −20~100
G	100	2774		2731~2817		2688~2860	PVC，PVC	−20~70
H	−25	−646	±43	−603~−690	±86	−560~−732	PVC，PVC B，B F，B B，B F，B	−20~100 −40~180 −40~200 −40~180 −40~200
H	100	2774		2731~2817		2688~2860		
H	200	5913		5870~5956		5827~5999		

第二节　标准化与非标准化热电偶

常用的热电偶是由热电极（热偶丝）、绝缘材料（绝缘管）和保护套管等部分构成的。图 4-9 所示为工业用普通型热电偶的结构。

一、热电极材料及其热电性质

对热电极材料的主要要求是：

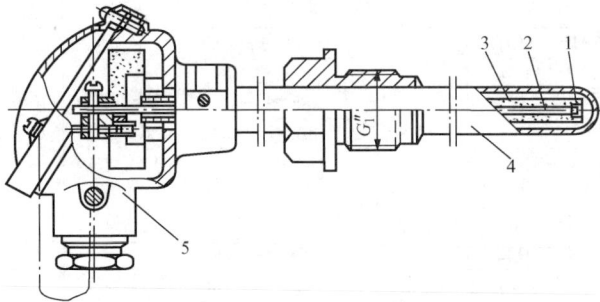

图 4-9　工业用普通型热电偶的结构
1—热电偶热端；2—热电极；3—绝缘管；
4—保护套管；5—接线盒

（1）物理性能稳定，能在较宽的温度范围内使用，其热电性质不随时间变化；

（2）化学性能稳定，在高温下不易被氧化和腐蚀；

（3）热电动势和热电动势率（温度每变化 1℃ 引起的热电动势的变化）大，热电动势与温度之间呈线性关系；

（4）电导率高，电阻温度系数小；

（5）复制性好，以便互换；

（6）价格便宜。

目前所用的热电极材料，不论是纯金属、合金还是非金属，都难以满足以上全部要求，所以在不同的测温条件下要用不同的热电极材料。附录表Ⅰ-1 中列出了某些热电极材料与铂相配时的热电性质和其他物理性质。

二、标准化热电偶

标准化热电偶是指制造工艺较成熟、应用广泛、能成批生产、性能优良而稳定并已列入专业或国家工业标准化文件中的那些热电偶。由于标准化文件对同一型号的标准化热电偶规定了统一的热电极材料及其化学成分、热电性质和允许偏差，也就是说标准化热电偶具有统一的分度表。对于同一型号的标准化热电偶具有互换性，使用十分方便。

下面简要介绍各种标准化热电偶的性能和特点。

1. 铂铑 10—铂热电偶（分度号 S）

这是一种贵金属热电偶，直径通常约 0.5mm，长期使用的最高温度可达 1400℃，短期使用可达 1600℃。这种热电偶的复制性好，测量准确度高，宜在氧化性及中性气氛中长期使用，在真空中可短期使用，但不能在还原性气氛及含有金属或非金属蒸气中使用，除非外面套有合适的非金属保护套管，防止这些气氛和它直接接触。这种热电偶在高温下长期使用时，其晶粒会过分增大，导致铂电极折断。高温下铂电极对污染很敏感，热电势会下降，而且铂铑极中的铑会挥发或向铂电极扩散，这样热电势也会下降。这种热电偶的热电动势较小，价格较贵，这是它的不足之处。铂铑 10—铂热电偶分度表见附录表Ⅰ-2。

2. 铂铑 13—铂热电偶（分度号 R）

这种热电偶的基本性能和使用条件和铂铑 10—铂热电偶相同，只是热电势略大些，欧美等国家使用较多，其分度表见附录表Ⅰ-3。

3. 铂铑 30—铂铑 6 热电偶（分度号 B）

这同样是贵金属热电偶，直径通常为 0.5mm，长期使用最高温度可达 1600℃，短期使用可达 1700℃。它宜在氧化性或中性气氛中使用，在真空中可短期使用。它不能在还原性气氛及含有金属或非金属蒸气的气氛中使用，除非外面套有合适的非金属保护套管。与铂铑 10—铂热电偶相比，由于它的两个热电极都是铂铑合金，因此抗污染能力增大，高温下晶粒增大也很小，热电性质更为稳定。这种热电偶的热电动势及热电动势率都比铂铑 10—铂热电偶更小。由于它在低温时的热电势很小，因此冷端在 50℃ 以下使用时，可不必进行冷端温度补偿。铂铑 30—铂铑 6 热电偶分度表见附录表Ⅰ-4。

4. 镍铬—镍硅（镍铬—镍铝）热电偶（分度号 K）

它是贱金属热电偶，热电极直径一般为 0.3～3.2mm。直径不同，它的最高使用温度也不同。以直径 3.2mm 为例，它长期使用的最高温度为 1200℃，短期测温可达 1300℃。在 500℃ 以下可在还原性、中性和氧化性气氛中可靠地工作，而在 500℃ 以上只能在氧化性或中性气氛中工作。镍铬—镍硅热电偶可用于温度很低的含氢或氨的气氛中，而不能用于氧化还原交替的气氛中，也不能用于含硫的气氛中。在真空中只能短期使用（因为铬将挥发而改变分度值）。镍铬—镍铝热电偶与镍铬—镍硅热电偶的热电特性几乎完全一致，但是镍硅合金比镍铝合金的抗氧化性更好，目前我国基本上用镍铬—镍硅热电偶取代镍铬—镍铝热电偶。镍铬—镍硅热电偶的热电动势率比铂铑 10—铂热电偶的大 4～5 倍，而且温度和热电动势关系较近似于直线关系。镍铬—镍硅（镍铝）热电偶分度表见附录表Ⅰ-5。

5. 镍铬—康铜热电偶（度号 E）

这是贱金属热电偶，测温范围为 −200～+900℃，热电极直径为 0.3～3.2mm。直径不同，最高使用温度也不同，以直径 3.2mm 为例，长期使用最高温度为 750℃，短期使用最高可达 900℃。这种热电偶适合在氧化性或中性气氛中使用。在其他气氛中使用所受的限制与镍铬—镍硅热电偶相同。这种热电偶适合在 0℃ 以下测量温度，因为它在高湿度气氛中不易腐蚀。在常用热电偶中，这种热电偶每摄氏度对应的电动势最高，因此这种热电偶比较常用，其分度表见附录表Ⅰ-6。

6. 铁—康铜热电偶（分度号 J）

这是贱金属热电偶，测温范围为 −40～+750℃，热电极直径为 0.3～3.2mm，它的最高测量温度与热电极直径有关。它适用于氧化、还原性气氛中测温，也可用在真空、中性气氛中测温。它不能在 538℃ 以上的含硫气氛中使用。这种热电偶具有稳定性好、灵敏度高和价格低廉等优点，其分度表见附录表Ⅰ-7。

7. 铜—康铜热电偶（分度号 T）

这是贱金属热电偶，测温范围为 −200～+350℃，热电极直径为 0.2～1.6mm，它的最高测量温度与热电极直径有关。它适合在氧化、还原、真空及中性气氛中使用，它在潮湿的气氛中是抗腐蚀的，特别适合于 0℃ 以下温度的测量。它的主要特点是测温准确度高。稳定性好，低温时灵敏度高以及价格低廉，其分度表见附录表Ⅰ-8。

8. 镍铬—金铁热电偶（分度号 NiCr-AuFe0.07）及铜—金铁热电偶（分度号 Cu-AuFe0.07）

这两种热电偶适用于低温测量，其测量范围前者为 −273～+7℃，后者为 −270～−196℃。这两种热电偶在低温下使用具有稳定性好、灵敏度高等优点，其分度表可查有关资料。

表 4 - 2　　　　　　　　　　　　　　　　　　　　**常用标准化热电偶简要**

热电偶名称（国标号）	分度号	热电极		100℃电势（冷端0℃）（mV）	测温上限	
		代号	识别		热电极直径（mm）	长期
铂铑10—铂（GB/T 1598—2010）	S	SP	无磁性，亮白色，略硬	0.646	0.5 −0.02	1400
		SN	无磁性，亮白色，软			
铂铑30—铂铑6（GB/T 1598—2010）	B	BP	无磁性，亮白色，略硬	0.033	0.5 −0.015	1600
		BN	无磁性，亮白色，略软			
镍铬—镍硅（GB/T 2614—2010）	K	KP	无磁性，暗绿色	4.096	0.3 / 0.5 / 0.8, 1.0	700 / 800 / 900
		KN	稍亲磁，深灰色		1.2, 1.6 / 2.0, 2.5 / 3.2	1000 / 1100 / 1200
镍铬—铜镍（GB/T 4993—2010）	E	EP	无磁性，暗绿色	6.319	0.3, 0.5 / 0.8, 1.0	350 / 450
		EN	无磁性，银白色		1.2, 1.6 / 2.0, 2.5 / 3.2	550 / 650 / 750
铜—铜镍（GB/T 2903—1998）	T	TP	褐红色，无磁性	4.279	0.2 / 0.3, 0.5 / 0.8, 1.0	150 / 200
		TN	无磁性，银白色		1.2, 1.6 / 2.0	250 / 350
铁—铜镍（GB/T 4994—1998）	J	JP	强亲磁性，褐黑色	5.269	0.3, 0.5 / 0.8, 1.0	300 / 400
		JN	不亲磁，银白色		1.2, 1.6, 2.0 / 2.5, 3.2	500 / 600
铂铑13—铂（GB/T 1598—1998）	R	RP	不亲磁，亮白色，略硬	0.647	0.5—0.015	1400
		RN	不亲磁，亮白色，软			
镍铬硅—镍硅镁 GB/T 17615—1998	N	NP	黑褐	2.774	同 K 型	同 K 型
		NN	绿黑			

技术资料（供参考）

(℃) 短期	级别					
	Ⅰ级		Ⅱ级		Ⅲ级	
	温度范围（℃）	允许误差（℃）	温度范围（℃）	允许误差（℃）	温度范围（℃）	允许误差（℃）
1600	0～1100 1100～1600	±1 ±[1+(t-1100)×0.003]	0～600 600～1600	±1.5 ±0.25%t	—	—
1700	—	—	600～1700	±0.25%t	600～800 800～1700	±4 ±0.5%t
800 900 1000 1100 1200 1300	-400～1100	±1.5 或±0.4%t	-40～1300	±2.5 或 ±0.75%t	—	—
450 550 650 750 900	-40～+800	±1.5 或 ±0.4%t	-40～+900	±2.5 或 ±0.75%t	-200～+40	±2.5 或±1.5%t
200 250 300 350	~40～+350	±0.5 或±0.4%t	-40～+350	±1 或±0.75%t	-200～+40	±1 或±1.5%t
400 500 600 750	-40～+750	±1.5 或±0.4%t	-40～+750	±2.5 或 ±0.75%t	—	—
1600	0～1100 1100～1600	±1 或± [1+(t-1100) ×0.003]	0～600 600～1600	±1.5 或 ±0.25%t	—	—

9. 镍铬硅—镍硅镁热电偶（分度号 N）

N 型热电偶为贱金属热电偶，该热电偶的正极（NP）为镍铬硅合金丝，名义化学成分是 13.7%～14.7% 的铬和 1.2%～1.6% 的硅及小于 0.01% 的镁，其余部分为镍；负极（NN）为镍硅镁合金丝，名义化学成分是 4.2%～4.6% 的硅和 0.5%～1.5% 的镁及小于 0.02% 的铬，其余部分为镍。直径范围 0.3～3.2mm，直径为 $\Phi3.2$ 的 N 型热电偶，长期使用温度上限为 1200℃，短期使用上限为 1300℃。它是一种最新国际标准化的热电偶，具有线性度好，热电动势较大，灵敏度较高，稳定性和均匀性较好，抗氧化性能强，价格便宜等优点，是一种很有发展前途的热电偶。（见 GB/T 17615—1998）。

我国标准化热电偶的主要特性见表 4-2。

（1）对于分度号为 S、R、B 的贵金属热电偶而言，长期使用最高温度是指在干燥空气中热电偶在该温度下经过 200h 工作后，其原始分度值的变化不超过 0.5%；短期使用的最高温度、工作气氛及原始值的变化与上述相同，经历时间则为 20h。

（2）对于分度号为 K、E、J、T 的贱金属热电偶而言，其长期使用的最高温度是指在干燥空气中热电偶在该温度下经过 1000h 工作后，其原始分度值的变化不超过 0.75%；短期使用的最高温度、工作气氛及原始值的变化与上述相同，经历时间则为 100h。

（3）分度号为 E、J、T 热电偶的负极虽然都是康铜（铜镍合金），但通常含有少量的不同元素，以控制热电动势的大小。

三、非标准化热电偶

非标准化热电偶无论在使用范围或数量上均不及标准化热电偶。但在某些特殊场合，譬如在高温、低温、超低温、高真空和有核辐射等被测对象中，这些热电偶具有某些特别良好的性能。非标准化热电偶一般没有统一的分度表。

1. 钨铼系热电偶

钨铼系热电偶可用来测量高达 2760℃ 的温度，通常用于测量低于 2316℃ 的温度。短时间测量可达 3000℃。这种系列热电偶可用在干燥的气氛、中性气氛和真空中，不宜用在还原性气氛、潮湿的氢气及氧化性气氛中。常用的钨铼系热电偶有下列一些：钨—钨铼 26、钨铼 3—钨铼 25、钨铼 5—钨铼 20 和钨铼 5—钨铼 26，这些热电偶的常用温度为 300～2000℃，分度误差为 $\pm1\%t$。

2. 铱铑系热电偶

铱铑—铱热电偶可用在真空、中性及弱氧化性气氛中，但不宜用在还原性气氛中，在氧化性气氛中使用将缩短寿命。它的正极铱铑合金的含铑量有 40%，50%，60% 三种，它们在中性气氛和真空中可测量的温度分别为 2100、2050℃ 和 2000℃，短时间可测的最高温度分别为 2180、2140℃ 和 2090℃，其测温准确度可达 $\pm1\%t$。

3. 铂钼 5—铂钼 0.1 热电偶

这种热电偶因具有小的中子俘获截面，适合于测量气体冷却原子反应堆中的氦气温度。它在中性气氛（氦）中长期使用的最高温度为 1400℃，短期使用的最高温度为 1550℃。它不宜用在还原性和氧化性气氛中，也不宜用在真空中。

4. 非金属热电偶

目前已定型并投入生产的有以下几种产品：热解石墨热电偶、二硅化钨—二硅化钼热电偶、石墨—二硼化锆热电偶、石墨—碳化钛热电偶和石墨—碳化铌热电偶等。这五种热电偶的准确度为 $\pm(1\sim1.5)\%t$，在氧化性气氛中可用于 1700℃ 左右。二硅化钨—二硅化钼热电偶在含碳气氛、中性气氛和还原性气氛中可用到 2500℃。石墨—碳化钛、石墨—碳化铌和石墨—二硼化锆等热电偶在中性和含碳气氛中可用到 2000℃。这些热电偶的出现，开辟了含碳气氛中测温的途径，使得不用贵金属也能在氧化性气氛中测量高温。不过到目前为止，非金属热电偶材料的复制性还很差，故没有统一的分度表，也不能成批生产。另外，其机械强度较差，因此在使用中受到较大的限制。

四、热电偶的构造

1. 普通型热电偶

常用的普通型热电偶本体是一端焊接的两根金属丝（热电极）。考虑到两根热电极之间的电气绝缘和防止有害介质侵蚀热电极，在工业上使用的热电偶一般都有绝缘管和保护套管。在个别情况下，如果被测介质对热电偶不会发生侵蚀作用，也可不用保护套管，以减小接触测温误差与滞后。

（1）热电极。热电极的直径由材料的价格、机械强度、电导率以及热电偶的用途和测量范围等决定。贵金属热电极的直径一般是 0.3～0.65mm；贱金属热电极的直径一般是 0.5～3.2mm。热电偶的长度根据热端在介质中的插入深度来决定，通常为 350～2000mm。

热电偶热端通常采用焊接方式连接。为了减小热传导误差和滞后，焊点宜小，焊点直径应不超过两倍热电极直径。焊点的形式有点焊、对焊、绞状点焊等多种，如图 4-10 所示。

（2）绝缘材料。热电偶的两根热电极要很好地绝缘，以防短路。在低温下可用橡胶、塑料等作绝缘材料；在高温下采用氧化铝、陶瓷等制成圆形或椭圆形的绝缘管，套在热电极上。绝缘管的形状见图 4-11，常用的绝缘材料见表 4-3。

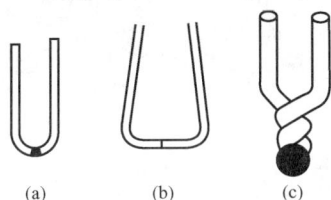

图 4-10 热电偶热端焊点的形式
（a）电焊；（b）对焊；（c）绞状电焊

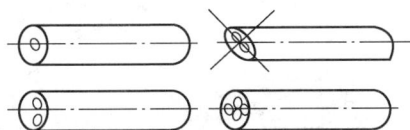

图 4-11 绝缘管外形

表 4-3 绝 缘 材 料

名　　称	长期使用的温度上限（℃）	名　　称	长期使用的温度上限（℃）
天然橡胶	60～80	石英	1100
聚乙烯	80	陶瓷	1200
聚四氟乙烯	250	氧化铝	1600
玻璃和玻璃纤维	400	氧化镁	2000

（3）保护套管。为了防止热电极遭受化学腐蚀和机械损伤，热电偶通常都是装在密封、并带有接线盒的保护套管内。接线盒内有连接热电极的两个接线柱，以便连接补偿导线或普通导线。对保护套管材料的要求是能承受温度的剧变、耐腐蚀、有良好的气密性和足够的机械强度，有高的热导率，在高温下不产生对热电极有害的气体。目前还没有一种材料能同时满足上述要求，因此应根据具体工作条件选择保护套管的材料。常用的保护套管材料及其所耐温度见表 4-4。

表 4 - 4 热电偶用保护套管的材料

材料名称（金属）	能耐温度（℃）	材料名称（非金属）	能耐温度（℃）
铜	350	石英	1100
20 号碳钢	600	高温陶瓷	1300
1Cr18Ni9Ti 不锈钢	870	高纯氧化铝	1700
镍铬合金	1150	氮化硼	3000（还原性气氛）

常用保护套管的外形如图 4 - 12 所示，主要用于测量气体、蒸汽和液体等介质的热电偶。按其安装时的连接形式可分为螺纹连接和法兰连接两种；按其使用时被测介质的压力大小可分为密封常压式和高压固定螺纹式两种，可根据使用情况选择适当的形式。

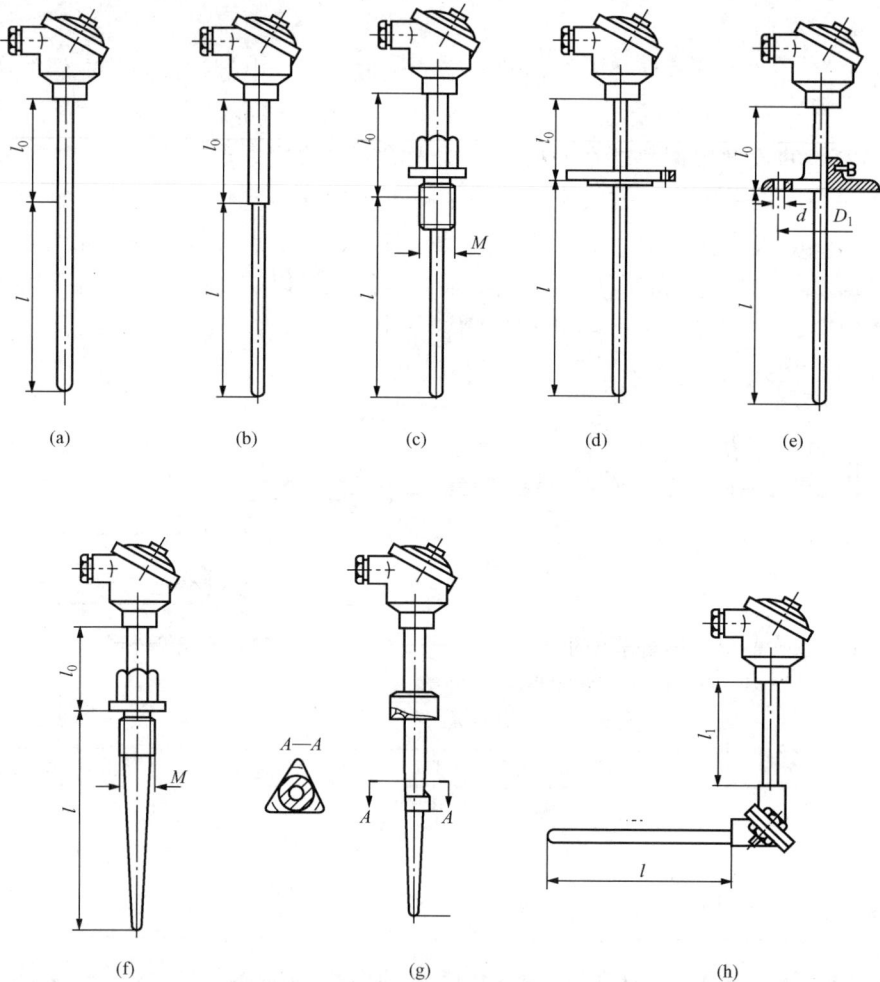

图 4 - 12 普通热电偶保护套管外形

(a) 无固定装置；(b) 带加强管且无固定装置；(c) 固定螺纹；(d) 固定法兰；
(e) 活动法兰；(f) 高压用锥形固定螺纹；(g) 高压焊接固定锥形；(h) 90°套管

还有一种保护套管结构（称为焊接固定锥形热电偶），其外形如图 4 - 12 (g) 所示，用于测量高温高压蒸汽管道内蒸汽温度。

这些热电偶测温时的时间常数随保护套管的材料及直径而变化。图 4-12（a）～（e）形式的热电偶，当采用金属保护套管，外径为 12mm 时，其时间常数为 45s；外径为 16mm 时，其时间常数为 90s，对于图 4-12（f）、（g）所示的两种耐高压的金属热电偶，时间常数为 2.5min。

（4）接线盒。接线盒中有接线端子，它将热电极和连接导线连接起来。接线盒起密封和保护接线端子的作用。它有普通式、防溅式、防水式、隔爆式和插座式等。

2. 铠装热电偶

铠装热电偶是由金属套管、绝缘材料和热电极经拉伸加工而成的坚实组合体，其结构如图 4-13 所示。套管材料有奥氏体、不锈钢及耐热 NiCr（Fe）合金等。热电偶与套管之间填满了绝缘材料的粉末，目前采用的绝缘材料绝大部分为氧化镁。套管中的热电极有单丝的、双丝的和四丝的，彼此之间互相绝缘。热电偶的种类则是标准或非标准的金属热电偶。目前生产的铠装热电偶，其外径一般为 1～6mm，长度为 1～20m，外径最细的有 0.5mm，长度最长的有超过100m 的。它测量的温度上限见表 4-5。

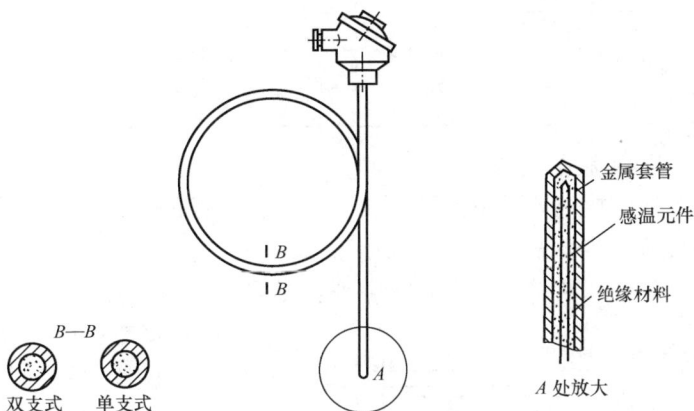

图 4-13 铠装热电偶

表 4-5　　　　　　　　　对不同套管推荐的最高工作温度　　　　　　　　　℃

套管材料 热电偶丝型号	NiCr 合金 76Ni-15Cr-Fe	钢 25Cr-20Ni	钢 18Cr-8Ni
T	—	—	400
E	800	800	800
J	750	750	750
K	1100	1100	800
N	1100	1100	800

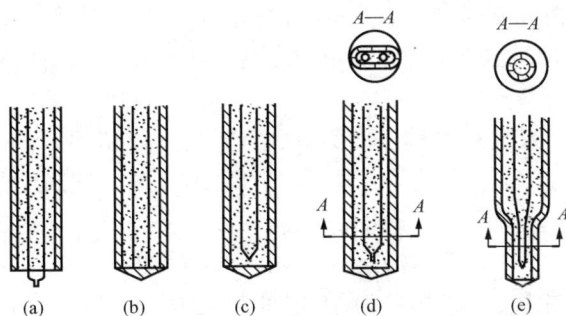

图 4-14 铠装热电偶热端的形式
（a）露端形；（b）接壳形；（c）绝缘形；（d）扁变截面形；（e）圆变截面形

铠装热电偶的热端有露端形、接壳形、绝缘形、扁变截面形及圆变截面形等，如图 4-14所示，可根据使用要求选择所需的形式。

铠装热电偶的主要优点是，热端热容量小，动态响应快，机械强度高，挠性好，耐高压、强烈振动和冲击，可安装在结构复杂的装置上，因此已被工业部门广泛使用。它的时间常数与热电偶外径及热端形式之间的关系见表 4-6。

表 4-6　　　　　　　　　　铠装热电偶外径、热端形式与时间常数的关系

铠装热电偶外径（mm）			1.0	1.5	2.0	3.0	6.0
热端形式	露端形	时间常数（s）	0.01	0.02	0.03	0.05	0.1
	接壳形		0.1	0.2	0.3	0.5	2.5
	绝缘形		0.2	0.3	0.5	1.5	8.0

3. 薄膜热电偶

薄膜热电偶是由两种金属薄膜连接而成的一种特殊结构的热电偶。这种热电偶的热端既小又薄，热容量很小，可以用于微小面积上的温度测量；动态响应快，可测量瞬变的表面温度。其中片状结构的薄膜热电偶，是采用真空蒸镀法将两种热电极材料蒸镀到绝缘基板上，上面再蒸镀一层二氧化硅薄膜作绝缘和保护层。我国研制成的铁—镍薄膜热电偶如图 4-15 所示，其长、宽、厚三个方向的尺寸分别是 60、6、0.2mm，金属薄膜厚度在 $3\sim6\mu m$ 之间，测温范围为 $0\sim300℃$，时间常数小于 0.01s。

图 4-15　铁—镍薄膜热电偶

1—热端接点；2—衬架；3—Fe 膜；4—Ni 膜；5—Fe 丝；6—Ni 丝；7—接头夹具

如果将热电极材料直接蒸镀在被测表面上，其时间常数可达微秒级，可用来测量变化极快的温度。也可将薄膜热电偶制成针状，针尖处为热端，可用来测量点的温度。

第三节　热电偶冷端温度补偿方法

从热电偶的测温原理可知，热电偶热电动势的大小不但与热端温度有关，而且与冷端温度有关，只有在冷端温度恒定的情况下，热电动势才能正确反映热端温度的高低。在实际应用时，热电偶的冷端放置在距热端很近的大气中，受高温设备和环境温度波动的影响较大，因此冷端温度不可能是恒定值。为消除冷端温度变化对测量的影响，可采用下述几种冷端温度补偿的方法。

一、计算法

各种热电偶的分度关系是在冷端温度为 0℃ 的情况下得到的。如果测温热电偶的热端为 $t℃$，冷端不是 0℃ 而是 $t_0℃$，这时不能用测得的 $E(t,t_0)$ 去查分度表得 t，而应该根据式（4-4）计算热端为 $t℃$、冷端为 0℃ 时的热电势，即

$$E(t,0) = E(t,t_0) + E(t_0,0) \tag{4-4}$$

式中　$E(t,0)$——冷端为 0℃、热端为 $t℃$ 时的热电势；

　　　$E(t,t_0)$——冷端为 $t_0℃$、热端为 $t℃$ 时的热电势，即实测值；

　　　$E(t_0,0)$——当冷端为 $t_0℃$ 时应加的校正值，它相当于同一支热电偶在冷端为 0℃、热端为 $t_0℃$ 时的热电势，该值可以从热电偶分度表中查得。

　　然后用 $E(t, 0)$ 从分度表中查得温度 t，t 就是通过计算法补偿了冷端温度不在 0℃ 所产生的电动势后得到的热端温度。目前 DCS 系统中，温度信号采集后一般用该方法补偿。

　　例如用镍铬—镍硅热电偶测温，热电偶冷端温度 $t_0 = 35$℃，测得 $E(t, t_0) = 33.339$mV，从分度表中查得 $E(35, 0) = 1.407$mV，于是 $E(t, 0) = 33.339 + 1.407 = 34.746$mV，用 34.746mV 查分度表，便可得被测温度 $t = 836$℃。

　　可以看出，用计算法来补偿冷端温度变化的影响，适用于实验室测温，对于现场使用的直读式仪表测温，用此方法补偿是很不方便的。

二、冰点槽法

　　如果在测温时将热电偶冷端置于 0℃ 下，就不需要进行冷端温度补偿，这时需要设置一个温度恒为 0℃ 的冰点槽。图 4-16 所示是一个简单的冰点槽，把清洁水制成冰屑，冰屑与清洁水相混合后放在保温瓶中。在一个大气压下，冰和水的平衡温度就是 0℃。在瓶盖上插进几根盛有变压器油的试管，将热电偶的冷端插到试管里，加变压器油的目的是保证传热性能良好。

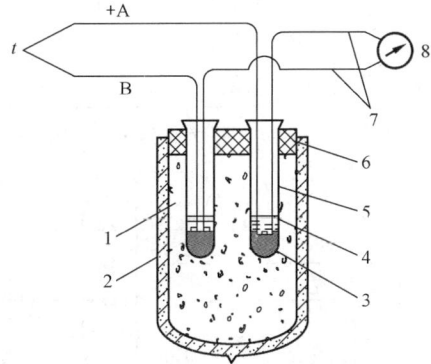

图 4-16　冰点槽

1—冰水混合体；2—保温瓶；3—变压器油；4—蒸馏水；5—试管；6—盖；7—铜导线；8—显示仪表

　　冰点槽法是一个准确度很高的冷端温度处理方法，然而需要保持冰水两相共存，使用起来比较麻烦，因此只用于实验室，工业生产中一般不采用。

三、补偿电桥法（冷端补偿器）

　　补偿电桥法是利用不平衡电桥产生的电压来补偿热电偶冷端温度变化而引起的热电动势的变化。

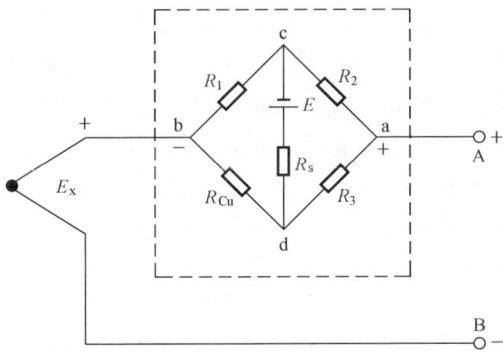

图 4-17　冷端温度补偿电路

　　冷端温度补偿电桥是一个不平衡电桥，其线路如图 4-17 所示。桥臂电阻 R_1、R_2、R_3 和 R_{Cu} 与热电偶冷端处于相同的环境温度下。其中 $R_1 = R_2 = R_3 = 1\Omega$，且都是锰铜线绕电阻，$R_{Cu}$ 是铜导线绕制的补偿电阻。E（$= 4$V）是桥路直流电源；R_s 是限流电阻，其阻值因热电偶不同而不同。选择 R_{Cu} 的阻值使桥路在 20℃ 时处于平衡状态，即 $R_{Cu}^{20} = 1\Omega$，此时桥路输出 $U_{ab} = 0$。当冷端温度升高时，R_{Cu} 增大，U_{ab} 也增大，而热电偶的热电动势 E_x 却减小。如果 U_{ab} 的增加量等于 E_x 的减少量，那么 U_{AB}（$U_{AB} = E_x + U_{ab}$）的大小就不随冷端温度变化了。

　　通过改变限流电阻 R_s 的阻值来改变流过桥臂的电流，可使补偿电桥与不同类型的热电偶配合使用。

　　我国生产的冷端补偿器的性能见表 4-7。

　　如果电桥平衡时的温度为 20℃，则冷端温度 $t_0 = 20$℃。在使用时，与其配接的动圈表的机械零点应调至 20℃。与热电偶配接的温度变送器及电子自动电位差计中也有温度补偿电路，而且就作为仪表测量线路的一部分，它们都是将热电偶的冷端温度补偿至 0℃。

表 4-7　　　　　　　　　　　　　　　　几种常用的冷端补偿器

型号	配用热电偶	电桥平衡时温度（℃）	补偿范围（℃）	电源（V）	内阻（Ω）	功耗	外形尺寸（长×宽×高）(mm)	补偿误差（mV）
WBC-01	铂铑 10—铂							±0.045
WBC-02	镍铬—镍硅	20	0~50	~220	1	<8W	220×113 ×72	±0.16
	镍铬—镍铝							
WBC-03	镍铬—考铜							±0.18

　　注　WBC—01，02，03 型带有使交流 220V 变为直流 4V 的直流稳压装置。

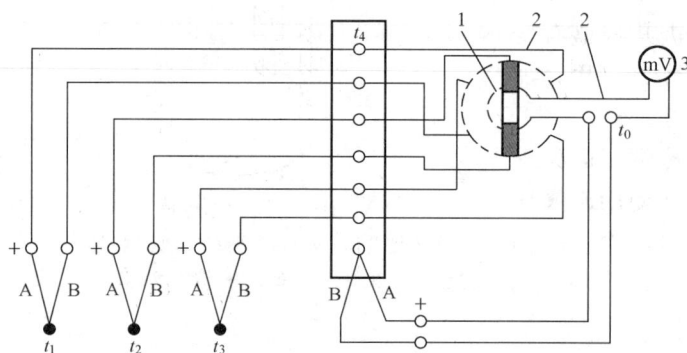

图 4-18　多点参考温度用补偿热电偶连接线路
1—切换开关；2—铜导线；3—动圈表

四、多点冷端温度补偿法

　　为了减少仪表数量，在同一设备或同一车间里，可利用多点切换开关把几支甚至几十支同一分度号的热电偶接到一块仪表上，这时只需要用一个公共的冷端补偿器。还有一个办法如图 4-18 所示，即把所有热电偶的冷端引到一个接线端子盒里，在这个盒子里放置着补偿热电偶的热端。补偿热电偶可以是一支测温热电偶或是用测温热电偶的补偿导线制成的热电偶。补偿热电偶和测温热电偶通过切换开关和仪表串接起来，使冷端温度变化引起测温热电偶和补偿热电偶的热电动势变化相互补偿。此时动圈表的机械零点应调整到补偿热电偶较为恒定的冷端温度 t_0 处，也可以把数支热电偶的冷端引到一个加热的恒温器内，恒温器用电阻丝加热，用水银接点温度计测温，且控制恒温器在某一恒定温度（50℃或 60℃），此时与之配接的动圈表的机械零点应调至恒温箱的恒定温度处。

五、晶体管 PN 结温度补偿法

　　目前国内外还有采用温敏二极管或温敏晶体管构成热电偶冷端温度补偿器的。根据测得的环境温度，将一个相应的 PN 结上的电压引入热电偶回路，这种温度补偿的灵敏度和准确度都很高。

第四节　金属测温电阻

　　在工业上广泛应用电阻温度计来测量 -200~+500℃ 之间的温度。在特殊情况下，电阻温度计测量的低温可达到平衡氢的三相点温度（13.803 3K），甚至可更低（如铟电阻温度计可测到 3.4K，碳电阻温度计可测到 1K 左右）；高温可测到 1000℃。电阻温度计的特点是准确度高；在中低温下（500℃以下）测温，它的输出信号比热电偶的要大得多，故灵敏度高；电阻温度计的输出是电信号，因此便于信号的远传和实现多点切换测量。

电阻温度计由热电阻、显示仪表和连接导线组成，热电阻由电阻体、绝缘管和保护套管等主要部件组成。实验证明，大多数金属导体当温度升高 1℃ 时，其阻值要增加 0.4%～0.6%。

一、对金属测温电阻的要求

虽然大多数金属的电阻随温度变化而变化，然而并不是所有的金属都能作为测量温度的热电阻，因为作为测量温度用的热电阻，其材料必须满足以下要求：

（1）电阻温度系数大。电阻温度系数的定义是，温度变化 1℃ 时电阻值的相对变化量，用 α 来表示，单位是 $℃^{-1}$，根据定义，α 用下式表示：

$$\alpha = \frac{\mathrm{d}R/R}{\mathrm{d}t} = \frac{1}{R}\frac{\mathrm{d}R}{\mathrm{d}t} \tag{4-5}$$

必须指出，一般材料的温度系数 α 并非常数，在不同的温度下具有不同的数值。因此，常用 $(R_{100}-R_0)/(R_0 \times 100)$ 代表 0～100℃ 之间的平均温度系数，其中 R_{100} 表示 100℃ 时的电阻值，R_0 表示 0℃ 时的电阻值。电阻温度系数越大，热电阻的灵敏度越高，测量温度时就越容易得到准确的结果。材料的纯度越高，α 值就越大；杂质越多，α 值就越小，且不稳定。纯金属的温度系数比合金的要高。纯金属热电阻较易复制，所以一般都采用纯金属来制造电阻温度计的感受件。当热电阻丝中有内应力时，会引起 α 值的改变，因此，电阻丝在制成热电阻体时必须进行退火和老化处理，以消除内应力的影响。

（2）在测温范围内物理及化学性质稳定。

（3）有较大的电阻率，因为电阻率越大，热电阻体的体积就可以做得小一些，热容量和热惯性也就小些，这样对温度变化的响应比较快。

（4）电阻值与温度的关系近似为线性的，以便分度和读数。

（5）复现性好、复制性强、容易得到纯净的物质。

（6）价格便宜。

综上所述，通常用来制造工业用热电阻的金属材料有铂、铜、铁、镍四种。由于铁很难提纯，特性不够稳定，因此用得很少。我国目前只生产铂、铜、镍三种材料的标准化热电阻。下面介绍它们的一些性能。

二、标准化热电阻

1. 铂热电阻

铂热电阻的特点是稳定性好、准确度高、性能可靠，这是因为铂在氧化性气氛中，甚至在高温下的物理、化学性质都非常稳定，所以 1990 国际温标（ITS—90）规定在 13.803 3K～961.78℃ 温区内以铂电阻温度计作为标准仪器。

铂热电阻在还原性气氛中，特别是在高温下很容易被还原性气体污染，铂丝将变脆，电阻与温度间的关系发生改变。因此，必须用保护套管把电阻体与有害的气氛隔离开来。铂热电阻被广泛用于工业和实验室中。

铂的纯度常以 R_{100}/R_0 来表示。对于工业用铂热电阻，规定其 R_{100}/R_0 为 1.385。我国规定铂热电阻的分度号为 Pt10 和 Pt100，后者用得较多。前者的铂丝较粗，能可靠地用于

600℃以上测温。Pt100 的分度表见附录表 I - 9。

铂热电阻的温度特性可用下列二式表示：

在 −200～0℃ 之间：

$$R_t = R_0[1 + At + Bt^2 + Ct^3(t - 100)] \qquad (4 - 6)$$

在 0～850℃ 之间：

$$R_t = R_0[1 + At + Bt^2] \qquad (4 - 7)$$

上两式中　R_t——t℃时的电阻值；

　　　　　R_0——0℃时的电阻值；

A、B、C——常数，对于工业用铂电阻，$A = 3.9083 \times 10^{-3}$℃$^{-1}$，$B = -5.7750 \times 10^{-7}$℃$^{-2}$，$C = -4.183 \times 10^{-12}$℃$^{-4}$。

2. 铜热电阻

铜热电阻的电阻值与温度的关系几乎是线性的，它的电阻温度系数也比较大，而且材料容易提纯，价格比较便宜，所以在一些测量准确度要求不是很高、而且温度较低的场合，可使用铜热电阻，它的测量范围是 −50～+150℃。铜热电阻的缺点是，在 250℃ 以上容易氧化，因此只能用在低温及没有腐蚀性的介质中；铜的电阻率 ρ 比较小，$\rho = 0.017\Omega \cdot mm^2/m$，所以做成一定阻值的热电阻时体积就不可能很小。我国规定工业用铜电阻的 $R_{100}/R_0 = 1.428$。铜电阻的分度号是 Cu50 和 Cu100，表示其 R_0 分别为 50Ω 及 100Ω。铜热电阻的分度表见附录表 I - 10，和附录表 I - 11。

铜电阻在其测量范围（−50～+150℃）内的温度特性可用下式表示：

$$R_t = R_0[1 + \alpha t + \beta t(t - 100) + \gamma t^2(t - 100)] \qquad (4 - 8)$$

式中　R_t——t℃时的电阻值；

　　　R_0——0℃时的电阻值；

α、β、γ——常数，对于工业用铜热电阻，$\alpha = 4.280 \times 10^{-3}$℃$^{-1}$，$\beta = -9.31 \times 10^{-8}$℃$^{-2}$，$C = 1.23 \times 10^{-9}$℃$^{-3}$。

由于铜热电阻的特性在 0～100℃ 之间基本上是线性的，所以在 0～100℃ 之间的温度特性可以用下式表示：

$$R_t = R_0(1 + \alpha t) \qquad (4 - 9)$$

式中　α——0～100℃ 之间的温度系数，其值为 4.28×10^{-3}℃$^{-1}$。

3. 镍热电阻

镍热电阻的温度系数 α 较大，因此其灵敏度比铂和铜的高。当温度超过 200℃ 时，α 具有特异点，因此规定镍热电阻的使用温度范围为 −60～+180℃。镍热电阻的电阻比 $R_{100}/R_0 = 1.617$。由于镍热电阻的制造工艺较复杂，很难获得 α 相同的镍丝，因此它的测量准确度比铂热电阻低，制定标准很困难，我国虽已规定它为标准化热电阻，但尚未制订出相应的标准分度表。它的分度号有 Ni100，Ni300，Ni500。对 Ni100 而言，它的温度特性为

$$R_t = 100 + At + Bt^2 + Ct^4 \qquad (4 - 10)$$

式中，A、B、C 为常数，对于 $R_{100}/R_0 = 1.618$ 的镍热电阻，$A = 0.5485$℃$^{-1}$，$B = 0.665 \times 10^{-3}$℃$^{-2}$，$C = 2.805 \times 10^{-9}$℃$^{-4}$。

4. 其他低温用热电阻

金属一旦处于低温，其电阻将要变得很小，有些热电阻的灵敏度也降至很低。有一种铑

铁（其中铁含量为 0.5％原子百分比）热电阻，它在 30K 以下的电阻温度系数很大，因此适用于测量 30K 以下深低温。我国已试制成标准及工业用铑铁温度计，并已在生产和科研中使用。

还有一种铂钴（其中钴的含量为 0.5％原子百分比）热电阻温度计，在低温下的灵敏度也是较大的，也可以用以测量低温及深低温。

工业用热电阻的技术性能见表 4-8。

表 4-8 　　　　　　　　　　　　　工业用热电阻的技术性能

热电阻名称	代号	分度号	R_0		R_{100}/R_0		测温范围（℃）	基本误差	
			公称值	允许误差	名义值	允许误差		温度范围（℃）	允许值（℃）
铜热电阻	WZC	Cu 50	50	±0.05	1.428	±0.002	−50～150	−50～150	$\Delta t=\pm$（0.3+$6\times10^{-3}t$）
		Cu 100	100	±0.1					
铂热电阻	WZP（IEC）	pt 10	10（0～850℃）	A 级±0.006 B 级±0.012	1.385	±0.001	−200～850	−200～850	$\Delta t=\pm$（0.15+$2\times10^{-3}t$）
		Pt 100	100（−200～850℃）	A 级±0.006 B 级±0.012					$\Delta t=\pm$（0.3+$5\times10^{-3}t$）
镍热电阻	WZN	Ni 100	100	±0.1	1.617	±0.003	−60～180	−60～0	$\Delta t=$（0.2+2$\times10^{-2}t$）
		Ni 300	300	±0.3				0～180	$\Delta t=$（0.2+1$\times10^{-2}t$）
		Ni 500	500	±0.5					

三、工业用热电阻的结构

工业用热电阻的外形和热电偶基本相同，它由热电阻体、引出线、绝缘骨架、保护套管、接线盒等部分组成。其中，保护套管和接线盒的外形及其功能、要求和热电偶基本相同，此处不另作介绍。

1. 绝缘骨架

绝缘骨架是用来缠绕、支撑和固定热电阻丝的支架。它的质量影响热电阻的技术性能。对骨架材料有以下要求：

（1）在使用的温度范围内，电绝缘性能要好，比热容要小，热导率要大。

（2）温度膨胀系数要接近电阻丝的温度膨胀系数。

（3）物理及化学性质稳定，不产生有害物质污染电阻丝。

（4）有足够的机械强度及良好的工艺性能。

目前常用的骨架材料有云母、玻璃、石英、陶瓷及塑料。

2. 热电阻体

热电阻的结构及特点见表 4-9。

（1）云母骨架铂热电阻。云母骨架铂热电阻是用直径为 $\phi0.03～\phi0.07$ 的铂丝，采用双线无感绕制法绕在锯齿形云母骨架上的，然后在两面各加一片云母片绝缘，外面再用铆钉及陶瓷卡件夹持而成。在装入保护套管时，云母骨架热电阻体的两面各绑一个弯成半圆形的弹簧片，它的作用是把电阻体固定在保护套管中间，这样既可增加抗振及抗冲击的性能，又可加强热传导，减小测温的滞后和自热影响。这种热电阻的使用温度在 500℃ 以下。

表 4 - 9　　　　　　　　　　　　　　**热电阻的结构及特点**

热电阻结构类型	结构图	图　注	特　点
云母骨架铂热电阻	(a)	1—云母绝缘件；2—铂丝；3—云母骨架；4—引出线	耐振性好，时间常数小
玻璃骨架铂热电阻	(b)	1—玻璃外壳；2—铂丝；3—骨架；4—引出线	体积小，可小型化，耐振性差，易碎
陶瓷骨架铂热电阻	(c)	1—釉；2—铂丝；3—陶瓷骨架；4—引出线	体积小，可小型化，耐振性比玻璃骨架好，测温上限达 900℃
陶瓷骨架铂热电阻	(d)	1—陶瓷骨架；2—螺旋状铂丝；3—引出线	体积小，测温范围 $-200 \sim 800℃$，耐振性好，热响应时间短
铜热电阻	(e)	1—骨架；2—漆包铜线；3—引出线	结构简单，价格低廉

（2）玻璃骨架铂热电阻。它是用 $\phi 0.04 \sim \phi 0.05$ 的铂丝双线无感绕制在刻有双头螺纹槽的玻璃棒上的，经热处理后，套上一段薄的玻璃管，再将两端熔融封接，其一端露出 2 或 3 根短引线，见表 4 - 9。这种感温元件的外径为 $\phi 1 \sim \phi 4$，长度为 $10 \sim 40mm$，它的最高使用温度为 400℃，最低为 4K。它的优点是体积小、热惯性小，缺点是抗振性差、易碎。

（3）陶瓷骨架铂热电阻。它是用 $\phi 0.04 \sim \phi 0.05$ 的铂丝双线无感绕制在刻有双头螺纹槽的空心陶瓷管或陶瓷棒上，表面涂釉（或套一薄陶瓷管）后再烧结而成的，见表 4 - 9。其外径为 $\phi 1.6 \sim \phi 3$，长度为 $20 \sim 30mm$。它的优点是体积小、响应快、绝缘性能好，抗振性能比玻璃骨架好，使用温度上限为 850℃。它和玻璃骨架铂热电阻的共同缺点是不易消除烧结时产生的热应力。

目前我国还生产另一种陶瓷骨架铂热电阻，它的陶瓷骨架为圆柱形，外径最小为 $\phi 1.2$，沿圆柱纵向开有两个或四个小孔，将绕成螺旋状的细铂丝穿在此小孔中，再滴入黏结剂，使每圈铂丝只有一点和瓷管壁相黏结。这样既可固定铂电阻丝，又可避免加热时铂丝的膨胀受到陶瓷管孔壁的约束进而增加铂丝内应力，同时具有良好的抗振性能。制成后的铂热电阻体还需退火，以消除制造时产生的内应力。由于这种铂电阻体积小、热容小，故时间常数也很小，其热响应时间 $\tau_{0.5} \leqslant 0.2s$。（注：热电阻受热后温度上升，当温度开始上升至达到最终稳定值的一半时所经过的时间称热响应时间）

（4）塑料骨架热电阻。这种骨架仅用于铜热电阻体。它是用 $\phi0.13$ 的漆包铜线采用双线无感绕制在圆柱形塑料骨架上的，见表 4-9。由于测量温度低，因此可以多层绕制。制成后在外面再套一薄壁镀银铜套管，以增加传热性能。

3. 引出线

由热电阻体至接线端子的连接导线称为引出线。内引线要选用纯度高，与电阻丝、接线端子之间产生的热电势极小，而且在最高使用温度下不挥发、抗氧化、不变质的材料。工业用铂电阻用银丝作引出线，高温下则用镍丝作引出线。铜和镍电阻可用铜丝和镍丝作引出线。引出线的直径要比电阻丝的直径大得多，这样可以减小引出线电阻。

国产热电阻的引出线有二线制、三线制和四线制三种。

（1）二线制。在热电阻体的电阻丝两端各连接一根导线［见图 4-19（a）］的引线方式为二线制。这种热电阻测温时都存在由于引出线电阻变化产生的附加误差。

（2）三线制。在热电阻体的电阻丝一端连接两根引出线，另一端连接一根引出线［见图 4-19（b）］，称为三线制。在测温时三线制热电阻可以消除引出线电阻的影响，故测温准确度高于二线制热电阻。

（3）四线制。在热电阻体的电阻丝两端各连两根引出线，称为四线制［见图 4-19（c）］。在测温时，它不仅可以消除引出线电阻的影响，还可以消除连接导线间接触电阻及其阻值变化的影响。四线制多用在标准铂热电阻的引出线上。

4. 铠装热电阻

铠装热电阻是将热电阻体（感温元件）焊到由金属保护套管、绝缘材料和金属导线三者拉伸而成的细管导线上形成的，然后在外面再焊一段短管作保护套管，在热电阻体与保护套管之间填满绝缘材料，最后焊上封头，其结构如图 4-20 所示。

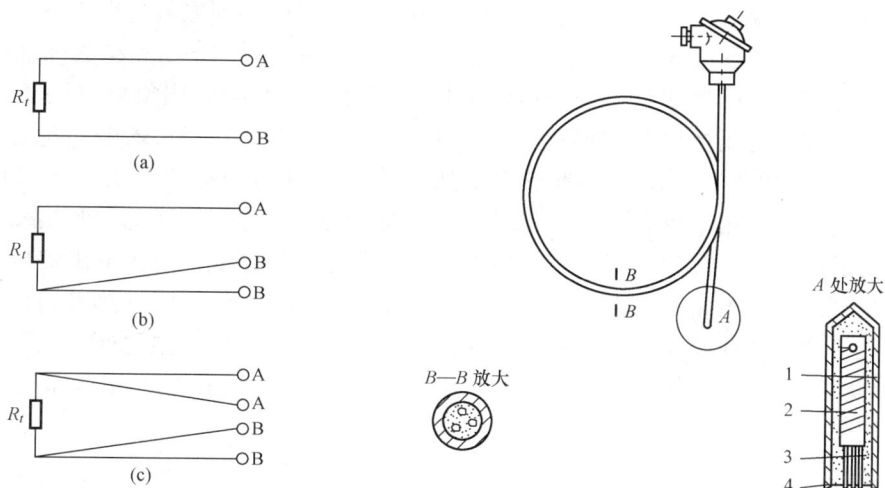

图 4-19 热电阻感温元件的引出线形式

（a）二线制；（b）三线制；（c）四线制

R_t—热电阻感温元件；A，B—接线端子的标号

图 4-20 铠装热电阻

1—金属套管；2—感温元件；

3—绝缘材料；4—引出线

铠装热电阻的优点如下：

（1）外径尺寸很小，最小可达 $\phi 1$，因此其热惯性小、响应速度快。

（2）机械性能好，可耐强烈振动和冲击。

（3）除感温元件外，其他部分可任意弯曲，适合在复杂结构中安装。

（4）由于感温元件与金属套管、绝缘材料形成一密封实体，不易受到有害介质的侵蚀，因此寿命比普通热电阻长。

铠装热电阻的外径一般为 $2\sim8$mm，最小可做到 1mm，保护套管用不锈钢制成，绝缘材料为氧化镁粉。它的温度测量范围、基本误差、R_0 和 R_{100}/R_0 等与普通热电阻的要求一样。它的时间常数、引出线直径及引出线电阻值见表 4-10。

5. 膜式铂电阻

为了提高铂电阻的抗振性和响应速度，研制出了膜式铂电阻，分为厚膜与薄膜两种。厚膜铂电阻是在一陶瓷基片上印制出条状铂膜形成的，由于铂膜很薄，又在陶瓷基片表面上，所以测温响应时间很小，约为 0.1s。薄膜铂电阻则是利用真空镀膜的方法将铂镀在陶瓷基片上形成的，其形状与厚膜的差不多，只是尺寸更小，响应时间更短。

表 4-10　　　　　　　　铠装热电阻的时间常数、引出线直径和引出线电阻值

外径（mm）	时间常数（s）	金属套管壁厚（mm）	引出线直径（mm）	引出线电阻值（Ω/m）
3	2	0.45	0.4	0.75
4	2.5	0.60	0.4	0.75
5	3	0.75	0.4	0.75
6	5	0.90	0.5	0.50
8	10	1.00	0.5	0.50

6. 机电一体化温度变送器

机电一体化温度变送器和上述标准热电阻或热电偶的不同之处，在于它采用一个专用集成电路把热电阻或热电偶的输出信号（电阻或电势）转变成 $4\sim20$mA 的标准输出信号，其中与热电偶相配用的集成电路还有冷端温度补偿性能。有的专用集成电路还具有线性化功能，即将标准热电阻的电阻与温度之间的非线性关系转变成变送器输出电流（$4\sim20$mA）与被测温度之间的线性关系，或使热电偶所感受的温度与变送器输出电流（$4\sim20$mA）之间呈线性关系。专用集成电路的体积很小，因而可装在热电阻或热电偶的接线盒内。这种集成电路的供电电压一般为直流 24V，多采用二线制，即供电线同时为输出信号线。一体化热电阻（热电偶）可省略过去常采用的温度变送器。还有一种热电阻（热电偶）一体化温度变送器，其接线盒的体积大，可装入一只动圈表头，直接显示所测温度值，也可以装上用液晶显示的表头，用数字显示所测温度值。装有显示仪表的一体化温度变送器可以就地显示温度值。

第五节　半导体热敏电阻

一、半导体热敏电阻的材料和温度特性

用半导体热敏电阻作为感温元件来测量温度日趋广泛。半导体热敏电阻通常是用铁、

镍、锰、钼、钛、镁、铜等一些金属的氧化物、氯化物、碳酸盐、硝酸盐作原料制成的。制造热敏电阻的材料不同，它的温度特性也不同。采用 MnO_2、$Mn(NO_3)_4$、CuO、$Cu(NO_3)_2$ 等化合物制造的半导体热敏电阻，具有负电阻温度系数的特性；采用 NiO_2、ZrO_2 等化合物制造的，具有正温度系数特性；另外，还有些热敏电阻，当温度超过某一数值后，电阻会急剧增加或减少。热敏电阻的温度特性如图 4-21 所示。

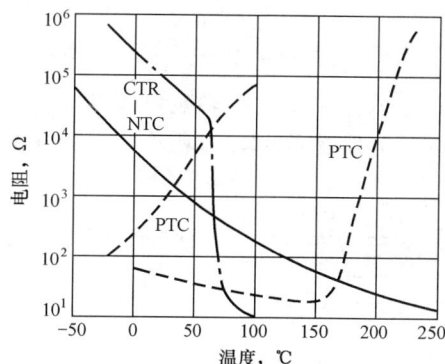

图 4-21　热敏电阻的温度特性

NTC—负温度系数热敏电阻；PTC—正温度系数
热敏电阻；CTR—临界温度热敏电阻

通常使用最多的是具有负温度系数的热敏电阻，其电阻与温度的关系可以近似地用下面的经验公式来表示：

$$R_T = Ae^{B/T} \qquad (4-11)$$

式中　R_T——温度 T 时的电阻；

A，B——决定于材料成分及结构的常数，A 的量纲为电阻，B 的量纲为温度；

e——自然对数的底，为 2.718 28…；

T——热力学温度，K。

半导体热敏电阻的温度系数 α 可以从式（4-5）求得，将式（4-11）代入式（4-5），可得

$$\alpha = -\frac{B}{T^2} \qquad (4-12)$$

半导体热敏电阻的电阻与温度的关系还可以改写成另一种形式，根据式（4-11），在温度 T_0 时的电阻为

$$R_{T_0} = Ae^{B/T_0} \qquad (4-13)$$

把式（4-13）与式（4-11）相除，整理得

$$R_T = R_{T_0} e^{B/\left(\frac{1}{T} - \frac{1}{T_0}\right)} \qquad (4-14)$$

从式（4-14）可以看出，只要知道常数 B 和在某一温度 T_0 下的电阻 R_{T_0}，就可以利用式（4-14）计算出任意温度 T 时的电阻 R_T。常数 B 可以通过实验求得。把式（4-14）两边取对数，经过整理得

$$B = \frac{\ln R_T - \ln R_{T_0}}{\dfrac{1}{T} - \dfrac{1}{T_0}} \qquad (4-15)$$

用实验的方法分别测得在 T 和 T_0 时的电阻 R_T 和 R_{T_0}，代入式（4-15）可计算出 B 的数值，通常 B 在 1500～5000K 范围内。由于 B 值随成分、工艺等因素，影响变化很大，故这种热敏电阻必须个别分度。

二、半导体热敏电阻的结构及应用

热敏电阻的结构形式有珠形、圆片形和棒形三种，工业测量主要采用珠形。将珠形热敏电阻烧结在两根铂丝上，外面再涂敷玻璃层，并用杜美丝与铂丝相接引出，外面再用玻璃套管作保护套管，如图 4-22 所示，保护套管外径为 $\phi3 \sim \phi5$。若把热敏电阻配上不平衡电桥和指示仪表，则成为半导体点温度计。

半导体热敏电阻常用来测量 $-100 \sim +300℃$ 之间的温度，与金属热电阻比较，其优点有

以下几点：

（1）电阻温度系数大，为$-6\%\sim-3\%$，灵敏度高。

（2）电阻率ρ很大，因此可以做成体积很小而电阻很大的电阻体，由于电阻数值很大，连接导线电阻变化的影响可以忽略。

（3）结构简单，体积小，可以用来测量点的温度。

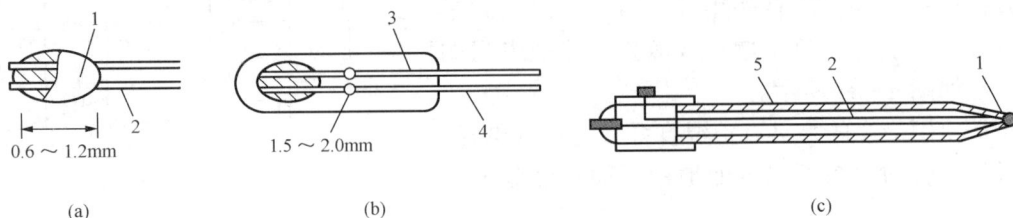

图 4-22　热敏电阻感温元件的结构

（a）珠形热敏电阻；（b）涂敷玻璃的热敏电阻；（c）带玻璃保护套管的热敏电阻

1—金属氧化物烧结体；2—铂丝；3　玻璃；4—杜美丝（代替铂丝）；5—玻璃管

（4）热惯性很小，响应快。热敏电阻的不足之处主要是：同一型号热敏电阻的电阻温度特性分散性很大，互换性差；电阻和温度的关系不稳定，随时间而变化。这两个问题目前虽已有所改善，但热敏电阻还是很少在过程检测仪表中使用。随着半导体技术的发展和制造工艺水平的提高，半导体热敏电阻有着广阔的发展前景。

第六节　热电偶和热电阻的校验

一、热电偶的校验

热电偶在使用过程中，热端受到氧化、腐蚀作用与高温下热电偶材料发生再结晶，致使热电特性发生变化，测温误差越来越大。为了使温度测量具有一定的准确度，热电偶必须定期进行校验，以确定其误差大小。当其误差超出规定范围时，要更换热电偶，或者把原来热电偶的热端剪去一段，重新焊接，经校验后再使用。新焊制的热电偶也要通过实验确定它的热电特性（分度）。

热电偶校验是一项重要的工作。根据国家规定，各种热电偶必须在表 4-11 所列的温度点进行校验，并要求校验点的温度变化控制在$\pm10℃$的范围内。

表 4-11　常用热电偶校验温度点

分度号	热电偶材料	校验温度点（℃）
S	铂铑 10—铂	600，800，1000，1200
K	镍铬—镍硅（铝）	400，600，800，1000
E	镍铬—康铜	300，400，600

对于 K、E 分度号热电偶，如果在 300℃ 以下使用，则应增加 100℃ 校验点。校验时在油浴中将它们与二等标准水银温度计相比较。

采用比较法进行校验时，对于测量高于 300℃ 的热电偶，其双极法校验原理及设备如图 4-23 所示。校验装置主要由管式电炉、冰点槽、切换开关、电位差计、标准热电偶等组成。管式电炉是用电热丝加热的，最好有长 100mm 左右的恒温区。读数时要求恒温区的温度变化每分钟不得超过 0.2℃，否则不能读数。电位差计的准确度级不得低于 0.03 级。

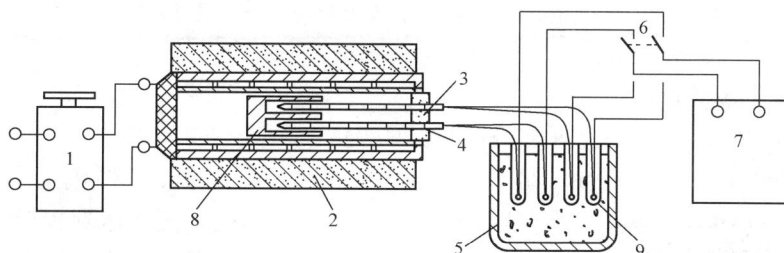

图 4-23　热电偶校验装置示意
1—调压变压器；2—管式电炉；3—标准热电偶；4—被校热电偶；5—冰点槽；
6—切换开关；7—直流电位差计；8—镍块；9—试管

校验时，把被校热电偶与标准铂铑 10—铂热电偶（标准热电偶的准确度级根据被校热电偶的准确度级要求确定）的热端放到恒温区中镍块的孔中，比较两者的测量结果，以确定被校热电偶的误差。校验铂铑 10—铂热电偶时，需用铂丝将被校热电偶与标准热电偶的热端（都除去保护套管）绑扎在一起；校验贱金属热电偶时，为了避免被校热电偶对标准铂铑 10—铂热电偶产生有害影响，要将标准热电偶套上石英或氧化铝套管，然后用镍铬丝将两者的热端绑扎在一起。热电偶放入炉中后，炉口应用石棉绳堵严。热电偶插入炉中的深度一般为 300mm，不得小于 150mm。热电偶的冷端置于冰点槽中以保持 0℃。用调压器调节炉温，当炉温达到校验温度点 ±10℃ 范围内，且每分钟变化不超过 0.2℃ 时，就可用电位差计测量热电偶的热电动势。在每一个校验温度点上对标准和被校热电偶热电动势的读数都不得少于 3 次。当被校热电偶有 n 支时，读数顺序如下：

$$标准 \rightarrow 被校_1 \rightarrow 被校_2 \rightarrow \cdots \rightarrow 被校_n \rightarrow 被校_n \rightarrow \cdots \rightarrow 被校_2 \rightarrow 被校_1 \rightarrow 标准$$

例如，在 600℃ 附近校验热电偶，标准热电偶的热电动势读数平均值为 5.267mV。标准热电偶证书中写明，在热端为 600℃、冷端为 0℃ 时的热电动势为 5.257mV，而在分度表上，热端为 600℃、冷端为 0℃ 时热电动势为 5.237mV。

首先，计算出标准热电偶在 600℃ 时的热电动势误差 $\Delta E = 5.257 - 5.237 = 0.020$ (mV)，可见，标准热电偶的热电动势值相对于分度表值是偏高的，因此，要把标准热电偶的读数平均值减去该电动势误差，即 $5.257 - 0.020 = 5.247$ (mV)。然后，从分度表中查出与 5.247mV 相对应的 601℃，此温度即为标准热电偶与被校热电偶热端的真实温度。

用各支被校热电偶的平均读数从分度表中查出相对应温度，将它们与 601℃ 进行比较，得到在 601℃ 时各支被校热电偶的温度误差。

其他点的校验也按上述步骤进行，以求得热电偶在各校验温度点上的温度误差。工业用热电偶的允许误差范围见表 4-2。经校验，若误差超出允许误差范围，则热电偶不能使用。

二、热电阻的校验

热电阻在投入使用之前需要进行校验，在投入使用后也要定期进行校验，以便检查和确定热电阻的准确度。

对于工作基准或标准热电阻和工业上使用的热电阻，因要求不同而采用不同的校验方法。工作基准或标准热电阻采用定点法进行校验，即在几种纯物质的相平衡点温度下进行校验。关于这方面的工作我国有统一规程，可参阅有关资料。工业上使用的热电阻常用比较法进行校验，校验时需要有下列设备：标准玻璃温度计一套（或标准铂电阻温度计），加热恒温器一套（−50～500℃），标准电阻（10Ω 或 100Ω）一只，电位差计一台，分压器和切换开关各一个。

校验时按以下步骤进行：

（1）按图 4-24 接线，并检查是否正确。

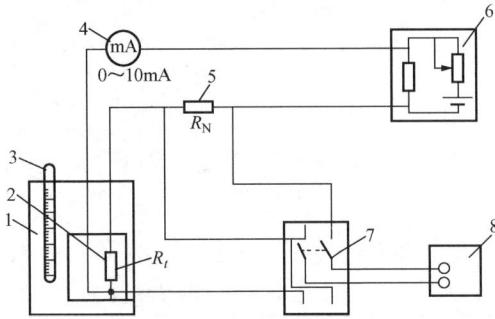

图 4-24　校验热电阻的接线

1—加热恒温器；2—被校验电阻体 R_t；3—标准温度计；4—毫安表；
5—标准电阻；6—分压器；7—双刀双掷切换开关；8—电位差计

（2）将电阻体放在恒温器内，使之达到校验点温度并保持恒温，调节分压器使毫安表指示约为 4mA（电流不可过大，以免热电阻发热过大影响测量的准确性），将切换开关切向连接标准电阻 R_N 的一边，读出电位差计示值 U_N；然后，立即将切换开关切向被校验电阻体 R_t 一边，读出电位差计示值 U_t。按 $R_t = \dfrac{U_t}{U_N} R_N$ 公式求出 R_t。在同一校验点需反复测量几次，计算出几次测量的 R_t 值（指同一校验点），取其平均值与分度表比较，看其误差是否大于允许误差。若误差在允许误差范围内，则认为该校验点的 R_t 值合格。

（3）再取被测温度范围内 10％、50％和 90％的温度作校验点，重复以上校验，如果均合格，则此热电阻校验完毕。

热电阻的校验除上述方法外，还有一种只校验 R_0 与 R_{100}/R_0 的方法，如果这两个参数的误差不超出允许的误差范围（见表 4-8），即认为热电阻合格。这个方法也就是校验 0℃和 100℃的热电阻阻值，此时加热恒温器换用冰点槽及水沸腾器。

第五章 显 示 仪 表

在工业生产中，不仅需要各种传感器、变送器把被测量值变为相应的信号，而且还要求把这些测量值的信号加以显示或记录，以便运行人员能根据这些数值对生产过程进行监视。把测量值加以显示记录的装置称为显示仪表。显示仪表中绝大多数是电动显示仪表，它又可分为模拟式、数字式和屏幕显示式三种类型。

模拟式显示仪表是以指针、记录笔的偏转或位移量来模拟显示被测量值，内含电磁偏转机构或电动式伺服机构。这类仪表的优点是简单、可靠，因而目前在中小企业中仍被大量采用。它的缺点是测量速度慢，读数准确度较差。

数字式显示仪表以数字形式显示被测参数。由于它没有电磁偏转机构或电动式伺服机构，所以测量速度快，准确度高，并且读数精确。对被测量值可进行数字打印记录，且便于和计算机配接。但是它显示参数的大小不直观，难以反映参数的变化趋势，因此它不能完全取代模拟式显示仪表。

图像显示设备是用屏幕来显示图形、字符、数字、曲线以及表格等。它具有模拟式仪表与数字式仪表两者的功能，并且有很大的存储容量和快速运算显示的功能。限于本书的篇幅和要求，本书只介绍前两种显示仪表。

第一节 动圈式显示仪表

工业上常用的模拟式仪表有动圈式显示仪表（以下简称动圈表）。它的准确度虽然不很高（一般是 1.0 级），但构造简单，价格低廉，也不需要复杂的维护工作。目前，中小型企业广泛使用的动圈表实质上是一种测量微安级电流的磁电式仪表。

一、动圈式显示仪表的工作原理

动圈表的工作原理如图 5-1 所示。漆包细铜线绕成的无框架可动线圈置于永久磁铁的磁场中，当通入电流后，动圈受到的旋转力矩 M 为

$$M = nBAI\cos\varphi \ (\text{N} \cdot \text{m}) \tag{5-1}$$

式中　n——动圈的匝数；

　　B——永久磁铁的磁感应强度，T；

　　A——动圈的面积，$A = 2rL$，m^2；

　　I——通过动圈的电流，A；

　　φ——永久磁铁磁力线与动圈平面的夹角。

由上式可知，力矩 M 不仅与电流 I 有关，并且还与夹角 φ 有关。为了保证仪表有均匀的刻度，应消除夹角 φ 的影响，为此，将仪表永久磁铁的极靴与铁芯做成同心圆形状 [见图 5-1 (c)]，使动圈在任何位置时的 φ 角均为 0°。此时动圈的旋转力矩为

$$M = nBAI \tag{5-2}$$

支撑动圈的张丝扭转后可产生反作用力矩 M_n

$$M_n = K\alpha \qquad (5-3)$$

式中　K——与张丝性能及张力有关的系数；

　　　α——动圈偏转角。

以上两力矩平衡，即 $M = M_n$ 时，则有

$$\alpha = CI \qquad (5-4)$$

式中　C——仪表的电流灵敏度，$C = \dfrac{nBA}{K}$。

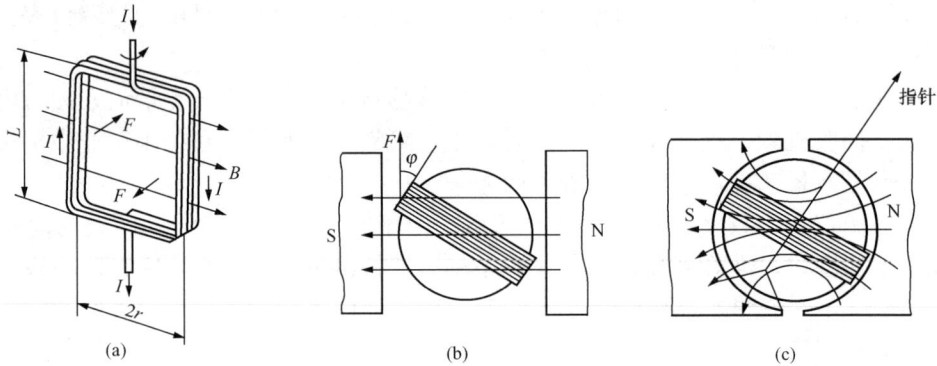

图 5-1　动圈表的工作原理

（a）动圈；（b）平面极靴；（c）同心圆极靴

由式（5-4）可知，动圈的偏转角 α 与流过动圈的电流 I 成正比例关系。

二、测量线路中电阻的温度补偿

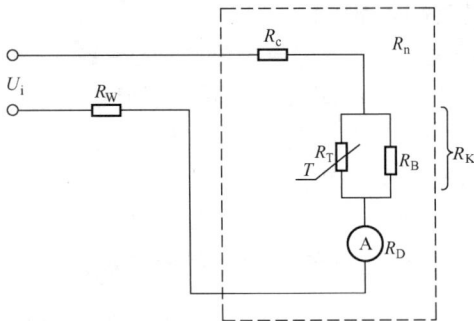

图 5-2　动圈表测量线路

采用动圈表测量电动势 E 时，流过动圈的电流 $I = U_i / (R_W + R_n)$（见图 5-2），其中 R_W 是动圈表的外部电阻；R_n 是仪表的内部电阻。R_n 包括串联电阻 R_c，温度补偿电阻 R_K（它是热敏电阻 R_T 及锰铜电阻 R_B 的并联电阻）及动圈电阻 R_D。调整 R_c 的大小可改变仪表的量程范围，R_c 的值为 200～1000Ω，仪表出厂前已调整好，由于 R_c 是锰铜丝绕制的，它的阻值较大，又不随温度变化，其接入使动圈表测量回路的总电阻受环境温度的影响相对减小。

磁钢的磁感应强度随温度的升高而减弱，导致指针偏转角减小，张丝材料的弹性模量随温度升高而降低，导致反作用力矩减小，因此这两者受温度变化的影响是互相补偿的。动圈表中随温度变化而出现的附加误差主要是由动圈铜电阻变化引起的。动圈电阻一般为 (80 ± 5) Ω，其变化不可忽视。当环境温度在 0～50℃ 范围内变化时，为了保证仪表应有的准确度，仪表内采用热敏电阻对动圈电阻进行温度补偿。

负温度系数的热敏电阻，其阻值随温度升高而降低，与动圈电阻变化的趋势正好相反，但热敏电阻的温度特性是非线性的，补偿效果不理想。因此，在热敏电阻 R_T 上并联一锰铜电阻 R_B，使其并联后的电阻 R_K 的特性近似为线性的（见图 5-3），则 R_K 与动圈电阻 R_D 串

联后的电阻 R 随温度变化很小，即能较好地进行温度补偿。R_T 在 20℃时的阻值为 68Ω，R_B 的阻值为 50Ω。有些动圈表在输入电压 U_i 很高时，R_c 的数值可能很大，此时动圈仪表的阻尼将减小，以至呈现欠阻尼状态，使带调节的动圈表产生误动作，此时要加并联阻尼电阻 R_b 来改善阻尼特性（见图 5-4）。当测量电路电阻很小，阻尼已足够的情况下，就不必并联阻尼电阻 R_b 了。

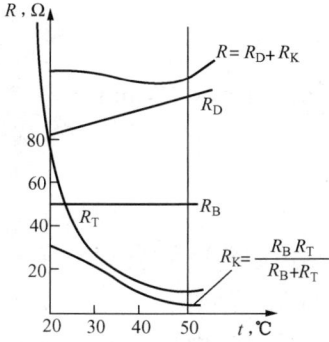

图 5-3 热敏电阻温度补偿曲线

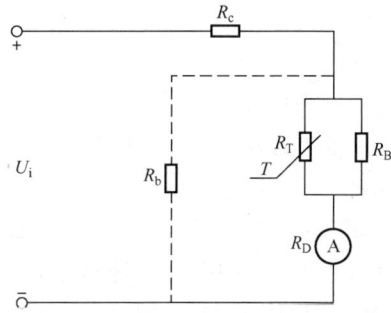

图 5-4 具有并联阻尼电阻的测量机构线路

动圈表在安装使用时要尽量远离强磁场（如大电机、大变压器、大电炉附近），以防止外磁场对仪表指示产生影响。

三、测量线路

1. 配热电偶的测量线路

动圈表配热电偶时它的刻度用温度（℃）表示，其测量线路如图 5-5 所示。热电偶产生的热电动势设为 E，则流过动圈的电流 $I = E/(R_w + R_n)$，R_n 前面已讨论过了，现讨论 R_w。R_w 包括热电偶本身的电阻、补偿导线和连接导线电阻、冷端补偿器等效电阻及外接线路的调整电阻 R_L，R_L 用锰铜丝绕制，通常用它来调整 R_w，使 $R_w = 15Ω$（动圈表分度时规定的）。由于热电偶电阻随所测温度及热电偶腐蚀情况而变化，补偿导线及连接导线电阻随环境温度而变化，这些变化都很难估计，也不能有效地加以补偿，因此给测量带来误差，致使这类仪表的测温准确度降低。

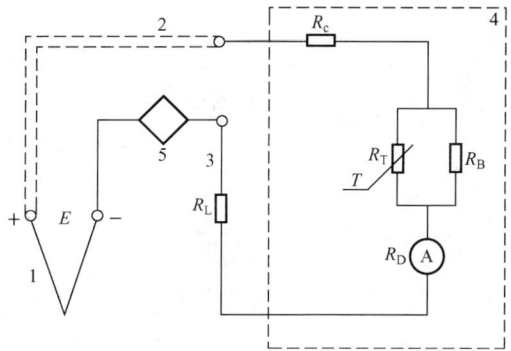

图 5-5 配热电偶的动圈表测量线路
1—热电偶；2—补偿导线和连接导线；
3—外接线路调整电阻；4—动圈测量机构；5—补偿电桥

在实际工作中，若遇到已有仪表和所要使用的热电偶不相配套的情况，为了使它们配套，可对仪表进行改刻度（量程）。动圈表的改刻度工作就是根据所要求的测量范围，在满足通过动圈的满刻度电流不变的条件下，重新确定所需的 R_c 值。

如仪表原来的量程为 $0 \sim E_1$ mV，则通过动圈的满刻度电流为

$$I = \frac{E_1}{R_D + R_{c1} + R_K + R_w} \tag{5-5}$$

要求的新量程为 $0 \sim E_2$ mV，相应的串联电阻为 R_{c2}，使通过动圈的电流仍然为 I，则

$$I = \frac{E_2}{R_D + R_{c2} + R_K + R_W} \tag{5-6}$$

整理上两式，得

$$R_{c2} = \frac{E_2}{E_1}(R_D + R_{c1} + R_K + R_W) - R_D - R_K - R_W \tag{5-7}$$

仪表改刻度后的温度标尺可按下式计算：

$$l_t = \frac{l_{max}E_t}{E_2} \tag{5-8}$$

式中　l_t——仪表改刻度后，温度的零标线到温度 t℃标线之间的直线距离，mm；

　　　l_{max}——仪表标尺长度，mm；

　　　E_t——仪表改刻度后，对应温度 t℃时的热电动势，mV。

2. 配热电阻的测量线路

动圈表的输入信号是直流电压，因此和热电阻配用时应将电阻变化转为直流电压信号，通常采用不平衡电桥来完成这种转换，转换线路如图 5-6 所示。线路中由 $R_t + R_W + R_0$、$R_W + R_2$、R_3、R_4 组成四个桥臂。R_t 是热电阻，R_W 是外接电阻，其中包括连接导线电阻，其余电阻均为锰铜丝绕制的固定电阻。桥路中 $R_3 = R_4$；$R_W + R_2 = R_{t0} + R_W + R_0$。其中 R_{t0} 是仪表刻度起点 t_0℃时的热电阻阻值。R_0 是调节仪表指针起始点的电阻。在 $R_t = R_{t0}$ 时电桥平衡，对角线 c、d 之间无电压输出，流过动圈表的电流为零。当被测温度升高，R_t 增大，电桥不平衡时，动圈表中有电流流过。温度越高，R_t 阻值越大，则输出电压 U_{dc} 越大，动圈表指针偏转越大，所以仪表指针的指示值就反映了温度的高低。

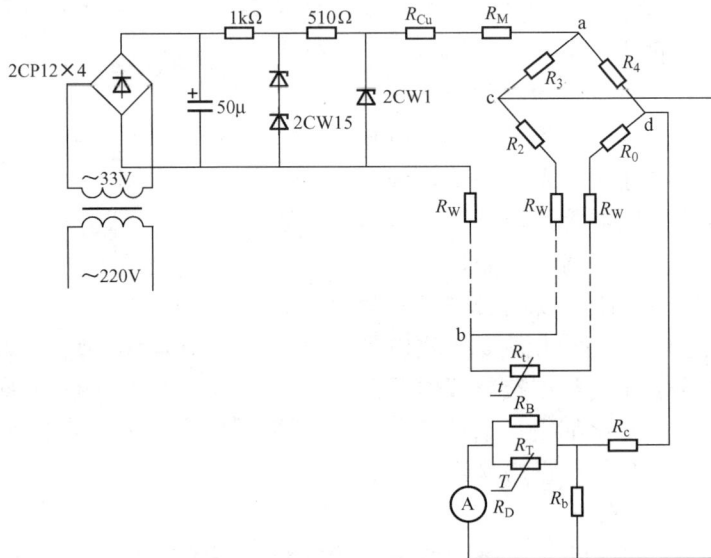

图 5-6　配热电阻的动圈仪表测量原理线路

电桥输出的电压不仅与 R_t 大小有关，而且与电源电压有关，所以电源要采用二级稳压和温度补偿。为了克服第二级稳压管 2CW1 具有正电压温度系数的影响，电路中串入铜电阻 R_{Cu}。当环境温度升高，2CW1 上的电位差增大，即输出增大；而温度升高，铜电阻 R_{Cu} 也增大，R_{Cu} 上的压降也增大，以保证送至不平衡电桥上的电压维持不变。R_M 是用来使桥路供电电压保证为 4V；对于一般工业用热电阻，规定通过热电阻的最大电流为 6mA，以防止由于热电阻的自热效应产生过大的附加误差。

热电阻与桥路的连接采用三线制接法。从热电阻上接出三根相同材料、相同直径和长度的导线，它们的电阻都是一样的，环境温度变化引起的电阻变化也是一样的，这样可以在很大程度上减小连接导线电阻变化引起的误差。例如，在仪表刻度起点电桥处于平衡状态，这时等式 $R_w+R_2=R_{t0}+R_w+R_0$ 两边可消去 R_w。可以看出，即使 R_w 随环境温度变化，电桥仍是平衡的，不会引起附加误差。但是在仪表偏离起始点后，上式两边不相等，桥路处于不平衡状态，这时 R_w 的变化，就会影响输出电压变化，产生附加误差。但由于 R_w 分别处于两桥臂，其变化 ΔR_w 对 c 点和 d 点电位的影响是同方向的，这样 U_{dc} 的变化很小。如果用二线制，则两个 R_w 同处于 R_0 一侧的桥臂中，R_w 的变化对 d 点的影响很大，而对 c 点无影响，这样 U_{dc} 的变化就很大了。因此，必须采用图 5-6 所示的三线制接法，才可以减小附加误差。如果使 $R_4+R_0+R_w+R_t \gg \Delta R_w$，则 R_w 的变化（ΔR_w）对输出电压的影响就很小。在规定外接电阻 $R_w=5\Omega$ 的情况下，环境温度在 0～50℃范围内变化引起的最大附加误差不超过 0.5%。

对于不平衡电桥，必须考虑电源引线在环境温度变化时引起的附加误差，因为当电源引起电阻变化时，加在电桥上的电压 U_{ab} 发生变化，因而产生误差。在外接电阻为 5Ω 的情况下，环境温度在 0～50℃范围内变化时，这项误差不会超过 0.2%。

四、动圈式显示仪表的型号

动圈表的型号由三节组成：第一节以大写汉语拼音字母表示，一般不超过三位；第二节节以阿拉伯数字表示，一般不超过三位，用一个大写汉语拼音字母作尾注，标明其特点，普通型无尾注；尾注后还允许加第三节，表示设计序号，第一次设计不加第三节。型号组成形式如下：

第一节　　　　第二节　　尾注　第三节
X C Z — 1 3 1 — D — 1

动圈表型号各节、各位的代号及意义见表 5-1。

表 5-1　　　　　　　　动圈表型号各节、各位的代号及意义

第 一 节						第 二 节				
第一位		第二位		第三位		第一位		第二位		第三位
代号	意义	代号	意义	代号	意义	代号	意义	代号	意义	代号	意义
X	显示仪表	C	动圈式（磁电式）	Z	指示仪	1	单标尺	0		1	配接热电偶
				T	指示调节仪		表示设计序列或种类		表示调节功能	2	配接热电阻
								0	二位调节	3	配接霍尔变送器
						1	高频振荡固定参数	1	三位调节（狭带）	4	配接压力变送器
						2	高频振荡可变参数	2	三位调节（宽带）		…
						3	带时间程序高频振荡固定参数	3	时间比例（脉冲式）		
								4	时间比例二位调节		
								5	时间比例加时间比例		
						5	带复合调节	8	比例调节（连续）		
								9	比例积分微分（连续输出式）		

　　例如：动圈式指示调节仪，高频振荡固定参数，时间比例调节（脉冲式）配热电偶，其型号为 XCT - 131。

第二节　平衡式显示仪表及测量电桥

　　自动平衡式显示仪表有电位差计、电子电位差计、测量电桥等。

一、电位差计

　　用动圈表测量直流电动势虽然很方便，但是仪表制造时本身的内部特性和质量等方面的缺陷可能引起基本误差，此外，线路电阻不符合规定，环境温度变化引起的线圈电阻及线路电阻变化，外界强电、磁场的影响等也会引起附加误差，这些使动圈表的测量准确度不高，不宜用于精密测量；另外动圈表的运动部分容易损坏。电位差计可大大减小上述原因引起的误差，因此，用电位差计测量直流电动势的方法在实验室和工业生产中得到广泛应用。

　　电位差计测量电动势的工作原理是，用一个已知的标准电压与被测电动势（电压）相比较，二者之差值为零时，被测电动势（电压）就等于已知的标准电压。这种测量方法也称补偿法或零值法。形成标准直流电压的常用线路有分压线路和桥式线路两种。

　　图 5 - 7 是采用直流分压线路的电位差计原理图。通过滑线电阻 R_{ABC} 的电流 I_1 用电流表 A 显示其数值，并用 R_s 将它调整至规定值。在有热电偶的回路中接一只检流计 G，改变滑线电阻上滑动触点 B 的位置，直至检流计 G 中通过的电流 $I_2 = 0$，即热电偶支路中没有电流通过，这时，$I_1 R_{AB} = E(t, t_0)$。由于 I_1 等于规定值，所以 R_{AB} 可代表 $E(t, t_0)$，也就是说 $E(t, t_0)$ 的值可根据变阻器滑动触点 B 的位置来确定。在滑动触点 B 的相应位置上可直接刻以毫伏数。因为检流计的灵敏度很高，故可得到很精确的读数。

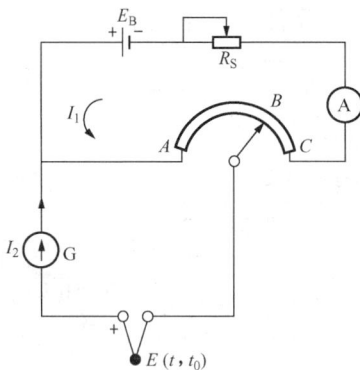

图 5 - 7　采用直流分压线路的电位差计原理图　　　　图 5 - 8　采用桥式线路的电位差计原理图

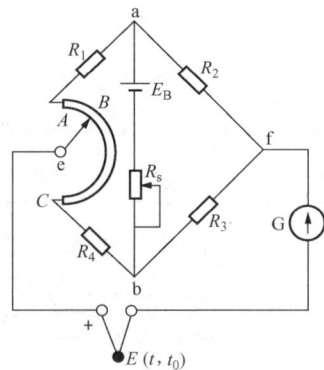

　　图 5 - 8 是采用桥式线路的电位差计原理图。当 U_{ab} 为定值，且电阻 R_1、R_2、R_3、R_4 都不变时，电桥的输出电压 U_{ef} 决定于变阻器滑动触点 B 的位置。调节 B 的位置使检流计指针 G 指零，这时 $U_{ef} = E(t, t_0)$，也就是说 $E(t, t_0)$ 的数值可由滑线电阻滑动触点 B 的位置来确定。同样，在滑动触点 B 的相应位置上可直接刻以毫伏数。

　　电位差计测量法的特点是，在读数时通过热电偶及其连接导线的电流等于零，因此热电偶及其连接导线的电阻值即使有些变化，也不会影响测量结果，测量准确度得到很大提高。

但要注意，热电偶连接线路的电阻不能太大，否则会使热电偶支路中的不平衡电流变得很小，以致检流计读不出偏差来，这样也会降低测量的灵敏度和准确度。

实验室用的手动电位差计中采用了直流分压线路，如图 5 - 9 所示。图中标准电池 E_N、标准电阻 R_N 及检流计 G 组成的回路用来校准工作电流 I_1。校准工作电流时将切换开关 K 接向"标准"，调整 R_s 以改变 I_1 大小，直至 $I_1R_N = E_N$ 时，检流计指针指零。因为标准电池的电动势 E_N 是恒定的，R_N 是用锰铜丝绕制的标准电阻，其值也是不变的，所以当检流计 G 指针指零时，I_1 就符合规定值。这个操作过程通常称作"工作电流标准化"。

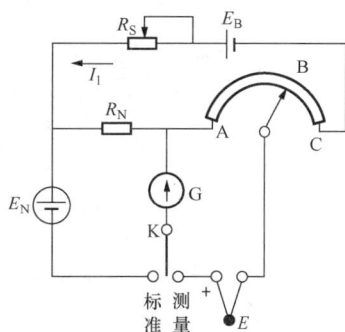

图 5 - 9　手动电位差计线路

然后将切换开关接至"测量"位置，调整 B 点位置使检流计指针指零，此时 B 的位置即为被测电动势的大小。

由于标准电池的电动势及标准电阻的阻值准确度都很高，加上应用了高灵敏度的检流计，所以电位差计有较高的测量准确度。标准电池的电动势很稳定，但随温度变化而略有变化。常用的标准电池在 $+20℃$ 时的电动势为 1.018 6V（准确度达 $\pm0.01\%$）。使用中需注意标准电池不允许通过大于 $1\mu A$ 的电流。

手动电位差计在使用时必须手工调节测量用滑线电阻，因此，它不能连续、自动地指出被测电动势的值，不适用于工业装置。工业生产上使用的是能自动、连续地指示和记录被测参数的电子电位差计。

二、电子电位差计

电子电位差计是根据电压平衡原理自动进行工作的。与手动电位差计比较，它用伺服电机及一套机械传动机构代替人工进行电压平衡操作，用放大器代替检流计来检查不平衡电压并控制伺服电机的工作。电子电位差计的组成框图如图 5 - 10 所示，它主要由测量桥路、放大器、伺服电机、指示机构及记录机构组成，有的还附加调节装置。同步电机用以带动记录纸移动。

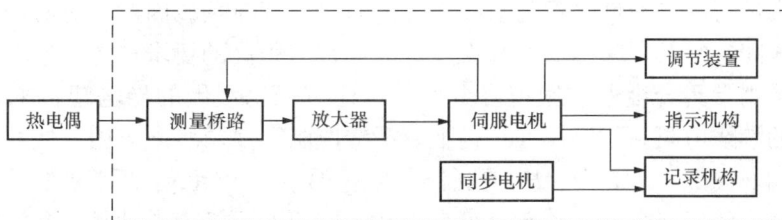

图 5 - 10　电子电位差计的原理方框图

1. 测量桥路的分析

（1）测量桥路的工作原理。电子电位差计是采用桥式线路来测量电动势的，它的基本线路如图 5 - 11 所示。用桥路上 A、B 两点之间的电位差来和热电偶的电动势相比较，若两者不相等，其差值电压输入放大器，经放大后驱动伺服电机转动，以改变滑动触点 A 的位置，直至 A、B 两点之间的电位差和热电动势相等，电机才停止动作。测量系统平衡时，滑动触点的位置就代表热电动势的数值，也就代表热电偶所测的温度数值。这种桥式线路又称为双回路测量线路。把由 R_4、R_{np}、R_G 所构成的电路叫上支路，把由 R_3、R_2 所构成的电路叫下支路。这种线路的优点就在于：①测量的起始值不仅可以从零电位或正电位开始，而且可以从负电位开始；②可以实现热电偶冷端温度的补偿。

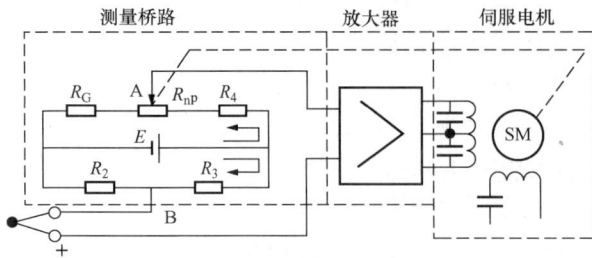

图 5 - 11　电子电位差计的桥式测量线路

实际采用的测量线路如图 5 - 12 所示。

（2）测量线路中各电阻的作用及要求。冷端温度补偿电阻 R_2，在配用热电偶测量温度时，它就是热电偶冷端温度补偿电阻，用铜线绕制而成，也可用符号 R_{Cu} 表示。

下支路限流电阻 R_3。它与 R_2 配合，保证下支路的电流为 2mA 的规定值。当 R_2 采用铜电阻 R_{cu} 时，它的阻值随温度而变化，因此，下支路工作电流 I_2 只是在仪表的标准工作温度（取 25℃）时才为 2mA。

起始值电阻 R_G 是决定仪表刻度起始值的电阻。R_G 越大，

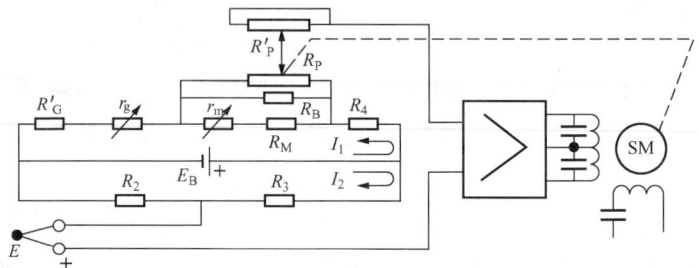

图 5 - 12　电子电位差计的测量线路原理图

仪表的起始值越大。起始值电阻 R_G 由 R'_G 和微调电阻 r_g 两部分串联而成。采用 r_g 既便于调整阻值，又能降低对电阻 R'_G 的制造精度要求。r_g 的数值约为 1Ω。

上支路限流电阻 R_4。它与 R_{np}（R_P、R_B 和 $R_M r_m$ 的等效电阻）、R_G 相串联，使上支路电流为 4mA 的规定值。

滑线电阻 R_P。它是测量桥路中一个很重要的部件，仪表的示值误差、记录误差、变差、灵敏度以及仪表运行的平滑性等都与滑线电阻的质量好坏有关。因此，对滑线电阻材料的耐磨、抗氧化、线间绝缘及电阻的非线性误差等方面都有很高的要求。滑线电阻常用的材料是锰铜丝，也可采用卡玛合金丝或银把合金丝等。还有采用坚硬的导电塑料来制造滑线电阻的，比金属制的滑线电阻更耐磨。在结构上，滑线电阻除要求装配牢固、接触可靠外，还采用了双滑线结构。在图 5 - 12 中，R_P 是桥路电阻，另一个电阻 R'_P 两端被短路，作为电桥的引出线。这种结构的优点是：滑动触点容易支承，同时，可抵消滑动触点和滑线电阻之间产生的附加热电动势。对滑动触点的材料除要求抗氧化性能要好之外，特别要求它和滑线电阻的接触热电动势要很小，否则滑动触点在滑线电阻上滑动时会发热而产生较大的误差。

工艺电阻 R_B。它是 R_P 的并联电阻。由于滑线电阻 R_P 的阻值很难绕制得十分精确，为此，给 R_P 并联一个电阻 R_B，用调整 R_B 的方法使并联后的总阻值为一固定值，通常为 90Ω。在仪表使用过程中，当 R_P 磨损后阻值发生变化时，也可用改变 R_B 的大小来进行调整。

量程电阻 R_M。电阻 R_M 是决定仪表量程大小的电阻。它的大小由仪表测量范围与所采用热电偶的分度号来决定。应设计调整成，在量程起始值时滑点在 R_P 的最左端，在量程终值时滑点在 R_P 的最右端。R_M 由电阻 R'_M 与微调电阻 r_m 串联而成，通过调整 r_m 的阻值能方

便地微调仪表量程。r_m 的数值约为 1Ω。

上面所述的电阻 R_3、R_G、R_M、R_B 及 R_4 都是采用温度系数很小的锰铜丝进行无感双线绕制而成的。

下面来讨论 R_2 是如何补偿热电偶冷端温度变化影响的。如图 5-12 所示，热电偶的电动势设为 E，滑线电阻滑动头处于图上相应的位置，电桥处于平衡状态，送入放大器的电压为 $E+I_2R_2-I_1R_G=0$。若热电偶的冷端温度升高，则 E 减小，此时 R_2 增大，I_2R_2 增大，在 0~50℃ 范围内通常设计成，I_2R_2 的增大和 E_2 的减小相抵消，这样就可补偿热电偶冷端温度变化的影响。这里所指热电偶的冷端实际上是与热电偶相配的补偿导线的冷端，它是接到电子电位差计的接线端子上的。当采用的热电偶确定以后，仪表工作时的冷端温度为 t_0，此时 R_2 的数值（R_2^0）也就确定了。

再讨论 R_G 的作用，当滑线电阻滑动头处于左端时，若 R_G 增大，则热电偶的电动势 E 要相应增大，电位才能平衡，也就是说，此时该仪表量程的起点不是从零度起始，而是从某一正温度起始才能平衡；反之，若 R_G 减小，则仪表量程的起始点是某一负的温度。因此，R_G 是决定仪表量程起始值的电阻。

（3）测量桥路的供电形式和工作电流选取。目前我国生产的电子电位差计测量桥路是由稳压电源提供 1V 直流电压。工作电流一般取在 2~10mA 范围内，较多的是把上支路电流取为 4mA，把下支路电流取为 2mA，总的工作电流为 6mA。

2. 稳压电源

为了保证仪表测量的准确度，测量桥路中的工作电流必须是恒定的。图 5-13 所示为一些测量桥路中所采用的稳压电源原理线路图。整个装置包括交流电源、整流电路、滤波电路、二级稳压和温度补偿电路。电源变压器次级电压 2×33V，经二极管 D_1、D_2 全波整流后由电容 C 滤波，再经二级稳压后输出。采用二级稳压电路是为了提高稳压效果。在有些线路中，为了克服第二级稳压管 DW_3 具有正电压温度系数的影响，电路中串接铜电阻 R_3，当环境温度升高后，DW_3 上的电位差增大，即输出增大；而温度升高时，铜电阻 R_3 也增大，使 R_3 上的压降也增加，以保证送至测量桥路（图上用 R_f 表示）的电压维持不变。有的线路中采用的硅稳压管 DW_3 性能很好，电压温度系数非常小，此时就不需加铜电阻 R_3。R_J 是一可变电阻，它用来调整送至测量桥路的电流，使其等于规定值。

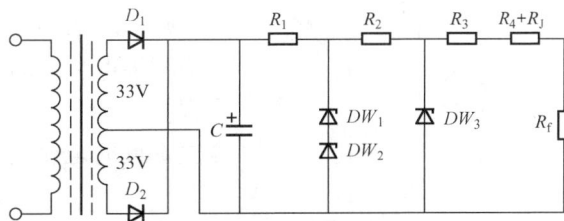

图 5-13 稳压电源原理线路图

稳压电源的主要技术要求有：①当供电电压变化量为额定值的 ±10% 时，其输出电流变化不得大于 ±0.05%；②在 0~60℃ 范围内，温度每变化 10℃，输出电流变化不大于 ±0.03%。

3. 晶体管放大器

在电子电位差计中，晶体管放大器的作用是把测量桥路输出的微弱偏差信号（通常为数十微伏）放大为能推动伺服电机旋转的输出功率信号。

电子电位差计中普遍应用 JF-12 型晶体管放大器。如图 5-14 所示，放大器由变流器（一般多用机械式振动变流器）、输入变压器、电压放大级、功率放大级以及电源等部分组成。从测量线路来的偏差信号，经过变流器与输入变压器所组成的输入级后被调制成 50 Hz 的交流信号，再经电压放大和功率放大后，成为有足够大输出功率的信号去驱动伺服电机。伺服电机通过传动机构带动滑线电阻上的滑动头来自动寻找电位平衡点，同时还带动指针及记录笔相应地在刻度盘及记录纸上指示和记录被测的温度值。

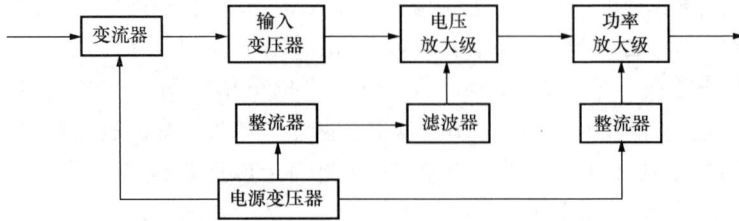

图 5 - 14　JF - 12 型晶体放大器方框图

三、测量电桥

电桥是测量电阻、电容和电感的电路，通常采用直流电桥来测量电阻的大小。在温度测量中，常用平衡电桥和不平衡电桥来测量热电阻的大小。

1. 用手动平衡电桥测量热电阻

手动平衡电桥测量电阻的方法适用于实验室，它的原理如图 5 - 15 所示。图中，R_2 和 R_3 是两个锰铜丝绕制的已知电阻（通常令 $R_2 = R_3$），R_1 为可变电阻，R_t 为热电阻，R_L 为连接导线的电阻，G 为检流计，E 为电池。

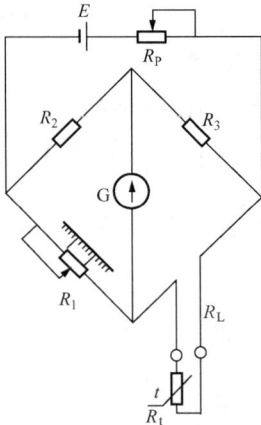

图 5 - 15　用平衡电桥
测量电阻的原理线路

电桥平衡时，检流计中无电流通过，根据电桥平衡原理：$R_1 R_3 = R_2 (R_t + R_L)$，因为 $R_2 = R_3$，所以可得 $R_t = R_1 - R_L$。可以在滑线变阻器 R_1 上进行电阻或温度刻度，即根据 R_1 的滑动触点位置便可确定热电阻的阻值，而且测量结果与电源 E 的电压大小无关。

从 $R_t = R_1 - R_L$ 可知，R_t 不仅取决于 R_1 的触点位置，还与 R_L 有关。而 R_L 是随环境温度而变化的，这就使测量结果有误差。为了减小此误差，可采用图 5 - 16 所示的三线制连接方法，此时电桥的平衡条件为

$$R_1 + R_W = (R_t + R_W) \frac{R_2}{R_3}$$

其中

$$R_2 = R_3$$

上式化简后得 $R_t = R_1$，可见三线制接法有利于消除连接导线电阻变化对测量的影响。

在准确度要求更高的场合，如实验室中采用铂热电阻作为标准器，可采用四线制测量线路，如图 5 - 17 所示。图中，L_1、L_2、L_3、L_4 为热电阻 R_t 的引线电阻，桥臂中 R_2、R_3、R_{c2} 为固定电阻，R_1、R_{c1} 为可变电阻，电桥平衡时，有

$$R_t = \frac{R_3}{R_2} R_1 + \frac{R_3}{R_2} L_3 + \frac{L_2 R_{c2}}{R_{c1} + R_{c2} + L_1 + L_2} \left(\frac{R_1 + L_3}{R_2} - \frac{R_{c1} + L_1}{R_{c2}} \right) \qquad (5 - 9)$$

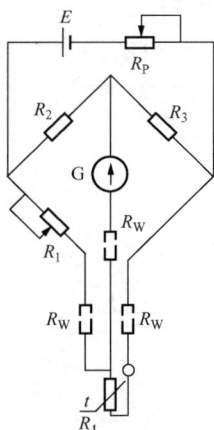

图 5 - 16　消除导线电阻变化
影响的三线制电桥线路

图 5 - 17　史密斯Ⅲ型电桥原理图

为了简化式（5 - 9），应满足下式：

$$\frac{R_{c1}}{R_{c2}} = \frac{R_1 + R_3}{R_2 - R_3} \tag{5 - 10}$$

由于 $R_2 = 1000\Omega$，$R_3 = 10\Omega$，$R_{c2} = 990\Omega$，因此有

$$R_{c1} = R_1 + 10 \tag{5 - 11}$$

在制造电桥时，将 R_{c1} 分成一个可变电阻 R_1' 和一个阻值为 10Ω 的固定电阻，且使 R_1' 与 R_1 同步变化并且数值相等，这样，就可满足式（5 - 10）的要求。为了简化式（5 - 9），可令 $L_1 = L_2 = L_3 = L$。由于 $L \ll R_{c1} + R_{c2}$ 以及 $\frac{R_{c1}}{R_{c2}} = \frac{R_1 + R_3}{R_2 - R_3}$，故式（5 - 9）可化为

$$R_t = \frac{R_3}{R_2}R_1 + \frac{R_3}{R_2}\left[L_3 - \frac{L_2(R_{c1} + R_{c2})}{R_{c1} + R_{c2} + L_1 + L_2}\right] + \frac{L_2}{R_{c1} + R_{c2} + L_1 + L_2}\left(\frac{R_{c2}}{R_2}L_3 - L_1\right) \tag{5 - 12}$$

式中，右边的第二、三项是对引线电阻的修正项。当 $L_1 = L_2 = L_3 = L$ 以及 $L \ll R_{c1} + R_{c2}$ 时，第二、三项的数量级可作如下估计：设 $R_t = 30\Omega$，则由于 $R_3 = 10\Omega$，$R_2 = 1000\Omega$，所以 $R_1 = 3000\Omega$，由式（5 - 11）可得：$R_{c1} = R_1 + 10 = 3010\Omega$，由于 $R_{c2} = 990\Omega$，所以 $R_{c1} + R_{c2} + L_1 + L_2 = 4000 + L_1 + L_2$，化简式（5 - 12）右边的第二、三项得

$$\frac{R_3}{R_2}\left[L_3 - \frac{L_2(R_{c1} + R_{c2})}{R_{c1} + R_{c2} + L_1 + L_2}\right] + \frac{L_2}{R_{c1} + R_{c2} + L_1 + L_2}\left(\frac{R_{c2}}{R_2}L_3 - L_1\right)$$

$$\approx \frac{1}{100}(L_3 - L_2) + \frac{1}{4\times10^5}L_1L_2 + \frac{1}{4\times10^3}L_2(L_3 - L_1) + \frac{1}{4\times10^5}L_2(L_2 - L_3)$$

$$\approx \frac{1}{100}(L_3 - L_2) + \frac{1}{4\times10^5}L_1L_2 \tag{5 - 13}$$

当 $L < 2\Omega$，$|L_3 - L_2| < 0.001\Omega$，则上式小于 $2\times10^{-5}\Omega$，这样式（5 - 13）可近似为零。因此，一般就可直接用下式计算铂热电阻温度计的阻值 R_t，即

$$R_t = \frac{R_3}{R_2}R_1 \tag{5 - 14}$$

由此可见，在求 R_t 时，热电阻的引线电阻都可消去，但它们之间的差异应小于

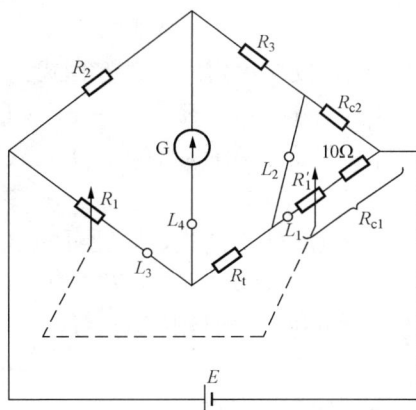

0.001Ω，即小于可变电阻 R_t 的步进值。这种电桥称史密斯Ⅲ型电桥。

还有一种四线制测量线路如图 5-18 所示。热电阻 R_t 的四根导线分别为 C、c、T、t。按图 5-18（a）接线，列出回路方程式：

$$I_1(R_2 + R_1 + C + c) + I'_1 c = I'_1(R_3 + T + R_t + c) + I_1 c \tag{5-15}$$

由于 $R_2 = R_3$，电桥平衡时，有 $I_1 = I'$，式（5-15）可写为

$$R_1 + C = T + R_t \tag{5-16}$$

再按图 5-18（b）接线，同理可列出回路方程式：

$$I_2(R_2 + R'_1 + T + t) + I'_2 t = I'_2(R_3 + C + R_t + t) + I_2 t \tag{5-17}$$

由于 $R_2 = R_3$，电桥平衡时则有 $I_2 = I'_2$，式（5-17）可写成：

$$R'_1 + T = C + R_t \tag{5-18}$$

由式（5-16）、式（5-18）可求得

$$R_t = \frac{(R_1 + R'_1)}{2} \tag{5-19}$$

R_1、R' 是电桥的两个测量值，由它们求得的 R_t 与导线电阻无关。这种测量方法很麻烦，因此仅用在准确度要求很高的测量中。这种电桥也称密勒电桥。

平衡电桥在测量电阻值时需不断改变 R_1 的大小，使通过 G 的电流等于零，测量是手动的和不连续的，因此这种测量方法不适于在现场使用。

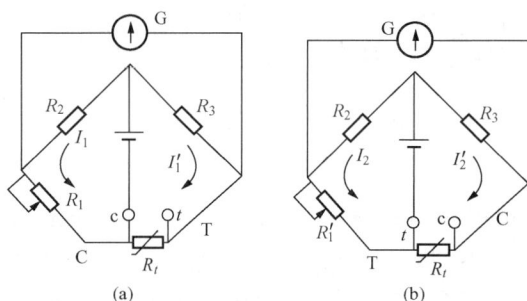

图 5-18　四线制测量线路

（a）热电阻正向连接；（b）热电阻反向连接

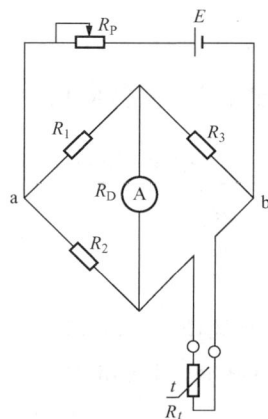

图 5-19　用不平衡电桥测量
电阻的原理线路

2. 用不平衡电桥测量热电阻

图 5-19 所示为采用不平衡电桥测量电阻的原理图。图中 E 为电源，R_1、R_2、R_3 为三个固定的桥臂，它们的阻值是已知的，R_t 为热电阻，R_D 是测量仪表的电阻，通常测量仪表就是动圈表，它可用电阻（或温度）刻度。

根据不平衡电桥的原理，通过动圈表的电流 I_D 为

$$I_D = U_{ab} \frac{R_1 R_t - R_2 R_3}{R_D(R_1 + R_3)(R_2 + R_t) + R_1 R_3(R_2 + R_t) + R_2 R_t(R_1 + R_3)} \tag{5-20}$$

式中　U_{ab}——电桥端点 a 和 b 之间的电压。

因为 R_1、R_2、R_3 和 R_D 都是不变的数值，所以 I_D 只与 R_t 和 U_{ab} 有关。如果保持 U_{ab} 不

变，则 I_D 只是 R_t 的函数，这时动圈表指针的偏转角就代表 R_t 的大小。半导体热敏电阻通常也是用不平衡电桥来测量其阻值的，并在表盘上标以温度刻度。现在工业上常用的配热电阻的动圈式仪表，它的测量线路就是由不平衡电桥构成的（见图 5-6），它的工作原理前面已讲过，这里不再重复了。

3. 用电子平衡电桥测量热电阻

电子平衡电桥就是自动的平衡电桥，它可以自动地测量热电阻的阻值，并以对应的温度值进行显示和记录。电子平衡电桥的方框图如图 5-20 所示。

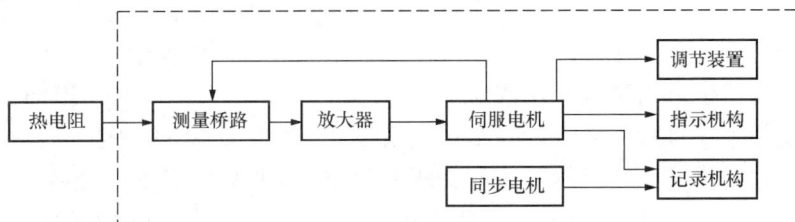

图 5-20 电子平衡电桥的方框图

电子平衡电桥与电子电位差计除了测量桥路外，其他部分几乎是相同的，这里只介绍测量桥路的工作原理。

电子平衡电桥的测量桥路的原理线路如图 5-21 所示。电桥上支路中的 R_t 是热电阻，它与电阻 R_W、R_6，还有由滑线电阻 R_P 及工艺电阻 R_B、量程电阻 R_5 并联形成的电阻 R_{np} 的一部分，组成桥路的一个臂，上支路的另一个桥臂，由电阻 R_4 和 R_{np} 的另一部分组成。下支路的两个臂分别由 $R_W + R_2$ 和 R_3 组成。除了热电阻外，全部的

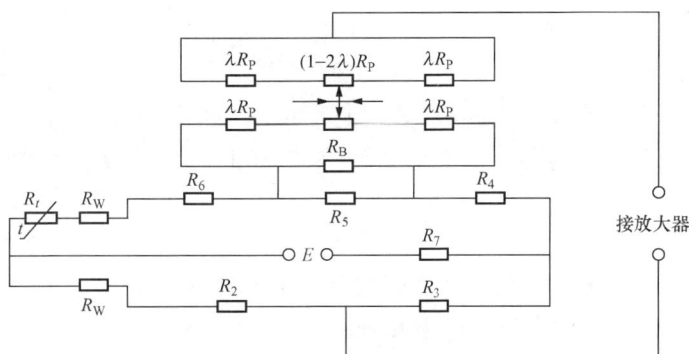

图 5-21 电子平衡电桥的测量桥路

电阻都是由锰铜丝绕制成的。当被测对象温度变化引起热电阻 R_t 的阻值变化时，电桥不平衡。不平衡电压输至放大器放大后，推动伺服电机带动滑线电阻上的滑点移动，改变上支路两个桥臂的比值，最后使桥路恢复平衡，同时由伺服电机带动指针，指出温度的数值。改变电阻 R_5，可以改变仪表的量程；改变电阻 R_6，可改变仪表刻度的起始值。R_2、R_3、R_4 是固定电阻，R_7 是限流电阻，用它来限制通过热电阻的电流。

仪表和热电阻的连接也采用三线制接法，目的是减小导线电阻因环境温度变化所造成的误差。

测量桥路可以用交流电源也可以用直流电源。当采用交流电源供电时，桥路输出交流信号，放大器可不需要变流器，但此时在放大器的输入端很难装设滤波网络，外部的干扰信号很容易窜入放大器，导致放大器饱和，使仪表的灵敏度下降。另外，如果在交流电桥的桥臂中存在电感和电容，就会降低仪表的准确度。例如，为了防止干扰而采用同芯电缆作为热电

阻的引入线，当这种引入线较长时，就存在较大的分布电容。直流电桥需要装设变流器及直流电源装置，可以接入滤波网络消除外来干扰，并且不受电容电感的影响而获得较高的准确度。交、直流两种电桥我国都生产。交流电桥采用 6.3V 交流电源供电，直流电桥采用 1V 直流电源供电。

第三节　数字式显示仪表

前面介绍的为模拟式仪表，现在介绍直接用数字显示被测值的数字式显示仪表。数字式显示仪表与各种传感器、变送器配套后，可用来显示各种不同的参数。

一、数字式显示仪表的原理及组成

数字式显示仪表是直接用数字量显示被测值。实现数字显示的关键是把连续变化的模拟量变换成数字量，完成这一功能的装置称为模数转换（用 A/D 表示）装置，因此，数字显示仪表中应有 A/D 转换部件。有的仪表还有将数字量变为模拟量（用 D/A 表示）的转换装置。数字式显示仪表一般都是开环测量系统，随着数字电路技术的进步，这些仪表具有很高的准确度。

在生产过程中，大多数传感器的输入参数和输出电信号之间呈非线性关系，但在显示仪表上必须以绝对值的形式和量纲反映出被测参数。而在模拟显示仪表中可以采用非线性刻度和不同量程标尺的方法来解决，而在数字显示仪表中，不可能用非线性刻度的方法，因为二—十进制数码是通过等值量化取得的，为线性递增或递减，因此，非线性的输入信号和线性化的数码输出之间不一致。为了使数字式显示仪表显示出被测参数的绝对数字值，还必须要有对被测参数的非线性函数的线性化补偿装置，以及针对各种转换系数的标度变换装置。

由此可知，一台数字式显示仪表一般应具备 A/D 转换、非线性补偿和标度变换三大部分。三者之间相互结合可组成适用于各种不同场合的数显仪表。

数显仪表大致有以下几种组成方案，如图 5-22 所示。其中，图（a）是把模拟信号线性化，准确度一般为 $0.5\% \sim 0.1\%$，其优点是可直接输出线性化了的模拟信号；图（b）是利用非线性的模数转换装置，使模数转换及非线性补偿在同一部件内完成，因而结构简单，准确度较高，缺点是只适用于特定的非线性补偿以及被测参数范围较窄，因此多用在固定面板型仪表中；图（c）为使用数字式非线性补偿及标度变换方案，它可以组成多种变换方案，适用面广，准确度较高，但其结构复杂，主要用于直接数字控制系统及计算机设定系统等较大规模控制及测量系统中。

二、模数转换

这里主要讨论模拟量电信号的模数（A/D）转换技术，模拟量的 A/D 转换器有多种，常用以下几种：

（1）双积分型（$U-t$ 转换型）；

（2）电压频率转换（$U-f$ 转换型）；

（3）脉冲宽度调制型；

（4）逐次比较电压反馈编码型。

前三种属于间接法，模拟量不是直接转换成数字量，而是首先转换成某一中间量，再由

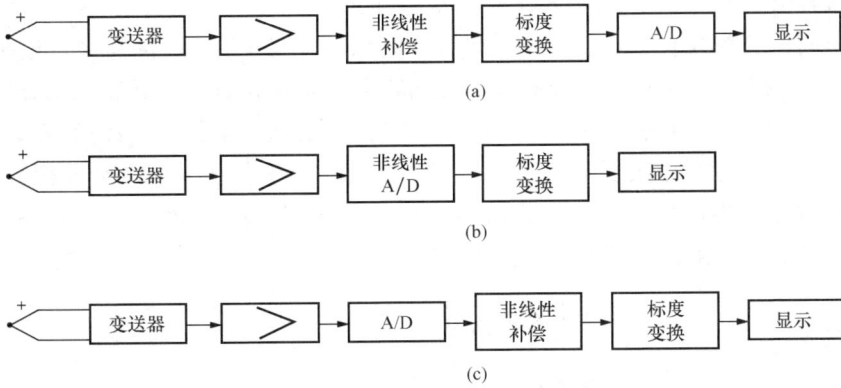

图 5 - 22 数字显示仪表的几种组成方案

(a) 模拟非线性补偿方案；(b) 非线性 A/D 变换补偿方案；(c) 数字式非线性补偿方案

中间量转换成数字量。该中间量目前多数为时间间隔（$U-t$ 型）或频率（$U-f$ 型）两种。对这两种中间量再利用测定周期或频率的方法很容易转换成数字量。第（4）种转换器是把被测电压直接与基准电压进行比较，中间不需要转换成其他量，故属于直接型转换器。它具有测量准确度高、速度快、稳定性好等优点。但它的电路复杂，抗干扰性能差，要求采用的精密元件多，因而成本也高。这里仅介绍第（1）种，即双积分型模数转换器。

双积分型模数转换器的原理是将输入电模拟量（如电压）变换成与其平均值成正比的时间间隔量，然后由脉冲发生器和计数器来测量此时间间隔量而得到数字量，其工作原理示意如图 5 - 23 所示。

双积分型模数转换器的工作过程分为采样积分时间与比较测量时间两个阶段。在采样积分时间内，开始时由控制器发出指令脉冲，使计数器置零，零信号使开关 K_2、K_3 断开，K_1 合上。输入电压 U_i 接到积分器输入端进行固定时间 t_1 的积分（预先规定 t_1 为 20ms 或 100ms），积分器从原始状态 $U_o = 0$V 开始积分，经 t_1 时间积分后其输出电压 U_o 为

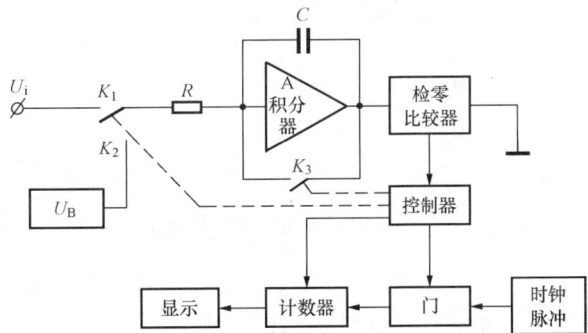

图 5 - 23 双积分型模数转换器原理框图

$$U_o = -\frac{1}{RC}\int_0^{t_1} U_i dt = U_A$$

令 $\overline{U_i}$ 为输入模拟电压 U_i 在 t_1 时间间隔内的平均值，即

$$\overline{U_i} = \frac{1}{t_1}\int_0^{t_1} U_i dt$$

所以

$$U_A = -\frac{1}{RC}\overline{U_i} t_1 \tag{5-21}$$

当经历了 t_1 时间后，控制器再发出一个驱动脉冲，使 K_2 闭合、K_1 断开、K_3 仍保持断

开，这时计数器开始计数，开始进入比较测量时间。

比较测量时间又称反向积分时间。由于 K_2 闭合、K_1 断开，极性与输入模拟电压 U_i 相反的基准电压 U_B 接入积分器。积分器进行反向积分，输出电压 U_o 下降，积分器开始复原。当输出电压 U_o 过零时，检零比较器动作，推动控制器发出以下指令：闭合 K_3，使积分电容 C 上的电荷为零，等待下一次积分再充电；使 K_2 开路，基准电压不再接入积分器，停止积分，同时使计数器不再计数，这时计数器显示数为 N。在一段时间 t_2 内，是用基准电压 U_B 与积分电容 C 上已有电压 U_A 进行比较，所以

$$U_o = U_A - \frac{1}{RC}\int_{t_1}^{t_1+t_2}(-U_B)\mathrm{d}t = 0$$

即

$$U_A + \frac{1}{RC}U_B\mathrm{d}t = 0$$

解得

$$t_2 = \frac{-U_A}{\frac{1}{RC}U_B} \tag{5-22}$$

把式（5-21）中的 U_A 值代入式（5-22）中，可得

$$\overline{U}_i = \frac{t_2}{t_1}U_B \tag{5-23}$$

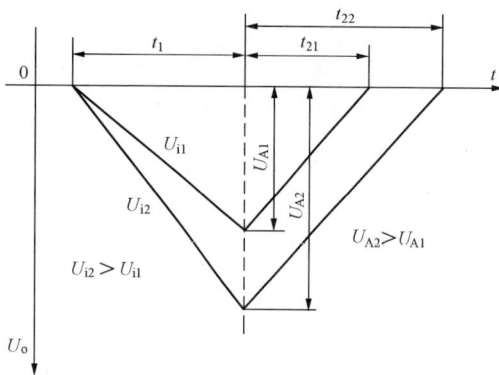

由式（5-23）可知，比较测量时间间隔 t_2 与输入电压 U_i 在 t_1 时间间隔内的平均值 $\overline{U}_i$ 成正比，也就是与计数器的显示值 N 成正比。

图 5-24 所示为积分器输出电压 U_o 的波形。从图中可以看出，输入电压越大（$U_{i2}>U_{i1}$），积分器输出的最大电压值 U_A 也越大（$U_{A2}>U_{A1}$），t_2 时间间隔也越长（$t_{22}>t_{21}$），计数器所计的数 N 也就越大。所以，N 就是输入电压 U_i 在 t_1 时间间隔的平均值 $\overline{U}_i$ 的数字值，即完成了电压—数字量转换。

由于这种转换器在一次转换过程中进行了两次积分，故又名为双积分转换器。

图 5-24　积分器输出电压 U_o 的波形

三、电信号的标准化与标度变换

电信号的标准化与标度变换是数字仪表设计中必须解决的基本问题。

一般情况下，由于要测量和显示的物理量多种多样，因而仪表输入信号的类型、性质也是千差万别。以测温为例，用热电偶作测温元件，其输出的是电压信号；用热电阻作测温元件，其输出的是电阻信号；采用温度变送器时，变送器输出的是电流信号。不仅信号的类别不同，而且电平高低也相差悬殊。有的高达伏级，有的低至微伏级。为了便于测量，需要将这些不同性质的信号或不同电平的信号统一起来，称为输入信号的规格化，或者称为电信号的标准化。

这种规格化的统一输出信号可以是电压、电流或其他形式的信号。由于各种信号变换为电压信号比较方便，因此，很多情况下是将各种不同信号变换为直流电压信号。国内采用的统一直流电压信号电平有以下几种：0～10mV，0～30mV，0～50mV 等。统一信号电平高

低的选择应根据被显示信号参数的大小来确定。

当统一电平选定后，对于一般的数字电压表，电平经模/数转换后就能以电压量的形式输出。而对于过程检测用的数字显示仪表，其输出往往要用被测量的量纲形式表示。这就是量纲还原问题，通常称为标度变换，实质上也就是比例尺的变更。

图 5 - 25 所示为一般数字仪表的标度变换。其刻度方程可表示为

$$y = S_1 S_2 S_3 x = Sx$$

式中 　　　S——数字仪表的总灵敏度或称标度变换系数；

S_1、S_2、S_3——模拟部分、模/数转换部分、数字部分的灵敏度或标度变换系数。

标度变换可以通过改变 S 来实现，以使所显示数字值的单位与被测物理量的单位一致。改变 S 可通过改变 S_1 或 S_3 来实现。前者称模

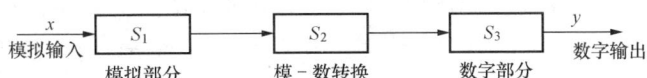

图 5 - 25　数字仪表的标度变换

拟量的标度变换，后者称数字量的标度变换。模拟量的标度变换方法简单、可靠，但通用性较差，仅适用于专用装置，而且准确度也不太高。下面举数例说明。

（一）模拟量标度变换

1. 电动势信号的标度变换

某一数字测温仪表配用镍铬—镍硅热电偶（分度号为 K），满刻度显示数字为 1023，此时放大器的输出为 4000mV，而镍铬—镍硅热电偶 1000℃时的电动势值为 41.276mV，应将其放大 K_1 倍，使 41.276mV 与被测温度相对应。

由 　　　　　　　$$\frac{1000}{1023} = \frac{41.276 K_1}{4000}$$

得 $K_1 = 94.73$，即当前置放大器的放大倍数调为 94.73 时，数字显示值与热电偶所测温度值一一对应，这样所显示的数字值可直接用温度单位来表示。以上计算中是把热电动势和温度之间当作线性关系来处理的，因而准确度不高。

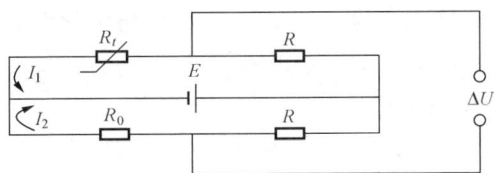

图 5 - 26　电阻信号的标度变换

2. 电阻信号的标度变换

为了将热电阻的电阻变化转换为电压信号的输出，通常采用不平衡电桥线路。根据不平衡电桥的测温原理（见图 5 - 26），有

$$\Delta U = \frac{E}{R + R_t} R_t - \frac{E}{R + R_0} R_0$$

当被测温度处于下限时，$R_t = R_{t_0} = R_0$，即桥路平衡，此时输出 $\Delta U = 0$。同时，桥路设计时，使 $R \gg R_t$，R_t 变化后，也有

$$\frac{E}{R + R_t} \approx \frac{E}{R + R_0}, I_1 \approx I_2 \approx I$$

则 　　　　　　$$\Delta U = \frac{E}{R + R_t}(R_t - R_0) = I(R_t - R_0) = I \Delta R_t$$

上式说明可通过改变桥路参数来实现标度变换。

例如，用 Pt100 热电阻测温，所测温度为 0～100℃，电阻变化为 38.50Ω，为了显示"100"的数字值，可这样进行设计：设数字表的分辨能力为 100μV，即末位跳一个字需 100μV 的输入信号，因此在满度显示"100"时，就需要 100μV×100=10mV 的信号，即电

阻变化 38.50Ω 时，应产生 10mV 的信号，于是可得

$$I = \frac{\Delta U}{\Delta R_t} = \frac{10}{38.50} = 0.26\text{mA}$$

I 值可通过适当选取 E 或 R 来得到。当仪表分辨能力或显示位数改变时，桥路参数也要适当予以调整。

上述变换把热电阻和温度之间当作线性关系来处理，因此准确度不高。

3. 电流信号的标度变换

数显仪表如与具有标准输出的变送器配套使用时，可用简单的电阻网络实现标度变换，即将变送器送出的标准直流毫安信号，转换为规定的电压信号。如图 5 - 27 所示，从 R_2 上取出的电压作为数字仪表的输入信号。对 R_2 的准确度和稳定性要求较高，一般用锰铜电阻，而且此电阻网络还需满足前、后所接部件的阻抗匹配要求。

（二）数字量标度变换

数字量标度变换是在模数转换完成之后，进入计数器计数前，通过系数运算来实现的。系数运算是将模数转换的结果乘以某一系数，使被测物理量和显示数字值的单位得到统一。

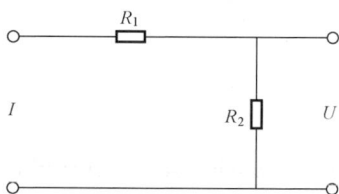

图 5 - 27　电流信号的标度变换

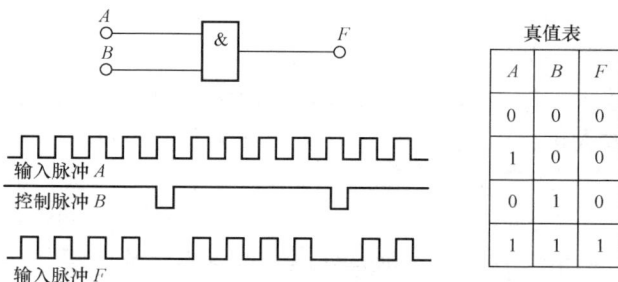

图 5 - 28　系数运算原理示意

系数运算的原理如图 5 - 28 所示。从"与"门真值表可知，当 A、B 都是高电位时，F 输出才是高电位。这样，控制 A、B 端任一端的电位，就可以扣除进入计数器的脉冲数。图 5 - 28 所示为每 10 个脉冲扣除 2 个脉冲的情况，即相当于乘了一个 0.8 的系数。

可采用集成数字电路来进行标度变换。例如，采用三位标度变换装置，使总的设定范围在 $0.001 \sim 0.999$ 之间，第一位设定系数为 $0.1 \sim 0.9$，第二位设定系数为 $0.01 \sim 0.09$，第三位设定系数为 $0.001 \sim 0.009$。这些标度值可预先设定在整定盘上。图 5 - 29 所示的三位标度运算由三个二—十进制系数乘法器（5G671）串联组成的。如标度系数为 0.879，则第一位 D（最高位）、C、B、A（最低位）为 1000，第二位为 0111，第三位为 1001。送入一千个脉冲后，从第三位输出 879 个脉冲。综上所述，标度系数小于 1。若需标度系数大于 1，则可用乘 10 来实现。如 $0.879 \times 10 = 8.79$，即标度系数变为 8.79。在电路上将送入 C_p 的频率提高 10 倍即可（见图 5 - 29）。系数乘法器 5G671 的真值表见表 5 - 2。

例如，某测点温度为 73.0℃，采用热电阻和电桥法变换后，变为 41.5mV，再进入线性模数转换器。如果模数转换器满度值 50mV 的输出数码为 1000，则 41.5mV 相应的数字值为 830，若直接显示这个值，不能反映出实际被测温度，需进行系数运算，然后进行显示。按上面讲过的方法，若模数转换后的脉冲数 $N_1 = 830$，预先定的标度系数为 0.879，则标度

换算器输出的脉冲数为 $N_o = N_1 \times 0.879 = 730$。显示被测温度为 $73.0℃$，从而使实际测温和数字显示值一致。

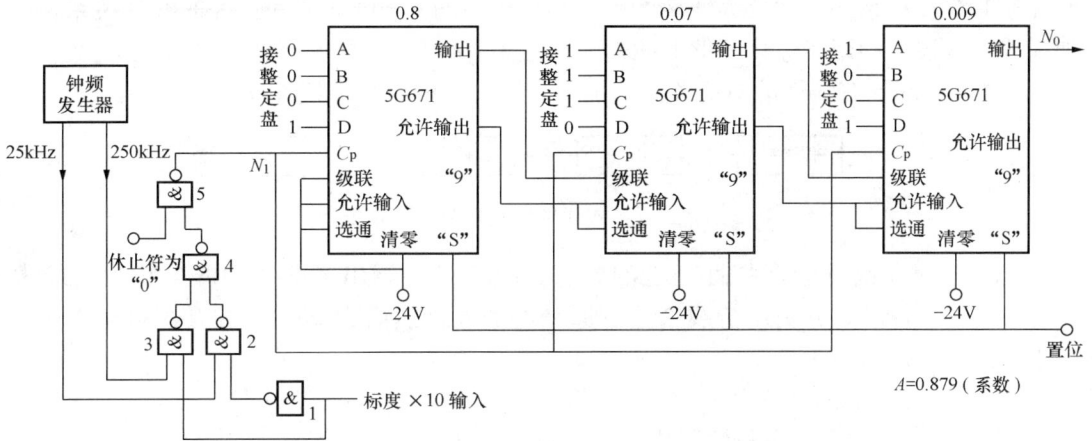

图 5 - 29　三位标度系数换算器原理图

表 5 - 2　　　　　　　　　系数乘法器 5G671 真值表

二—十进制				输入脉冲数	输出脉冲数	输出脉冲相应计数状态
D	C	B	A			
0	0	0	0	10	0	—
0	0	0	1	10	1	4
		1	0	10	2	27
		1	1	10	3	427
	1	0	0	10	4	1368
	1	0	1	10	5	41368
	1	1	0	10	6	271368
	1	1	1	10	7	4271368
1	0	0	0	10	8	01235678
1	0	0	1	10	9	401235678

四、非线性输入信号的线性化

配热电偶或热电阻测温的数字仪表，若希望直接显示温度数值，就要在仪表内采取线性化措施，以补偿敏感元件的非线性特性。测量其他参数的仪表，如果它的传感器、变送器等环节中有非线性因素，也都要经过线性化处理。

线性化处理有多种方式，对带微处理器的仪表可在软件中完成，下面仅介绍数字显示仪表中常采用的模拟线性化处理方法。

（一）模拟线性化处理

模拟线性化处理是在模拟信号转换为数字量之前进行的，它可以按照仪表静态特性分别采用开环和闭环的方式进行。

1. 开环式线性化处理

图 5-30 所示为开环式线性化处理装置的原理框图。传感器是非线性的，电压 U_1 和 x 之间存在非线性关系。放大器为线性的，但经放大后的 U_2 和 x 之间仍为非线性关系，因此需加入线性化器。利用线性化器的非线性静特性来补偿传感器的非线性特性，使模数转换之前的 U_o 与 x 之间具有线性的对应关系。下面介绍用图解法来求线性化器的静特性。

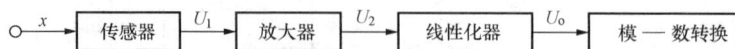

$$x \longrightarrow \boxed{\text{传感器}} \xrightarrow{U_1} \boxed{\text{放大器}} \xrightarrow{U_2} \boxed{\text{线性化器}} \xrightarrow{U_o} \boxed{\text{模—数转换}}$$

图 5-30　开环式线性化处理装置原理框图

首先介绍对非线性静态特性逼近的方法。图 5-31 给出一非线性静态特性曲线 $y = f(x)$，将它分成数段，分别用折线来逼近原来的曲线，然后根据各转折点的斜率来设计电路。根据图 5-31 可写出

$$y = K_1 x_1 + K_2(x_2 - x_1) + K_3(x_3 - x_2) + \cdots + K_n(x_n - x_{n-1}) \qquad (5-24)$$

式中　K_1，$\cdots$，K_n——各段折线斜率，$K_1 = \tan\theta_1$，$K_2 = \tan\theta_2$，$\cdots$，$K_n = \tan\theta_n$。

采用这种方法，转折点越多，准确度越高。但转折点过多时电路也随之复杂，由此带来的误差也随之增加。

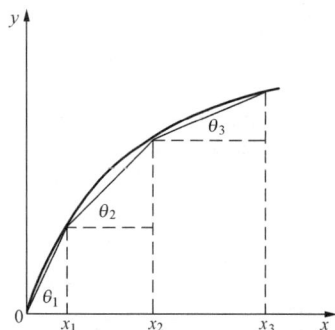

图 5-31　对非线性静态特性
逼近的图解法

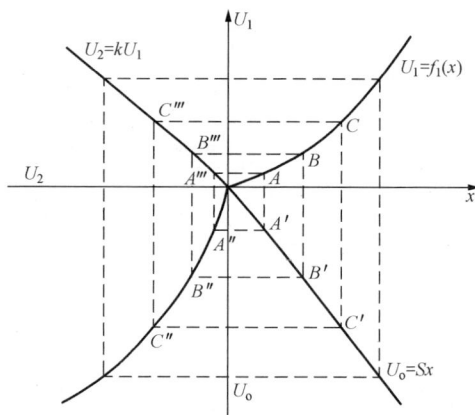

图 5-32　校正曲线的图解求法

下面介绍线性化器中校正曲线的图解求法。如图 5-32 所示，首先，将传感器的非线性特性曲线 $U_1 = f_1(x)$ 绘在直角坐标的第 I 象限，被测量 x 作横坐标，传感器的输出电压 U_1 为纵坐标量。其次，将线性放大器特性曲线 $U_2 = kU_1$ 绘在第 II 象限，放大器的输入量为纵坐标量，输出量 U_2 为横坐标量。再次，将希望达到的线性关系 $U_o = Sx$ 特性曲线绘在第 IV 象限，被测量 x 为横坐标量，输出量 U_o 为纵坐标量。最后，按图 5-32 所示的方法作图，即可在第 III 象限求得所需线性化器的静态校正曲线 $U_o = f(U_2)$。可按照图 5-31 及式（5-24）来设计校正电路。

2. 闭环式线性化处理

闭环式线性化处理就是利用反馈补偿原理，引入非线性的负反馈环节来补偿传感器的非线性特性，使 U_o 和 x 之间呈线性特性。

图 5-33 所示为闭环式线性化处理装置的原理框图。下面介绍用图解法求非线性反馈环

节静态特性的方法。

如图 5-34 所示，首先，将传感器的非线性特性 $U_1 = f_1(x)$ 绘在第 Ⅰ 象限。横坐标量为被测量 x，纵坐标量为传感器的输出 U_1。其次，将希望得到的线性关系 $U_o = Sx$ 特性曲线绘在第 Ⅳ 象限，x 是横坐标量，U_o 是纵坐标量。再次，

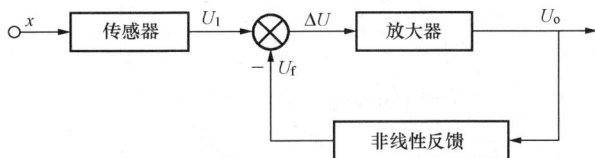

图 5-33 闭环式线性化处理装置原理框图

由于主通道放大器的放大倍数 K 很大，可保证 $U_1 \gg \Delta U$，因此 $U_1 \approx U_f$，故可将 U_1 坐标轴兼作 U_f 的坐标轴，然后将 x 轴分为若干段，按图 5-34 所示的方法作图，就可在第 Ⅱ 象限求出负反馈环节的非线性补偿特性曲线，其横坐标量是 U_o，纵坐标量是 U_f。最后，再按照图 5-31 及式（5-24）来设计校正电路。

必须指出，上述图解法的前提是主放大器的放大倍数足够大，这样才能满足 $U_1 \approx U_f$。

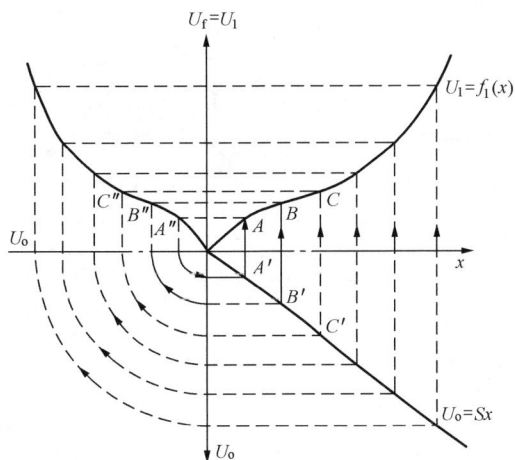

图 5-34 负反馈非线性补偿特性的图解法

3. 线性化器应用实例

线性化器的例子较多，不同的条件下有不同的应用。下面介绍一种开环线性化处理电路原理。

图 5-35（a）所示为某一种热电偶的特性曲线，根据前面所述的方法（见图 5-31）求出其校正曲线，如图 5-35（b）所示，再用四段折线来逼近这条校正曲线。可采用图 5-36 所示线路来实现这四段折线，从而得校正曲线。

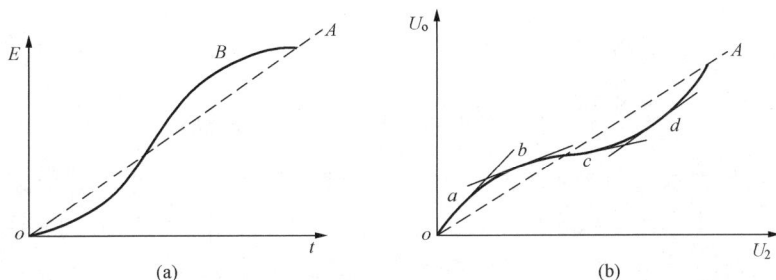

图 5-35 热电偶的特性曲线及校正曲线
（a）热电偶特性曲线；（b）校正曲线

图 5-36 中，U_{i1} 为经过冷端补偿器之后的热电偶电动势信号，U_{i2} 为经集成运放 IC_1 放大后的电压。U_{i2} 分别送往加法器 IC_2 和非线性补偿器的输入端。非线性补偿器分别由集成运放 IC_3、IC_4、IC_5 及其前后的电阻和二极管构成。U_N 是补偿器的基准电压。U_{i2} 与 U_N 经过相应的电阻后在 a 点的合成电压值为 ΔU_i。当 $\Delta U_i < 0$ 时，非线性补偿器有补偿电压输出，该电压值与 U_{i2} 相加，经 IC_2 放大后成为输出电压 U_{o1}，通过标度变换每摄氏度对应 1mV 电压（U_{o1}）。当 $\Delta U_i \geqslant 0$ 时，由于二极管 D_1、D_2 反相截止，补偿器无补偿电压输出。

R_{11}、R_{16}、R_{18}是确定补偿器投入工作与否的电阻，通过计算它们的阻值可使每个补偿器依次在校正曲线的不同折点处投入工作。R_{10}、R_{15}、R_{22}是补偿器的斜率电阻。

由图 5 - 36 可得

$$U_{o1} = -\left(\frac{R_4}{R_3}U_{i2} + \frac{R_4}{R_{10}}U_{i3} + \frac{R_4}{R_{15}}U_{i4} - \frac{R_4}{R_{22}}U_{i5}\right)$$

$$= -(K_2 U_{i2} + K_3 U_{i3} + K_4 U_{i4} + K_5 U_{i5})$$

式中　K_2、K_3、K_4、K_5——IC_2 对各输入电压的放大倍数，它们有正、负之别。

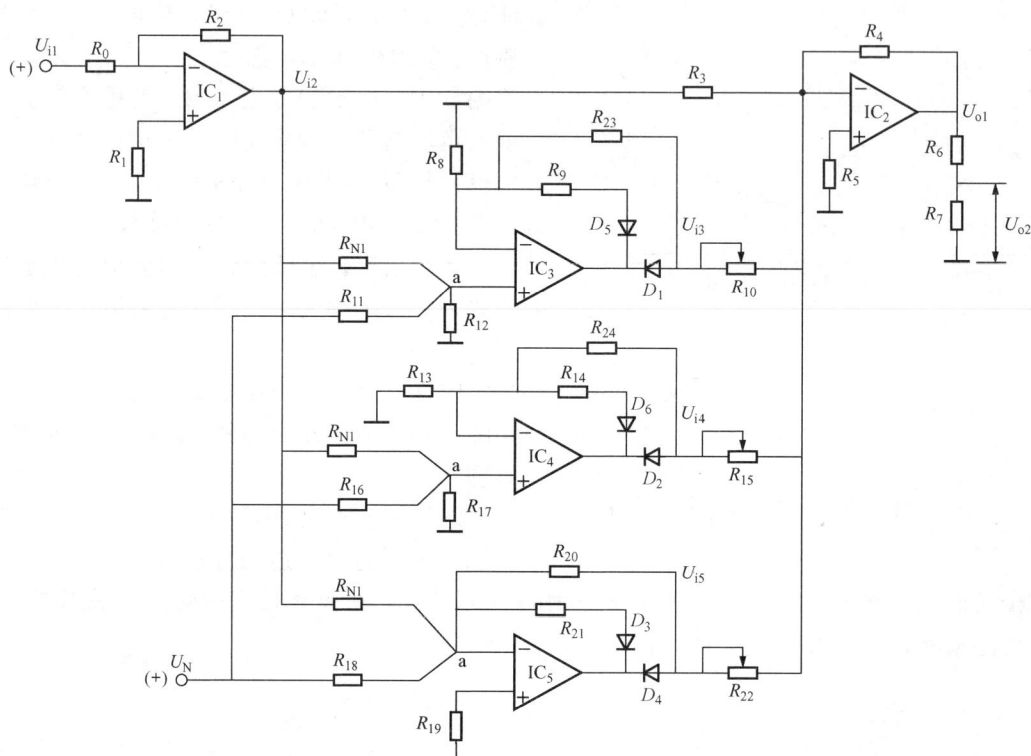

图 5 - 36　热电偶非线性特性的校正电路

如 K_5 即为负的，这是因为校正曲线中各段折线的斜率有大有小，如图 5 - 35（b）中由折线 a 到折线 c，斜率是逐渐减小的，由折线 c 到折线 d，斜率是增大的。由图 5 - 35（b）中的折线斜率再进行必要的计算可求得 R_3、R_{10}、R_{15}、R_{22}的数值。

由图 5 - 36 可得

$$U_{o2} = \frac{R_7}{R_7 + R_6}U_{o1} = \lambda U_{o1}$$

式中　λ——标度变换系数。

第六章　接触测温方法的讨论和热电偶的抗干扰问题

从前面几章所讨论的测温方法和仪表可以看出，测温时仪表的测温元件必须和被测介质直接接触，所以把以上测温方法称为接触测温方法。用接触测温方法测温的仪表所指示的温度是测温元件本身的温度，一般这个温度和被测介质的温度是有差值的。研究这个差值的大小及其减小的方法就是本章所讨论的内容。

例如，用热电偶测量锅炉过热器后的烟气温度 t_b（见图 6-1），热电偶热端温度为 t，由于 $t_b > t$，所以烟气就以对流、辐射及传导方式将热量 Q_1 传给热电偶；热电偶冷端处于温度为 t_3 的环境中，t_3 远低于 t，因此就有热量 Q_2 沿着热电偶套管传给周围环境；过热器管壁温度为 t_1，省煤器管壁温度为 t_2，t_1、t_2 都低于 t，故热电偶以辐射方式将热量 Q_3 传给过热器及省煤器。热电偶接收的热量为 Q_1，

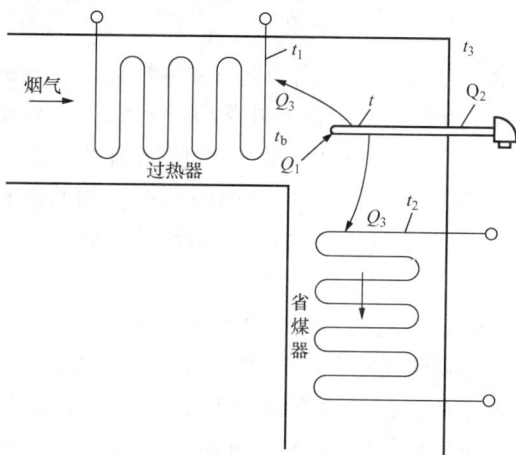

图 6-1　锅炉过热器后测量烟温的装置

散失的热量为 $Q_2 + Q_3$，达到热平衡时 $Q_1 = Q_2 + Q_3$，即补充的热量等于散失的热量。然而只有 $\Delta t = t_b - t > 0$ 时，才会有 Q_1，也就是说 t 永远不可能等于 t_b，Δt 就是测温误差。要减小 Δt 使感受件的温度接近被测介质的温度，就必须增大烟气对热电偶的传热和减小热电偶对外的传导散热和辐射散热。

当被测介质的温度有变动时（即在动态下），情况就更为复杂。除了在静态下可能出现的一系列误差外，还存在由于热电偶有热容量，热电偶热端温度跟不上被测介质温度变化所造成的误差，即动态误差。关于动态误差的问题，这里不讨论。

第一节　管内流体温度测量

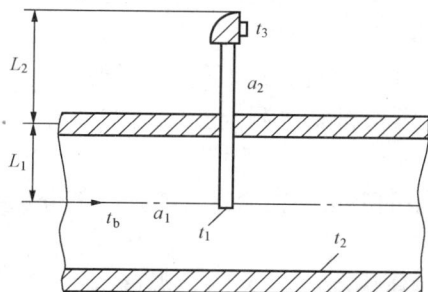

图 6-2　测量管内流体温度的示意

管道中流体温度的测量，是热工测量中经常遇到的问题，例如管道中的蒸汽温度或水温的测量。图 6-2 所示为测量装置的示意，在管道中流过温度为 t_b 的流体，管道周围介质的温度为 t_3，如果 $t_3 < t_b$，就有热量沿感受件向外导出，这就是导热损失。由于存在着导热损失，感受件的温度 t_1 比流体温度 t_b 要低些，即产生了导热误差 $t_b - t_1$（由于保护套管或测温管的直径不大，可假定感受件和其外面的保护套管或测温管的温度是一致的，均为 t_1）。如管道中流过的

介质是气（汽）体，测温管附近无低温的冷壁，管道外又敷有绝热层，即管道内壁温度较高，且介质温度 t_b 不太高时，测温管对管子内壁的辐射散热影响可忽略。如果管道中的介质为液体，则测温管对管内壁不会有辐射散热。综合以上情况，根据传热学的原理，可以得到导热误差的关系式为

$$t_1 - t_b = \frac{t_b - t_3}{\text{ch}(b_1 L_1)\left[1 + \frac{b_1}{b_2}\text{th}(b_1 L_1)\text{cth}(b_2 L_2)\right]} \qquad (6-1)$$

其中，$b_1 = \sqrt{\dfrac{\alpha_1 U_1}{\lambda_1 F_1}}$，$b_2 = \sqrt{\dfrac{\alpha_2 U_2}{\lambda_2 F_2}}$。

式中　α_1、α_2——管内外介质对测温管之间的放热系数；

λ_1、λ_2——管内外两段测温管的热导率，$\lambda_1 = \lambda_2$；

U_1、U_2——L_1 和 L_2 两段测温管的截面周长，$U_1 = U_2 = \pi d_1$；

F_1、F_2——管内外两段测温管的截面积，$F_1 = F_2$；

L_1、L_2——管内外测温管的长度。

由式（6-1）可知：

（1）在测温管向外散热的情况下，误差不可能等于零。

（2）管道中流体与管外介质的温度差 $t_b - t_3$ 越大，测温误差越大。为了减小误差，应该把露出在管道外的测温管用保温材料包起来，这样不仅使得露出部分温度提高，减小导热损失，而且也使露出部分和外面介质的热交换减少，放热系数 α_2 减小，因此可以减小测温误差。

（3）当 L_1 增加，即插到管道内介质部分测温管长度增加时，双曲余弦 ch（$b_1 L_1$）、双曲正切 th（$b_1 L_1$）都增加，导热误差减小；当 L_2 减小，双曲余切 cth（$b_2 L_2$）增加，测温误差也减小。

（4）当放热系数 α_1 增加，b_1 增加时，误差减小，因此，应该把感受件放在管道流体速度最高的地方，即管道中心轴线上。

（5）增加 U_1/F_1 使 b_1 增加，可以使误差减小。如图 6-3 所示，因为

$$U_1 = \pi d_1, \quad F_1 = \frac{\pi(d_0 + d_1)}{2}\delta$$

式中　d_0——测温管的内径；

d_1——测温管的外径；

δ——测温管壁厚。

所以要想增加 U_1/F_1，就应该使测温管的壁厚 δ、外径 d_1 尽量减小，也就是应将测温管做成外形细长而壁厚很薄的形状。

（6）测温管材料的热导率 λ_1 小，则 b_1 增加，误差减小。因此，测温管常用导热性质不良的材料如陶瓷、不锈钢等来制造（应该注意，采用这类材料制造测温管时会增加导热阻力，使动态测量误差增加）。

至于减小 b_2 的问题，关键在于使 α_2 变小，使 α_2 变小的办法是在测量管的露出部分加绝热层。

图 6-4 所示为感受件的几种安装方案。管道中流过压力为 29.4MPa，温度为 386℃ 的过热蒸汽，管道内径为 100mm，流速为 30～50m/s。方案 1 采用电阻温度计，沿管道中心线

插得很深，安装部位的管道有很厚的绝热层，测温管露出部分很少，这种方案的测量误差接近于零；方案 2 采用水银温度计，测温管外有绝热层，其测量误差为 $-1℃$；方案 3 与方案 2

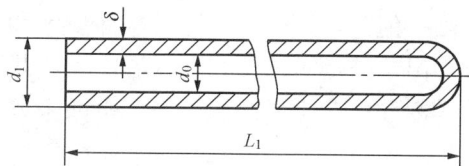

图 6-3　测温管的尺寸

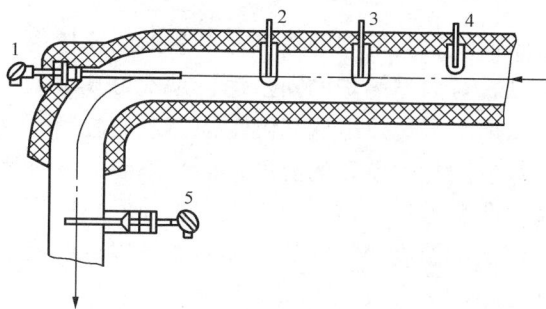

图 6-4　感受件的几种安装方案

不同之处是测温管的直径和管壁厚度都较大，因此误差也增大了，达到 $-2℃$；方案 4 与方案 2 不同的地方是测温管没有插到管道中心（L_1 较小），因而误差达 $-15℃$，即 -4% 左右；方案 5 也是用电阻温度计测量，安装地点的管道没有绝热层，而且温度计的露出部分 L_2 较长，L_1 又不像方案 1 中那样长，因此测量误差达到 $-45℃$，即 -12%。

图 6-4 中的实际例子说明了在测量管道中的流体温度时，如果遵循前面提出的原则来安装温度计，测量误差是可能减至很小的。

在电厂中测量高温高压主蒸汽温度的热电偶会遇到如下问题：由于高温高压汽流的冲刷，伸至管道中心处的热电偶容易产生振动断裂事故。为了防止断裂，应减小热电偶插入管道中的深度 L_1。根据式（6-1），插入深度 L_1 减小必将导致测温误差增大，为此就采用了高压焊接固定锥形热电偶〔见图 4-12（g）〕。热电偶保护套管焊接在水平主蒸汽管道上部的一根垂直套管上（见图 6-5），蒸汽通过热电偶保护套管与主蒸汽管道壁之间的空隙进入垂直套管上部，对热电偶保护套管进行加热。因此，虽然热电偶插入主蒸汽管道中的深度减小了，但受到蒸汽加热的保护套管长度 L_1 反而增加了，这样就解决了热电偶易断裂和测温偏低之间的矛盾。

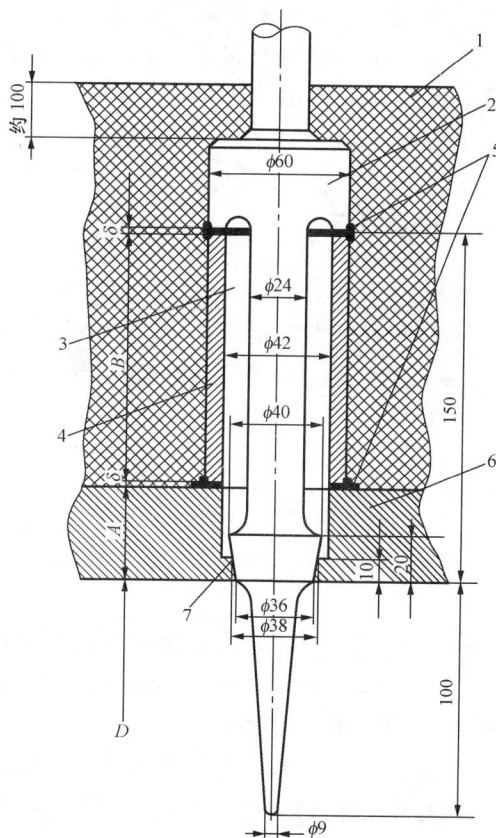

图 6-5　高压焊接固定锥形热电偶的安装方式
1—保温层；2—高压焊接固定锥形热电偶；3—充满蒸汽的热套；4—垂直套管；5—电焊接口；
6—主蒸汽管道壁；7—卡紧固定

第二节　壁　面　温　度　测　量

　　壁面温度测量问题在工业上遇到的比较多，例如，火力发电厂中的锅炉过热器管壁温度的监视，对大型锅炉的安全运行是不可缺少的。

　　目前多采用热电偶来测量固体表面温度，这是由于热电偶有较宽的测温范围，较小的测量端，能测量"点"的温度，而且测温的准确度也较高。但是，用热电偶测量壁面温度和一切接触测温方法一样，由于被测表面沿热电偶有热量导出，破坏了被测表面的温度场，热电偶所测量的温度实际上是破坏温度场以后的表面温度，因此就产生了测温误差，下面来分析这些误差。

一、热电偶导热误差

　　进行表面温度测量的热电偶与被测表面的接触形式，基本上有四种，如图 6 - 6 所示。(a) 为点接触，即热电偶的热端直接与被测表面相接触；(b) 为面接触，即先将热电偶的热端与导热性能良好的金属片（如铜片）焊在一起，然后使金属片与被测表面紧密接触；(c) 为等温线接触，热电偶的热端与被测表面直接接触，热电极从热端引出时沿表面等温敷设一段距离（约 50 倍热电极直径）后引出，热电极与表面之间用绝缘材料隔开（被测表面若是非导体除外）；(d) 为分立接触，两热电极分别与被测表面接触，通过被测表面（仅对导体而言）构成回路。

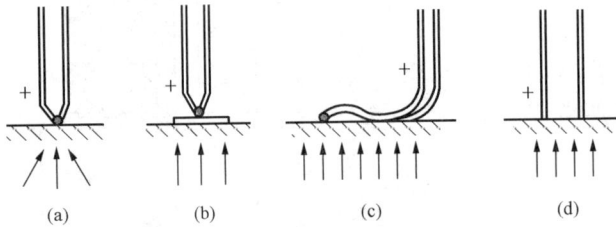

图 6 - 6　表面热电偶的焊接形式
(a) 点接触；(b) 面接触；(c) 等温线接触；(d) 分立接触

　　对于上述四种形式来说，通过两热电极向外散失的热量可以认为是一样的，只不过 (a) 是将散热量集中在一"点"上；(d) 是将散热量分散在两"点"上；(b) 的散热量则由金属片所接触的那块表面共同分摊。因此，在相同的外界条件下，(a) 的导热误差最大，(d) 次之，(b) 较小，(c) 的两热电极的散热量虽然也集中在一个较小的区域，但由于热电极已与被测表面等温敷设一段距离后才引出，散热量主要是由等温敷设段供给的，热端的温度梯度比另三种形式的要小得多，所以 (c) 的热端的散热量最小，测量准确度最高。

　　测量误差不仅与热电偶热端的接触形式有关，而且还与被测表面的导热能力有关。如被测固体壁面材料为玻璃、陶瓷等，它们的导热性能很差，这时如采用 (a) 接触形式，则误差很大，而采用 (b) 接触形式，误差就大大减小，这是因为金属片导热性能好。当金属片有比较大的面积时，导走相同的热量所需要的温差会大大减小，热电偶热端温度就不致降低太多。

　　如果热电极的直径粗，则散失的热量多，热端温度改变就大；直径细，向外散失的热量少，热端温度改变就小。如果壁面上方气流的速度增大，则热电极散失的热量就多，热端的温度改变就大；反之，壁面上方气流速度小，则热电极散失的热量就少，热端的温度改变也就小些。当测量管壁表面温度时，若管壁厚度增加，则测温误差减小，这是由于热电极向外导走的热量很快由管壁的其他部分补充了，因而测温误差就减小。

二、热电偶的接点导热误差

通常用焊接方法使热电偶热端固定于被测表面，图 6-7 所示为三种常用的焊接形式，下面从导热误差大小方面分别来讨论。

球形焊如图 6-7（a）所示。将热电偶的球形热端与被测表面焊在一起。球形热端的两热电极分叉处温度为指示温度 t_2，t_2 和表面实际温度 t_1 有个差值。为了减小这个差值，热电极应尽量细些，焊点也应尽量小些，必要时可将焊点压平。球形焊热电偶所测量的是被测表面的"点"温度，但在一个"点"上有两根热电极同时导热，所以这种方法有较大的导热误差。

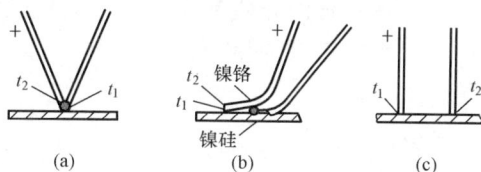

图 6-7　表面热电偶的焊接形式
（a）球形焊；（b）交叉焊；（c）平行焊

交叉焊（重叠焊）如图 6-7（b）所示。焊接时先将导热性能较好的热电极（如分度号为 K 的热电偶的镍硅极）与被测表面焊在一起，然后再将导热性能较差的热电极（如镍铬极）交叉地叠在焊点上面，再次进行焊接。交叉焊热电偶的指示温度，是指两热电极交叉处温度 t_2，它与表面实际温度 t_1 有一个差值。如将导热性能较好的热电极紧靠在被测表面上，可使 t_2 比较接近于 t_1。交叉焊形式的导热误差要比球形焊的小些。

平行焊如图 6-7（c）所示。将两热电极分别焊在被测表面上，在两焊点之间保持一段距离（对于等温导体表面为 1～5mm）。平行焊适用于等温导体表面温度测量。当被测表面存在温度梯度（$t_1 \neq t_2$）或被测表面材质不均匀时，不宜采用平行焊。

一般来说，交叉焊两热电极分叉处与壁面距离比球形焊小，所以接点导热误差小。平行焊两热电极分两点焊在固体表面上，没有交叉点离开壁面的问题，所以没有接点导热误差。

实验证明，三种焊接形式的测温相对误差以球形焊最大，交叉焊次之，平行焊最小。

第三节　高温气体温度测量

在测量锅炉烟道中烟气的温度时，往往在测温管附近有温度较低的受热面，因此测温管表面有辐射散热，造成测量误差。

要降低测量误差，应妥善选择测温管的装设位置，其选择原则是要使烟气能扫过测温管装设在烟道内的整个部分（就是让烟气来负担沿测温管的散热），同时，测温管装设地点的烟道内壁也要让烟气流过，以提高此处的壁温。另外，为了使沿测温管的散热量减小，在测温管装设部位外壁敷较厚的绝热层，如图 6-8 所示。图中挡板 1 的作用是控制烟气的流向，2 为绝热层。为减少沿测温管向外散热，还可采用图 6-9 所示的方案。在采取了这些措施以后，可以认为由于沿测温管散热而造成的误差接近于零。这时测温管仅以热辐射方式散失部分热量给管壁，其温度 t_1 比流体温度 t_b 低，造成测量误差，称为热辐射误差（见图 6-2）。

热辐射误差（用热力学温度表示）由下式决定：

$$T_1 - T_b = -\frac{C_1}{\alpha_1}(T_1^4 - T_2^4) \qquad (6-2)$$

$$C_1 = \sigma\varepsilon_T$$

式中　C_1——辐射散热系数；

　　　σ——全辐射体的斯忒藩—玻耳兹曼常数，其值为$5.670\,32\times10^{-8}$W/（m^2·K^4）；

　　　ε_T——测温管表面的总辐射发射率；

　　　α_1——管内介质和测温管之间放热系数；

　　　T_2——管壁的热力学温度。

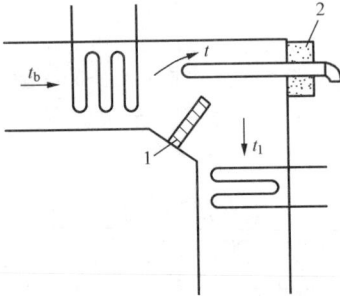

图 6-8　测量烟气温度示意
1—挡板；2—绝缘层

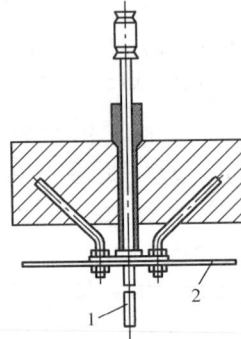

图 6-9　减少沿测温管散热的
测温管的安装方案之一
1—热电偶；2—钢板

应该指出，由于热辐射影响而产生的测量误差可能是很大的。例如，测量锅炉过热器后面的烟气温度。已知温度计读数是500℃，附近冷表面的平均温度是400℃，烟气对测温管的对流放热系数是29.1W/（m^2·℃），测温管表面的辐射散热系数是4.65×10^{-8}W/（m^2·K^4）。利用式（6-2）可算得烟气温度T_b—1016K，误差达—243℃。

由此可见，误差是很大的。被测介质温度越高，误差也越大。这种情况会使测量工作完全失去意义。在实际情况下，用式（6-2）来计算温度是很难的，因为各个系数的数值不易确定，冷表面的温度T_2也难以确定。为了正确测定烟气温度。原则上可以采取以下措施：

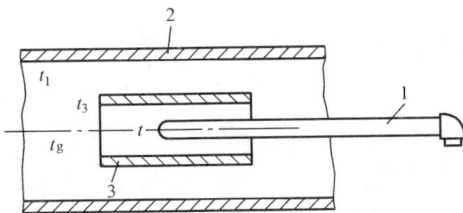

图 6-10　用防辐射隔离罩的测温的示意
1—测温管；2—冷表面；3—隔离罩

（1）因为热辐射误差和T_1、T_2的四次方差成正比，因此T_1、T_2若有少许差别，产生的误差就很大。减少这一误差的方法之一是把测温管和冷的管壁隔离开来，使测温管不直接对冷管壁进行辐射。图6-10是用隔离罩把测温管和冷管壁面隔离开来的例子。由于烟气直接流过隔离罩的内外壁，加热了隔离罩，隔离罩的温度比管壁面温度要高得多，这时对冷壁面的辐射由隔离罩来负担。同时，隔离罩和测温管之间的温度差大大减小，测温管的辐射散热量大大减小，这就使得测温管表面温度较接近于烟气温度，从而减小了测量误差。

可根据传热学理论来估算装设隔离罩后的测量误差。热平衡时由式（6-2）写出下列式：

$$T_g - T = \frac{C_1}{\alpha_1}(T^4 - T_3^4) \qquad (6-3)$$

式中　T_g、T_3、T——烟气、隔离罩、测温管的热力学温度；

　　　　C_1——测温管与隔离罩内壁之间的辐射换热系数。

　　与式（6-2）相比，由于 $T_3 > T_2$，所以测量误差降低。另外，为了减小测量误差，还可以使 C_1 的值尽量减小，因此隔离罩的内壁要做得非常光亮（例如镀镍）。T_3 的值可以根据隔离罩的热平衡关系来确定，对隔离罩来说，它接受来自烟气和来自测温管的热量，同时以辐射方式散热给温度为 T_1 的冷表面，在平衡条件下：

$$\alpha_3 F'(T_g - T_3) + C_1 F_1 (T^4 - T_3^4) = C_3 F_3 (T_3^4 - T_1^4) \tag{6-4}$$

式中　α_3——气体对隔离罩的对流换热系数；

　F'、F_3——气体对隔离罩的对流传热表面积和隔离罩对冷壁的辐射传热表面积，由于气体对隔离罩内外都在加热，而辐射仅在隔离罩外壁进行，所以 $F' = 2F_3$；

　　F_1——测温管对隔离罩的辐射散热表面积；

　　C_3——隔离罩外壁与温度为 T_1 的冷壁面之间的辐射传热系数。

　　联立式（6-3）和式（6-4）求解，可得到 T_3 和 T 的值。

　　还以测量烟气的温度为例，估算装设隔离罩后的测量误差。测量条件同上，但此时装设了隔离罩，隔离罩的直径是测温管直径的 10 倍，由于隔离罩内壁是光亮的镀镍表面，测温管与隔离罩之间的辐射换热系数 C_1 降低为 $0.349 \times 10^{-8} \mathrm{W/(m^2 \cdot K^4)}$；隔离罩与冷壁面之间的辐射换热系数 C_3 为 $4.65 \times 10^{-8} \mathrm{W/(m^2 \cdot K^4)}$；气体对隔离罩和测温管的对流放热系数都是 $29.1 \mathrm{W/(m^2 \cdot {}^\circ\!C)}$。估算结果，此时的测量误差可减小为约 $-10^\circ\!C$，比不装设隔离罩时的误差 $-243^\circ\!C$ 大为减小。如要进一步减小误差，可以加装第二层隔离罩，其计算方法按上面的讨论类推。

　　应该指出，装设隔离罩并不容易，因为在装设隔离罩后要保证气流能顺利地流过测温管。另外，隔离罩在使用中其表面会被烟气污染而增大粗糙度，结果使表面的发射率增加，因而使误差逐渐加大。

　　（2）由式（6-2）还可以看到，误差随 $C_1 = \sigma \varepsilon_T$ 的增加而增大。所以，为了减小热辐射误差、必须减小辐射换热系数 C_1。由于 σ 是常量，所以，减小测温管的总辐射发射率 ε_T 可以减小误差。

　　ε_T 的大小由测温管材料决定。一般耐热合金钢保护套管的 ε_T 是比较小的，陶瓷保护套管的 ε_T 比较大。因为高温下都用陶瓷保护管，所以误差较大。在条件许可的情况下，为了减小误差，在短时间测温时，可以不用陶瓷管而直接把铂铑—铂热电极裸露使用，铂铑、铂材料在 $1500 \sim 1700^\circ\!C$ 时的 $\varepsilon_T = 0.20 \sim 0.25$，比陶瓷管的 ε_T 小得多（陶瓷管在 $1500^\circ\!C$ 时，$\varepsilon_T = 0.8 \sim 0.9$），因而热辐射误差也就小得多。

　　（3）采用双热电偶测温，可用计算方法消除热辐射误差。图 6-11 所示为一裸露双热端热电偶，由粗细不同的两对热电偶组成。测量后可利用两对热电偶示值通过计算修正指示温度，从而获得较为准确的气流温度。

　　双热电偶的测温原理：设两对热电偶的热电极直径分别为 d_1、d_2，相应的示值和放热系数分别为 T'、T'' 和 α_1、α_2，气流温度为 T_g，冷壁温度为 T_1，两热电偶材料相同，它们和冷壁之间的辐射换热系数 C_1 相同。将两对热电偶垂直于气流安装，并且取较长的插入长度（$L_1/d > 20$），使导热误差降低到可以忽略的程度。由式（6-2）可得

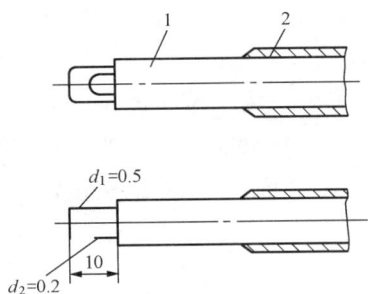

图 6 - 11　粗细双热端热电偶
1—四孔瓷管；2—耐热钢外套

$$T_g - T' = \frac{C_1}{\alpha_1}(T'^4 - T_1^4), \quad T_g - T'' = \frac{C_1}{\alpha_2}(T''^4 - T_1^4)$$

因为气流与热电极垂直，由传热原理可知，放热系数 $\alpha \propto d^{-0.5}$，所以 $\alpha_1 = \alpha_2 \sqrt{\dfrac{d_2}{d_1}}$；又考虑到 $T' \gg T_1$，$T'' \gg T_1$，所以上面两式可以简化为

$$T_g - T' = \frac{C_1}{\alpha_1}T'^4, \quad T_g - T'' = \frac{C_1}{\alpha_2}T''^4$$

经整理后可得气流温度为

$$T_g = T'' + \frac{\sqrt{\dfrac{d_2}{d_1}}\left(\dfrac{T''}{T'}\right)^4(T'' - T')}{1 - \sqrt{\dfrac{d_2}{d_1}}\left(\dfrac{T''}{T'}\right)^4} \tag{6-5}$$

式（6-5）中，d_1、d_2 已知，T' 和 T'' 由仪表读出。气体真实温度 T_g 即可算出。一般选用的 d_1、d_2 要满足 $4 > \dfrac{d_1}{d_2} > 2$。

例如，用双热电偶测量气流温度，已知 $d_1 = 0.5$mm，$d_2 = 0.2$mm，分别测得 $T' = 1973$K，$T'' = 2053$K，代入式（6-5），可求得气流温度 $T_g = 2282$K。

在使用双热电偶测温时要注意，只有当 $T' \gg T_1$ 和 $T'' \gg T_1$ 时，式（6-5）才能应用。当 T_1 和 T'、T'' 相差不大时，热辐射误差可能不大，采用加隔离罩就可以得到较满意的结果，不必采用双热电偶。

（4）由式（6-2）还可以看到，为了减小热辐射误差的影响，必须增加气流和测温管之间的对流放热系数 α_1。下面讨论增加 α_1 的方法。

气流温度测量的一个困难问题，就是在一般流速下气流和测温管之间的放热系数 α_1 比液体的小得多，这就使得气流和测温管之间换热困难，误差增加。为了解决这个问题，实践中提出了各种各样的办法。

除了前面讲过的把感受件的主要工作部分（如热电偶的热端，电阻温度计中热电阻体的一半长度处）放在管道中心轴线上外，目前多采用小误差的抽气热电偶。抽气热电偶的示意如图 6 - 12 所示。当高压蒸汽或压缩空气从蒸汽喷嘴中喷出时，由于速度很大，在喷嘴处局部产生了负压，在此负压的作用下，气流沿图上所示的方向高速地被抽走，这样就在热电偶处形成了高速气流，使放热系数 α_1 增大。抽气的速度越快，α_1 越大，误差就越小。为了减小热辐射损失，在热电偶外装设了隔离罩。隔离罩数目越多，测量误差越小。

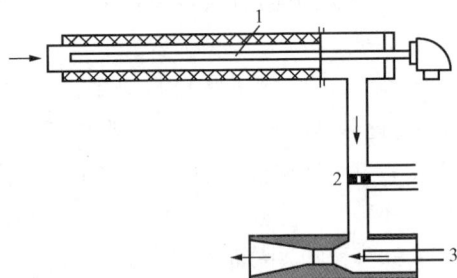

6 - 12　抽气热电偶示意
1—热电偶感受件；2—测速节流阀；3—蒸汽喷嘴

应该指出，使抽气速度达到很大数值是要消耗很多能量的，因此抽气热电偶只能在试验情况下采用。

抽气热电偶的结构形式很多，其中的一种结构示意如图 6 - 13 所示。

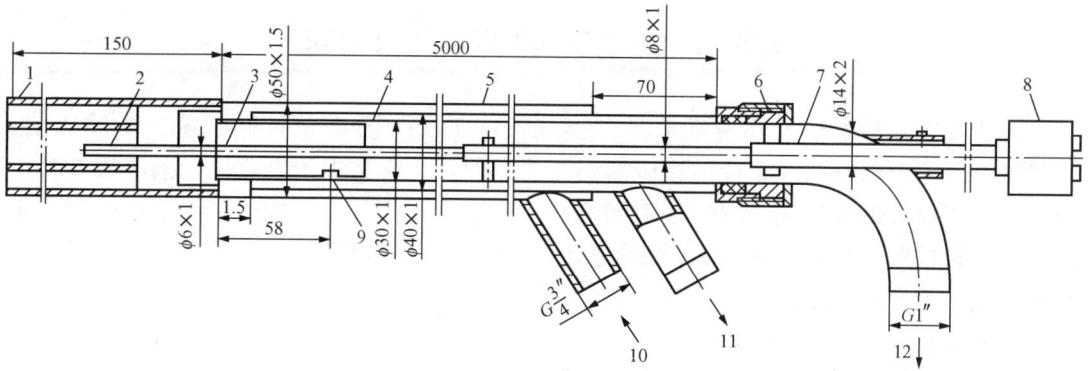

图 6-13　抽气热电偶结构示意

1—遮热罩；2—$\phi 0.5$ 热电偶配双孔瓷套管；3—刚玉保护套管；4—罩座；5—水冷套管；

6—膨胀密封填料函；7—耐热钢或碳钢保护管；8—接线盒；9—安装遮热罩用的棒销；

10—冷却水进口；11—冷却水出口；12—抽气出口

为了避免热辐射引起误差，还可以采用气动温度计。气动温度计又称文丘里高温计，它可用以测量工业锅炉烟气的温度。

一个测量工业炉内气体温度的气动温度计的系统如图 6-14 所示。在射气抽气器的作用下，炉内气体流过两个串联节流件（节流孔板或文丘里喷管）2 和 5 的孔，气体在通过节流件 5 以前预先通过冷却器冷却到一定温度（一般冷却至环境温度），气体最后经抽气器排入大气。抽气器使节流件 5 前后的差压 Δp_1 保持不变。

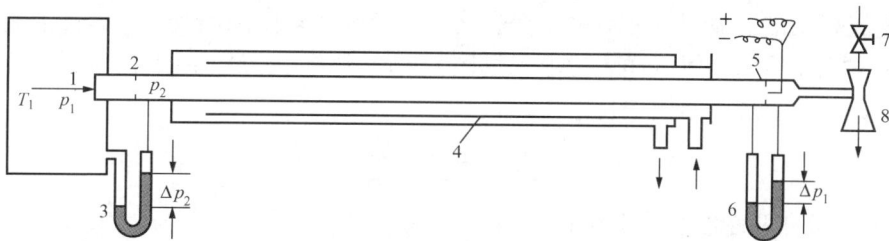

图 6-14　测量气体温度的气动温度计系统

1—工业炉；2—节流件；3—差压计；4—气体冷却器；5—第二节流件；

6—差压计；7—调节阀；8—射气抽气器

因为气体在节流件 5 前后的温度基本上都等于环境温度，保持差压不变，因而通过节流件 5 和节流件 2 的气体质量流量不变，于是炉内气体的原有温度 T_1 就可以根据节流件 2 两面的差压来确定，并用差压计读出。可以证明，气体的原有温度 T_1(K) 与节流件 2 两面的差压 $p_1 - p_2$ 成正比，即

$$T_1 \approx C_1(p_1 - p_2) = C_1 \Delta p_2 \qquad (6-6)$$

式中，C_1 对于给定的测温系统为一常数。

气体温度计的准确度与抽气热电偶的相近，但对温度波动的反应能力强，即灵敏度较高，抽气量也较小。

对于高温气体温度测量，上述几种方法和仪表都不够理想，因此还需要进行广泛和深入的研究工作。

第四节　热电偶测温的抗干扰问题

一般情况下，热电偶的热电动势是各类仪表或 DCS（分布式控制系统）的输入信号，显示装置根据这个信号的大小指示相应的温度值。但是，常常由于电磁场、漏电流或其他因素的影响，在放大器输入端出现一些附加信号，称为干扰信号。干扰信号给显示装置带来示值误差增大和数据不稳定等现象。干扰可归纳为两大类，即串模干扰和共模干扰。下面讨论这两种干扰的来源和抗干扰措施。

一、串模干扰

串模干扰是由于种种外界原因，在仪表输入端之间出现的交流信号干扰，这种干扰又称为端间干扰或横向干扰。图 6 - 15 中的 u_h 便是串模干扰，其特点是干扰信号与被测信号串接在一起。一般情况下，串模干扰电压在几毫伏到几十毫伏的范围内。

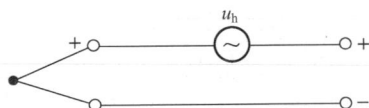

图 6 - 15　串模干扰

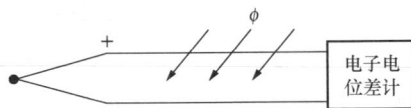

图 6 - 16　交变磁场的干扰

串模干扰的来源：①来源于交变磁场。在大功率变压器、交流电动机、强电流导线等周围都有较强的交变磁场。如果热电偶与显示装置之间的连接导线（补偿导线）通过交变磁场附近，就会受到这些交变磁场的作用而在输入回路中感应出交流电动势（见图 6 - 16）。②由于热电偶焊在带电被测体上引进干扰。在一些特殊要求的测温场合下，需要将热电偶的热端焊在用电流加热的金属试样表面上，见图 6 - 17 中的 C、D。由于在金属试样的各点上存在电位差，因而引进了串模干扰电压 u_{CD}：

$$u_{CD} = u_{AB} \frac{CD}{AB}$$

式中　u_{AB}——试样两端的加热电压；

CD——热电偶焊点间的距离；

AB——试样长度。

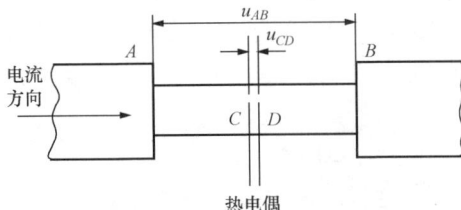

图 6 - 17　热电偶焊在通过电流的导体上引进干扰

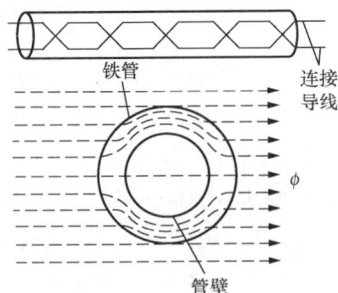

图 6 - 18　磁屏蔽

抗串模干扰的措施：串模干扰电压通常不大，但由于它与被测信号相串联，其有害作用往往不大容易消除，尤其是在输入变压器次级上产生的干扰电压，无法消除。针对串模干扰产生的原因，可采取一些有效措施，防止外界的干扰进入测量回路或排除干扰的产生。一般可采用如下方法：①热电偶连接导线外面加屏蔽，以防止电磁场和静电场的影响。把连接导线穿入铁管内，使磁力线沿着磁阻很小的铁管壁通过，而很少穿过铁管内的连接导线，如图6-18所示。如果把热电偶连接导线绞合起来穿入铁管中，效果更好，因为外界磁场感应的干扰电动势，除与磁场强度有关外，还与磁通穿过的环形线路面积有关。导线绞合后，通过的磁通量小了，干扰就会减小。另外，导线绞合后，磁通在导线中感生的电动势方向反复变化，可互相抵消。②热电偶的连接导线应远离强电磁场，也不要离动力线太近，更不允许把连接导线与动力线平行地放在一起或穿在同一根铁管之内。信号线与电源线也不应由同一孔进入仪表内。③在仪表输入端加滤波电路，以便使混杂在有用信号中的交流干扰信号大大衰减，消除它对仪表的影响。通常采用三级 L 形 RC 滤波电路。如图6-19所示，它可使 $50Hz$ 的干扰信号衰减至 $1/1000$。如果单靠仪表内的滤波器滤波，效果还不理想，可在仪表外再加滤波器，但滤波电阻不能太大，否则会大大降低仪表的灵敏度。

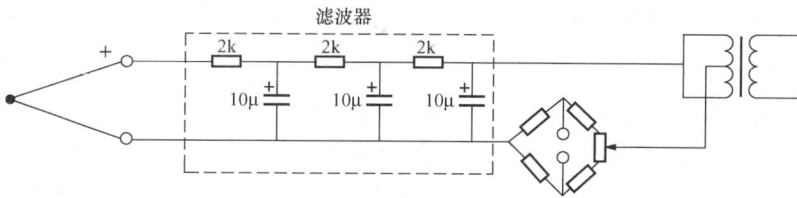

图6-19 三级 L 形滤波器

二、共模干扰

由于某种原因，仪表任一输入端与地之间产生的干扰信号，称为共模干扰，又叫对地干扰或纵向干扰，如图6-20所示。一般情况下，对地干扰电压 u_z 在几伏到几十伏的范围之内。

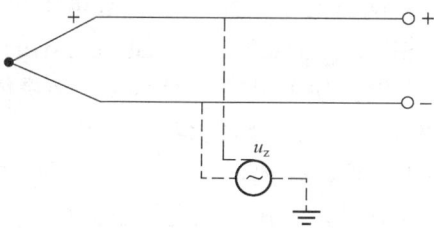

图6-20 共模干扰

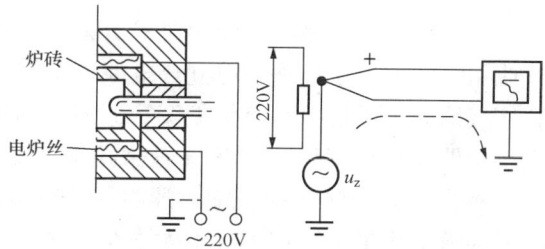

图6-21 测量电炉温度时引入干扰

共模干扰的来源：①最常见的是在测量电炉温度时引入的干扰。一般耐火砖在常温下的绝缘性能很好，在高温下绝缘电阻大大下降。热电偶的瓷套管等绝缘管在高温下的绝缘性能同样也大大下降。因而在高温下，电炉的电源电流通过耐火砖、热电偶套管、热电偶的绝缘管等泄漏到热电偶丝上，使热电偶与地之间产生干扰电压 u_z，如图6-21所示。②不同的地电位引入干扰。大地的各个不同点之间往往存在电位差，尤其在大功率设备附近。当这些设备的绝缘性能较差时，地电位差更大。而仪表在使用时，若其输入回路存在两个或多个接地点（或通过大电容接地），这样就会把不同接地点之间的电位差引入仪表，产生干扰电流 i，此电流通过 R 转化为串模干扰，影响仪表的正常工作，如图6-22所示。③高压电场的干扰。如果补偿导线靠近高压电网平行敷设、则在高压电场的作用下，将有干扰电流 i 通过高压导线和补偿导线之间的分布电容和仪表输入端的接地电容（或分布电容）入地，这样，i 在 R 上的电压降便成为串模干扰，如图 6-23 所示。由此可见，共模干扰电压通过一定的途径泄漏到地，形成泄漏电流，会使共模干扰电压转换成串模干扰电压。因此，除尽量防止共模干扰电压的引入外，抗共模干扰的有效措施就是截断干扰电流的泄漏途径，或尽量减小其转化为串模干扰电压的数值。

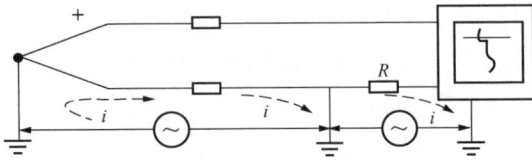

图 6-22　地电位的引入

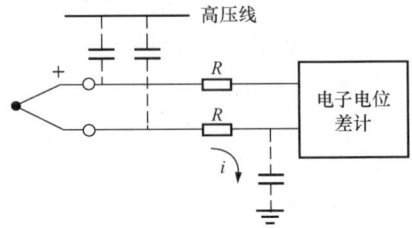

图 6-23　高压电场的干扰

抗共模干扰的措施：①热电偶"悬空"。安装时使热电偶不与电炉的耐火砖接触（见图 6-24）。这种方法可以切断漏电流流入的途径，抗干扰效果很好。考虑到热电偶套管在高温下会发生弯曲变形，因此"悬空"安装仅适用于垂直安装的热电偶。另外，此方法使热电偶插入孔扩大，散热量增大，测量部位的温度降低，因而造成测量误差。②放大器"浮空"。将放大器与仪表外壳（大地）绝缘，以切断共模干扰电流的泄漏途径，使干扰电流无法进入。但实际上由于放大器等对地存在分布电容和漏电阻，因此光靠"浮空"的方法不可能把泄漏途径完全截断，干扰完全排除，还要同时采用等电位屏蔽法，以取得良好的抗干扰效果。③采用三线热电偶。在热电偶允许接地的情况下，从热电偶的热端引出一根金属线接地（见图 6-25），这样共模干扰电压将被短接，热电偶对地的电位差等于干扰电流流过接地金属线的电压降。由于接地线的电阻值很小，热电偶和地几乎处于同一电位，这很有利于消除共模干扰。所加的金属线应能耐高温并对热电偶无有害影响。对于铂铑 10—铂热电阻可用铂丝或铂铑丝，对于镍铬—镍硅热电偶可用镍铬丝。④热电偶保护套管接地。把能导电的保护套管接地后，干扰电流沿保护套管通地，不再进入热电偶。如果保护套管本身是绝缘体，那么可用外加耐热钢管或碳化硅管来接地［见图 6-26（a）］。⑤旁路电容法。如图 6-26（b）所示，在补偿导线的一端，通过一个容量足够大的电容 C 接地，i_z 通过此电容旁路，以降低共模干扰电压。在干扰不太强时，这个方法有一定效果，但在干扰电压较高而 R_1 又比较大时，效果不显著。⑥等电位屏蔽。为消除共模干扰，除应用以上措施外，还应给干扰安排一条合理的泄漏途径，以避免或减少干扰进入测量系统。如把输入变压器的初级绕组屏蔽层以及它之前的所有屏蔽层 P 都接至热电偶的负极（或正极，视具体情况而定），可使输入变压器初级绕组的屏蔽层、连接导线的屏蔽层与测量系统处于等电位状况，如图 6-27 所示。这时干扰电压 u_z 从热电偶负极，直接经过连接 P 的导线到屏蔽层 P、再泄漏至地。假定从 A 点至屏蔽层 P 的电阻为 r，屏蔽层 P 至地的阻抗为 Z_P，则漏电流 $i_z = \dfrac{u_z}{r+Z_P}$，测量线路与屏蔽层之间的电位差 $u_{AP} = \dfrac{r}{r+Z_P} u_z$，由于 $r \ll Z_P$，所以 $u_{AP} \ll u_z$，即测量线路与屏蔽层之间只有很小的干扰电压 u_{AP}，即进入放大器的干扰电压大为降低。

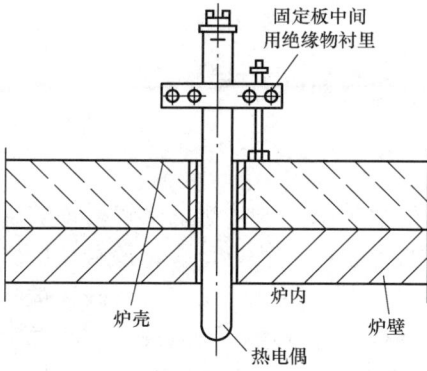

图 6 - 24　热电偶"悬空"安装

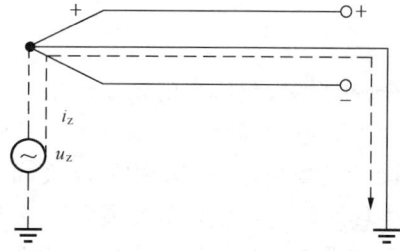

图 6 - 25　三线热电偶原理

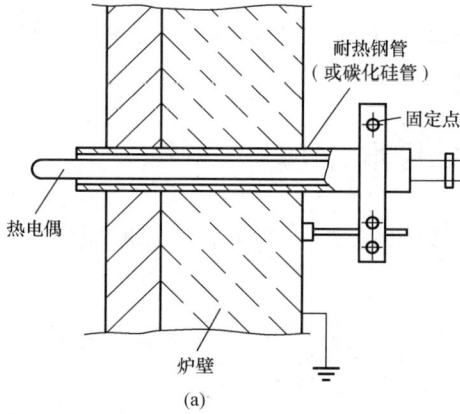

(a)

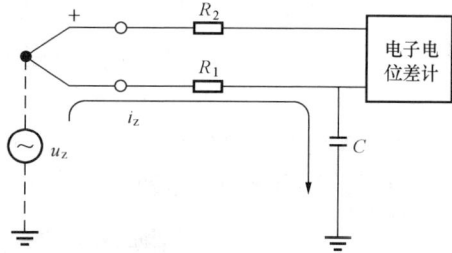

(b)

图 6 - 26　热电偶的等电位屏蔽

（a）绝缘的保护套管外加导电套管接地；（b）旁路电容法

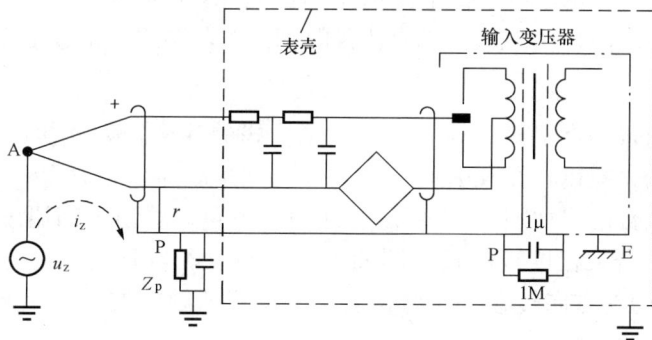

图 6 - 27　测量系统与输入变压器的等电位屏蔽

第七章　非接触测温方法和仪表

　　全辐射体（黑体）的辐射出射度与其温度有单值函数关系，因此测量全辐射体的辐射出射度就可知道其温度。利用这种方法测量温度时，感受件不需与被测介质相接触，所以称之为非接触式测温方法，所用的仪表称辐射式高温计。因为是非接触，仪表不会破坏被测介质的温度场。因为温度计的感受件不必与被测介质达到同样的温度值，因而仪表的测温上限不会受到感受件材料熔点的限制，从理论上说仪表的测温上限是不受限制的。在测温过程中，温度计的感受件不必和被测介质达到热平衡，所以仪表的滞后小。辐射温度计的输出信号大，灵敏度高，准确度高，因此 1990 年国际温标（ITS—90）规定，从 961.78℃ 以上采用单色辐射高温计（光电高温计）作为标准仪器。辐射式高温计通常用来测量高于 700℃（用红外技术测温时，下限可达 100℃ 或更低）的温度。

第一节　辐射测温基本原理

　　经过大量实验和理论研究，全辐射体的光谱辐射出射度 $M_{0\lambda}$ 与波长 λ 和温度 T 的关系已由普朗克确定，称作普朗克定律，即

$$M_{0\lambda} = c_1 \lambda^{-5} (e^{\frac{c_2}{\lambda T}} - 1)^{-1} \quad \text{W/m}^3 \tag{7-1}$$

式中　c_1——普朗克第一辐射常数，其值为 $3.741\,3 \times 10^{-16}$，W·m²；

　　　λ——波长，m；

　　　c_2——普朗克第二辐射常数，其值为 $1.438\,8 \times 10^{-2}$，m·K；

　　　e——自然对数的底。

　　上式从理论上说，不论温度高低都是适用的，但计算时很不方便。在温度低于 3000K、波长较短的可见光范围内，用维恩公式代替普朗克公式，误差不超过 1%。维恩公式如下：

$$M_{0\lambda} = c_1 \lambda^{-5} e^{-\frac{c_2}{\lambda T}} \tag{7-2}$$

　　式中所有符号与普朗克定律中的一样，维恩公式的计算较为方便，但在 3000K 以上就不大准确了，所以它只应用在 3000K 以下，并作为光学高温计的理论根据。

　　普朗克定律的函数曲线如图 7-1 所示。从曲线上可以看出，当温度上升时，光谱辐射出射度也随之增长，增长程度视波长不同而不同。同时，当温度上升时，光谱辐射出射度 $M_{0\lambda}$ 的峰值向波长较短的方向转移。光谱辐射出射度峰值处的波长 λ_m 和温度 T 之间的关系由维恩偏移定律所表述，即

$$\lambda_m T = 2897 \mu m \cdot K \tag{7-3}$$

　　普朗克定律只给出了全辐射体光谱辐射出射度随温度变化的规律，若要得到波长 λ 从 $0 \sim \infty$ 之间全部光谱辐射出射度的总和，可把 $M_{0\lambda}$ 对 λ（$0 \sim \infty$）进行积分（即图 7-1 中曲线下的面积），则辐射出射度为

$$M_0 = \int_0^\infty M_{0\lambda} \mathrm{d}\lambda \tag{7-4}$$

将式（7-1）代入上式可得

$$M_0 = \int_0^\infty c_1 \lambda^{-5} (e^{\frac{c_2}{\lambda T}} - 1)^{-1} d\lambda$$

$$= \sigma T^4 \quad W/m^2 \qquad (7-5)$$

式中　σ——斯忒藩—玻耳兹曼常数，
其值为 $5.670\,32 \times 10^{-8}$
$W/(m^2 \cdot K^4)$。

式（7-5）称为全辐射体的辐射定律（斯忒藩—玻耳兹曼定律），它说明全辐射体的辐射出射度和热力学温度的四次方成正比。

如果物体的辐射光谱是连续的，而且曲线 $M'_\lambda = f(\lambda)$ 和同温度下的全辐射体的相应曲线相似，即在所有波长下 $\dfrac{M'_\lambda}{M_{0\lambda}}$ ＝常数时，就称该物体为"灰体"。对于灰体，因为 $M' = \int_0^\infty M'_\lambda d\lambda$，同样有 $\dfrac{M'}{M_0}$ ＝常数。

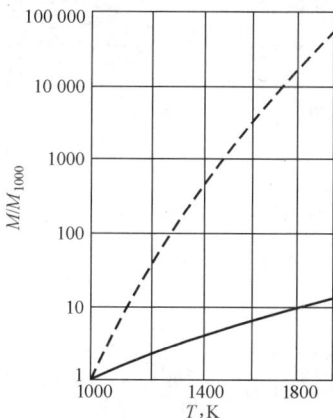

图 7-1　全辐射体的光谱辐射出射度与
波长及温度之间的关系

把灰体的辐射出射度和同一温度下全辐射体的辐射出射度相比较，就得到物体的另一个特征参数，叫做"发射率" ε'

$$\varepsilon' = \frac{M'}{M_0}, \text{或} \varepsilon'_\lambda = \frac{M'_\lambda}{M_{0\lambda}}$$

ε' 是一个小于 1 的常数。根据热力学中的基尔霍夫定律，在热平衡状态下，灰体的吸收比 A 和发射率 ε' 是相等的，即 $A = \varepsilon'$。对于灰体，式（7-3）仍有很高的准确度，而式（7-1）和式（7-5）就变成如下形式：

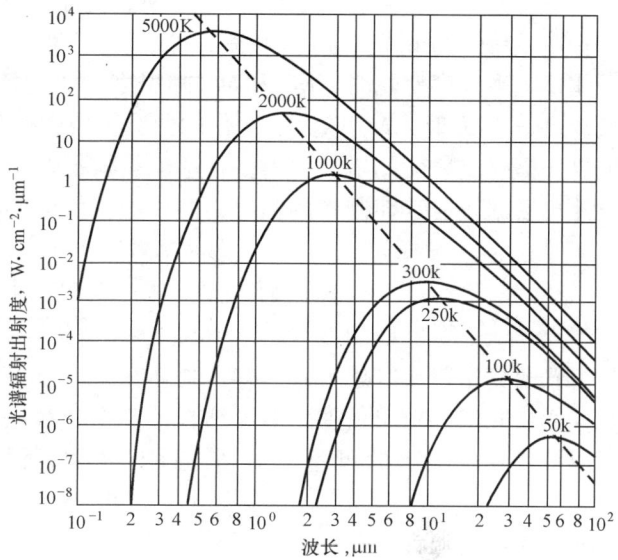

图 7-2　波长 $\lambda = 0.66\mu m$ 的光谱辐射出射度（虚线）和辐射出射度（实线）与温度的关系

$$M'_\lambda = \varepsilon'_\lambda c_1 \lambda^{-5} (e^{\frac{c_2}{\lambda T}} - 1)^{-1} \qquad (7-6)$$

$$M' = \varepsilon' \sigma T^4 \qquad (7-7)$$

对于一定的灰体，ε' 为一常数，且有 $0 < \varepsilon' < 1$。

实际上自然界并不存在其特性与灰体丝毫不差的物体。对于实际存在的物体，其光谱辐射出射度 M_λ 对波长的分布与普朗克定律不同，此时式（7-1）～式（7-7）都不适用。

但对式（7-1）和式（7-5）可用以下方法修正：

$$M_\lambda = \varepsilon_\lambda c_1 \lambda^{-5} (e^{\frac{c_2}{\lambda T}} - 1)^{-1} \qquad (7-8)$$

$$M = \varepsilon \sigma T^4 \qquad (7-9)$$

式中，光谱发射率 ε_λ 和发射率 ε 都不是常数，其值在 0 与 1 之间。ε 与温度、该物体的性质和表面情况有关；ε_λ 则按基尔霍夫定律还与 λ 有关。ε_λ 和 ε 都要用实验方法测定，目前

数据并不完整，对于某些工业对象的 ε_λ 和 ε 值可见附录表 Ⅰ-11、Ⅰ-12。大多数物体的 ε 要比它在 $\lambda=0.66\mu m$ 的光谱发射率 ε_λ 小。

此外，当温度变化时，$M_{0\lambda}$ 和 M_0 随温度变化的情况如图 7-2 中曲线所示，图中虚线表示当 $\lambda=0.66\mu m$ 时，$M_{0\lambda}$ 随温度变化的曲线。由图可见，当温度升高时，光谱辐射出射度的增长要比辐射出射度的增长快得多，这就是根据普朗克定律（或维恩公式）制作的单色辐射高温计比根据辐射定律制作的辐射高温计的灵敏度要高得多的原因。

第二节　单色辐射高温计

由普朗克定律或维恩公式可知，物体在某一波长下的光谱辐射出射度与温度有单值函数关系，而且光谱辐射出射度随温度增长的速度非常快。根据这一原理制作的高温计称单色辐射高温计。我国生产的单色辐射高温计有光学高温计和光电高温计两种，下面分别进行介绍。

一、光学高温计

物体在高温状态下会发光，也就是说它具有一定的亮度。物体的光谱辐射亮度 L_λ 和它的光谱辐射出射度 M_λ 是成正比的，即

$$L_\lambda = cM_\lambda = c\varepsilon_\lambda M_{0\lambda} \tag{7-10}$$

式中　c——比例常数（$1/\pi$）。

由于 M_λ 与温度有关，所以受热物体的亮度大小也反映了物体温度的高低。但因为各种物体的光谱发射率 ε_λ 是不相同的，因此即使它们的亮度相同，温度也是不相同的。这就使得按某一物体的温度刻度的光学高温计不可以用来测量光谱发射率不同的另一物体的温度。为了解决这一问题，仪表按全辐射体温度刻度。当测量实际物体的温度时，所测量出的结果，不是物体的真实温度，而是相当于全辐射体的温度，即被测物体的亮度温度，然后通过修正求得被测物体的真实温度。

亮度温度的定义是：当物体在辐射波长为 λ，温度为 T 时，其光谱辐射亮度 L_λ 和全辐射体在辐射波长为 λ，温度为 T_S 时的光谱辐射亮度 $L_{0\lambda}$ 相等，则把 T_S 称为这个物体在波长为 λ 时的亮度温度。将维恩公式代入式（7-10），得到物体和全辐射体的亮度公式，分别为

$$L_\lambda = c\varepsilon_\lambda c_1 \lambda^{-5} e^{-\frac{c_2}{\lambda T}} \tag{7-11}$$

$$L_{0\lambda} = cc_1 \lambda^{-5} e^{-\frac{c_2}{\lambda T_S}} \tag{7-12}$$

假如两者的亮度相等，就得到

$$\frac{1}{T_S} - \frac{1}{T} = \frac{\lambda}{c_2}\ln\frac{1}{\varepsilon_\lambda} \tag{7-13}$$

式中　λ——光谱（单色）辐射的波长，对于红光 $\lambda=0.66\mu m$。

在已知物体的辐射发射率 ε_λ 和高温计测得的亮度温度 T_S 之后，就可用式（7-13）求出物体的真实温度 T。由上式看出，ε_λ 越小，亮度温度与真实温度间的差别越大。因为 $0<\varepsilon_\lambda<1$，因此测得的亮度温度总是低于真实温度的。

光学高温计的结构示意如图 7-3 所示。物镜和目镜都可以沿轴向移动，调节目镜的位置，使从目镜看去可以清晰地看到灯丝。调节物镜的位置，使在灯丝平面上清晰地看到被测物体的像，目镜前放着红色滤光片。灯丝和变阻器与电源及毫安计相串联。调节变阻器可以

调整流过灯丝的电流，也就调整了灯丝的亮度。一定的电流对应灯丝的一定亮度，因而对应一定的温度。

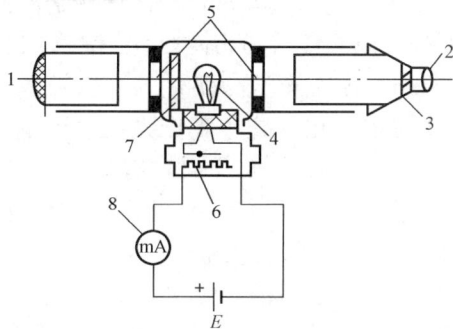

图 7-3　灯丝隐灭式光学高温计
1—物镜；2—目镜；3—红色滤光片；4—灯丝；
5—灯阑；6—变阻器；7—吸收玻璃；8—毫安计

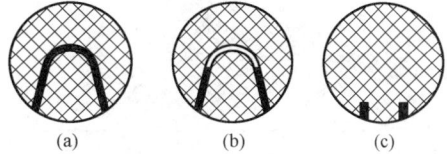

图 7-4　灯泡灯丝亮度调整图
（a）灯丝发黑；（b）灯丝发亮；
（c）灯丝隐灭

　　测量时，在辐射热源（即被测物体）的发光背景上可看到弧形灯丝（见图 7-4），假如灯丝亮度比辐射热源亮度低，灯丝就在这个背景上显现出暗的弧线，如图 7-4（a）所示。反之，如灯丝的亮度高，则灯丝就在较暗的背景上显现出亮的弧线，如图 7-4（b）所示；假如两者的亮度一样，则灯丝就隐灭在热源的发光背景里，如图 7-4（c）所示。这时由毫安计读出的指示数就是被测物体的亮度温度。由于在测量时，灯丝要隐灭，所以这种光学高温计又称为隐丝式光学高温计。

　　图 7-3 中 7 是灰色吸收玻璃，它的作用是在保证钨丝不过热的情况下，加大光学高温计的测量范围。当亮度温度超过 1400℃时，钨丝易发生升华而使电阻值改变，而且在灯泡玻璃上形成薄膜，改变了灯丝的温度—亮度特性，造成测量误差。所以在测量 1400℃以上的亮度温度时，要在光路系统中加入吸收玻璃，以减弱热源进入仪表的亮度，然后再和灯丝亮度进行比较，这样便可利用最高亮度温度不超过 1400℃的钨丝灯，去测量比 1400℃高得多的亮度温度。可以用下面的公式来阐明这一问题。

　　如果观察者直接看到的全辐射体的光谱辐射亮度 $L_{0\lambda}$（全辐射体温度为 T）和通过吸收玻璃看到的另一全辐射体的光谱辐射亮度 $L'_{0\lambda}$（全辐射体温度为 T_1）相等，则按照式（7-12）有

$$L_{0\lambda} = c c_1 \lambda^{-5} e^{-\frac{c_2}{\lambda T}}$$

$$L'_{0\lambda} = c c_1 \lambda^{-5} e^{\frac{c_2}{\lambda T_1}} \tau_\lambda$$

式中　τ_λ——吸收玻璃的光谱透过系数。

　　由于 $L_{0\lambda}=L'_{0\lambda}$，故整理上两式，可得

$$\frac{1}{T} - \frac{1}{T_1} = \frac{\lambda}{c_2} \ln \frac{1}{\tau_\lambda} \tag{7-14}$$

由式（7-14）可知，只要知道 T 和 τ_λ，就可以求出 T_1。利用这个公式就可以实现光学高温计外推标尺的分度工作。

　　在比较亮度时，为了造成窄的光谱段，采用了红色滤光片。图 7-5 所示为红色滤光片的光谱透过系数 τ_λ 曲线和人眼的相对光谱敏感度 ν_λ 曲线。图中画反斜线的部分是人眼能够

感觉到的光谱范围，画 45° 斜线的部分是滤光片能吸收的光谱段。这样，透过滤光片后人眼

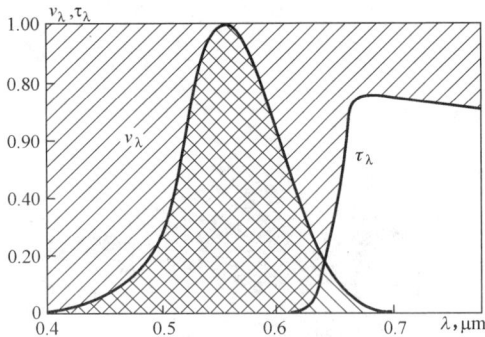

图 7-5　τ_λ 和 ν_λ 曲线

所能感觉到的光谱段就仅是画反斜线的部分了。这波段 $\lambda=0.6\sim0.7\mu m$，称作光学高温计的工作光谱段。工作光谱段重心位置的波长 $\lambda=0.66\mu m$，称为光学高温计的有效波长。从图 7-5 中可以看出，这个工作光谱段还不是很窄，当被测物体温度变化时，有效波长变化，但变化不大。对于一般工业上用的光学高温计，λ 变化的影响可以忽略。

图 7-6 所示为国产 WGG-2 型光学高温计的两种测量电路，图（a）为电压式电路，由温度灯泡中的灯丝、滑线电阻、按钮开关 K、电阻 R_1 与两节干电池 E 连接而成。磁电式直流动圈表，用来测量在不同亮度时灯丝两端的电压，它以温度为刻度。在高温计的刻度盘上可直接读取被测物体的亮度温度。这种测量电路的缺点是，700℃ 以下的刻度标尺不能利用，刻度范围仅为刻度盘的 70% 左右。

图 7-6（b）所示为电桥式电路。动圈表跨接在电桥的输出端，设计在 700℃ 时电桥平衡，则刻度标尺零点为 700℃，故刻度范围较宽。

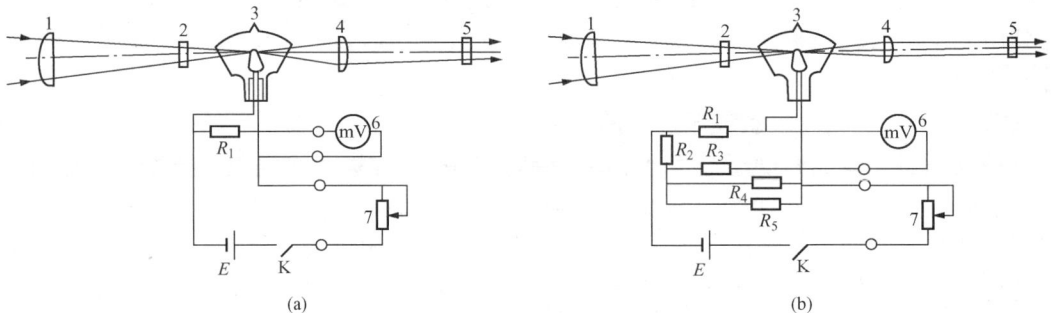

图 7-6　WGG-2 型光学高温计原理
（a）电压式；（b）电桥式
1—物镜；2—吸收玻璃；3—温度灯泡；4—目镜；5—红色滤光片；6—动圈表；7—滑线电阻

除了上述这种隐丝式光学高温计外，还有一种恒亮式光学高温计，它的原理是保持灯丝的电流不变、发出的亮度恒定，而采用一片颜色由浅逐渐变深的圆环形吸收玻璃作为减光楔，置于物镜后面，转动减光楔即可改变吸收光能的数量，平衡时被测对象与灯泡发出的亮度一致，此时由减光楔的转角指示出被测对象的温度。这也是一种常用的光学高温计。

使用光学温度计时应注意下述事项：

（1）非全辐射体的影响。被测物体往往是非全辐射体，而且物体的光谱发射率 ε_λ 不是常数，它和波长 λ、物体的表面情况及温度的高低均有关系。物体光谱发射率的变化有时是很大的，这给测量带来很不利的影响。为了消除 ε_λ 变化的影响，可以人为地创造全辐射体辐射的条件，例如测量炉膛温度，可以插入一根细长而有底的陶瓷管，在充分受热以后，从管口看进去的管子的底部就可以近似地把它认为是全辐射体了。为了得到足够的光谱发射

率，管子的长度与管子的内径之比不得小于 10。

（2）中间介质的影响。光学高温计和被测物体之间的灰尘、烟雾和二氧化碳等气体对辐射会有吸收作用，因而造成测量误差。在实际测量时很难做到没有灰尘，因此，光学高温计不能距离被测物体太远，一般应在 1～2m 之内比较合适。

光学高温计不宜测量反射光很强的物体，否则要产生测温误差。

光学高温计在实际使用中由于受上述因素的影响，测量的准确度要比热电偶、热电阻低，并且不能测量物体内部温度。

二、光电高温计

光学高温计测量时要手动平衡亮度，要用人眼来判断亮度平衡状态，这种平衡状态还会因人而异，所以光学高温计不是连续测温仪表，应用到工业生产中就要受到一定的限制。

光电高温计可以自动平衡亮度，它是在光学高温计的基础上发展起来的自动连续测温仪表。光电高温计用光电器件作为仪表的感受件，代替人的眼睛来感受辐射源的亮度变化，并转换成与亮度成比例的电信号，此信号经电子放大器放大后被测量，其大小对应于被测物体的温度。由于电子技术的发展，光电高温计可以做得很准确，因此，ITS—90 国际温标中规定 961.78℃ 以上温度采用它作为标准仪器。为了减小光电器件、电子元件参数变化和电源电压波动对测量的影响，光电高温计采用负反馈原理进行工作。图 7-7 所示为 WDH-Ⅱ型光电高温计的工作原理示意，它采用的是光反馈原理。图 7-7（a）所示为变送器内部结构。被测对象的辐射光由物镜、光阑、调制盘上的进光孔，投射到检测元件硫化铅光敏电阻（测量低于 700℃ 温度时）或硅光电池（测量高于 700℃ 温度时）上，同时，由通孔反光镜将一部分辐射光反射到瞄准系统。通过瞄准系统可清晰地观察到被测对象的正立像是否取准了。视场光阑上有两个进光孔分别通过被测对象和钨丝灯泡的辐射线，孔上安装两块不同透过率的滤光片。调制系统由微型电动机和调制盘组成。调制盘为圆形铁片，边缘均匀等分八齿八槽。当电动机转速为 3000r/min 时，可实现 400Hz 的光调制。调制盘的边缘还装有相位同步信号发生器，它可产生与被测对象辐射信号同相或反相的交流电压输出。

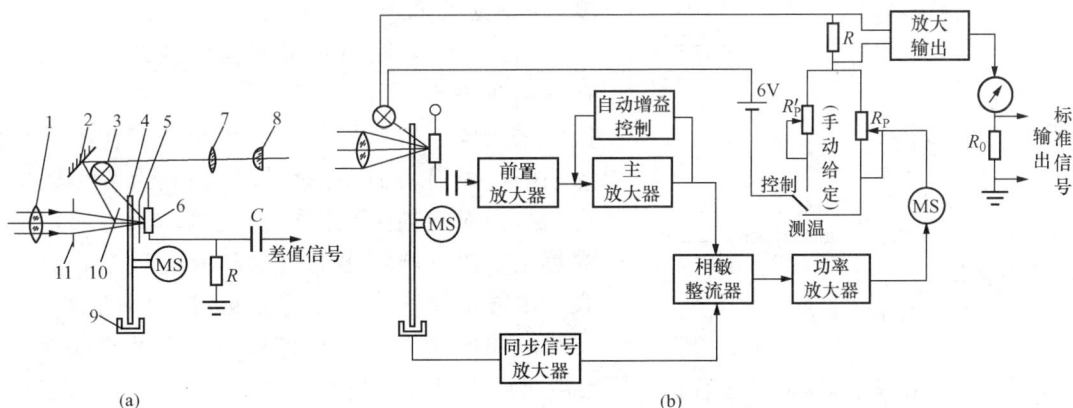

图 7-7 WDH-Ⅱ型光电高温计

（a）变送器内部结构示意；（b）测量线路框图

1—物镜；2—反射镜；3—钨丝灯泡（参比源）；4—调制盘；5—视场光阑；6—硫化铅光敏电阻；

7—倒像镜；8—目镜；9—相位同步信号发生器；10—通孔反光镜；11—孔径光阑

图 7-7（b）是测量线路框图，信号经前置放大器、主放大器、相敏整流器和功率放大器后推动力矩电动机，力矩电动机再带动滑线电阻 R_p 上的滑动头以改变通过钨丝灯泡上的电流，即改变灯泡辐射亮度。平衡时，钨丝灯泡的辐射亮度和被测物体的辐射亮度相一致，此时由串联电阻 R 上的电压降来表示被测对象的温度。该仪表不采用滑线电阻上滑动头的位置来表示温度，是因为滑动头与滑线电阻之间的接触电阻不恒定，用它的位置来表示温度容易引起误差，而从串联电阻 R 上的压降来表示温度是因为通过灯泡的电流和通过 R 上的电流是一样的，和滑动头位置无关，这样就提高了测量的准确度。

WDH-I 型光电高温计是采用振动频率为 50Hz 的机械振动片来进行光路调制的，这里就不赘述了。

光电高温计能自动测量温度，使用方便，还可以避免操作者的主观误差。光电高温计的读数可自动记录和远距离传送，有利于参数集中检测。另外，光电高温计中的光电器件可接受可见光，也可接受红外光，这使高温计的测量范围不受人眼光谱敏感度的限制，可向低温方面扩展。上述几点是光电高温计比光学高温计优越的方面。

光电高温计在使用中应注意的事项和光学高温计一样。此外，反馈灯及光电器件等元件特性的分散性大，元件的互换性很差，在更换反馈灯或光电器件时必须对整个仪表重新进行调整和分度，这是使用光电高温计需要特别注意的一个问题。

第三节　辐射温度计

辐射温度计以前也称为全辐射温度计或全辐射高温计，其实任何光学系统都不可能完全透过或反射全部波长的辐射能，因此，还是称其为辐射温度计比较确切。

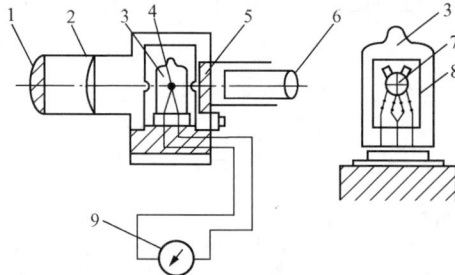

图 7-8　辐射温度计
1—物镜；2—光阑；3—玻璃泡；4—热电堆；
5—灰色滤光片；6—目镜；7—镍箔；
8—云母片；9—显示仪表

辐射温度计是根据全辐射定律制作的温度计。由式（7-5）看出，当知道全辐射体的辐射出射度 M_0 后，就可以知道温度 T。现在生产的辐射温度计的示意如图 7-8 所示。

物体的辐射线由物镜聚焦后经光阑使焦点落在镍箔热电堆上。热电堆由四支镍铬—康铜热电偶串联而成，四支热电偶的热端被夹在十字形的镍箔内，镍箔表面涂铂黑以增加其吸收热辐射能力。当辐射能被聚焦到镍箔上时，热电偶热端感受热量，热电堆输出的热电动势信号送到显示仪表，由显示仪表指示或记录被测物体的温度。四支热电偶的冷端夹在云母片中，这里的温度比热端低得多。在瞄准被测物体的过程中，观察者可以在目镜处观察，目镜前加有灰色玻璃以削弱光的强度，保护眼睛。整个外壳内壁面涂成黑色，以减少杂光的干扰和创造全辐射体条件。

辐射温度计也是按被测对象是全辐射体进行刻度的，在测量实际物体时必然有误差。

当被测物体的真实温度为 T 时，其辐射出射度 M 等于全辐射体在温度 T_p 时的辐射出射度 M_0，温度 T_p 称为被测物体的辐射温度。按上述定义可以求出辐射温度与真实温度之间的关系。

由定义有

$$M = \varepsilon\sigma T^4, \quad M_0 = \sigma T_p^4$$

令 $M=M_0$，因此有

$$T = T_p \sqrt[4]{\frac{1}{\varepsilon}} \qquad\qquad (7\text{-}15)$$

式中　ε——被测物体的发射率，是个小于 1 的数。

因此 T_p 总是小于 T 的。因为辐射温度计是按全辐射体刻度的，在测量非全辐射体温度时，其读数便是被测物体的辐射温度 T_p，然后用式（7-15）计算出被测物体的真实温度 T。

ε 值随物体的化学成分、表面状态、温度和辐射条件不同而不同，而且较难准确确定，因此测量误差比较大。辐射温度计在使用时应尽可能准确地确定被测物体的发射率，或者人为地创造全辐射体辐射的条件，如图 7-9 所示；该温度计安装时正对着砌在炉膛侧壁内的封底陶瓷管的底部，以提高测量准确度；测量时要使高温计的镍箔片正好被整个被测对象的像覆盖，否则测量值是不准的。

辐射温度计和被测物体之间的中间介质如水蒸气、二氧化碳等会吸收辐射能，使温度计接收到的辐射能减小而引起误差。由于中间介质对不同波段辐射能的吸收程度不同，中间介质吸收总辐射能比吸收单色辐射能要多，所以辐射温度计受中间介质的影响比光学高温计更大些。为了减小误差，温度计与被测物体之间的距离不能太大。

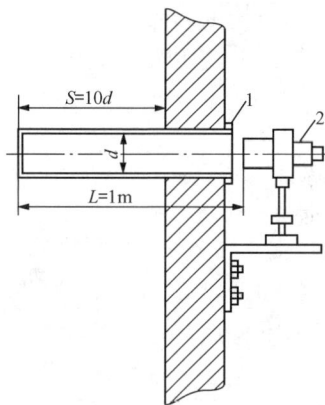

图 7-9　辐射温度计的安装
1—陶瓷管；2—辐射温度计

如温度计在物体热辐射的影响下温度逐渐升高，则会使其中热电偶冷端温度升高，增加测量的误差。因此当环境温度过高时（高于 100℃），需在温度计外装设冷却水套，以降低仪表工作的温度。

对于不同型号的辐射温度计，要求被测物体的直径 D 和被测物体与温度计之间的距离 L 之比（D/L）有一定的限制。当距离 L 太大时，被测物体在热电堆平面上成像太小，不能全部覆盖住热电堆十字形平面，使热电堆接收到的辐射能减小，指示偏低。同时，距离 L 太大时，中间介质影响太大，指示也要偏低。当距离 L 太小时，物像将照到光阑边缘和接近热电堆的其他零件上，使冷端温度升高，造成热电动势下降，指示偏低。因此，对一种型号的辐射温度计，都有规定的 D/L 范围，使用时应符合规定，否则会引起较大误差。

第四节　比色高温计

比色高温计是根据维恩偏移定律工作的温度计。由维恩偏移定律可知，当温度变化时，物体的最大辐射出射度向波长增加或减小的方向移动，使在波长 λ_1 和 λ_2 下的光谱辐射亮度比发生变化，测量光谱辐射亮度比的变化即可测得相应的温度。对于全辐射体，由维恩公式可得

$$L_{0\lambda_1 T_S} = cc_1\lambda_1^{-5}e^{-\frac{c_2}{\lambda_1 T_S}}$$

$$L_{0\lambda_2 T_S} = cc_1\lambda_2^{-5}e^{-\frac{c_2}{\lambda_2 T_S}}$$

两式相除后取对数，整理后得

$$T_S = \frac{c_2\left(\frac{1}{\lambda_2}-\frac{1}{\lambda_1}\right)}{\ln\frac{L_{0\lambda_1 T_S}}{L_{0\lambda_2 T_S}}-5\ln\frac{\lambda_2}{\lambda_1}} \qquad (7\text{-}16)$$

式（7-16）中的 λ_1、λ_2 是预先规定的值，只要知道在此两波长下的亮度比，就可求得被测全辐射体的温度 T_S。

当温度为 T 的实际物体在两个波长下的光谱辐射亮度比值，与温度为 T_S 的全辐射体的上述两波长下的光谱辐射亮度比值相等时，把 T_S 称为实际物体的比色温度。

根据上述定义，应用维恩公式，可导出下列公式：

$$\frac{1}{T}-\frac{1}{T_S} = \frac{\ln\frac{\varepsilon_{\lambda_1}}{\varepsilon_{\lambda_2}}}{c_2\left(\frac{1}{\lambda_1}-\frac{1}{\lambda_2}\right)} \qquad (7\text{-}17)$$

式中 ε_{λ_1}、ε_{λ_2}——实际物体在 λ_1 和 λ_2 时的光谱发射率。

已知 λ_1、λ_2、$\varepsilon_{\lambda_1}/\varepsilon_{\lambda_2}$ 和 T_S 就可由式（7-17）求得 T。由式（7-17）可见，比色温度计具有如下特点：

（1）对于全辐射体，因为 $\varepsilon_{\lambda_1}=\varepsilon_{\lambda_2}=1$，所以 $T=T_S$；对于灰体，由于 $\varepsilon_{\lambda_1}=\varepsilon_{\lambda_2}$，同样可得 $T=T_S$；对于一般物体，ε_{λ_1} 和 ε_{λ_2} 不相等，所以 T 和 T_S 不相等。T 和 T_S 的关系由 ε_{λ_1} 和 ε_{λ_2} 来决定。对于金属，ε_λ 在短波 λ_1 时比在长波 λ_2 时大，即 $\varepsilon_{\lambda_1}>\varepsilon_{\lambda_2}$，则 $\ln\frac{\varepsilon_{\lambda_1}}{\varepsilon_{\lambda_2}}>0$，比色温度 T_S 比实际温度 T 高。反之，若实际材料的 $\varepsilon_{\lambda_1}<\varepsilon_{\lambda_2}$，则 $T_S<T$。

（2）比色高温计和单色辐射高温计、辐射温度计相比较，它的测量准确度高，因为实际物体的 ε_λ 值和 ε 值变化比较大，而同一物体的 ε_{λ_1} 和 ε_{λ_2} 的比值变化比较小，因此，比色温度与真实温度之差要比亮度温度、辐射温度与真实温度之差小得多。

（3）中间介质（如水蒸气、二氧化碳和灰尘等）对波长 λ_1 和 λ_2 的单色辐射能都有吸收，尽管吸收程度不一定一样，但对光谱辐射出射度比值的影响较小，所以比色高温计可在周围气氛较恶劣的环境下测温。

下面介绍国产 WDS-Ⅱ型光电比色高温计的工作原理。这是双通道式比色高温计，即用两个光电元件分别接受两种不同波长的光谱辐射能，它的光路系统如图7-10所示。被测对象的辐射线经过物镜聚焦后，经平行平面玻璃片、中间有通孔的回零硅光电

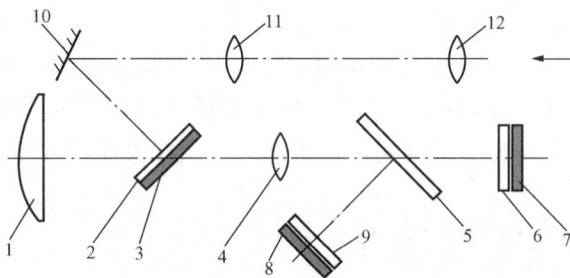

图7-10 WDS-Ⅱ型光电比色高温计光路系统

1—物镜；2—平行平面玻璃；3—回零通孔硅光电池；4—透镜；5—分光镜；6—红外滤光片；7—硅光电池 E_2；8—硅光电池 E_1；9—可见光滤光片；10—反射镜；11—倒像镜；12—目镜

池，再经透镜到分光镜，辐射线分成波长为 λ_1 和 λ_2 两部分。分光镜的作用是反射可见光（$\lambda_1 \approx 0.8\mu m$），而让波长 $\lambda_2 \approx 1\mu m$ 的辐射能（红外线）通过。可见光（λ_1）部分的能量经可见光滤光片，其中的长波辐射能被滤去，其余的被接收可见光的硅光电池（即 E_1）所接收，并转换成电信号，输往显示仪表。红外线（λ_2）部分的能量则通过分光镜，经红外滤光片，其中的可见光被滤去，然后被接收红外线的硅光电池（即 E_2）所接收，并转换为电信号送入显示仪表。

为了观察被测温物体的辐射能是否进入仪表的光学系统，设有瞄准系统，它是利用平行平面玻璃片的反射作用，将一部分光反射到反射镜，再经倒像镜、目镜进入人眼。为使人眼能清晰地看到被测物体，目镜可以移动，以调整物像的清晰度。

两硅光电池的输出信号电压，经显示仪表的平衡桥路测量，得出其比值 $B = U_1/U_2$（U_1 为可见光信号，U_2 为红外信号），比值 B 用全辐射体进行温度分度。显示仪表用电子电位差计改装而成，仪表的线路如图 7-11 所示。当继电器 J 处于 2 位置时，两个硅光电池 E_1、E_2 输出的电动势在其负载电阻上产生电压，这两个电压的差值送入放大器推动伺服电动机 SM 旋转，电动机带动滑线电阻 R_6 上的滑动触点移动，直到送入放大器的电压为零，此时，滑动触点的位置代表被测物体的温度。继电器 J 处于 1 位置时，仪表指针回零。

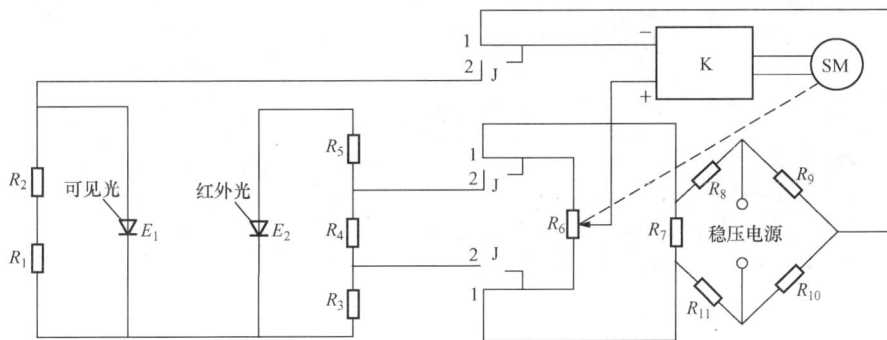

图 7-11 测量线路图

E_1、E_2—硅光电池；R_1、R_2—E_1 的负载；R_3、R_5—测量上、下限调整电阻；

R_4—并联电阻；R_6—滑线电阻；K—放大器；SM—伺服电动机；J—继电器；1—回零；2—测量

比色高温计需有指针回零机构，否则，当被测物体离开后，两个波长的光谱能量为零，无信号送入显示仪表，指针停止不动或由于外界干扰而向上或向下移动，给人以错觉，故必须有指针回零机构，使在被测物体移开时指针向零位方向移动。指针回零是利用变送器的回零硅光电池 E_3 实现的。E_3 为信号源，它有光照就有信号输出，表明变送器处于正常工作情况。硅光电池的信号经一晶体管开关线路，使继电器 J 通电，触点 J 动作，断开回零桥路，接通测量线路，指针指示出被测温度；当被测物体移开后，硅光电池 E_3 无光照，则无信号输出，继电器 J 不动作，断开测量线路，接通回零桥路，仪表指针返回零位。回零机构的原理线路如图 7-12 所示。

以前生产的比色高温计所选用的两个波长是可见光中的红光及蓝光。WDS-Ⅱ中所选用的两波长为红光（0.8μm）和红外光（1μm）。如两个波长都选在红外光波段的叫做红外比色高温计，它可以用来测量较低的温度。

比色高温计中用于接收辐射能的检测元件，有采用两个的，也有采用一个的，前者需采

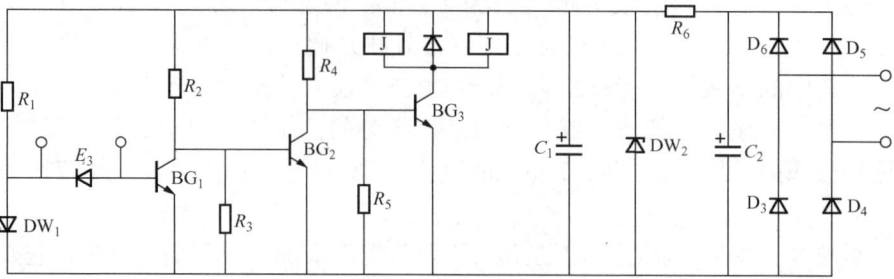

图 7 - 12　回零原理线路

E_3—回零硅光电池；J—继电器线圈

用特性相同的检测元件，后者电路比较复杂。

在双色比色高温计测量原理的基础上又发展了三色温度计。它是根据物体在三个不同波长（λ_1、λ_2 和 λ_3）下光谱辐射亮度（$L_{0\lambda_1 T}$、$L_{0\lambda_2 T}$ 和 $L_{0\lambda_3 T}$）两两比值随温度变化的特性来测量温度的。

对于全辐射体，根据维恩公式有：

$$\frac{L_{0\lambda_1 T_S}}{L_{0\lambda_2 T_S}} = \left(\frac{\lambda_2}{\lambda_1}\right)^5 \exp\left[\frac{c_2}{T_S}\left(\frac{1}{\lambda_2} - \frac{1}{\lambda_1}\right)\right]$$

$$\frac{L_{0\lambda_2 T_S}}{L_{0\lambda_3 T_S}} = \left(\frac{\lambda_3}{\lambda_2}\right)^5 \exp\left[\frac{c_2}{T_S}\left(\frac{1}{\lambda_3} - \frac{1}{\lambda_2}\right)\right]$$

取上述两个比值之比，得

$$\frac{L_{0\lambda_1 T_S} L_{0\lambda_3 T_S}}{(L_{0\lambda_2 T_S})^2} = \left(\frac{\lambda_2^2}{\lambda_1 \lambda_3}\right)^5 \exp\left[\frac{c_2}{T_S}\left(\frac{2}{\lambda_2} - \frac{1}{\lambda_1} - \frac{1}{\lambda_3}\right)\right]$$

由此可得

$$T_S = \frac{c_2\left(\frac{2}{\lambda_2} - \frac{1}{\lambda_1} - \frac{1}{\lambda_3}\right)}{\ln\frac{L_{0\lambda_1 T_S} L_{0\lambda_3 T_S}}{(L_{0\lambda_2 T_S})^2} - 5\ln\left(\frac{\lambda_2^2}{\lambda_1 \lambda_3}\right)}$$

由上式可见，当波长 λ_1、λ_2、λ_3 一定时，温度 T_S 和光谱辐射亮度两两比值之比成单值函数关系。

按照前面介绍过的几种辐射温度计的推理方式，可定义：当温度为 T 的实际物体在三个波长下的光谱辐射亮度两两比值之比等于温度为 T_S 的全辐射体在上述三个同样波长下的光谱辐射亮度两两比值之比时，则全辐射体的温度 T_S 就是实际物体的比色温度，即

$$\frac{L_{0\lambda_1 T_S} L_{0\lambda_3 T_S}}{(L_{0\lambda_2 TS})^2} = \frac{L_{\lambda_1 T} L_{\lambda_3 T}}{(L_{\lambda_2 T})^2}$$

则有

$$\frac{1}{T} - \frac{1}{T_S} = \frac{\ln\frac{\varepsilon_{\lambda_1} \varepsilon_{\lambda_3}}{\varepsilon_{\lambda_2}^2}}{c_2\left(\frac{1}{\lambda_1} + \frac{1}{\lambda_3} - \frac{2}{\lambda_2}\right)}$$

式中　ε_{λ_1}、ε_{λ_2} 和 ε_{λ_3}——与波长 λ_1、λ_2、λ_3 相对应的实际物体的光谱发射率。

三色测温方法的特点与双色测温方法相类似，但在消除 ε_λ 的影响方面更为有利些。当

实际物体的光谱发射率 ε_λ 与波长 λ 之间呈线性关系，并取 $\lambda_2 = \dfrac{\lambda_1 + \lambda_3}{2}$ 时，三色温度计测得的温度就很接近物体的真实温度。此外，还有四色、六色等多色测温装置，以便能准确测得物体表面的温度，这里就不介绍了。

第五节　红外温度计

红外线是一种电磁波，具有与可见光一样的本质。红外线的波长在 $0.76 \sim 100 \mu m$ 之间，按波长的范围可分为近红外、中红外、远红外、极远红外四类，它在电磁波连续频谱中的位置处于无线电波与可见光之间的区域。温度在绝对零度以上的物体，都会因自身的分子运动而辐射出红外线。

红外温度计是通过接收目标物体发射、反射和传导的能量来测量其表面温度的。红外测温仪由光学系统、光电探测器、信号放大器及信号处理、显示输出等部分组成。光学系统汇聚其视场内的目标红外辐射能量，视场的大小由测温仪的光学零件及其位置确定。红外能量聚焦在光电探测器上并转变为相应的电信号。该信号经过放大器和信号处理电路，并按一定的算法和目标发射率，校正后转变为被测目标的温度值。

红外温度计的测量范围可向高温方面扩展，扩展范围的基本原理是用吸收玻璃把被测物体发射来的射线减弱一部分，仅测量透过吸收玻璃的那部分辐射能。用这种方法可以把测温的上限扩展到 $3000℃$ 以上。红外温度计的测量范围也可向中温（$100 \sim 700℃$）、低温（$< 100℃$）方面扩展。按照普朗克定律绘制的在中温、低温下的辐射曲线如图 7-1 所示。由图可见，2000K 以下的曲线最高点所对应的波长已不是可见光，而是红外线。

红外温度计的结构和光电高温计、辐射温度计、比色高温计等基本上是一样的，它的结构原理如图 7-13 所示。其中光学系统和红外探测器是具有特殊性质的部分。

光学系统可以是透射式的，也可以是反射式的。透射式光学系统的透镜采用能透过相应波段辐射线的材料制成。测高温（$700℃$ 以上）时的辐射波段主要在 $0.76 \sim 3 \mu m$ 的近红外区，这时可用一般光学玻璃和石英等材料制作透镜。测中温（$100 \sim 700℃$）时的辐射波段主要在 $3 \sim 5 \mu m$ 的中红外区，多采用氟化镁、氧化镁等热压光学材料制作透镜。测低温（$100℃$ 以下）时的辐射波段主要是 $5 \sim 14 \mu m$ 的中、远红外波段，多采用锗、硅、热压硫化锌等材料作透镜。反射式光学系统多采用凹面玻璃反射镜，反射镜的表面镀金、铝、镍或铬等对红外辐射反射率很高的材料。

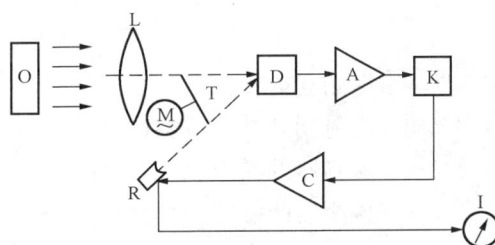

图 7-13　红外温度计结构原理

O—目标；L—光学系统；D—红外探测器；
A—放大器；K—相敏整流器；C—控制放大器；
R—参考源；M—电动机；I—指示灯；T—调制盘

红外探测器是接收被测物体红外辐射能并转变成电信号的器件，可分为热敏探测器和光电探测器两大类。

热敏探测器是利用物体接收红外辐射而温度升高，从而引起物理参数变化的器件。热敏

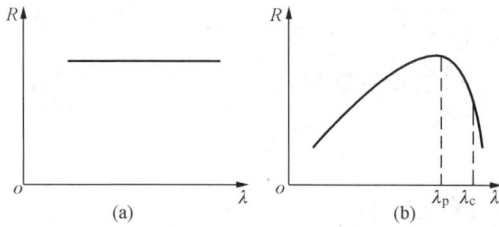

图 7 - 14　红外探测器的两种典型的频谱响应曲线
(a) 响应率 R 与波长 λ 无关；(b) 响应率 R 与波长 λ 有关
λ_p—响应率最大时的波长；λ_c—响应率降低到一半
时的波长（又称长波限或截止波长）

探测器的响应时间比较长，在毫秒级以上。响应时间是指当一定功率的红外辐射线突然照射或消失时，红外探测器的输出信号需经过一段时间以后，才达到或接近稳定值。输出信号滞后于红外辐射的时间，称为探测器的响应时间或时间常数 τ，在数值上 $\tau = 1/(2\pi f_c)$，f_c 为响应频率下降到最大值的 0.707 倍时的调制频率。热敏探测器对入射的各种波长辐射线基本上具有相同的响应率如图 7 - 14 (a) 所示。热敏探测器的响应率（灵敏度）R

$$R = \frac{U}{P}$$

式中　U——红外探测器的输出电压，V；

P——辐射到红外探测器的功率，W。

光电探测器是利用某些物体中的电子吸收红外辐射后改变其运动状态这一原理来工作的。光电探测器的响应时间比热敏探测器的短得多，一般是微秒级，最短的可达毫微秒级。光电探测器所探测的波长有一长波限 λ_c，波长大于 λ_c 时，响应率大为下降，如图 7 - 14 (b) 所示。

一、热敏探测器

常用的热敏探测器有热敏电阻型、热电偶型和热释电型。

热敏电阻型热敏探测器用锰、镍、钴等金属化合物配制而成，其探测率略大于 $1 \times 10^8 \, cm \cdot Hz^{1/2} \cdot W^{-1}$，响应时间在 $1 \sim 10ms$ 之间，比起光电探测器来，这些指标都比较低。探测率 D 是评定探测器探测红外辐射性能的重要指标，其计算式为

$$D^* = \frac{U}{NP} \sqrt{A \Delta f} \, cm \cdot Hz^{1/2} \cdot W^{-1}$$

式中　U——探测器的输出电压，V；

P——辐射到红外探测器的功率，W；

N——探测器的噪声电压，V；

A——探测器的敏感元件面积，cm^2；

Δf——放大器的带宽，Hz。

热电偶型热敏探测器用热电动势大的材料来制作。当它被红外线照射时会产生热电动势。它的探测率可达 $1.4 \times 10^9 \, cm \cdot Hz^{1/2} \cdot W^{-1}$。响应时间长达 $30 \sim 50ms$。

热释电型探测器是利用铁电体一类电解质的电极化现象实现测量的。电解质加上电压后，它的一个表面带正电，相反的表面带负电，这种现象称为电极化。电压除去后仍能保持极化状态，但极化强度（单位面积上的电荷）与温度有关。温度升高，极化强度降低。利用这种关系可制成热释电型探测器。红外辐射线照射到已极化的铁电体上，使其温度升高，因而表面电荷减少，然后用放大器把电荷变化转变成输出电压。温度变化引起电荷变化，使输出信号变化。温度不变，输出信号等于零。因此，使用探测器时，它接收红外线辐照的时间

必须少于它的热平衡时间常数（0.1～1s）。目前，采用的铁电体有硫酸三甘酸、铌酸钡、钛酸锂钡等。它们的探测率、低频（10Hz 左右）可达 $1.8 \times 10^9 \text{cm} \cdot \text{Hz}^{1/2} \cdot \text{W}^{-1}$；高频率（$10^4 \text{Hz}$）可达 $1 \times 10^8 \text{cm} \cdot \text{Hz}^{1/2} \cdot \text{W}^{-1}$。热释电型探测器的性能优于热敏电阻型探测器。

二、光电探测器

常用的光电探测器有光电导型和光生伏特型两种。

（1）光电导型探测器就是光敏电阻。当红外辐射线照射在光敏电阻上时，光敏电阻的电导率增加，入射辐射功率不同时，电导率也不同。光电导型探测器就是利用这种性质来测量红外辐射的。各种半导体材料所制成的光敏电阻都只能对某一波段的辐射线有响应。目前，常用的光敏电阻有硫化铅（室温下它能响应的波段为 0.4～3.2μm）、硒化铅（室温下它能响应的波段自可见光波段至 4.5μm，但探测率低于硫化铅）和碲镉汞三元合金。当改变三元合金中的碲化汞和碲化镉两种成分的配比时，可做出波长限不同的各种探测器，在室温下能响应至 6μm，低温下可响应至几百微米。还有砷化铟、锑化铟等，能响应的波长一般不超过 7μm，且都需在低温下工作。光电导型探测器的探测率比热敏型的要高，有的且能高出二三个数量级，其响应时间在微秒级。

（2）光生伏特型探测器就是光电池。当它被红外辐射线照射后，就有电压输出，电压大小与入射辐射功率（照度）有关。可制作光生伏特型红外探测器的材料有砷化铟、锑化铟、碲镉汞，另外还有硅，锗和碲锡铅三元合金等。光生伏特型探测器的波长响应性能与同材料的光电导型的相仿。锗光电池的响应波长为 0.4～2.5μm，硅光电池的为 0.4～1.1μm，碲锡铅在低温下的响应波长可达 11μm。光电池的响应时间比光电导型的还要短些。

在使用红外探测器时必须注意中间介质中含有的水蒸气、二氧化碳和臭氧会吸收红外辐射线，造成测量误差，采用红外比色温度计可以减小这种测量误差。另外，合理地选择工作波段也是很重要的，所选的工作波段应避开上述几种气体的吸收光谱范围（见图 7-15），使仪表能正常工作。

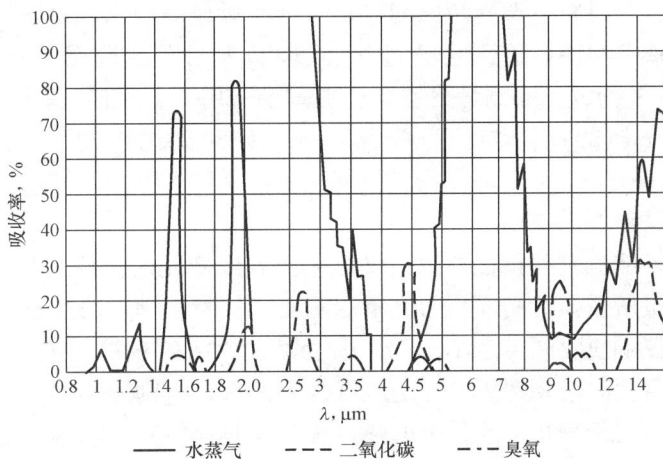

图 7-15　气体吸收红外线的典型曲线

三、红外温度计使用需注意的问题

选择测温仪时首先应确定测量要求，如被测目标的温度范围、大小、测量距离，被测目标的材料，目标所处环境，所需的响应速度、测量准确度等。

1. 测温范围

测温范围是测温仪最重要的一个性能指标。每种型号的测温仪都有其特定的测温范围。如 Raytek（雷泰）产品覆盖范围为 −50～3000℃。确定被测温度的范围一定要考虑准确、周全，既不要过窄，也不要过宽。一般来说，测温范围越窄，监控温度的输出信号分辨率越高，准确度、可靠性容易解决。测温范围过宽，会降低测温准确度。例如，如果被测目标温度为 1000℃，而测量准确度是主要的，可选用测温范围窄一些的，以保证测量准确度。

2. 目标尺寸

红外测温仪根据原理可分为单色测温仪和双色测温仪（辐射比色测温仪）。对于单色测温仪，在进行测温时，被测目标面积应充满测温仪视场。被测目标尺寸最好能超过视场大小的 50%。如果目标尺寸小于视场，背景辐射能量就会进入测温仪，干扰测温读数，造成误差。相反，如果目标大于测温仪的视场，测温仪就不会受到测量区域外面的背景影响。对于细小而又处于运动之中的目标，可选择比色测温仪。比色测温仪的显示温度是由两个独立的波长带内辐射能量的比值来确定的，当被测目标很小，且测量通路上存在烟雾、尘埃等对辐射能量有衰减时，都不会对测量结果产生影响，甚至在能量衰减了 95% 的情况下，仍能保证要求的测温准确度。

3. 距离系数（光学分辨率）

距离系数是测温仪探头到目标之间的距离 D 与被测目标直径之比。如果测温仪由于环境条件限制必须安装在远离目标处，而又要测量小的目标，就应选择高光学分辨率的测温仪。

4. 波长范围

在高温区，测量金属材料的最佳波长是近红外，可选用 $0.8 \sim 1.0 \mu m$。其他温区波长可选用 1.6、2.2 和 $3.9 \mu m$。由于有些材料在一定波长上是透明的，红外能量会穿透这些材料，对这种材料应选择特殊的波长。如测量玻璃内部温度选用波长为 1.0、2.2 和 $3.9 \mu m$（被测玻璃要很厚，否则会透过）；测玻璃表面温度选用波长为 $5.0 \mu m$；测低温区波长选用 $8 \sim 14 \mu m$ 为宜。如测量聚乙烯塑料薄膜选用 $3.43 \mu m$，聚酯类选用 $4.3 \mu m$ 或 $7.9 \mu m$，厚度超过 0.4mm 的选用波长为 $8 \sim 14 \mu m$。如测火焰中的 CO 用窄带 $4.64 \mu m$，测火焰中的 NO_2 用 $4.47 \mu m$。

5. 响应时间

响应时间指红外测温仪对被测温度变化的反应速度，一般定义为到达最后读数的 95% 能量所需要时间，它与光电探测器、信号处理电路及显示系统的时间常数有关。新型红外测温仪响应时间可达 1ms，这比接触式测温方法快。如果目标的运动速度很快或测量快速加热的目标时，要选用快速响应红外测温仪，否则达不到足够的信号响应速度，会降低测量准确度。对于静止的或目标的热过程存在热惯性时，测温仪的响应时间就可以放宽要求。

第六节　红外热像仪

前面介绍的几种测温方法，大多数属于点测温法，用来测量某一点或某一小块面积的温度。在科研工作及生产实践中，有时需要知道某一平面的温度分布情况，这属于二维温度场的测量。目前，测量二维温度场的方法主要是热成像方法，所用的仪器称热像仪。热像仪主要工作在红外波段，故也称红外热像仪。相比其他测温手段红外测温具有以下优点：

（1）响应速度快、测量范围宽。热像仪测温的响应时间为毫秒级甚至更小，比传统测温方法，如热电偶等的响应时间快很多，因此，热像仪可以对快速变化的温度场进行实时检测。

（2）红外热像仪为非接触式在线测量，测得的是物体表面的红外辐射，与被测物体不发生接触。适用于对危险物体、无法接近或运动物体的表面温度测量。因响应速度快，热像仪可以在不干扰被测物体正常运行的情况下进行测量。

（3）与红外点温仪不同，热像仪拍摄的是物体二维温度场在视觉方向的投影，可同时以数万个像素反映被测体各点的温度分布。测量结果直观，并可以对数万个像素进行分析和处理。

我国民用红外热像仪应用最多的是电力行业，主要集中在广东、浙江、江苏、山东等沿海经济发达地区，红外热像仪可以及时发现供电设备运行中存在的故障，大幅降低设备的检修时间。

红外热像仪是利用被测体与周围环境之间的温度、发射率的差异所产生的热对比度不同，而把红外辐射能量密度分布图显示出来，成为"热像"。热像仪须把红外光转变为可见光，将红外图像变为可见图像。在红外热像仪中，红外图像转换成可见光图像分两步进行。第一步是利用对红外辐射敏感的红外探测器把红外辐射变为电信号，该信号的大小可以反映出红外辐射的强弱，第二步是通过电视显像系统将被测目标的红外辐射分布的视频信号在荧光屏上显示出来，实现从电到光的转换。

1. 温度计算

红外热像测温仪接收到的是被测物体表面发射的辐射能量，该能量经其内部的转换后，得到被测物体表面二维温度场。被测物体发射出的能量分为两部分，反映在红外亮度上，其一为表面光谱辐射亮度，其二为被测体反射的环境光谱辐射亮度。设 T_o 为被测物体表面温度，T_u 为环境温度，ρ_λ 为表面反射率，ε_λ 为表面发射率，α_λ 为表面吸收率，则被测物体表面的辐射亮度 L_λ 为

$$L_\lambda = \varepsilon_\lambda L_{b\lambda}(T_o) + \rho_\lambda L_{b\lambda}(T_u) = \varepsilon_\lambda L_{b\lambda}(T_o) + (1-\alpha_\lambda)L_{b\lambda}(T_u) \tag{7-18}$$

热像仪接收到的辐射照度 E_λ 包括被测体自身辐射、环境发射辐射、大气辐射三部分，即

$$E_\lambda = A_0 d^{-2} \tau_{a\lambda} [\varepsilon_\lambda L_{b\lambda}(T_o) + (1-\alpha_\lambda)L_{b\lambda}(T_u) + L_{b\lambda}(T_o)] \tag{7-19}$$

式中　A_0——热像仪最小空间张角所对应的目标的可视面积；

　　　d——该目标到测量仪器之间的距离，一定条件下，$A_0 d^{-2}$ 为一定值；

　　　$\tau_{a\lambda}$——大气的光谱透射率。

热像仪内部的探测器在工作波段上对入射的辐射能进行积分，转变为与能量成正比的电信号 V_g，即

$$V_g = A_R \int_{\Delta\lambda} E_\lambda \Re_\lambda d\lambda \tag{7-20}$$

式中　A_R——热像仪透镜的面积；

　　　$\Re_\lambda$——探测器的光谱响应度，表示红外探测器把红外辐射能转变为电信号的能力。

由于热像仪是工作在某一个很窄的波段（$2\sim5\mu m$ 或 $8\sim13\mu m$ 之间），ε_λ，α_λ，$\tau_{a\lambda}$ 通常可认为与 λ 无关，则（7-20）式可写成

$$V_g = A_R A_0 d^{-2} \left\{ \tau_a [\varepsilon \int_{\Delta\lambda} \Re_\lambda L_{b\lambda}(T_o) d\lambda + (1-\alpha) \int_{\Delta\lambda} \Re_\lambda L_{b\lambda}(T_u) d\lambda] + \varepsilon_a \int_{\Delta\lambda} \Re_\lambda L_{b\lambda}(T_a) d\lambda \right\} \tag{7-21}$$

被测表面真实温度的经验公式为

$$T_o = \left\{ \frac{1}{\varepsilon} \left[\frac{1}{\tau_a} T_o^{'n} - (1-\alpha) T_u^n - \frac{\varepsilon_a}{\tau_a} T_a^n \right] \right\}^{\frac{1}{n}}$$

式中　　ε——表面发射率；

　　　　α——表面吸收率；

　　　　T'_o——热像仪指示的辐射温度；

　　　　τ_a——大气的光谱透射率；

　　　　ε_a——大气发射率；

　　　　T_a——大气温度；

　　　　n——与探测器及其工作波长有关的量。

不同波段的热像仪 n 的值是不一样的。如 HgCdTe（$8\sim13\mu\text{m}$）探测器，n 为 4.09，HgCdTe（$6\sim9\mu\text{m}$）探测器，n 为 5.33；InSb（$2\sim5\mu\text{m}$）探测器，n 为 8.68。

2. 红外热像仪的应用

红外热像仪可用于工业、天文、气象、资源探测、国防及医疗等部门。在电力工业中，红外热像仪可测量热设备及发电机、变压器等电器设备的温度分布情况，也可检测输电线路的发热情况，以便及时发现隐患，保证设备的安全经济运行。目前，发达国家的电力行业中，很多采用了热成像仪来检测设备，我国的应用正在快速的发展过程中，红外热像仪在发电、输变电等方面均有了有效的应用，已成为电力科学试验研究部门、发电企业检测表面温度场分布的重要手段。

采用热成像仪可以检测火电机组中锅炉和汽轮机的保温状况，检测发电机转子铁芯的绝缘、定子线棒的焊接质量等。热成像监测与传统方法相比，其方便、快速、准确的程度完全不一样。我国正在开展发电设备红外检测诊断的试验研究和现场应用，已取得了十分显著的成效。

在变电方面，红外热像仪检测更广泛，有的国家已设置热成像仪专用监测车对变电站进行巡检，如检测到过热，则通知检修部门进行维护。由于热像检测效果明显，超温的部件数量逐年下降，诊断出不少故障，社会经济效益明显。

在输电方面，很多高压线路往往要通过山区，地形复杂，地面巡线工作已很难做，发达国家有的已采用直升机载热像仪巡线。对接头检出结果分为四种情况，有微温、温、热和异常热，然后报告给维修工程师，根据天气、负荷来确定检修的先后顺序。我国的湖北、河南、东北、华北、广东及西北各地电力系统，都进行了红外航测线路的试验研究，探索出不少经验，已取得一定成果。

第八章　压力及差压测量

　　压力是工质热力状态的主要参数之一。热力发电厂中需要测量压力和差压的部位很多，待测压力范围很宽，为 10^3Pa～24MPa。保证压力测量的准确性对于机组安全，经济运行有重要意义。例如给水压力、汽包压力、主蒸汽压力、凝汽器真空、各处油压和烟风道压力等，都是运行中需要连续监视的重要参数。此外，差压测量还广泛应用在液位和流量测量中。

　　目前，电厂中所用的压力计和差压计主要是弹性式的，只有在测量低压（如炉膛压力等）时和试验时才用液柱式压力计，所以本章以弹性压力计为重点。由于压力和差压信号管路长度有限制，而且敷设不便，所以通常用压力、差压传感器将压力或差压信号变换为相应的电信号，经电缆传送到仪表盘或 DCS，并显示或记录。本章还将简要地介绍几种压力传感器或变送器。

　　压力的定义是单位面积上垂直作用的力，所以它的单位是力单位/面积单位。国际单位制中的压力单位是 N/m²（牛/米²），称为帕斯卡（Pascal），简称帕，符号为 Pa。以前采用过的压力单位有毫米汞柱、毫米水柱和工程大气压（千克力/厘米²）等。各种压力单位间的换算关系见表 8 - 1。

表 8 - 1　　　　　　　　　　　　各种压力单位的换算关系

压力单位	Pa	kgf/cm²	mmH₂O	mmHg	mbar	atm
1Pa	1	1.02×10^{-5}	0.102	7.501×10^{-3}	10^{-2}	9.87×10^{-6}
1kgf/cm²	9.806×10^4	1	10^4	735.56	980.6	0.9678
1mmH₂O	9.806	10^{-4}	1	7.3556×10^{-2}	9.806×10^{-2}	0.9678×10^{-4}
1mmHg	133.3	13.6×10^{-4}	13.6	1	1.333	1.316×10^{-3}
1mbar	100	0.102×10^{-2}	10.2	0.7501	1	9.87×10^{-4}
1atm	10.13×10^4	1.033	1.033×10^4	760	1013	1

　　注　表中 mmH₂O 值是按水温 4℃和重力加速度为 9.80665m/s² 计算的，mmHg 值是按水银温度为 0℃和重力加速度为 9.80665m/s² 计算的。

　　应该注意，工程上所用压力计的指示值是"计示压力"或称"表压力"，即压力计的读数是被测绝对压力与当地大气压力之差，即

绝对压力 ＝ 表压力 ＋ 大气压力

当绝对压力低于大气压力时，表压力为负值。通常把绝对压力高于大气压力时的表压力称为正压力，简称压力，低于大气压力时的表压力称为负压，负压的绝对值也称真空。但在差压测量中，习惯上把较高一侧压力称为正压，较低一侧压力称为负压，而这个负压并不一定低于大气压力，与前述不应混淆。

第一节　液柱式压力计

　　液柱式压力计是用一定高度的液柱所产生的静压力平衡被测压力的方法来测量压力的。

由于它价格低廉，而且在±0.1MPa 范围内其测量准确度比较高，所以常用于测量低压、负压和差压。例如锅炉烟、风道各段压力及热力试验中节流式流量计所产生的差压等。

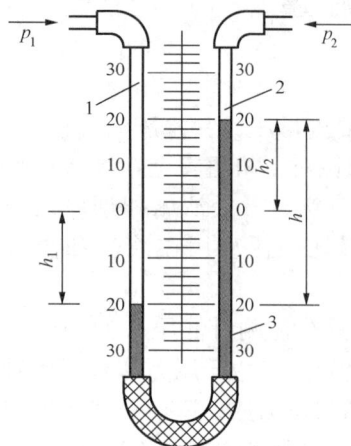

图 8-1　U 形管液柱式压力计
1、2—肘管；3—封液

一、U 形管压力计

用 U 形管测压的原理如图 8-1 所示。根据流体静力学原理，通入 U 形管的差压或压力与液柱高度差 h 有如下关系：

$$\Delta p = p_1 - p_2 = h(\rho_1 - \rho_2)g$$
$$= (h_1 + h_2)(\rho_1 - \rho_2)g \qquad (8-1)$$

式中　ρ_1、ρ_2——U 形管中所充封液密度和封液上面的介质密度；

　　　h——两肘管中封液的高度差，$h = (h_1 + h_2)$；

　　　g——重力加速度。

U 形管内径一般为 5～20mm，为了减小毛细现象对测量准确度的影响，内径最好不小于 10mm。

当标尺分格值为 1mm 时，两次液面高度读数的总绝对误差可估计为 2mm，因此当被测差压很低时，液柱高度差很小，读数的相对误差就很大了，此时应选择密度更小的封液，以增大肘管中的液柱高度差，或者使用斜管式微压计等。常用的差压计封液有水、汞、四氯化碳等，它们的密度值见表 8-2。

表 8-2　　　　　　　　　　　　常用封液在不同温度下的密度

封液名称	化学式	在以下温度（℃）下的密度 $\rho \times 10^{-3}$（kg/m³）					
		10	15	20	25	30	35
酒　精	C_2H_5OH	0.817	0.813	0.809	0.804	0.800	0.796
水	H_2O	1.000	0.999	0.998	0.997	0.996	0.994
四氯化碳	CCl_4	—	1.605	1.595	1.585	—	—
三溴甲烷	CH_4Br_3	2.920	2.904	2.890	2.878	2.868	—
水　银	Hg	13.57	13.56	13.55	13.53	13.52	13.51

使用时应注意保持 U 形管垂直，否则会引起误差；读数时眼睛应与液面平齐，以封液弯月面顶部切线为准，读取液面高度。

二、单管式压力计

U 形管压力计需要读两个液面高度，使用不便。常把 U 形管的一边肘管换成大截面容器，成为单管压力计，如图 8-2 所示。由于压力计中封液体积为常数，因此存在以下关系：

$$h_2 f = h_1 A$$

式中　f、A——肘管截面积和大容器截面积；

　　　h_2、h_1——封液在肘管中上升和大容器中下降的高度。

所测差压 Δp 可表示为

$$\Delta p = p_1 - p_2 = (h_1 + h_2)(\rho_1 - \rho_2)g = h_2\left(1 + \frac{f}{A}\right)(\rho_1 - \rho_2)g \qquad (8-2)$$

当 f、A 一定时，系数 $(1+f/A)$ 为常数；选定封液后，封液密度 ρ_1 和封液上面的介质密度 ρ_2 为定值，因此只要读取肘管中液面上升高度 h_2 就可测得差压值 Δp。一般将 f/A 值定得很小，使 $(1+f/A)$ 值近于 1。例如，当肘管直径为 5mm，大容器内径为 150mm 时，$f/A=(5/150)^2=1/900$，此时 h_1 可以忽略，被测介质为气体时 ρ_2 也可忽略。

若将数根肘管连至同一个大截面容器，则成为多管式压力计，电厂常用它来测量炉膛和烟道各处负压。大容器通大气，各肘管连至各段烟道测点，此时各肘管中的液柱高度即代表各处负压。

三、斜管式微压计

在热力试验中，常用斜管式微压计来测量微小的正压、负压和差压。图 8-3 所示为斜管式微压计原理。测量正压时被测压力通入大容器；测量负压时，被测压力通入肘管；测量差压时，将较高的压力通入大容器而将较低的压力通入肘管。在差压的作用下，倾斜角为 α 的斜管中的封液液面升高了 h_2，大容器内液面下降了 h_1，所以

$$\Delta p = p_1 - p_2 = (h_1 + h_2)(\rho_1 - \rho_2)g$$

由于微压计一般用于测量气体，故 ρ_2 可略去；另外，考虑到封液在倾斜肘管中的长度 l 和 h_1 的关系，以及表计中封液体积一定，即

$$h_2 = l\sin\alpha,\quad h_1 = l\frac{f}{F} = l\left(\frac{d^2}{D^2}\right)$$

式中　f、d——斜管截面积和内径；

　　　　F、D——大截面容器截面积和内径。

所以　　$\Delta p = l\left(\sin\alpha + \dfrac{d^2}{D^2}\right)\rho_1 g = Kl$ 　(8-3)

式中　K——系数，$K = \rho_1 g\left(\sin\alpha + \dfrac{d^2}{D^2}\right)$。

d、D 和所用封液密度 ρ_1 都为定值，若倾斜角 α 也一定时，则 K 为常数，这时可以读得 l 的数值表示被测差压 Δp。因为 l 比 h_1 放大了 $1/\sin\alpha$ 倍，故读数的相对误差减小。

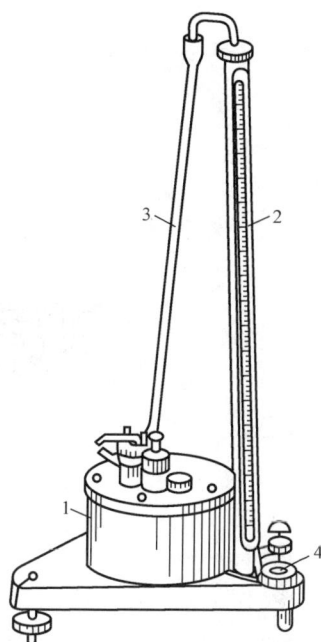

图 8-2　实验室用单管
压力计
1—宽容器；2—带标尺的肘管；
3—连通管；4—水准泡

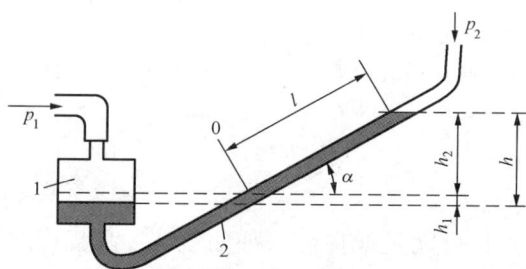

图 8-3　斜管式微压计原理
1—宽容器；2—倾斜肘管

改变肘管的倾斜角 α 即改变 K 值，以适应不同的测量范围。但 α 不得小于 15°，α 过小，斜管内液面拉长，且易冲散，反而影响读数的准确性。斜管式微压计的使用范围一般为 100~2500Pa。

图 8-4 所示为可变倾角的斜管式微压计。封液为酒精，支架上相应于不同的倾角 α 处刻有 0.1，0.2，0.3，0.4，0.6，0.8 等数字，它们就是相应倾角 α 的系数 K 值。测量结果以 Pa 为单位，所用封液密度应符合仪表规定的数值。

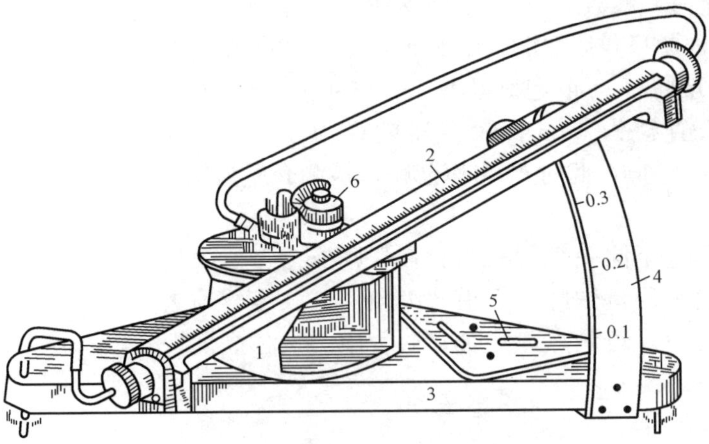

图 8-4　可变倾角的斜管式微压计
1—宽容器；2—倾斜肘管和尺寸；3—底板；4—斜管的支架；
5—水准泡；6—调整零点螺丝

第二节　弹性式压力计

弹性式压力计是根据弹性元件受压后产生的变形与压力大小有确定关系的原理制成的。它适用的压力范围广（0～10^3 MPa），结构简单，故获得了广泛应用。

目前常见的测压用弹性元件有金属膜片式（包括膜盒式）、波纹管式和弹簧管式三类。

一、弹性元件的特性

1. 弹性特性

弹性元件在负荷（压力、力或力矩）的作用下，产生相应的变形（位移或转角），此变形与负荷之间的关系称为弹性元件的弹性特性，它可用下式表示：

$$s = f(p) \text{ 或 } s = f(F) \text{ 或 } \varphi = f(M) \tag{8-4}$$

式中　　　　s——弹性元件的位移；

　　　　　　φ——弹性元件的转角；

p、F、M——作用在弹性元件上的压力、力与力矩。

弹性特性也可用曲线表示，如图 8-5 所示。它可能是线性的（如曲线 1，弹簧管的特性曲线属此类），也可能是非线性的（如曲线 2 或 3，膜片、膜盒的特性曲线属此类）。

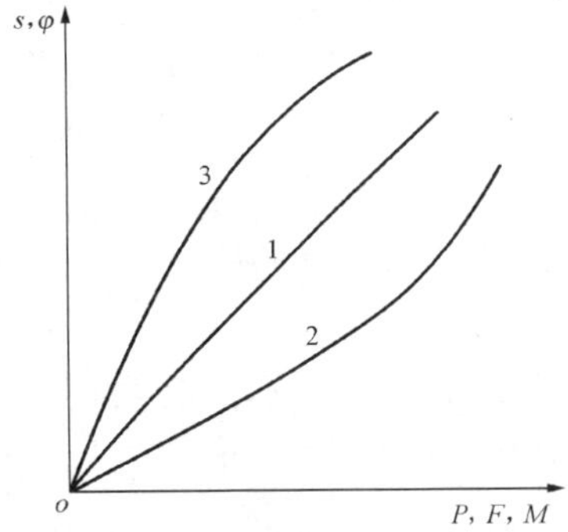

图 8-5　弹性元件的弹性特性

2. 刚度和灵敏度

使弹性元件产生单位变形所需要的负荷，称为弹性元件的刚度，用符号 K 表示。反之，在单位负荷作用下产生的变形，称为弹性元件的灵敏度，用符号 S 表示。弹性元件的刚度和灵敏度互为倒数，即 $K = 1/S$。弹性特性为线性时，特性曲线上各点相应的刚度或灵敏度均相同，且为常数，弹性特性为非线性时，各点相应的刚度或灵敏度是不相同的。

3. 弹性滞后和弹性后效

弹性元件在其弹性变形范围内，加负荷与减负荷时表现的弹性特性不相重合的现象，称为弹性滞后。由此而产生的误差称为滞后误差，用符号 Δ 表示。例如某一点的滞后误差 $\Delta_A = s_2 - s_1$，如图 8-6 所示。

当负荷（压力、力或力矩）停止变化（$p = p_1$）或完成卸负荷后（$p = 0$），弹性元件不是立刻完成相应的变形，而是在一段时间内继续变形，这种现象称为弹性后效，如图 8-7 所示。

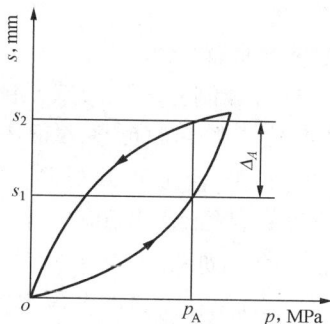

图 8-6 弹性元件的弹性滞后

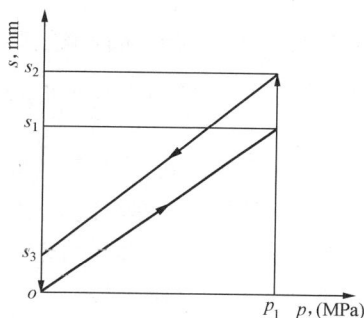

图 8-7 弹性元件的弹性后效现象

弹性元件的弹性滞后和弹性后效现象在工作过程中是同时产生的，它是造成仪表指示误差（回差和零位误差）的主要因素。弹性滞后及弹性后效与材料的极限强度，弹性元件的结构设计、负荷大小、特性以及工作温度等因素有关。使用压力越接近材料的比例极限或强度系数越低，弹性后效就越大。为了减小弹性滞后和弹性后效值，在设计时应选用较大的强度系数，合理选择材料，采取适当的加工和热处理方法等。

二、弹性元件的材料

弹性元件的性能好坏，主要取决于弹性元件的材料（简称弹性材料）。弹性材料的弹性储能（也叫应变能）是衡量其基本性能的主要指标。弹性储能是指材料在开始塑性变形以前单位体积所吸收的最大弹性变形功，它表示弹性材料吸收变形功而不发生永久变形的能力。图 8-8 中阴影面积就是弹性变形功 W，即材料变形后储存于材料内之应变能，其大小为

$$W = \frac{1}{2}\sigma_e\varepsilon_e = \frac{1}{2}\frac{\sigma_e^2}{E} \qquad (8-5)$$

式中　σ_e——弹性极限；

　　　ε_e——弹性极限对应的应变；

　　　E——弹性模量。

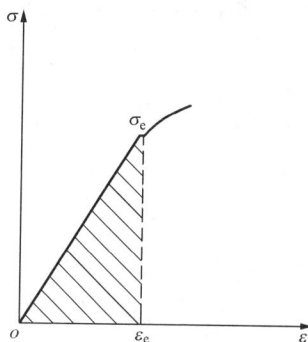

图 8-8 弹性储能

对弹性敏感元件而言，比值 σ_e^2/E 越大越好。为此可选用 σ_e 值大且 E 值小的材料。σ_e 值大时，弹性变形的范围大；E 值小时，在同样载荷下可获得较大的变形。这样的弹性敏感元件既柔软又灵敏。但对于另一类弹性元件，如盘簧、螺旋弹簧、簧片以及接插件中的弹性元件等，要求其 σ_e 及 E 值都大。

用来制造测量仪表中弹性敏感元件的弹性合金有两大类，即高弹性合金和恒弹性合金。

（1）高弹性合金。铜基高弹性合金最早应用在仪表行业中，如黄铜、磷青铜、钛青铜和铍青铜等。其中以铍青铜应用最多，因为它导电性好、无磁性、耐疲劳，有一定的弹性和强度，易加工等，所以至今仍广泛使用。随着科学技术的发展，对弹性元件的工作环境要求也相应地越来越苛刻，例如耐高温、耐腐蚀等。铜基合金在这些方面不能适应需要，而不锈钢具有耐腐蚀性强及耐高温的性能，其中以 1Cr18Ni9Ti 性能最好，应用较广，它可用来制造弹簧管、波纹管和膜片膜盒等多种弹性元件。铁基和镍基高弹性合金在某些场合已逐渐取代铍青铜来制作弹性元件，例如蒙乃尔合金（Ni：63～67；Al：2～4；Ti：0.05；其余为 Cu），它的特点是强度高、滞后小、耐腐蚀。

（2）恒弹性合金。高弹性合金的弹性模量 E 随温度变化而有较明显的改变，从而带来温度附加误差。所以，现代仪表和传感器中普遍应用恒弹性合金制作测压敏感元件。恒弹性合金的特点是，在一定温度范围内，它的弹性模量温度系数或频率温度系数很小，一般为 $\pm 10 \times 10^{-6}/℃$。例如，我国生产的代号为 3J53（Ni42CrTiAl 合金）的材料，在 $-60 \sim 100℃$ 范围内，基本上是恒弹性的，温度附加误差基本不变；然而超过 $100℃$ 后，温度曲线陡升，温度附加误差急剧增大。后来又研制了高温恒弹性合金，如铌基合金。它具有更好的性能：①无磁性，其磁化率一般为 10^{-6} 数量级；②恒弹性，即弹性模量的温度系数 β_t 很低，最佳者在温度高达 $700℃$ 时 β_t 仍保持为 $(1 \sim 2) \times 10^{-6}/℃$；③弹性模量小，一般 E 值在 $11\,000kg/mm^2$ 左右，这对传感器的设计和使用非常重要，在同样载荷下，由铌基合金制成的弹性敏感元件有更大的弹性变形，有利于提高传感器的灵敏度；④强度高；⑤耐腐蚀性能好。

上述的各种金属弹性材料，总存在一定数值的弹性滞后和弹性后效，它们妨碍了传感器测量准确度的进一步提高。用石英材料制作弹性敏感元件最理想，它的弹性滞后只有最好弹性合金的最小滞后的 1/100，线膨胀系数则为它的 1/30，因而可制造高准确度的弹性元件。

三、金属膜片、膜盒

膜片是将两种压力不等的流体隔开而具有挠性的圆形薄板或薄膜。它的周边与壳体或基座相固接（夹紧、焊接等），如图 8-9 所示。当膜片两边的流体压力不等时，膜片产生位移、力或频率信号，由此可得到被测的流体

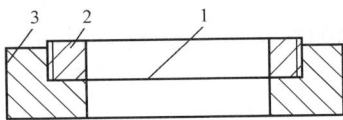
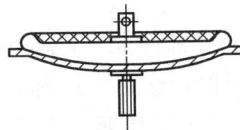

(a)　　　　　　　　　　　　　(b)

图 8-9　膜片
(a) 平膜片；(b) 波纹膜片
1—平膜片；2—夹紧环；3—壳体

压力，所以膜片是一种简单可靠的压力测量（或传感）元件。

膜片按工作面形状可分为平膜片和波纹膜片两类。多数波纹膜片上有单一波形或复合波形的同心的周向波纹，也有少数有轴向波纹。波纹膜片的最大特点是，对波纹的结构形式加以合理的选择，可以得到较大的位移并保持较好的线性度，将波纹膜片成对地沿其周边密封焊接成膜盒，或由单膜盒串联成膜盒组，可以得到更大的位移，如图 8-10 所示。

1. 平膜片

平膜片是最简单的膜片。为了使它的压力—位移之间呈良好的线性特性，它的中心位移一般不超过其厚度的一半。平膜片周边固定的结构形式有两种，一种是将平膜片周边用夹紧环夹紧，如图 8-9 (a) 所示；另一种是由整体加工成型的，如图 8-11 (a) 所示。对于周

边夹紧的，由于膜片、夹紧环和壳体是分别加工制造的，故在组装时膜片的周边夹紧程度可能出现松或紧的情况，甚至出现扭斜现象，这时膜片受局部应力，会产生滞后误差。整体成型的虽然加工较困难，但装配中不会出现以上问题，在微小位移（如几微米）的情况下，它的滞后小到可以不计的程度，这对提高传感器的准确度是有益的。

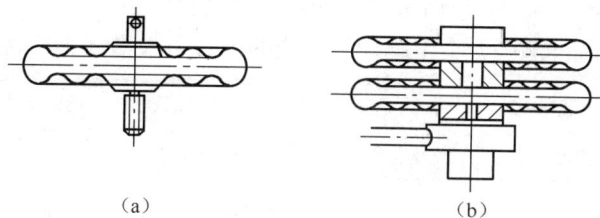

图 8 - 10　膜盒
(a) 单膜盒；(b) 膜盒组

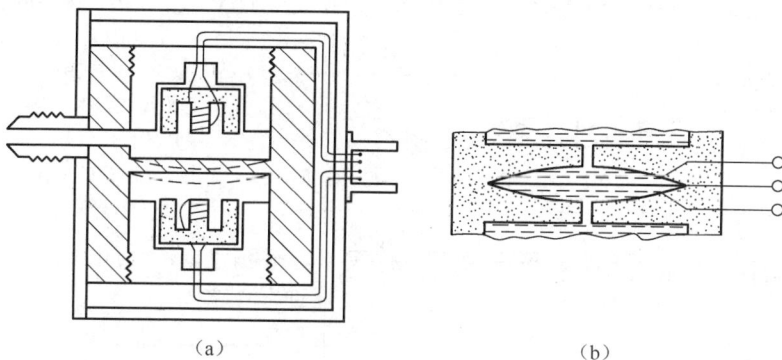

图 8 - 11　压力传感器
(a) 电感式压力传感器；(b) 电容式压力传感器

在低压测量中，常采用预加径向张力的圆形薄膜如图 8 - 11 (b) 所示。预加张力是通过机械张紧或加热装配的方法获得。这样装配的圆形薄膜具有优良的零点温度稳定性和良好的线性度。

2. 波纹膜片、膜盒

影响波纹膜片性能的主要参数有膜片材料、膜片厚度、膜片工作直径，以及波纹形状、波纹深度和外缘波纹等。这些参数影响膜片的灵敏度、刚度、位移量和线性度，合理地选择这些参数，就可以得到所需的膜片特性。常用膜片、膜盒波形及其特性见表 8 - 3。

波纹膜片的特性方程为

$$\frac{pR^4}{Eh^4} = K_1 \frac{s}{h} + K_2 \left(\frac{s}{h} \right)^3 \tag{8-6}$$

式中　R——膜片半径；

s——膜片中心在压力作用下的位移；

K_1、K_2——与 H/h 有关的系数（H 是波纹峰峰间的距离）；

h——膜片厚度。

膜片、膜盒作为测压仪表的感压元件，其本身准确度（包括线性度、滞后误差等）应比仪表的准确度高一级，同时必须保证有足够大的弹性变形功，以便克服摩擦力，带动传动机构和指针转动。一般情况下，当被测压力值小于 40kPa 时，常选用膜盒作仪表的弹性元件；当被测压力大于 60kPa 时，常选用膜片作仪表的弹性元件。

除了上面所述的金属膜片外，还有采用丁腈橡胶制作的挠性膜片，其中央部分用两块小金属圆片夹持。为了增大位移，挠性膜片常做成有折皱的形式。挠性膜片只起隔离被测介质作用，被测压力全由膜片另一侧的弹簧力来平衡。挠性膜片一般用来测量较低的压力或真空。

表 8 - 3　　　　　　　　　　　常用的膜片、膜盒波形及其特征

波纹类别	波纹名称	波形示意	主要特征
中间波（不带大边缘）	正弦波		波形平滑，适宜制造较厚的膜片。在相同的压力作用下，膜片的位移较大，灵敏度较高，但模具较复杂，常制成近似正弦波
	梯形波		在相同的压力作用下，膜片的位移仅次于正弦波。为避免集中应力，在其顶部常常带有一小圆弧
	锯齿波		制造方便，波纹较深时，容易引起应力集中而产生裂缝。膜片的特性较好（即线性度好）。在相同的压力作用下，膜片的位移较小
	弧形波		加工工艺较好，膜片的特性和位移介于正弦波和锯齿波之间
外缘波（带大边缘）	圆弧形		膜片的特性主要取决于外缘波纹的升角 θ。在相同的压力和波纹深度下，升角大，其位移就大，可以成倍增加，而且还可以获得较理想的膜片特性（即线性度最好）
	圆筒形		

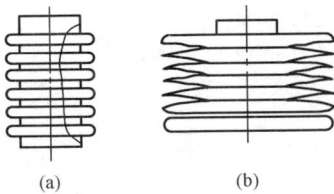

图 8 - 12　波纹管

(a) 无缝波纹管；(b) 有缝波纹管

四、波纹管

波纹管是一种轴对称的管状波纹薄壳（见图 8 - 12），当它受轴向力作用或者在其内腔与周围介质之间的压力差的作用下，且在线性特性不变的情况下，能产生较大的位移（伸长或缩短）；当它受横向力作用时，将在轴向平面内弯曲。利用上述特性，波纹管可作为把压力或力转换成位移的感压元件，也可用作特殊的连接或密封隔离元件。

波纹管种类很多，但大体上可分为无缝的和有缝的两类（见图 8 - 12）。

1. 无缝波纹管

无缝波纹管波纹截面形状大致有五种，如图 8 - 13 所示。波纹管各部分符号如图 8 - 17 所示。

图 8 - 16 中，U 形、锯齿形应用较多。在同样长度时，锯齿形的位移较大而刚度较小，C 形一般用作隔离元件或挠性接头，V 形多用作容积补偿元件，而不锈钢材料制作的波纹管多为 Ω 形。

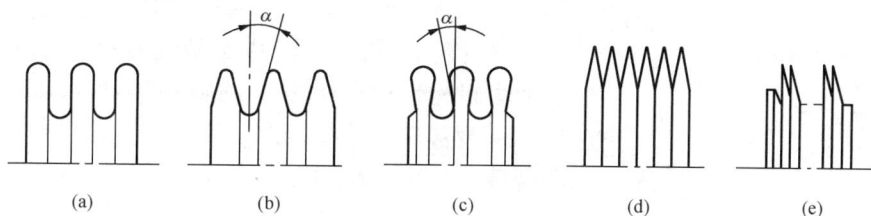

图 8 - 13 波纹管截面形状

(a) U 形；(b) C 性；(c) Ω 形；(d) V 形；(e) 锯齿形

波纹管位移 s 与轴向作用力 F 的关系为

$$s = F \frac{1-\nu^2}{Eh_0} \frac{n}{A_0 + \alpha A_1 + \alpha^2 A_2 + B_0(h_0^2/K_0^2)} \quad (8-7)$$

式中　n——波纹数；

　　　h_0——非波纹部分的厚度；

　　　α——波形角；

　　　ν——泊松比；

　　　E——弹性模量；

　　　R_0——波纹管外半径（见图 8 - 14）。

其他均为与波纹管几何尺寸有关的系数。

2. 有缝波纹管

有缝波纹管也称焊接波纹管，它是由许多对环状膜片沿内、外周边焊接而成的，如图 8 - 15 所示。

焊接波纹管的性能比上述普通无缝波纹管优越得多。例如，它的压力—位移特性好，非线性小，刚度小，刚度均一性好，受力后产生的位移大，还可选用塑性不高而弹性好、滞后小的材料制作。

综上所述，仪表、传感器的测压元件采用焊接波纹管能得到比无缝波纹管更为优越的工作特性。只有在对波纹管的工作性能要求不高的场合，可选用无缝波纹管，因为它造型容易，成本低。

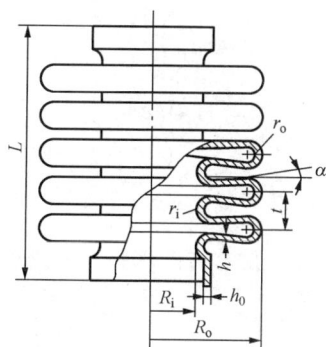

图 8 - 14　波纹管各部分符号

五、弹簧管

在仪表和传感器中，用以感受压力的敏感元件，除膜片、膜盒和波纹管外，还可采用弹簧管，也叫波登管。通常的结构是一根弯成圆弧形（C 形）的空心扁圆截面管，管子截面的短轴方向垂直于管子的弯曲平面，如图 8 - 16 所示。

弹簧管的一端焊入接头 2，具有压力 p 的流体由接头 2 通入弹簧管内腔。弹簧管另一

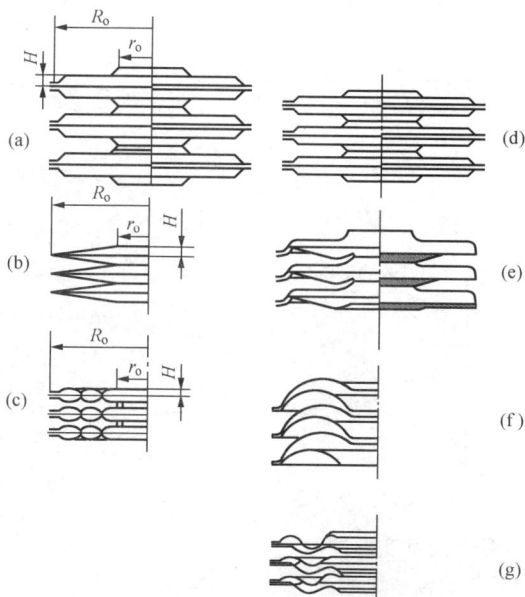

图 8 - 15　焊接波纹管

(a)、(b)、(c)、(d) 对称焊接式；

(e)、(f)、(g) 褶皱焊接式

端（自由端）与接头 3 相连，封闭弹簧管通过指示结构接头 2 和仪表传动机构连接。在正压力 p 作用下，弹簧管稍伸直，自由端产生位移 s，（图 8 - 16 中点画线所示），此位移通过传动放大机构带动指针移动，进行压力指示。

弹簧管自由端在压力 p 作用下发生位移，通常是由非圆截面在压力作用下要变成圆形截面所致。

图 8 - 17 所示为 C 形弹簧管的尺寸参数及其变形图。C 形弹簧管是弹簧管中最简单的形式，压力表中多数采用这种弹簧管。

当内腔通入流体压力时，短轴方向内表面的受压面积比长轴方向大，截面形状有变圆的趋势。如果弹簧管横截面不旋转，那么相邻两横截面之间弹簧管任意弧线 AB 移至通 $A'D$ 位置［见图 8 - 20（b）］，同时 AB 弧线半径由 $R+y$ 增加至 $R+y+\omega$，这里 ω 是横截面上 A 点的位移在 y 轴上的投影，弧线 AB 的伸长量为 CD。但实际上弧线力图保持它原来的长度，因此弹簧管横截面要旋转，于是弧线 AB 达到 $A'B'$ 的位置。

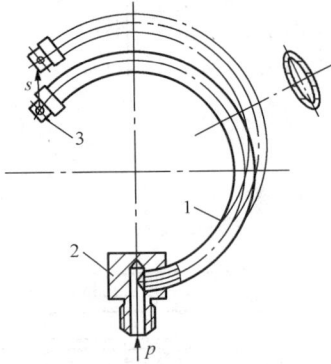

图 8 - 16　弹簧管常见的结构
1—弹簧管；2—接头；3—指示结构接头

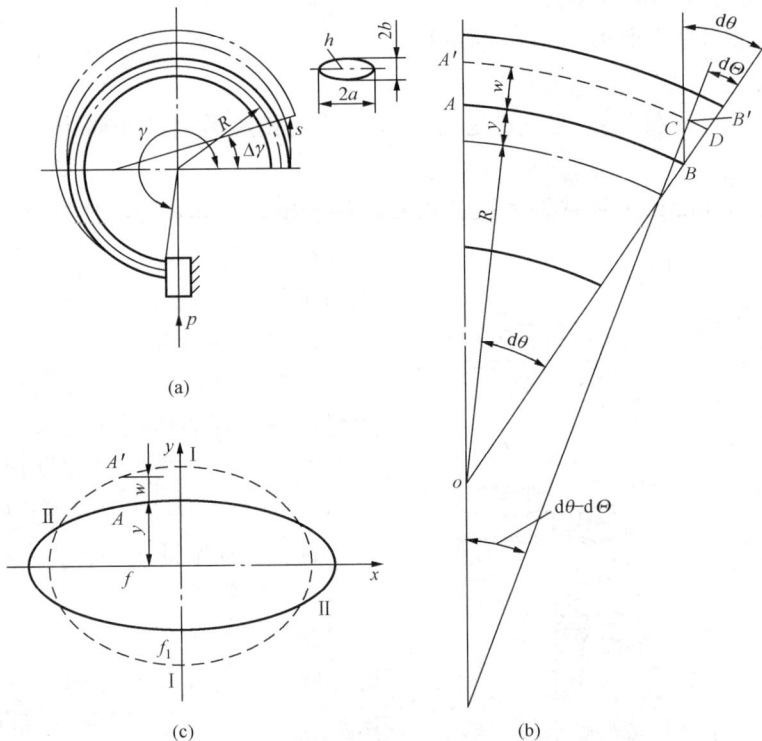

(a)

(c)　　　　　(b)

图 8 - 17　C 形弹簧管尺寸参数及其变形过程
（a）C 形弹簧管几何形状；（b）圆心角为 dθ 的单元体；（c）弹簧管横截面的变形
R—截面中心线的曲率半径；γ—弹簧管工作部分的圆心角；a、b—弹簧管横截面的
长半轴和短半轴；h—弹簧管壁厚

在 x 轴上、下部的截面短半轴端部的弧线 I［图 8 - 20（c）］获得最大位移和最大伸长，余下的弧线 II，当截面变形时缩短，这样，在轴 x 的上部、下部弧线 I 受拉应力，在轴 x 上、下的弧线 II 受压应力，拉应力和压应力组成断面矩，引起管子的弹性不平衡。由于管子一端固定，另一端是自由的，于是管子趋于伸直，曲率减小，以保持弹性平衡状态。新的平衡位置和未受压时的位置相比，中心角改变了 $\Delta\gamma$ 角度。

弹簧管与膜盒、波纹管相比较，其灵敏度较小，因此常用于测量较高压力表的弹性元件。

单圈弹簧管压力表分为普通型和精密型，准确度等级有 4，2.5，1.5，1，0.4，0.25，0.16，0.1 等。精密型弹簧管压力计选用的材料较优良，零件加工精度也较高，弹簧管经过长期的疲劳试验，性能趋于稳定。有的压力表还设置双金属温度补偿装置，以减少使用环境温度附加误差；还有的压力表增加弹簧管长度，以减小单位长度的曲率变化，减少弹性滞后和弹性后效所引起的回差。加大全量程指针转角（大于 270°，甚至达 660°）可提高灵敏度。

还有其他多种弹簧管压力表类型。如耐振型压力表，在仪表内灌充阻尼液，仪表指针、传动机构、弹簧管等都浸在油液内，可减少环境振动、冲击引起的指针摆动，同时润滑传动机构；还有耐腐蚀型（如隔膜型）及专用型（如禁油的氧气压力表）压力表，以及同时测量真空和压力的联成型压力表等，可根据不同使用要求选用。

第三节 压力（差压）传感器和变送器

一般将能够感受压力（差压）并能按一定规律将压力（差压）转换成同种或别种性质的输出变量的仪表，称为压力传感器。由于大多数压力传感器的输出变量都是电量，因此下面讨论的也仅限于输出电量的压力传感器。输出为标准信号的传感器也称为变送器，由于把不同输出电量转换成标准输出电量并不是很困难的事，因此在下面的讨论中就不去严格区分它们二者的差别了。

一、电位器式压力传感器

电位器式压力传感器的原理是，把测压弹性元件的输出位移转换成微型电位器滑动触点的位移，从而把被测压力的变化转换成电阻值的变化，然后用动圈式仪表或电子自动平衡电桥来测量电阻值的变化。图 8 - 18 所示为电位器式压力变送器与动圈式仪表（XCZ - 104 型）组合使用的一例。

图中 R_x 为压力变送电位器，其滑动触点由弹簧管压力表上的扇形齿轮带动，R_x 与电阻 R_5、R_6、R_7、R_8 以及外接电阻 R_w 组成电桥，当压力在仪表量程起点值时，R_x 的值为起始电阻值，桥路处于平衡状态；随着压力增高，R_x 逐渐加大，电桥不平衡电压输出增大，使动圈表指针偏转增大。电桥由直流稳压电源供电。

由于存在滑动摩擦阻力（一般希望滑动触点在电位器上的滑动阻力矩小于 0.25g • cm），以及电位器易磨损、污染等问题，因此，这种电位器式压力变送器在有振动和有腐蚀性气氛的环境中不宜应用。

二、电感式压力（差压）传感器

这种传感器中，弹性元件受压力作用后产生的位移可改变磁路中空气隙的大小，或改变铁芯与线圈之间的相对位置，使线圈的电感量发生改变，从而使压力变化的信号转换成线圈

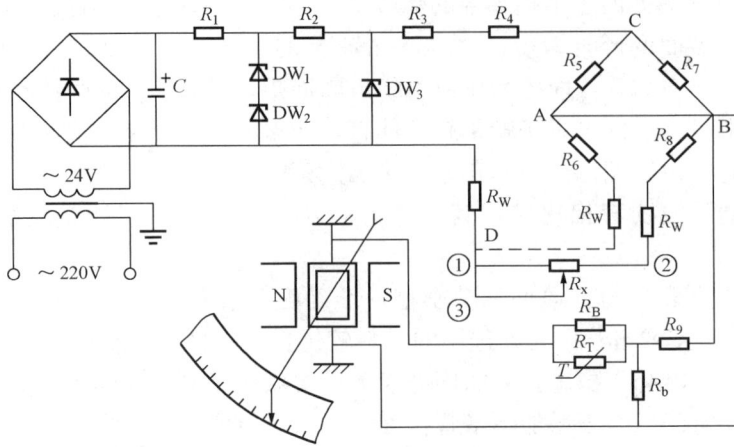

图 8-18　电位器式压力传感器与动圈式仪表组合使用

电感量变化的信号。根据这种原理构成的压力传感器形式很多，其中以差动变压器式应用最

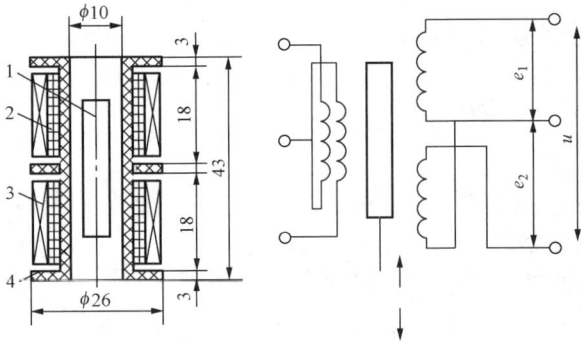

图 8-19　差动变压器结构
1—铁芯；2——次绕组；3—二次绕组；4—骨架

为广泛，其结构如图 8-19 所示。绕组的骨架分成长度相等的两段，先把一次绕组均匀密绕在两段骨架上，并将两段绕组头尾串联相接，然后在两段一次绕组外面绕二次绕组，并将两段二次绕组头尾对接。导磁材料制成的铁芯由弹性元件带动在绕组中移动，可改变一次绕组与上、下两段二次绕组的耦合情况。当铁芯处于绕组中间位置时，由于一次绕组与上、下两段二次绕组的耦合情况相同，两段二次绕组中的感应电动势 e_1

和 e_2 大小相等。又由于二次绕组是反相串联的，故 e_1 与 e_2 相位相反，因此，这时总的输出电动势为零。当铁芯偏离中间位置时，输出一交流电动势 u，其大小取决于铁芯位置偏离中间位置的距离大小，而其相位取决于铁芯处于中间位置以上还是以下，因此也决定了与一次绕组输入电动势是同相还是反相。实验证明，铁芯在一定距离内的位移与输出电动势大小的关系基本上是线性的。此外，输出电动势的大小还与差动绕组的匝数等结构参数有关，并随通过一次绕组的电流和供电频率的增加而增加。但是，供电电流将受绕组发热所限制，特别是在低频恒压供电情况下，一次绕组发热所引起的电阻值变化会造成流过一次绕组的电流变化，使输出漂移。所以，一次绕组以采用恒流供电较为有利。

当供电频率为 200～8000Hz 时，由于铁芯等处有涡流损失，过高的频率反而会使变送器灵敏度下降。在测量波动压力时，所选频率至少要比压力波动的最高频率高 10 倍。

实际上在两段二次绕组结构非常对称的情况下，铁芯处于中间位置时的输出也不为零，这是由于谐波分量的存在，而谐波的平衡状态与基波的不同；另外，也由于两绕组电容不同，感应电动势产生相移，以至两段二次绕组输出感应电动势的相位差不是正好180°。在使用中这种残存电动势应加以限制，一般不应超过最大输出电动势的 0.5%。

电感式压力（差压）传感器示意如图8-20所示。被测信号的高压、低压分别接入高压室和低压室，使膜片发生变形向左移动，带动衔铁改变位置产生输出信号，该输出信号与差压成一一对应关系。

测量差动变压器输出电动势的二次仪表一般有动圈表和自动平衡电子差动仪两种，分别简述如下。

以动圈表作为显示仪表的线路如图8-21所示，它由振荡电源、差动变压器和相敏整流电路三部分组成。

为使输出信号不受220V交流电源电压波动的影响，仪表采用内部振荡电源给差动变压器一次绕组供电。交流电源电压经电源变压器降压，二极管桥式整流和稳压管稳压后成为约8V左右的稳定直流电压，作为多谐振荡器的电源。为了获得较好的温度补偿效果，在第二级稳压电路中采用了两个相同型号的稳压管反接。多谐振荡器由两个三极管组成，差动变压器的两个一次绕组分别作为该两个三极管的负载。振荡器可供给差动变压器一次绕组约8V，1kHz的稳定高频激励电压。谐振电容 C_5 用于滤去大于1kHz的基波谐波分量。

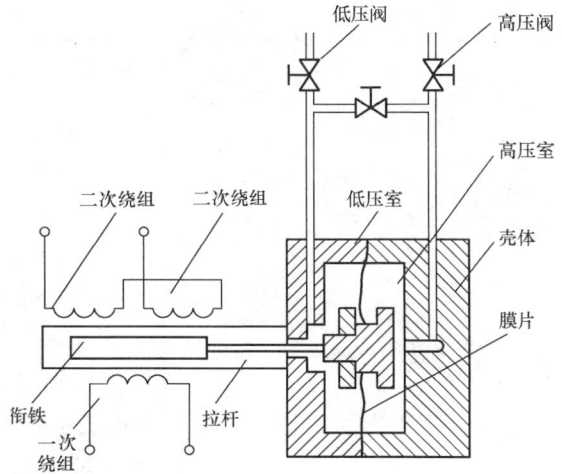

图8-20　电感式压力（差压）传感器示意

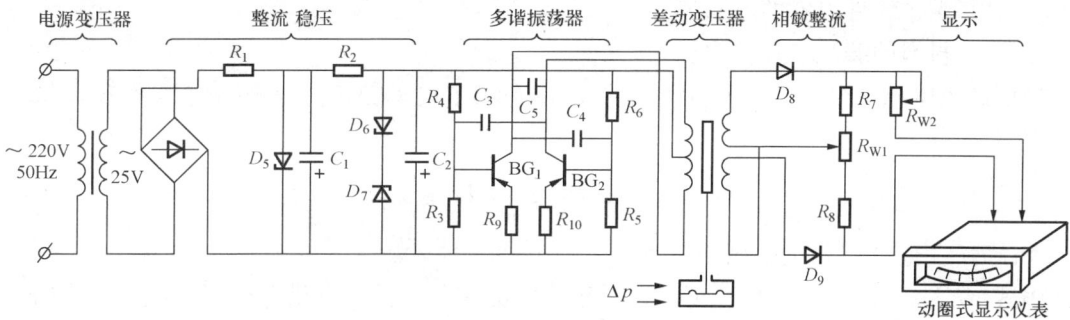

图8-21　电感式差压传感器配动圈表的线路原理图

相敏整流电路由二极管 D_8、D_9，电阻 R_7、R_8，电位器 R_{W1} 组成。R_{W1} 是用来平衡 R_7、R_8 两个电阻的阻值和修正差动变压器残存电动势的，即调节仪表的电气零点。二极管 D_8、D_9 分别对差动变压器两个次级线圈的输出进行整流，因此在负载电阻 R_7、R_8 上可得到两个极性相反的直流电压，这两个电压的差值反映了铁芯位置，并作为差动变压器的输出信号输送到动圈表。电位器 R_{W2} 用于仪表量程调节。

三、霍尔压力传感器

霍尔压力传感器是利用霍尔效应把压力作用下所产生的弹性元件位移转换成电动势输出的传感器。把半导体单晶薄片置于磁感应强度为 B 的磁场中，如在它的两个纵向端面上通以一定大小的控制电流 I，则在晶体的两个横向端面之间出现电动势 E_H，如图8-22所示。这种现象称霍尔效应，所产生的电动势 E_H 称霍尔电动势。这种现象称霍尔效应，所产生的

电动势 E_H 称霍尔电动势。上述的单晶片称作霍尔元件或霍尔片。

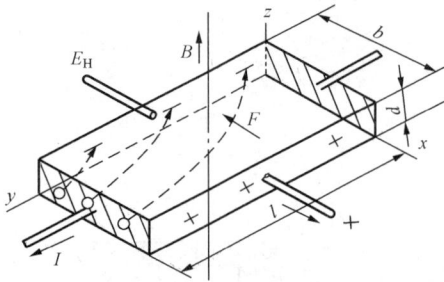

图 8 - 22　霍尔效应
I—电流；B—磁场；F—磁场力

　　霍尔电动势的产生是由于在半导体片中流过控制电流 I 时，电子受磁场力（方向可由左手定则确定）的作用，其运动方向（与电流方向相反）发生偏转，因此在半导体片的一个横端面上造成电子累积而显示负极性，在另一横端面上缺少电子而显示正极性，于是在两个横端面之间形成了一个电场。由于电场的建立，产生了电场力，电场力阻止电子的偏转。当磁场力与电场力相平衡时，电子累积也达到了动平衡状态，这时建立了稳定的霍尔电动势。显然，控制电流 I 越大，磁场越强，则偏转的电子越多，霍尔电动势越大。可用下式表示它们之间的关系：

$$E_H = K_H I B \qquad (8 - 8)$$

式中　K_H——霍尔元件的灵敏度，它和元件材料、尺寸等有关。

$$K_H = \frac{R_H}{d} \qquad (8 - 9)$$

式中　R_H——霍尔系数；
　　　d——霍尔片厚度。

$$R_H = \rho\mu \qquad (8 - 10)$$

式中　ρ——霍尔元件材料的电阻率；
　　　μ——材料的载流子迁移率。

　　当用稳压电源供电时，供电电压 U 一定，则霍尔电动势 E_H 和磁感应强度 B 及供电电压 U 的关系为

$$E_H = \mu \frac{b}{l} U B \qquad (8 - 11)$$

式中　l、b——霍尔元件的长度与宽度。

　　由式（8 - 8）、式（8 - 11）可见，对于一定的霍尔元件，在供电电压或电流一定时，霍尔电动势与霍尔片所处的磁感应强度 B 成正比。

　　霍尔压力传感器由弹性元件、磁系统和霍尔元件等部分组成。图 8 - 23 所示为压力传感器的构成原理，图 8 - 24 所示为霍尔效应压力传感器的结构示意。图 8 - 23（a）的弹性元件为膜盒，（b）的弹性元件为弹簧管，（c）的弹性元件为波纹管。磁系统最好用可构成均匀梯度磁场的复合系统，如图 8 - 23 中的（a）、（b）所示；也可采用单一磁体，如图 8 - 23（c）所示。加上压力后，使磁系统和霍尔元件间产生相对位移，改变作用在霍尔元件上的磁场，从而改变它的输出电压。磁极极靴之间的磁感应强度和位置成线性关系，如图 8 - 25 所示。固定在弹性元件上的霍尔片放置在 $-1/2y_0 \sim 1/2y_0$ 之间磁感应强度 B 具有均匀梯度的磁场内，霍尔片与磁力线垂直。当霍尔片处于极靴间隙的正中位置时，霍尔片两半边所处的磁场方向相反、大小相等，总的霍尔电动势输出为零。当霍尔片由弹性元件带动偏离正中位置时，由于两半边所处的磁感应强度不同，霍尔片就有正比于位移的霍尔电动势输出。当弹性元件的位移（即霍尔片位移）与被测压力成正比时，传感器输出电动势则与被测压力成正比。

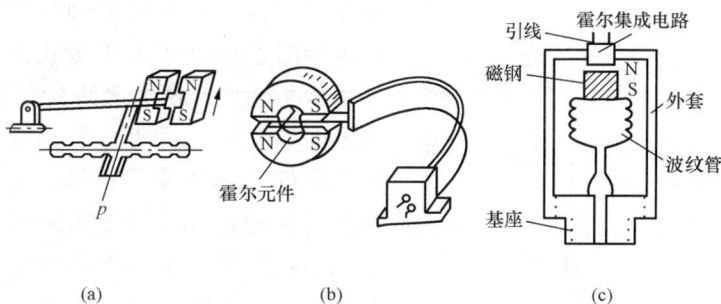

图 8 - 23　压力传感器的构成原理

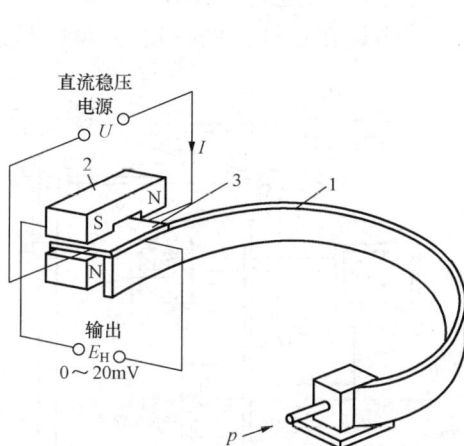

图 8 - 24　霍尔效应压力传感器结构示意
1—弹簧管；2—磁钢；3—霍尔片

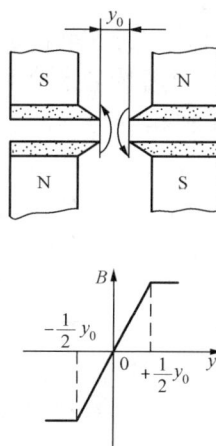

图 8 - 25　极靴间磁感应强度
的分布情况

　　由于霍尔元件的灵敏度 K_H 值受温度影响较大，因此传感器的霍尔电动势输出还受环境温度的影响。在实际使用中应对霍尔元件进行恒温或采用其他温度补偿措施。例如，在霍尔电动势输出回路上串联温度电桥，此电桥的一臂为铜电阻，其余臂为锰铜电阻，利用铜电阻阻值随环境温度变化造成的电桥不平衡输出来补偿环境温度变化对霍尔电动势的影响。

　　另外，还应注意减少由霍尔片上两霍尔电动势输出电极的不对称焊接引起的不等位电动势，以及由霍尔元件各处的电阻率、厚度、材料性质等不均匀引起的不等位电动势，以免造成测量误差。因为不等位电动势的存在，即使霍尔元件处于正中平衡位置，其电动势输出也不为零。

　　霍尔元件作为一种磁电转换元件，也可用来测量磁场的磁感应强度，以及把其他和位移、转速等有关的物理量转换为电量。目前已生产霍尔集成电路，它把霍尔元件、电源部分、输出信号放大和处理等线路都集成在同一单晶片上，实现了变送器的小型化。

　　霍尔传感器的输出电压一般为几毫伏到几百毫伏，实际应用时需采用运算放大器将此电压进行放大，电路的基本形式是差动放大电路，图 8 - 26 所示为霍尔传感器放大电路的一个例子，采用了三个放大器，目的是提高电路的输入阻抗。

四、力平衡式压力（差压）变送器

　　上面所述的传感器都是开环系统，为了提高测量准确度，可采用带反馈的闭环系统。反

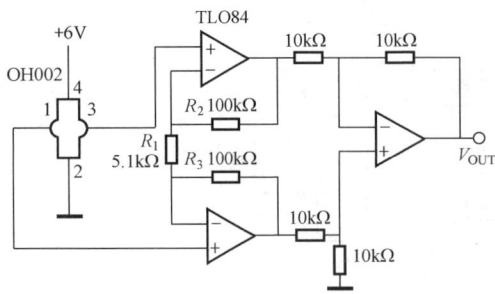

图 8-26　霍尔传感器放大电路

馈作用使弹性元件恢复到接近原来位置，系统在测量时始终处于力平衡状态。由于弹性元件的集中力输出和压力之间具有良好的线性关系，以及弹性元件几乎无位移，所以输出信号不受弹性元件的弹性滞后和弹性后效的影响，即使弹性元件的弹性特性不很理想和放大器存在着非线性，对仪表准确度的影响也很小，变送器的准确度可达 0.5 级。图 8-27 所示为一种带矢量机构的力平衡式差压变送器结构示意，习惯上压差变送器也称为差压变送器。

被测差压 Δp 通过弹性元件转换为一集中力 F_1 作用在主杠杆的下端，以轴封膜片为支点的主杠杆将此力传递至杠杆上端，并转换为作用于矢量机构的力 F_2。矢量机构主要由矢量横杆和Ⅱ形支撑板组成，如图 8-28 所示。矢量机构把主杠杆传来的水平方向的力 F_2 分解为垂直方向的力 F_3 和矢量角 θ 方向的力 F_5 两个分力。由于矢量板的端部是固定在基座上的，因此分力 F_5 被固定点上的反作用力所平衡，对副杠杆不起作用。而分力 F_3 则作用在副杠杆上，其值等于 $F_2\tan\theta$。在主杠杆对矢量机构的作用力 F_2 不变的情况下，可通过调整矢量角 θ 来改变矢量机构的输出力 F_3。副杠杆以十字支撑簧片为支点，将 F_3 传递到反馈动圈处，形成作用力 F_4。F_4 与反馈动圈在磁场中所受到的反馈力 F_f 相比较，其差值 ΔF 使副杠杆绕十字支撑簧片偏转，从而使位移检测片与差动变压器之间的距离改变 Δs，造成差动变压器的输出变化 Δu。Δu 经放大器放大，并转换成 0～10mA 的统一直流信号 I_0 作为输出。I_0 流经置于永久磁钢内的反馈动圈，产生反馈力 F_f，此力使杠杆趋于回复到原来的位置。当 F_f 等于 F_4 时，测量杠杆系统重新处于力平衡状态，此时输出电流 I_0 与被测差压信号成正比，同时与矢量角 $\tan\theta$ 成正比，而与反馈动圈的匝数成反比，所以可通过改变矢量角和反馈动圈的匝数来改变量程。

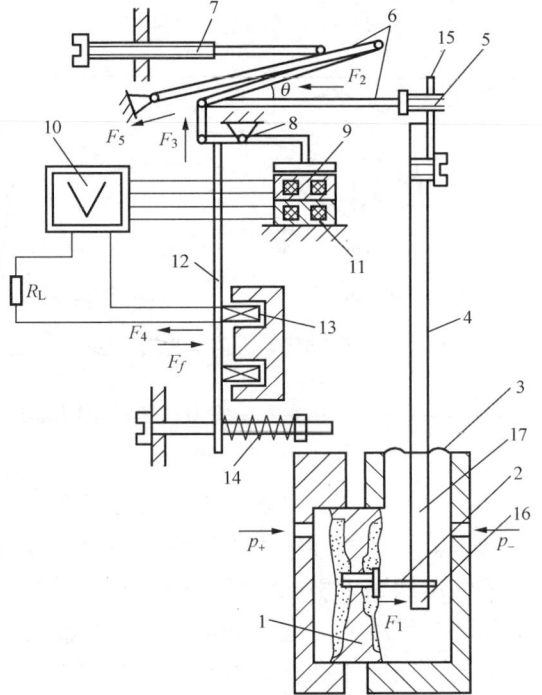

图 8-27　力平衡式差压变送器结构示意
1—测量元件；2—连接簧片；3—轴封膜片；4—主杠杆；
5—静压调整螺钉；6—矢量机构；7—量程调整丝杆；
8—十字支撑簧片；9—位移检测片；10—放大器；
11—差动变压器；12—副杠杆；13—反馈动圈；
14—调零弹簧；15—过载保护簧片；
16—连接螺母；17—引出轴

由于所采用的位移检测放大器的放大倍率极高，因此全量程范围内检测片的位移非常小（约 $10\mu m$），测量杠杆的偏转和弹性元件的位移极小，故弹性元件和传动机构等的非线性影响都可忽略。根据上述工作原理画出的变送器方框图如图 8-29 所示。

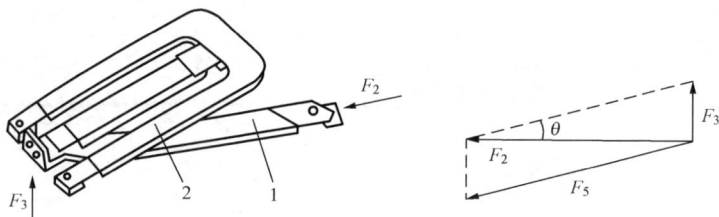

图 8 - 28 矢量机构

1—矢量板；2—Ⅱ形支撑板

力平衡变送器结构复杂，体积及重量均较大，又由于使用杠杆等机械部件，所以动态特性较差。还由于使用了弹性轴封膜片，带来了静压误差，所以测量准确度难以提高。使用中还应防止振动和倾斜安装，以免影响性能。

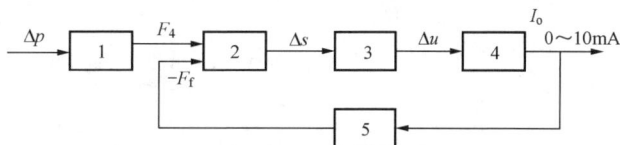

图 8 - 29 力平衡式差压变送器方框图

1—杠杆系统；2—副杠杆；3—差动变压器；

4—位移检测放大器；5—反馈动圈

五、电容式压力（差压）变送器

电容式压力变送器中，以测压弹性膜片为电容器的可动极板，它与固定极板之间形成一可变电容。随着被测压力变化，膜片产生位移，使电容器的可动极板与固定极板之间的距离改变，从而改变了电容器的电容量，这样就完成了压力信号与电容量之间的转换。

将激励电压加于电容器，产生的交变电流经整流、控制、放大，输出 4～20mA 直流电流，这就是电容式压力（差压）变送器的基本工作原理。

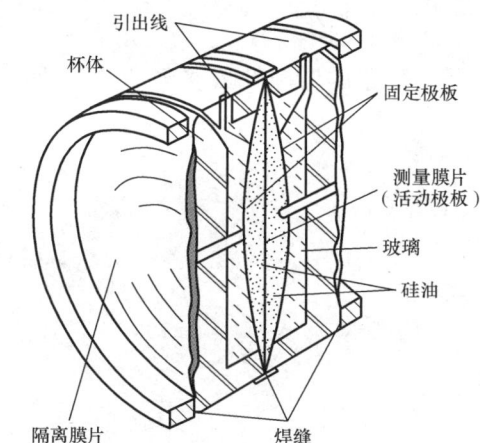

图 8 - 30 1151 系列电容式变送器中的 δ 室

在常用的 1151 系列电容式变送器中，电容式传感部分又被称为 δ 室，如图 8 - 30 所示。

δ 室为对称结构，有完全相同的左、右两室。将玻璃与金属杯体烧结后，在玻璃上磨出球形凹面，然后在凹面上蒸镀一层金属薄膜，构成电容的固定极板。测量膜片焊接在两个杯体之间，成为电容的活动极板。杯体外侧焊上隔离膜片，在两室的空腔中充满硅油（或氟油）以便传递压力。

当被测压力作用于隔离膜片时，通过硅油使测量膜片产生与压力成正比的位移，从而改变了可动极板与固定极板间的距离，引起电容变化，此电容变化通过引线传给测量电路。

当 δ 室受到过载压力时，测量膜片紧贴在球形凹面上，受到极为可靠的支撑保护。不同品种变送器（如高、中、低差压）的测量膜片厚度不同，但整个变送器尺寸相同，通用性强。

1151 变送器的变换过程示意如图 8 - 31 所示，它由测量和转换两部分构成。

（一）测量部分

1. 差压—位移转换

对于图 8 - 32 所示周边夹紧的金属圆形平膜片，当膜片的厚度与直径相比非常小，膜片

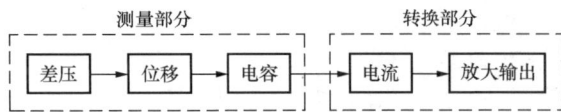

图 8‑31　变换过程示意

中心位移大大小于膜片厚度时，它的压力—位移特性可用下式表示：

$$\Delta d_0 = \frac{3(1-\nu^2)}{16}\frac{R^4}{Eh^3}p = K_1'p$$

（8‑12）

式中　Δd_0——膜片中心处位移；

　　　ν——膜片材料的泊松比；

　　　R——膜片半径；

　　　E——膜片材料的弹性模量；

　　　h——膜片厚度；

　　　p——被测压力（或差压 Δp）；

　　　K_1'——比例常数。

由式（8‑12）可见，位移与压力或差压成线性关系。由于膜片的工作位移仅有 0.1mm，当测量较高压力时，膜片较厚，很容易满足 $\Delta d_0 \ll h$ 的要求。当测量较低压力时，则采用具有预加径向张力 T 的平膜片，此时可写出膜片的挠度公式，即

$$\Delta d_0 = \frac{R^2}{4\sigma_0 h}p = K_1 p \qquad (8\text{‑}13)$$

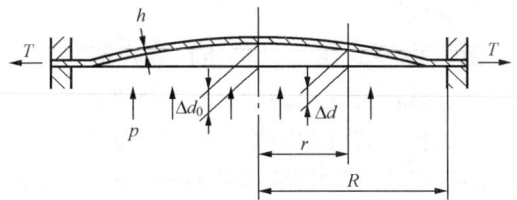

图 8‑32　平膜片

式中　σ_0——膜片受初始张力 T 时的预紧应力；

　　　K_1——比例常数。

由式（8‑12）及式（8‑13）可见，在 1151 变送器中采用的厚膜片或张紧的薄膜片均有良好的位移—压力线性关系。

2. 位移—电容转换

两平行极板之一为固定极板，另一为活动极板，其电容 C_0 为

$$C_0 = K\frac{\varepsilon A}{d_0} \tag{8‑14}$$

式中　K——系数；

　　　ε——极板间介质的相对介电常数；

　　　A——极板间相互覆盖的面积；

　　　d_0——极板间的距离。

当极板间距离减小 Δd_0 时，电容增加 ΔC，$\Delta C = K\dfrac{\varepsilon A}{d_0-\Delta d_0}-K\dfrac{\varepsilon A}{d_0}$，电容的相对变化为

$$\frac{\Delta C}{C_0} = \frac{\dfrac{\Delta d_0}{d_0}}{1-\dfrac{\Delta d_0}{d_0}} \tag{8‑15}$$

当 $\Delta d_0/d_0 \ll 1$ 时，可将式（8‑15）展开为级数：

$$\frac{\Delta C}{C_0} = \frac{\Delta d_0}{d_0}\left[1+\frac{\Delta d_0}{d_0}+\left(\frac{\Delta d_0}{d_0}\right)^2+\left(\frac{\Delta d_0}{d_0}\right)^3+\cdots\right] \tag{8‑16}$$

由式（8 - 16）可见，输出电容的相对变化与输入位移 Δd_0 之间的关系是非线性的，只有当 $\frac{\Delta d_0}{d_0} \ll 1$，略去各高次项后，才能得到近似的线性关系，即

$$\frac{\Delta C}{C_0} = \frac{1}{d_0}\Delta d_0 \qquad (8 - 17)$$

电容转换器的灵敏度 S 为

$$S = \frac{\frac{\Delta C}{C_0}}{d_0} = \frac{1}{d_0} \qquad (8 - 18)$$

如果只计入式（8 - 16）右边第一、二项，则得

$$\frac{\Delta C}{C_0} = \frac{\Delta d_0}{d_0}\left(1 + \frac{\Delta d_0}{d_0}\right) \qquad (8 - 19)$$

显然，式（8 - 17）为直线关系，而式（8 - 19）为曲线关系，它们之间的相对非线性误差 e_1 为

$$e_1 = \frac{|(\Delta d_0/d_0)^2|}{|\Delta d_0/d_0|} \times 100\% = |\Delta d_0/d_0| \times 100\% \qquad (8 - 20)$$

由式（8 - 17）可见，要提高灵敏度，应减小起始间隙 d_0，由式（8 - 19）可见，非线性程度将随相对位移增加而增加。因此，为了保证一定的线性度，应限制极板的相对位移量。若增大起始间隙，则影响变送器的灵敏度。当 $\Delta d_0 = d_0/6$ 时，由式（8 - 20）可算得，非线误差高达 17%。

为了提高灵敏度和改善非线性，可以采用差动式结构，如图 8 - 33 所示。当一个电容量增加时，另一个电容量则减小，由式（8 - 15）和式（8 - 16）可以导出电容器的特性方程为

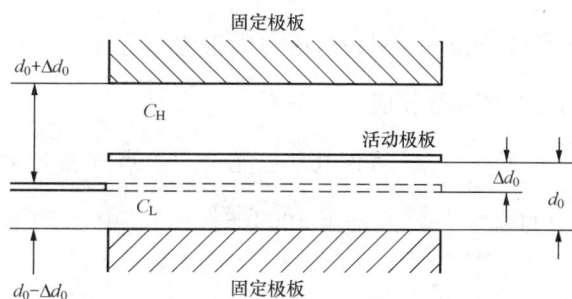

图 8 - 33 平行板电容器

$$C_L = C_0\left[1 + \frac{\Delta d_0}{d_0} + \left(\frac{\Delta d_0}{d_0}\right)^2 + \left(\frac{\Delta d_0}{d_0}\right)^3 + \cdots\right]$$

$$C_H = C_0\left[1 - \frac{\Delta d_0}{d_0} + \left(\frac{\Delta d_0}{d_0}\right)^2 - \left(\frac{\Delta d_0}{d_0}\right)^3 + \cdots\right]$$

电容的变化量为

$$\Delta C = C_L - C_H = C_0\left[2\frac{\Delta d_0}{d_0} + 2\left(\frac{\Delta d_0}{d_0}\right)^3 + \cdots\right]$$

电容的相对变化量为

$$\frac{\Delta C}{C_0} = 2\frac{\Delta d_0}{d_0}\left[1 + \left(\frac{\Delta d_0}{d_0}\right)^2 + \left(\frac{\Delta d_0}{d_0}\right)^4 + \cdots\right] \qquad (8 - 21)$$

略去高次项得

$$\frac{\Delta C}{C_0} = 2\frac{\Delta d_0}{d_0} \qquad (8 - 22)$$

相对非线性误差 e_c 为

$$e_c = \frac{\left| 2\left(\frac{\Delta d_0}{d_0}\right)^3 \right|}{\left| 2\left(\frac{\Delta d_0}{d_0}\right) \right|} \times 100\% = \left(\frac{\Delta d_0}{d_0}\right)^2 \times 100\% \tag{8-23}$$

由式（8-22）和式（8-23）可见，差动式电容变送器的灵敏度比非差动式提高了 1 倍，而非线性误差却大大减小。但当 $\Delta d_0 = d_0/6$ 时，非线性误差仍有 2.8%，仍然不能满足高准确度的要求。

电容之"差"与电容之"和"的比值为

$$\frac{C_L - C_H}{C_L + C_H} = \left(\frac{K\varepsilon A}{d_0 - \Delta d_0} - \frac{K\varepsilon A}{d_0 + \Delta d_0}\right) \Big/ \left(\frac{K\varepsilon A}{d_0 - \Delta d_0} + \frac{K\varepsilon A}{d_0 + \Delta d_0}\right) = \frac{\Delta d_0}{d_0} = K_2 \Delta d_0 \tag{8-24}$$

由式（8-24）可见，不存在非线性误差。将式（8-13）代入式（8-24），可得

$$\frac{C_L - C_H}{C_L + C_H} = K_1 K_2 p \tag{8-25}$$

由式（8-25）可以看出：

（1）比值 $\frac{C_L - C_H}{C_L + C_H}$ 与压力成正比。可设计一种测量电路，使其测量电流 $I_s = K_3 \frac{C_L - C_H}{C_L + C_H}$，则 I_s 就与压力 p 成正比关系。

（2）$\frac{C_L - C_H}{C_L + C_H}$ 与介电常数无关。这点非常重要，因为 ε 是随温度变化的。例如，二甲基硅油的温度由 25℃ 增至 100℃ 时，其 ε 由 2.71 降至 2.46。如果电容"差和比"与 ε 有关，就会产生很大误差。

（3）如果差动电容的结构完全对称，则可得到良好的稳定性。

上面讨论的是平行板差动电容器，而 1151 差压变送器中采用的是球面差动电容器，实测和计算均表明球面电容器有类似平行板电容器的特性，因此，上面所述的结论均适用于球面差动电容器。

在上述分析中，如果考虑分布电容 C_S 的影响，则测量部分的电容变化为

$$\frac{(C_L + C_S) - (C_H + C_S)}{(C_L + C_S) + (C_H + C_S)} = \frac{C_L - C_H}{C_L + C_H + 2C_S} \tag{8-26}$$

可见，C_S 的存在会产生新的非线性误差。为了仪表最终能获得高于 0.25 级以上的准确度，就需在转换电路中加入线性调整电路。

（二）转换部分

转换部分的作用是将 $\frac{C_L - C_H}{C_L + C_H}$ 变化转换成标准电流输出信号（4～20mA DC）。下面只讨论普通型（E 型）电容变送器的转换电路。E 型电路原理如图 8-34 所示。

转换电路框图如图 8-35 所示，它由解调器、振荡器、振荡控制放大器、调零电路、调量程电路、电流控制放大器、电流转换器、电流限制器、反向保护等部分组成。

1. 电容—电流转换部分

它包括振荡器、解调器和振荡控制放大器，它的作用是将 $\frac{C_L - C_H}{C_L + C_H}$ 的变化按比例转换为

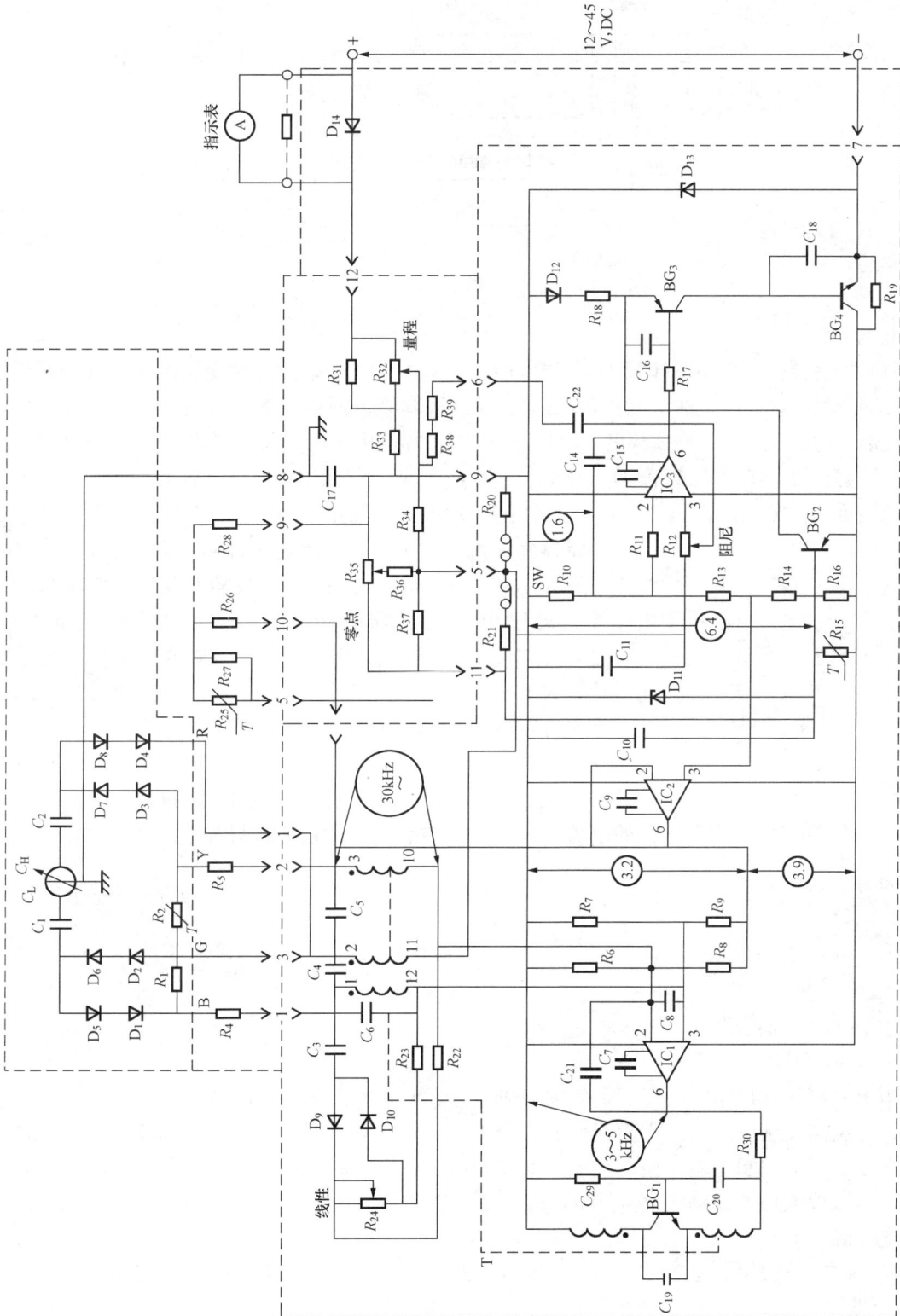

图 8-34 E型电路原理图

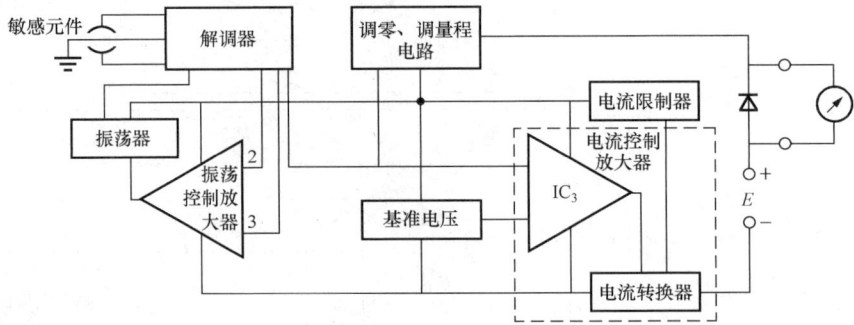

图 8-35 转换电路框图

测量电流 I_S。

（1）振荡器。它是由晶体管 BG_1、电阻 R_{29}、R_{30}，电容 C_{19}、C_{20} 和变压器 T 组成的变压器耦合式振荡器，它所产生的交流激励电压 e_n 供给解调器。振荡频率由振荡部分电容和变压器电感决定，约为 30kHz，振荡幅度 V_{PP} 为 25～35V。幅值大小由振荡控制放大器 IC_1 控制。

（2）解调器。它由二极管 $D_1\sim D_8$，电阻 R_6、R_7、R_8、R_9 以及电容 C_1、C_2、C_{17} 等组成，与测量部分 C_L、C_H 连接。它的激励电压由振荡器绕组（1—12，2—11，3—10）提供。

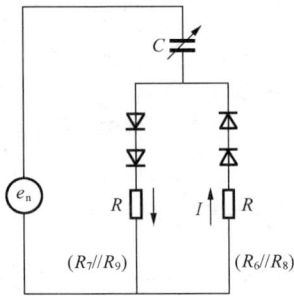

图 8-36 解调电路原理

解调器将流过 C_L、C_H 的交流电流解调成直流电流 I_L、I_H，线路原理如图 8-36 所示。图中 e_n 为激励电源，由变压器的绕组提供，激励电压的峰峰值为 V_{PP}。电容 C 实际上是由 C_L（C_H）、C_1、C_2、C_{17} 等构成，但 C_1、C_2、C_{17} 基本不变。为了简化讨论，设 C 只代表 C_L 和 C_H。

现只介绍部分导电过程。当 e_n 为正半周时，D_1、D_5 导通；e_n 为负半周时，D_3、D_7 导通。如果时间常数 $\tau=RC$ 较小，则电容 C 两端电压的变化应等于激励电源电压的峰峰值 V_{PP}。流过 C 的电流，经半波整流后的平均值 I 推导如下：

因为
$$C=\frac{Q}{U},\ I=\frac{Q}{t}$$

所以
$$I=\frac{CU}{t}=V_{PP}Cf \tag{8-27}$$

式中　Q——电量；

t——时间；

f——频率。

由上式可知，I 与 V_{PP}、C、f 的乘积成正比，而与电阻 R 大小无关。

（3）振荡控制放大器。它由线性放大器 IC_1 和基准电压源组成，与解调器、振荡器连接构成深度负反馈控制电路。振荡控制放大器是电容—电流转换部分的核心，下面将分析其工作原理。该放大器的线路原理如图 8-37 所示，图中 R_0 为电容 C_{11} 两端的等效电阻；E_S 为基准电压源。

E_S 由稳压管 D_{11}，电容 C_{10}，跟随器 IC_2 及电阻 R_{10}、R_{13}、R_{14} 组成，基准电压 E_S 约为 3.2V（见图 8-37）。

振荡控制放大器 IC_1 的输入端接收两个电压信号，一为基准电压 E_S 产生的电压 U_1，另一为振荡器次级激励电压通过 C_L、C_H 产生的交流电流经二极管 D_1、D_5、D_3、D_7 整流后得到的比较电压 U_2。在深度负反馈电路中这两部分电压在输入端应相等，由此可推导如下关系式：

$$U_1 = \frac{E_S}{R_6+R_8}R_8 - \frac{E_S}{R_7+R_9}R_9$$

设 $R_6=R_9$，$R_7=R_8$，则有

$$U_1 = \frac{E_S}{R_6+R_8}(R_8-R_9) \qquad (8-28)$$

当 D_1、D_5 导通时，I_L 流经路线为 $T_{12}\Rightarrow R_7//R_9\Rightarrow C_{17}\Rightarrow C_L\Rightarrow D_5$、$D_1\Rightarrow T_1$；当 D_2、D_6 导通时，I_L 流经路线为 $T_2\Rightarrow D_2$、$D_6\Rightarrow C_L\Rightarrow C_{17}\Rightarrow R_0\Rightarrow T_{11}$；当 D_3、D_7 导通时，I_H 流经路线为 $T_3\Rightarrow D_3$、$D_7\Rightarrow C_H\Rightarrow C_{17}\Rightarrow R_6//R_8\Rightarrow T_{10}$；当 D_4、D_8 导通时，I_H 流经路线为 $T_{11}\Rightarrow R_0\Rightarrow C_{17}\Rightarrow C_H\Rightarrow D_8$、$D_4\Rightarrow T_2$。

根据式（8-27）可求出：

$$I_L = V_{PP}C_L f \qquad (8-29)$$
$$I_H = V_{PP}C_H f \qquad (8-30)$$

所以 I_L、I_H 在 IC_1 输入端产生的电压 U_2 为

$$U_2 = \frac{I_L(R_7 R_9)}{R_7+R_9} + \frac{I_H(R_6 R_8)}{R_6+R_8}$$
$$= (I_L+I_H)\frac{R_6 R_8}{R_6+R_8}$$

由于振荡器次级电压 e_n 大小受 IC_1 的输出控制，因此，在深度负反馈电路中，IC_1 输入端的两个电 U_1、U_2 应相等，即

$$\frac{E_S}{R_6+R_8}(R_8-R_9) = (I_L+I_H)\frac{R_6 R_8}{R_6+R_8}$$

则有
$$(I_L+I_H) = \frac{E_S(R_8-R_9)}{R_6 R_8} = K_3 \qquad (8-31)$$

由线路定性分析可知，当激励电压 e_n 增加时，I_L+I_H 也增加，IC_1 输入端电压 U_2 增加，IC_1 输出端 U_6 也增加，导致 BG_1 管 I_{be} 减小，BG_1 管的 I_c 下降，致使 e_n 下降，从而保证 $I_L+I_H=K_3$ 为常数。将式（8-29）、式（8-30）代入，可导出

$$V_{PP}f(C_L+C_H) = K_3$$
$$V_{PP}f = \frac{K_3}{(C_L+C_H)} \qquad (8-32)$$

而流过 C_{11} 等效电阻 R_0 上的电流差 I_S 为

$$I_S = I_L - I_H = V_{PP}fC_L - V_{PP}fC_H = V_{PP}f(C_L-C_H) \qquad (8-33)$$

将式（8-32）代入式（8-33），可得

$$I_S = I_L - I_H = K_3\frac{C_L-C_H}{C_L+C_H} \qquad (8-34)$$

由此可知，上述电路实现了电容—电流量的转换。得到的测量电流 I_S 约为 $150\mu A$。从

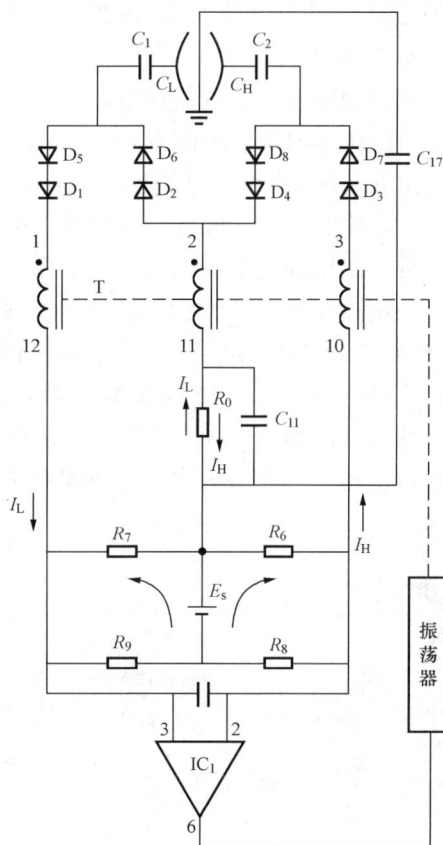

图 8-37 振荡控制放大器线路图

式（8-34）可见，为了保证转换精度，K_3 应为常数，所以对影响 K_3 的有关参数，如基准电压 E_S，线性放大器 IC_1，电阻 $R_6 \sim R_9$ 的数值及稳定性都有严格要求。

2. 电流放大部分

它由调零电路、调量程电路、电流控制放大器与电流转换器组成。

（1）调零电路。如图 8-38 所示，调零电路由电位器 R_{35}、电阻 R_{36}、R_{37} 组成。

由 R_{35} 上取出可调电压加 V_0 到 IC_3 正向输入端。改变 R_{35} 上滑动触点 2 的位置，就可改变 IC_3 的输出电压，可将变送器零点电流调整至 4mA。

（2）调量程电路。如图 8-39 所示，它由电位器 R_{32}，电阻 R_{31}、R_{33}、R_{34}、R_{37} 组成。

采用改变反馈电流的方法达到调量程的目的。反馈系数 α 与电位器 R_{32}，电阻 R_{33}、R_{31}、R_{34} 有关（见图 8-40）。R_{32} 动触点的位置决定反馈电流 αI_0 的大小。在变送器测量低量程压力时，将电位器 R_{32} 顺时针旋转（触点由 2 移向 3），反馈系数减小，放大倍数增大，使 BG_4 最大输出电流为 20mA。当测量高量程时，将电位器 R_{32} 反时针旋转（触点由 2 移向 1），反馈系数增加，放大倍数减小，仍保证 BG_4 有 20mA 的最大输出电流。

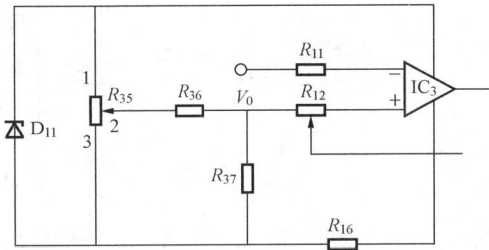

图 8-38　调零电路

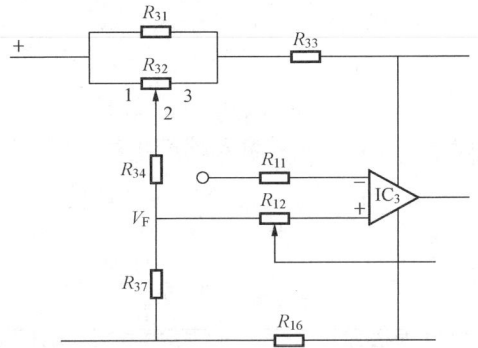

图 8-39　调量程电路

（3）电流控制放大器与电流转换器。如图 8-40 所示，电流控制放大器由线性电路 IC_3 及外围电阻与基准电压源组成；电流转换器由 BG_3 及 BG_4 等组成。

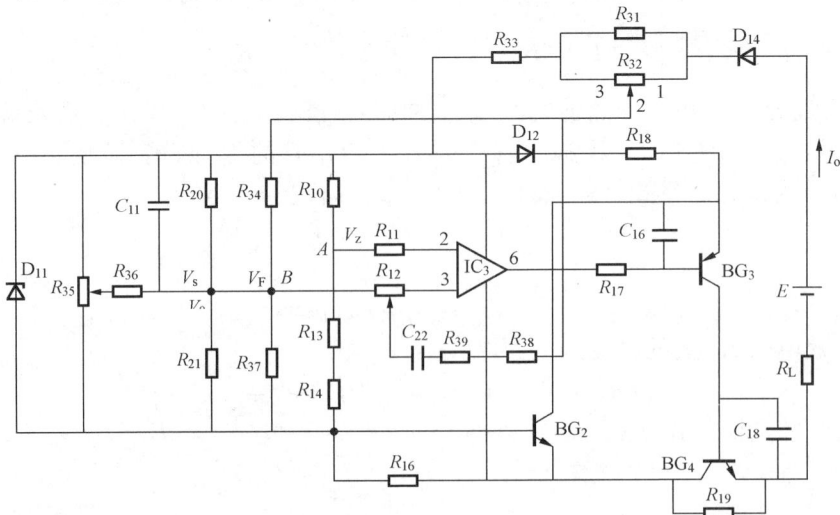

图 8-40　电流控制放大线路

电流控制由作比较器的线性电路 IC_3 控制流过 BG_3 的电流及此电流的反馈作用完成。由于 IC_3 的输入电阻 R_{11}、R_{12} 相等，可直接比较图 8-40 中的 A、B 两点。A 点的基准电位为 V_Z，B 点电位由三个信号形成：一为振荡控制放大器的输出电流在该点形成的电位 V_S；二为调零电位 V_0；三为调量程电路反馈电流形成的电位 $-V_F$（因是负反馈故为 $-V_F$）。

当闭环系统稳定时，在理想情况下：

$$V_A = V_B$$

即

$$V_Z = V_S + V_0 - V_F$$

其中，$V_S = R_S I_S$，$V_F = R_F \alpha I_0$

式中　R_S——流过 I_S 电流的等效负载；

R_F——流过 αI_0 电流的等效负载。

所以

$$V_Z = R_S I_S + V_0 - R_F \alpha I_0$$

经整理后，得

$$I_0 = \frac{R_S}{R_F \alpha} I_S + \frac{1}{R_F \alpha}(V_0 - V_Z) \tag{8-35}$$

将式（8-34）代入，可得

$$I_0 = \frac{R_S}{R_F \alpha} K_3 \frac{C_L - C_H}{C_L + C_H} + \frac{1}{R_F \alpha}(V_0 - V_Z)$$

考虑到该式中右边第二项为常数项，取 I_0 变化量，可得

$$\Delta I_0 = K_3 \frac{R_S}{R_F \alpha} \frac{C_L - C_H}{C_L + C_H} = K_3 K_4 \frac{C_L - C_H}{C_L + C_H} \tag{8-36}$$

其中，$K_4 = \dfrac{R_S}{R_F \alpha}$ 为放大倍数，经计算 $K_4 = 90 \sim 1080$。

由式（8-36）可以看出，本线路对 I_S 进行了放大，另由式（8-35）可见，通过改变 α 调量程时，对零点（即式中的常数项 K_4）有影响；而调零点时（通过调 V_0 实现）不会影响量程。

最后将电流转换电路中的主回路电流 I_0 流向加以说明：它由 E（电源正端）$\Rightarrow D_{14} \Rightarrow R_{31}//R_{32} \Rightarrow R_{33} \Rightarrow D_{12} \Rightarrow R_{18} \Rightarrow BG_3 \Rightarrow BG_4 \Rightarrow R_L$（负载）$\Rightarrow E$（电源负端）。由于 BG_3 选用 PNP 型，所以在构成负反馈电路时，反馈信号是加在 IC_3 的正向输入端的。

除了上述的电容—电流的转换及电流放大外，还有其他电路。如量程迁移、限流、反向保护、阻尼调整及线性调整电路等，可参考相关资料。

综上所述，在电容变送器输入压力 p（或差压 Δp）增大时，C_L 变大、C_H 变小，电容比 $\dfrac{C_L - C_H}{C_L + C_H}$ 变大，测量电流 I_S 变大，最终使输出电流 I_0 变大。将式（8-24）代入式（8-36）可得

$$\Delta I_0 = K_1 K_2 K_3 K_4 p \tag{8-37}$$

所以，只要保证膜片中心位移与压力具有线性关系，转换电路即可保证输出电流与压力（或差压）呈线性关系。

六、应变式压力变送器

物体受压后会产生内应力和弹性变形，在弹性限度内，内应力与变形率（即应变）成正比，因而可以通过测量物体应变来求得物体所受的压力。应变式压力变送器就是通过测量胶

合在弹性元件上，或者与弹性元件制成一体的应变电阻的阻值大小来测量受压弹性元件的应变，从而测得弹性元件所感受的压力。

（一）金属丝的应变效应和半导体的压阻效应

弹性元件的应变转换为电阻值的大小是由金属或半导体材料制成的电阻体（即应变片）来完成的。常用的金属应变片有金属丝式、箔式和薄膜式；半导体应变片有体式、薄膜式和扩散式，前者的工作原理基于金属丝的应变效应，后者基于半导体的压阻效应。

一段长为 L，截面积为 A 的电阻。它的电阻值为

$$R = \rho \frac{L}{A} \tag{8-38}$$

式中　ρ——材料的电阻率。

对式（8-38）取对数并微分后得到

$$\frac{dR}{R} = \frac{dL}{L} - \frac{dA}{A} + \frac{d\rho}{\rho} \tag{8-39}$$

式（8-39）表明，电阻的阻值变化是电阻长度、截面的几何应变效应和材料电阻率变化的压阻效应的综合结果。

考虑到 $\dfrac{dA}{A} = 2\dfrac{dD}{D}$，又从力学可知，轴的纵向应变与横向应变的关系为

$$\frac{dD}{D} = -\nu \frac{dL}{L} \tag{8-40}$$

式中　D——电阻的直径；

　　　　ν——材料的泊松系数。

因此可得

$$\frac{dR}{R} = \frac{dL}{L}(1+2\nu) + \frac{d\rho}{\rho} = \varepsilon(1+2\nu) + \frac{d\rho}{\rho} \tag{8-41}$$

式中　ε——电阻的纵向应变，$\varepsilon = dL/L$。

因而

$$K = \frac{dR}{R}\frac{1}{\varepsilon} = (1+2\nu) + \frac{d\rho}{\rho}\frac{1}{\varepsilon} \tag{8-42}$$

式（8-42）中，K 的物理意义为单位纵向应变所引起的电阻变化率，称为应变片的纵向灵敏度。对于金属材料来说，式（8-42）中后面一项压阻效应很小，电阻变化主要是由几何应变效应引起的，即 $K \approx 1+2\nu$。所以金属应变片的灵敏度 K 值很小，一般在 $1.7 \sim 3.6$ 之间。对于半导体来说、由于压阻效应很大（为 $60 \sim 170$）。几何应变效应可以忽略，因此 $K \approx \dfrac{d\rho}{\rho}\dfrac{1}{\varepsilon}$，称为半导体的压阻效应。

半导体的电阻率 ρ 与晶体中的载流子数目 N_i 和其平均迁移率 μ_{av} 的乘积成反比，可以表示为

$$\rho = \frac{1}{eN_i\mu_{av}} \tag{8-43}$$

式中　e——电子荷电量。

半导体受应力作用后，载流子数目和平均迁移率都有变化，变化的大小与符号取决于所用的半导体材料、载流子浓度、晶格上应力作用的方向。对于简单的纵向拉伸和压缩，半导

体电阻率变化与应力 σ 的关系为

$$\frac{\Delta\rho}{\rho} = \alpha_{\mathrm{L}}\sigma \qquad (8\text{-}44)$$

式中　α_{L}——半导体材料的纵向压阻系数。

因此，半导体应变片的纵向灵敏度 K 为

$$K = \frac{\mathrm{d}R}{R}\frac{1}{\varepsilon} = (1+2\nu)+\frac{\mathrm{d}\rho}{\rho}\frac{1}{\varepsilon} \approx \frac{\Delta\rho}{\rho}\frac{1}{\varepsilon} = \frac{\alpha_{\mathrm{L}}\sigma}{\varepsilon} = \alpha_{\mathrm{L}}E \qquad (8\text{-}45)$$

式中　E——半导体材料的弹性模量，$E=\dfrac{\sigma}{\varepsilon}$，即应力与应变之比。

所以，半导体应变片的灵敏度 K 与其压阻系数 α_{L} 一样与半导体材料、掺杂浓度、扩散层厚度、应力相对于晶轴的取向等因素都有关系。例如，掺杂浓度越低时，压阻灵敏度越高，但温度对灵敏度的影响也越大，故制造中可适当选择掺杂浓度来满足灵敏度和温度稳定性两方面的要求。就应力对晶轴的取向来说，对于轻掺杂 P 型硅晶体，应力沿 [111] 晶轴方向作用的压阻效应最大，并具有正的灵敏度；对于 N 型硅晶体，应力沿 [100] 晶轴方向作用的压阻效应最大，并具有负的灵敏度，因此，可将这两种应变片安排在同一电桥的相邻两臂，以增大输出并起到温度补偿的作用。

半导体应变片体积小，灵敏度高，但灵敏度受温度影响较大，使用时要采取温度补偿措施。另外，应变片之间的互换性差，需要个别分度。

（二）应变式压力变送器的形式

应变式压力变送器主要由两部分组成，一部分是感压弹性元件，另一部分是应变片。也有将两者结合在一起的，如用硅片作感压弹性元件，其上扩散电阻元件。变送器的结构形式主要有三种。

1. 膜片式

以金属或半导体材料的膜片作弹性元件，当膜片一侧均匀承受压力时，周界固定的膜片发生弯曲变形。在具有电阻元件的另一侧上，半径方向发生应变 ε_r，切线方向发生应变 ε_t，如图 8-41 所示。

在膜片中心位移十分微小的情况下，膜片上各处应力与所受的压力成正比，并随与膜片中心的距离 x 而改变。膜片中心处的 ε_r 和 ε_t 达到相同的最大值，在膜片边缘处（$x=r$），$\varepsilon_t=0$，ε_r 达到负的最大值；在 $x=a=r/\sqrt{3}=0.58r$ 处，$\varepsilon_r=0$，径向应变在此变号，$x>a$ 处为负应变区，$x<a$ 处为正应变区。如将一片应变片贴于正应变区，另一片贴于负应变区，如图 8-43 中 R_1 和 R_2 两应变片安排成测量电桥的相邻臂，则可以获得较大的输出，而且可起到温度补偿作用。

图 8-42 所示为用光刻技术制成的箔式金属应变片，应变电阻分布于整个膜片上。能充分利用膜片的应变，它的外缘辐

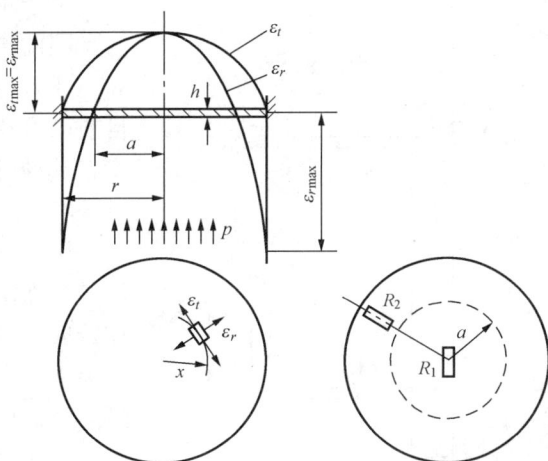

图 8-41　受压膜片上的应力分布

射状电阻是用于感受负的径向应变 ε_r，中间圆弧状部分电阻是感受此处较大的正切向应变 ε_t。电阻分为四部分，接成全桥式，可获得更大的信号输出。

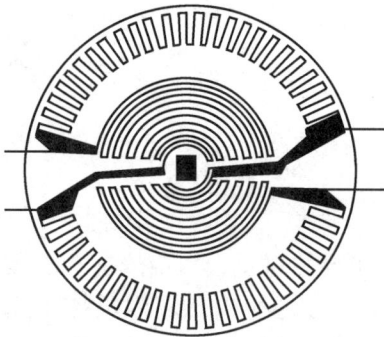

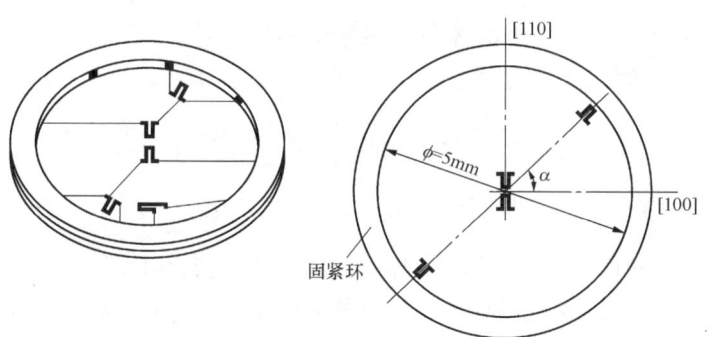

图 8 - 42　箔式应变片　　　　　　　　　　　图 8 - 43　单晶硅膜片

图 8 - 45 所示为扩散型单晶硅感压压阻膜片的实例，它在变送器中既是弹性元件，又是压阻元件、它是在 N 型单晶硅膜片的表面上先用氧化技术生成一层 SiO_2 薄膜覆盖层，然后利用光刻工艺，按压阻元件电阻设计图形除去氧化膜，并通过扩散工艺在刻蚀后的电阻几何图形处向硅的深处扩散杂质硼，使之形成 P 型区，该 P 型区就是所需的压阻敏感元件，N 型区作基底，P 型区和 N 型区的边界层作为该元件的电气绝缘层，最后在压阻敏感元件之间沉积一层金属作电桥桥路的连接导线。四个 P 型硅压阻元件具有同样的矩形几何形状。两片在膜片中心位置，沿 [110] 晶轴方向，感受正的轴向应变 ε_r；另外两片位于膜片边缘处，并与 [100] 晶轴方向成一夹角 α（也就是与 [110] 晶轴方向成 $90° - \alpha$ 夹角），感受边缘处负的轴向应变 ε_t。α 角的取值要使内外两组压阻电阻具有同样大的电阻变化率输出。由于边缘处应变要大于中心处的，所以边缘处的压阻元件要适当偏离 [110] 晶轴方向，以降低其灵敏度。α 一般取 $40° \sim 59°30'$。

有的应变片还在硅基底片上集成温度补偿电路和二级运算放大器等。被测介质可直接作用到硅膜片上，也可通过刚性较低的金属膜片和密封的硅油将压力传递到硅膜片上，避免硅片与被测介质的直接接触。

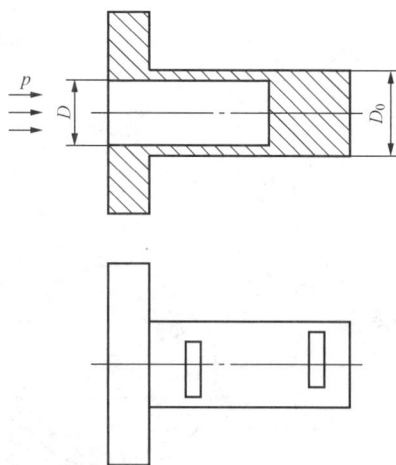

图 8 - 44　筒式应变压力变送器

由于单晶硅在 500℃ 以下没有弹性滞后、漂移和蠕变，因此电阻与应变之间有较好的线性关系。另外，单晶硅还具有压阻系数高，动态响应快，体积小等优点，目前已有用硅膜片制成各种测量范围的固体压力传感器，其准确度可达 $\pm (0.1 \sim 0.2)\%$。

2. 筒式

用一薄壁圆筒作为测压弹性元件，应变片贴于筒体外壁，在圆筒端部上还贴有不感受应变的温度补偿电阻片，如图 8 - 44 所示。筒内腔与被测压力相连。对于壁厚为 h、而 h 相对于筒内径 D 为很小的薄壁筒，筒外壁沿圆周方向的切向应力 ε_t 与筒内压力成正比。

筒式弹性元件的可测压力上限较高。选用不同的筒直径和不同弹性模数 E 值的筒材料，可适合于不同的压力测量范围。

3. 组合式

有些应变式压力变送器的应变片不是直接贴于弹性元件上而是贴在悬臂梁上，然后通过传力杆将感压弹性元件所得到的集中力传递到该悬臂梁上，如图 8 - 45 所示。

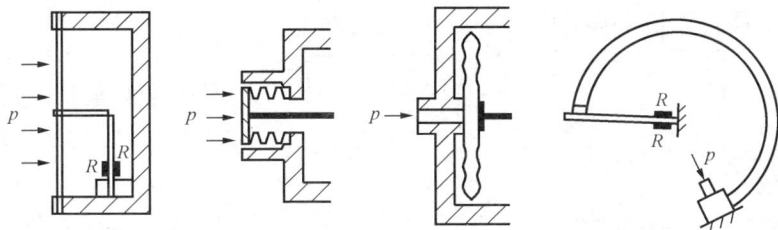

图 8 - 45 组合式应变压力传感器

悬臂梁两边贴有应变片，分别感受拉应变和压应变，并作为测量电桥的相邻两臂。悬臂梁的刚度应高于感压弹性元件的刚度，使弹性元件输出为力，而位移很小，以减小弹性元件的非线性影响。但这种测量系统的自振频率低，不适合用来测量高频脉动压力。如用一薄壁圆筒代替悬臂梁，可增加刚度和测量系统的自振频率，并可实现强制冷却，它一般可用来测量内燃机的燃烧压力，其结构如图 8 - 48 所示。在圆筒上沿轴向和沿圆周方向各贴一应变片，感受被测压力作用于不锈钢膜片而使应变圆筒产生轴向压缩和圆周方向的拉伸应变。将这两个应变片电阻作为电桥的两个相邻臂，该系统的自振频率约为 30kHz。

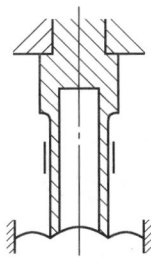

图 8 - 46 膜片—圆筒
式应变压力传感器

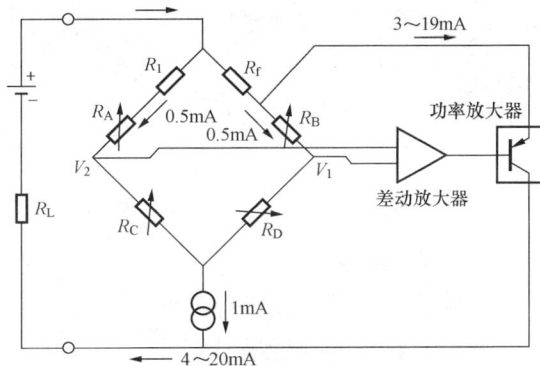

图 8 - 47 固体压力变送器测量线路原理

应变片的电阻变化一般经桥式线路转换成电压输出，然后直接测量或者经过放大后测量，也可转换为统一的直流输出信号。图 8 - 49 所示为扩散硅固体压力变送器的测量线路原理。

图中 R_A、R_B、R_C、R_D 为四个半导体压阻敏感电阻，R_f 是负反馈电阻，用来稳定整机工作。电桥以 1mA 恒流源供电，整机输出为 4～20mA 的统一信号。

七、振弦式压力变送器

拉紧的弦，其固有频率 f_0 与拉紧的张力 T 之间有如下的平方根关系：

$$f_0 = \frac{1}{2l}\sqrt{\frac{T}{\rho_l}} = \frac{1}{2l}\sqrt{\frac{\sigma}{p}} \tag{8 - 46}$$

式中　　l——振弦长度；

　　　　ρ_l——振弦的线密度，即单位弦长的质量；

　　　　σ——振弦所受的力，即单位面积上的张力，$\sigma = T/A$，A 为振弦的截面积；

　　　　ρ——振弦材料密度。

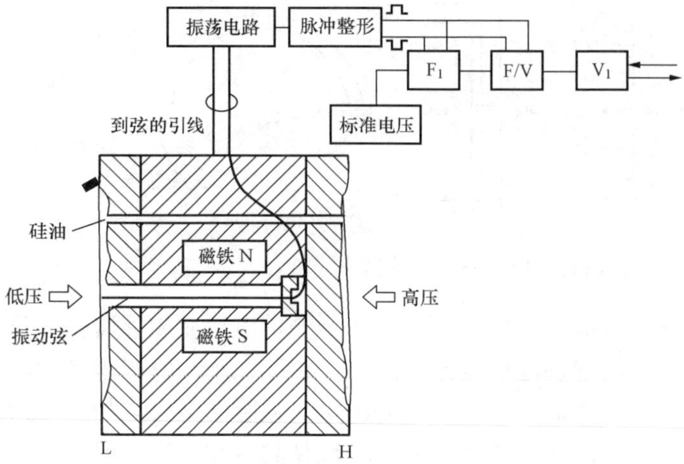

图 8-48　正弦式压力（差压）变送器原理图
F/V—频率电压变换器；F_1—频率放大器

因此，当弦的材料和尺寸确定后，就可通过测量弦的固有频率来测量弦的张力。通过膜片等元件可把差压转换为作用在弦上的张力，这就是振弦式压力变送器的工作原理。如图 8-50 所示，将金属丝制成的弦，一端固定在壳体上，另一端连接在低压侧膜片的中部。作用在高压侧膜片上的压力，通过密封硅油传递到低压侧膜片的内侧，而外侧为低压，因此在低压膜片上产生了与两侧差压 Δp 成正比的力，这力就是作用在振弦上的张力 T。

根据虎克定律，振弦的应力可由式（8-47）表示，即

$$\sigma = \frac{\Delta l}{l} E_C \tag{8-47}$$

式中　　E_C——振弦材料的弹性模量；

　　　　Δl——振弦受应力后长度的变化，即膜片的中心位移。

$$\Delta l \approx 0.17 \frac{\Delta p R^4}{E_m h^4} \tag{8-48}$$

式中　　Δp——被测差压；

　　　　R，h——膜片的有效工作半径和厚度；

　　　　E_m——膜片材料的弹性模量。

综合以上各式可得

$$f_0 = \frac{1}{2l} \sqrt{\frac{0.17 R^4 E_C}{l \rho h^3 E_m}} \sqrt{\Delta p} = K \sqrt{\Delta p} \tag{8-49}$$

式中　　K——系数，$K = \dfrac{1}{2l} \sqrt{\dfrac{0.17 R^4 E_C}{l \rho h^3 E_m}}$。

因此，当振弦、膜片材料和尺寸等确定后，K 为常数，就可通过测量振弦固有频率来求得被测差压 Δp。

金属振弦处于磁场之中，并作为一个等效的并联 LC 回路连接到电子放大器输入端，组成力电耦合的自激振荡器。电路接通时，有一个初始电脉冲流经振弦，振弦在磁场中将受到电磁感应力而振动，其振动频率为弦的固有频率。自激振荡器不断补充能量来抵偿振弦在内封液中的阻尼耗能，维持持续的等幅振荡。当差压为零时，固有频率约为 2kHz，全量程差

压所产生的频率变化约为 40%。如图 8-49 所示，振荡频率脉冲经晶体管开关电路整形后输出。由于振荡频率与差压平方根成正比，因此，输出信号需经平方运算和频率电流转换，才能得到与被测差压成正比的 4～20mA 的统一直流信号输出。但当用它来配合节流装置测量流量时，由于

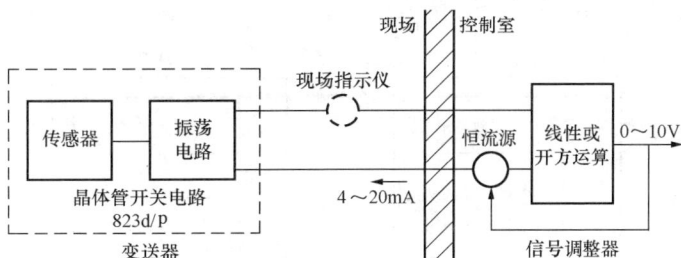

图 8-49 频率传递方式

节流装置的输出差压与被测流量平方成正比，所以振弦差压变送器的输出频率就与流量成正比，这是它在流量测量系统中应用的方便之处。

振弦式差压变送器的输出为频率信号，因此具有较强的抗干扰能力。而且零漂小、温度特性好、准确度高，通常为 0.2 级，易于与计算机等数字监控系统连接，这是其优点。

第四节　HART 协议原理与应用

国际电工委员会（IEC）、美国仪器仪表学会标准实施委员会（ISA′S SP50）等组织出于使工业现场仪表体系结构一体化的构思，提出了现场总线（field bus）的构想，即采用数字信号取代目前所用的 4～20mA 模拟信号。考虑到模拟信号已大量应用在电力、化工、冶金等一系列工业领域，急于实现全数字化不现实，为满足从模拟到全数字的过渡，美国 Rosement 公司推出了 HART（highway addressable remote transducer）协议，它是一种可寻址远程传感器的开放式通信规程，将数字信号以电流脉冲的形式调制在 4～20mA 的模拟信号上，既保留了原有的模拟信号，又建立了数字交换方式，解决了现场智能变送器与控制室设备之间的数字通信问题。目前基于 HART 协议的智能仪表在国内外应用已十分广泛，世界各大仪表公司基本上都能提供带 HART 协议的智能仪表。

HART 协议的主要优点有：①便于仪表和控制回路的调试；②在系统运行时，协助运行人员做出在线判断，减少设备意外停运；③通过网络对现场仪表进行实时维护管理，提高工作效率。

由于 HART 协议的优点突出，得到了工业领域广泛的认同，已成为全球应用最广泛的现场通信协议。

一、HART 协议原理

1. HART 协议的通信方式

HART 协议采用半双工的通信方式，为主从方式。如图 8-50 所示，在通信过程中，主机（上位机）发送命令帧，从机（现场设备）通过串行口终端接收到命令帧后，由通信单元作相应的数据处理，产生应答帧，并触发发送终端发出应答帧，从而完成一次命令交换。在发送应答帧之后，再次进入等待状态，等待下一条主机命令。

2. HART 协议的硬件组成

硬件组成如图 8-51 所示。具有 HART 协议的智能设备的关键部分是 HART 通信部分，主要由 D/A 转换部件和 Bell202 MODEM 及其附属电路组成。其中，D/A 转换部件的

作用是将数字信号转换成电压信号，再通过 V/I 电路转换为 4～20mA 电流信号。Bell202 MODEM 及其附属电路的作用是将叠加在 4～20mA 环路上的 FSK（frequency shift keying）频移键控信号解调为 1、0 的命令帧数字信号，或者是将 MCU（micro control unit，微控制单元）输出的数字信号调制为 FSK 信号。

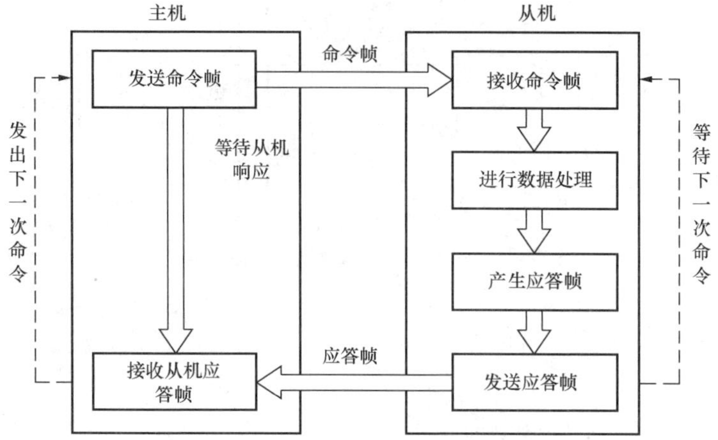

图 8-50　HART 协议通信方式示意

图 8-51 中，带通滤波放大电路将叠加在 4～20mA 环路上的 FSK 信号进行带通滤波放大，HART MODEM 将滤波放大后的 FSK 信号解调为 1、0 的主机命令帧数字信号，交由 MCU 作相应的数据处理；处理完成后 MCU 产生应答帧数字信号，HART MODEM 将其调制成相应的 1200Hz 和 2200Hz 的 FSK 信号，经滤波整形电路波形整形后，由 D/A 转换部件的附属电路叠加在 4～20mA 环路上发出。由于这两种频率的正弦信号叠加在直流模拟信号上传送，因此模拟通信和数字通信可同时进行。且因为 FSK 信号的平均值为 0，所以 4～20mA 信号不受影响。

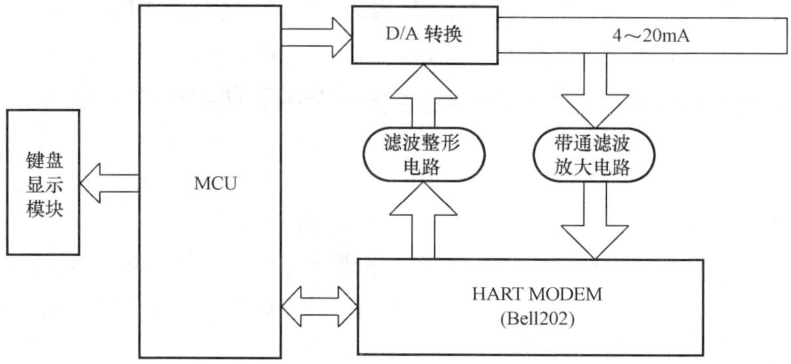

图 8-51　HART 协议通信模块硬件结构框图

3. HART 协议的结构

HART 协议是以国际标准化组织的开放性互联模型为参照，简化并引用其中的物理层、数据链路层和应用层来制定的，共有三层。

第一层：物理层。该层规定了信号的传输方法、传输介质，实现了模拟通信和数字通信同时进行而又互不干扰。该协议采用 Bell202 国际标准频移键控技术 FSK，将幅值为 ±0.5mA 的正弦信号调制在 4～20mA 模拟电流信号上，实现了模拟信号和数字信号的兼容传送。数字信号的传送波特率设定为 1200b/s，信号频率 1200Hz 代表逻辑"1"，2200Hz 代表逻辑"0"，信号幅值 0.5mA，如图 8-52 所示。

通信介质的选择由传输距离长短而定。通常采用双绞同轴电缆作为信号传输线，其最大传输距离可达到 1500m，要求线路总阻抗应在 230～1100Ω 范围内。

第二层：数据链路层。规定了 HART 通信数据的结构。一个完整的 HART 数据帧由前导码、帧前界定码、地址码、HART 命令、字节数、状态数据（变送器向设备通信时才有）、数据、校验字节等组成，如图 8-55 所示。每个独立的字符包括 1 个起始码、8 个数据位、1 个奇偶校验位和 1 个停止位。由于数据的有无和长短并不恒定，所以 HART 数据帧的长度也是不一样的，最长的 HART 数据帧包含 33 个字节。

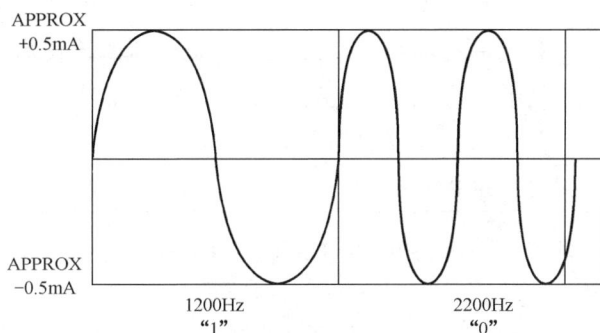

图 8-52 FSK 信号波形图

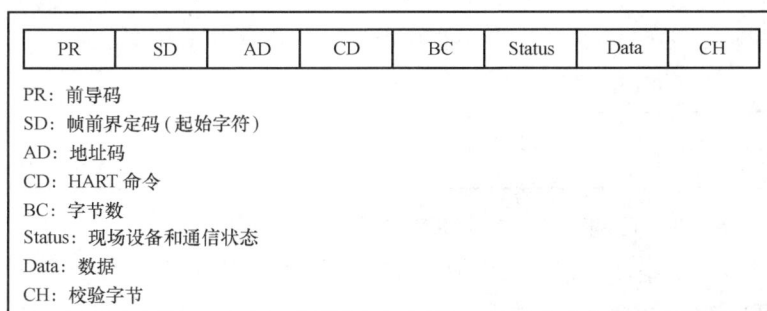

图 8-53 HART 数据帧的结构

前导码：HART 协议采用 2 到 20 个十六进制的"FF"字节作为接收仪器的同步信息，主机或控制系统可通过链路层管理命令设定同步字节个数，一般取 5 个字节。

帧前界定码：表示 HART 帧的开始，定义了帧的类型及寻址格式，长度为一个字节。根据帧前界定码的低 3 位 b2b1b0 可以把 HART 帧分为应答帧、请求帧和阵发帧。根据帧前界定码的最高位 b7 可以把 HART 帧寻址信息分为长格式和短格式。长格式时应答帧、请求帧和阵发帧数据分别为 0x84、0x82、0x81；短格式时应答帧、请求帧和阵发帧数据为 0x04、0x02、0x01。

地址码：HART 帧按地址的长度可分为长帧和短帧。短格式地址长度为一个字节，低 4 位 b3b2b1b0 表示"从设备"的地址号，范围为 0～15。长格式地址长度为五个字节，由第一字节的低 6 位及其后连续四个字节共 38 位构成，分别代表 6 位仪表制造厂商标识代号，8 位仪表类型代码及 24 位仪表序列号。主机在请求通信时命令帧用短格式，而发送其他命令时用长格式。

命令：表示现场仪表所要执行的功能，命令号的有效范围为 0～255。

字节数：表示后续数据的长度以及 HART 帧的结束位置。

状态数据：长度为两个字节，第一字节表示数据通信状态及现场仪表命令执行结果；第二字节表示现场仪表的工作状态。

数据：表示与命令相关的数据。

校验字节：表示从帧前界定码开始对所有字节进行异或操作运算，确保通信数据无差错传送。

主机按异步串行通信方式发送命令并接收仪器应答的信息，下面介绍带 HART 功能的智能变送器与微机连接进行通信时数据帧形成的过程。

（1）主机形成读仪器标识的命令帧：

FF FF FF FF FF	02	80	00	00	82

前导码 PR：FF FF FF FF FF；5 个 FF 字节，是链路同步码，作为接收设备的同步信息

界定码 SD：02；采用短帧格式时，主机给仪器信息的起始字符

地址 AD：80；表示主设备发送给地址为 0 的从设备

命令字 CD：00；读仪器标识命令

字节数 BC：00；表示不发送数据和状态字

校验码 CH：82；采用异或逻辑运算求校验和，追加在字节数后，形成完整命令

（2）从机发送给主机的应答帧：

FF FF FF FF FF	04	80	00	0E	00 00	FE 85 54 05 05 06 0C 00 00 41 43 2C	82

前导码 PR：FF FF FF FF FF；5 个 FF 字节，是链路同步码

界定码 SD：04；采用短帧格式时，从机应答帧的起始字符

地址 AD：80；从设备地址为 0

命令字 CD：00；读仪器标识命令

字节数 BC：0E；表示有 14 个字节的返回数据

状态 Status：00 00；表示此时通信正确

数据 Data：FE 85 54 05 05 06 0C 00 00 41 43 2C；其中 85 代表仪表厂商，54 代表仪表类型，41 43 2C 代表仪表序列号

校验码 CH：82

（3）主机形成读仪器数据命令帧：

FF FF FF FF FF	82	85 54 41 43 2C	01	00	7C

前导码 PR：FF FF FF FF FF；5 个 FF 字节，是链路同步码

界定码 SD：82；用长帧格式时，主机给仪器信息的起始字符

地址 AD：85 54 41 43 2C；从设备应答主机时返回的地址，主机向从设备发送其他命令时把该地址作为命令帧中的地址码

命令字 CD：01；读仪器主变量

字节数 BC：00；表示不发送数据以及状态字

校验码 CH：7C

第三层：应用层。这一层为 HART 命令集，智能设备从这些命令中辨识对方信息的含义。

HART 命令分为三类：

通信命令——可被所有现场仪表接受，例如，读取制造厂商和产品型号信息、读取过程变量及其单位、读取电流百分比输出等。

普通命令——提供可被绝大多数（不是全部）现场仪表执行的功能，但各个产品可视自身需要有所取舍。它用于常用的操作，如设置量程、设置过程变量单位、写阻尼时间常数等。

专用命令——提供仅限于特定仪表的功能，只有一个或几个设备适用，该命令完成对每个设备实现标定、特殊数据处理等特殊功能。

二、HART 协议的应用

目前智能变送器市场中符合 HART 协议的产品已占 76％以上。现在支持 HART 协议的仪表制造商超过 130 家，包括 ABB，Foxboro，FuJi，Smar，Moore 等公司。HART 协议是目前开放通信协议中支持厂家最多的协议。通过 HART 基金会认证的 HART 仪表品种已经达到近 500 种。其中，压力仪表 61 种，温度仪表 48 种，流量仪表 91 种，物位仪表 84 种，分析仪表 99 种，执行器 12 种，阀门定位器 33 种。为了推广 HART 协议技术，由 HART 通信基金会 HCF（HART Communication Foundation），向 HCF 的成员开放（目前世界上已有约 200 家公司参加了 HART）。任何厂家都可以按照协议规定的标准开发自己的产品。

HART 通信的应用通常有三种方式，第一种是用手持通信终端（HHT）与现场智能仪表进行通信。通常，HHT 供仪表维护人员使用，不适合工艺操作人员监控使用。HHT 完全用手操作，无法自编程序对智能仪表进行自动操作，这种方式简单，但只能实现两点临时通信。第二种方式为带 HART 通信功能的控制室多站监控仪，它可与多台 HART 仪表进行通信组态，实现小规模控制系统。第三种方式是通过硬件转换接口或多路转换器和通信驱动软件实现 HART 底层网络与 PC 或 DCS 通信站进行网络通信，这种方式的特点是人机界面、控制和管理功能丰富灵活。

下面介绍 HART 协议在流量测量上的应用例子，即基于 HART 协议的智能涡街流量变送器。图 8-54 所示为该变送器的系统结构。

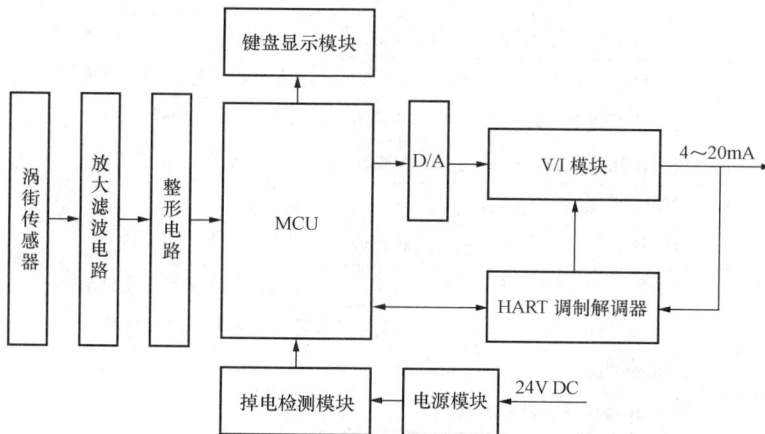

图 8-54　HART 涡街流量变送器的系统结构

该智能涡街流量变送器主要有信号放大整形电路、键盘显示模块、掉电检测模块、

HART 调制解调器等硬件构成。

信号放大整形电路是将传感器输出的小信号进行滤波与放大，再经施密特触发电路进行整形，转换为 MCU 可以测量的方波信号。

键盘显示模块主要由液晶显示屏和键盘组成，主要用于涡街流量计参数设置和修改，并在测量状态下显示实时流量。

掉电检测模块对外部供电电压进行监测，在系统掉电瞬间产生中断，MCU 立刻启动中断程序将累积流量等重要数据存储到非易失性存储器中。

电源模块将仪表安装现场提供的 24V 直流电压转换为合适的电压提供给其他电路模块。

HART 通信模块一方面将 MCU 输出的数字量经 D/A 与 V/I 转换得到对应的 4～20mA 电流；另一方面 HART 调制解调器将叠加在电流环路上的 FSK 数字信号解调后，再经过通用串行接口送入 MCU，并将 MCU 发送的应答帧调制成 FSK 数字信号，叠加在 4～20mA 电流信号上发送出去。

这里主要介绍 HART 通信模块。该通信模块由微处理器、HART 调制解调芯片 A5191HRT 和电流环产生电路组成。

A5191HRT 芯片内部集成了符合 Bell202 标准的调制解调电路，与微处理器接口方便，外围电路简单，工作可靠性高，便于构建基于 HART 协议的智能现场仪表通信模块。

A5191HRT 芯片的引脚功能见表 8-4。

表 8-4　　　　　　　　　　　　　　A5191HRT 的引脚功能

引脚号	功　　　　能
IAREF	模拟参考电压输入脚，设置内部运算放大器和比较器的直流参考电压
ICDREF	载波检测参考电压输入脚
INREST	片内数字逻辑电路的复位控制信号输入脚，低电平有效
INRTS	发送请求信号输入脚，信号为低电平有效，使调制器工作
IRXA	模拟接收信号输入脚，输入片外滤波器滤波后的 1200Hz/2200Hz 调制信号
IRXAC	模拟接收比较器输入脚，载波检测比较器和接收滤波器比较器输入信号
ITXD	数字发送信号输入脚，用于向调制器输入需要发送的非归零数字信号
IXTL	460.8kHz 时钟信号输入脚，连接内部晶振或在使用外部时钟时接地
OCBIAS	比较器偏置电流输出脚，用于设置内部比较器和放大器的工作参数
OCD	载波检测输出脚，检测到 IRXA 脚输入有效的调制信号时输出高电平
ORXAF	模拟接收滤波器输出脚
ORXD	数字接收信号输出脚，输出完成解调以后的数字信号
OTXA	模拟发送信号输出脚，ITXD 脚的输入信号经调制和整形后由此输出
OXTL	460.8kHz 时钟信号输出脚，连接内部晶振或输入外部时钟信号
TEST（12：1）	厂家测试脚
VDD/VDDA	数字电源/模拟电源输入脚
VSS/VSSA	数字地/模拟地

HART 通信模块电路如图 8-55 所示。

在图 8-55 中，经过滤波器滤波后的 1200Hz 和 2200Hz 调制信号，由 A5191HRT 模拟

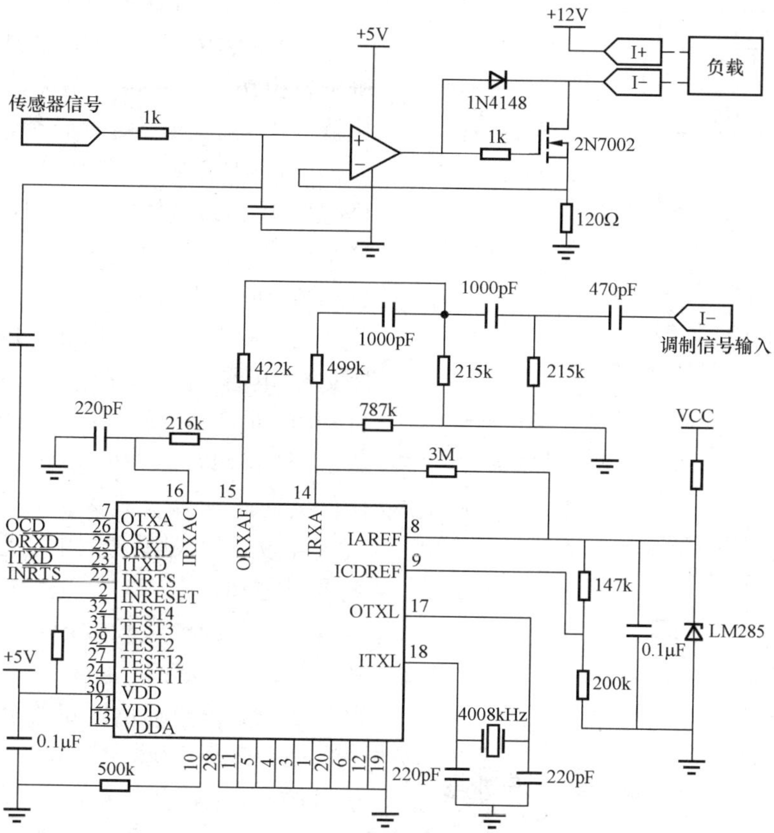

图 8-55 HART 通信模块电路

接收信号输入端 IRXA（14 引脚）进入内部调制解调器，被解调后由数字接收信号输出端 ORXD（23 引脚）输出到 MCU。同时，当 A5191HRT 检测到 IRXA 引脚输入为有效的调制信号时，载波检测输出端 OCD（26 引脚）就会输出高电平到 MCU 的 UART，触发 MCU 进入中断。中断程序接收来自 ORXD（23 引脚）的解调信号，解释命令并做相应的数据处理。处理完后 MCU 产生应答帧，通过 UART 发送到 A5191HRT 的数字发送信号输入端 ITXD（22 引脚），由内部调制器调制成 FSK 信号，并通过模拟发送信号输出端 OTXA（7 引脚）叠加到 V/I 电路的输入端。

电压/电流转换采用 V/I 转换电路，输入电压范围为 0～2.5V，工艺电阻选用阻值为 120Ω 的精密电阻，当输入电压为 2.4V 时，输出电流为 20mA。V/I 转换电路中的 1N4148 二极管作用是在电流输出开路，工艺电阻上流过的电流由运放输出端提供时，避免运放工作在饱和状态。图 8-55 中 I+ 与 I- 分别为 4～20mA 电流环路两端口。

下面对 HART 通信子程序作简要介绍。

HART 总线为半双工模式，当流量变送器接收到通信主机（上位机或手操器）命令帧后，由微处理器做出相应的数据处理，并产生应答帧。为了能够及时地接收到主机发送的命令又不影响主程序正常运行，HART 通信功能主要由中断程序来完成。当 A5191HRT 的载波检测输出脚 OCD 变为高电平时，触发硬件中断，MCU 完成主机命令的接收和处理后，生成相应的应答帧，在完成应答后，退出中断子程序。HART 通信程序流程图如图 8-56 所示。

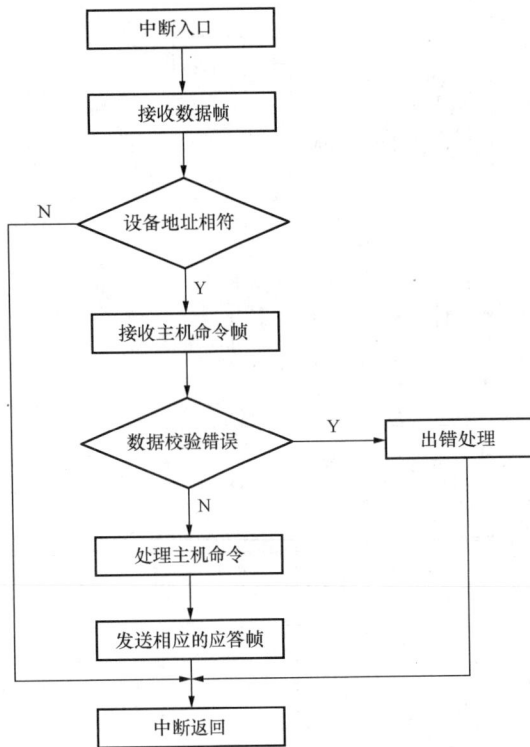

图 8-56　HART 通信程序流程图

应用 HART 协议应注意的问题如下：

（1）HART 协议采用主从访问方式，主机不发出访问信号，从机无法主动将组态变化情况上传，在应用时必须注意到这一点。另外，HART 协议技术的应用不仅要考虑 HART 协议现场智能仪表的选用，还应考虑 HART 协议控制系统中从机、主机的 HART 功能配套问题。

（2）HART 协议所允许的通信最大传输距离依电缆类型和连接的设备数量确定。HART 通信频率较高（1～2kHz），要求网络的时间常数 $T=RC$ 不大于 $0.65\mu s$，通信网络的时间常数 T 过大会使传输信号严重失真，导致通信失败。电阻 R 是负载电阻和电缆电阻之和，电容 C 是电缆电容和所连装置电容之和。当电缆长度超过限制时，其增加的电阻和电容对时间常数 T 的影响不能忽略。所以必须对通信回路的阻抗加以限制。

（3）现场电源、仪器以及线路对 HART 信号的干扰比较严重，尤其是频率在 1～2kHz 左右的高频电磁干扰，会使 HART 变送器产生错误信号。所以，应考虑 HART 仪表通信电缆与动力电缆的间隔距离以及与其他现场线路间的信号隔离。

第五节　压力和差压测量仪表的校验和使用

测压仪表的正确使用和定期校验是保证正确测量的重要条件，电厂中校验测压仪表的标准器有两类，一类是活塞式压力计，常用于 10^5 Pa 压力以上，另一类是液柱式压力计，用于 0～10^5 Pa 压力范围。在低压范围内也可用空气浮球式压力计来代替液柱式压力计作标准器。

一、校验测压仪表用标准器

1. 活塞式压力计

活塞式压力计的工作原理是，用直接作用在已知活塞面积上的砝码重力来平衡被测压力，从已知的活塞面积和砝码重量，求得被测压力值，其外形如图 8-59 所示。在油杯、加压泵以及管路中充有清洁的变压器油或蓖麻油。在压力表接头上接上被校验的压力计，活塞上部的砝码盘上加上一定重量的砝码，摇动手轮经加压泵使系统中的油压升高，直至活塞被压力油顶起到一定高度。这时压力计的指示值应等于砝码、砝码盘、活塞等总重量除以活塞的有效面积（即油压）。因为活塞与活塞筒之间精磨配合，尺寸十分精确，活塞有效面积可准确测定，砝码重量经准确标定，因此系统中油压是可以准确确定的。活塞式压力计的准确度等级及允许的基本误差见表 8-5。电厂中一般配置二等及三等标准活塞式压力计。可采用准确度较高的活塞式压力计来校验标准弹簧管压力表。在校验时，为了减少活塞与活塞筒之间的静摩擦力的影响，用手轻轻拨转砝码盘，使活塞旋转。另外，使用时要保持活塞处于垂直位置，这点可通过调整仪器底座螺钉，使底座上的水准泡处于中心位置来满足。如被校验压力表的准确度不高。则不用砝码校验，而在另一个压力表接头上装上标准压力表来校验，这时要关闭针阀8。在加压时可逐点比较标准压力计和被校压力计的读数。为了检查被校压力计的变差，校验应分上、下行程进行。

表 8-5　活塞式压力计的准确度等级

准确度等级	允许基本误差
国家基准压力计	±0.002%
工业基准压力计	±0.005%
一等标准压力计	±0.02%
二等标准压力计	±0.05%
三等标准压力计	±0.2%

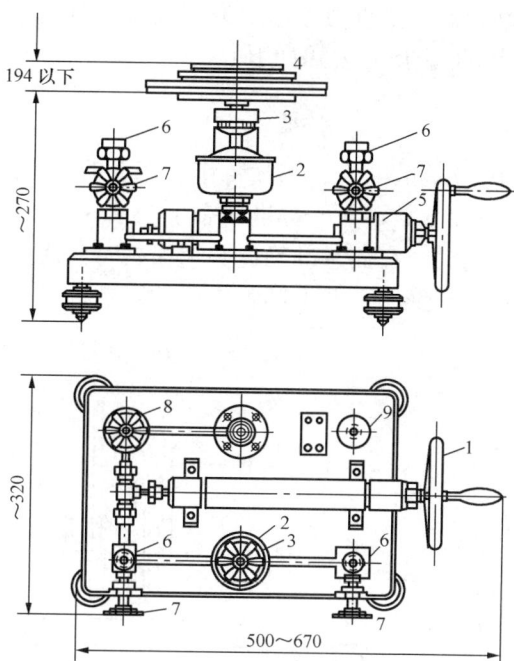

图 8-57　标准活塞式压力计
1—手轮；2—油杯；3、7、8—针阀；4—砝码；
5—加压泵；6—压力表接头；9—水准泡

当砝码盘和活塞的重力为 G_0，平衡时所加砝码重力为 G 时，系统中的油压为

$$P = \frac{G + G_0}{A_0} \tag{8-50}$$

式中　A_0——活塞有效面积，不等于活塞的几何截面积，其数值可通过与计量管理部门的基准活塞式压力计比较求得。

由于活塞有效面积对于一台活塞式压力计来说是一常数，因此，根据式（8-50）可对不同重量的砝码和砝码盘直接标出压力数值，被测压力等于砝码盘上和所加砝码上所标压力的总和。

应注意，砝码上所标的压力数值是标准重力加速度 g_0 的数值。当使用地点的重力加速度不等于标准重力加速度时，读数应作修正。另外，活塞有效面积受环境温度影响。因此，当准确度要求很高时，应考虑上述两种因素的影响，并对读数作修正。

活塞式压力计的测量范围可分为以下各种规格：

绝对压力：2~400kPa

负压：0~100kPa

压力：10~250kPa，40~600kPa，0.1~6MPa，0.5~30MPa，1~60MPa，5~250MPa，20~1000MPa，40~2500MPa。

2. 液柱式压力计

液柱式压力计可用于0.1MPa以下的压力和负压测量仪表校验，其形式已在第一节中叙述。应该注意，用液柱高度来表示压力时，必须知道封液的密度 ρ，当地的重力加速度 g。而封液密度与仪表环境温度有关。因此，通常要将读数换算成标准状态下的液柱高度 h_0。

标准状态是指重力加速度为标准重力加速度（$g_0 = 980.665\text{cm/s}^2$），温度对水为 4℃；对水银为 0℃。换算公式如下：

$$h_0 = h \frac{\rho g}{\rho_0 g_0} \qquad (8-51)$$

式中　h、ρ、g——实际工作状态下的液柱高度、封液密度和当地重力加速度；

$\quad$ h_0、ρ_0、g_0——标准状态下的液柱高度、封液密度和重力加速度。

　　另外，在测量准确度要求很高时，还应考虑实际测量时由于偏离分度温度（20℃），标尺产生热膨胀以及毛细管作用的影响，对液柱高度读数由此而产生的误差进行修正。

3. 空气浮球式压力计和负压计

在低压范围内，用气体（空气、氮气等）作为工作介质的浮球压力计代替液柱式压力计用作标准器是比较方便的，因为浮球压力计是可以输出标准压力信号，并能长时间保持压力不变的自动调节型压力计。图 8-58 所示为空气浮球式压力计的原理，它是利用空气轴承的原理工作的。当打开阀 A 后，来自压力源的空气经过流量计和稳压罐供给浮球式压力计，这时浮球（钢球）上浮，并带动重锤上浮，在输出 B 端就得到与重锤重力 G

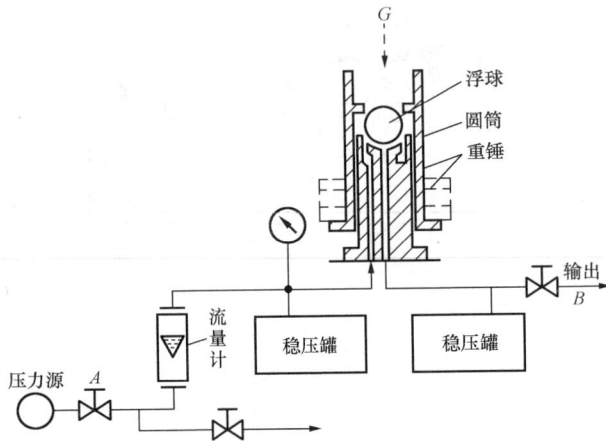

图 8-58　空气浮球式压力计

相对应的标准压力输出。此压力接被校压力表后，就可用所加重锤的重力数值来校验压力表的指示值。

　　严格地说，输出压力与空气流量有关，所以使用时，要用流量计来监视并用阀门将流量调整到规定的范围内。由于输出压力与工作介质黏度无关，又无摩擦影响等原因，仪表灵敏度高，准确度可达 ±0.03%，测量范围为 0.01~0.4MPa。

　　负压测量可采用浮球式负压计，如图 8-59 所示。其结构与浮球式压力计基本相同，只是在浮球上设置了一个玻璃真空罩；专用砝码（重锤）吊在浮球下面。

　　当系统与真空泵连接时，玻璃真空罩内的气体被抽掉，这时钢球浮起。当吊挂在浮球下方的专用砝码产生的压力与罩内负压平衡时，浮球便处于自由悬浮状态。计算专用砝码的质量（或重力）就可知道负压的大小。

二、压力量值传递系统

根据压力量值传递的需要，将所有的

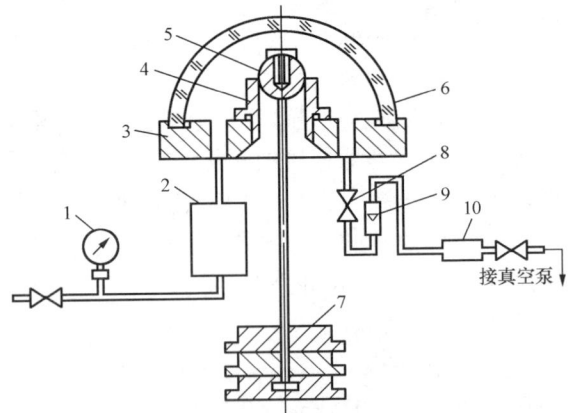

图 8-59　浮球式负压计示意

1—被测压力表；2—稳压器；3—底座；4—喷嘴；
5—浮球；6—玻璃真空罩；7—专用砝码；8—阀门；
9—流量计；10—稳压箱

压力仪器仪表分为基准的、标准的和工作用的三大类。所有基准器一般仅提供计量用标准量值，它可分为基准器、副基准器或工作基准器。标准器用于标准压力量值的传递和精密测试。标准器压力计一般分为一等标准器、二等标准器和三等标准器。工作用仪器主要用于工程测试，直接测试被试验点的压力，工作用仪器的级别一般分为 1 级，1.5 级，2.6 级和 4 级。

按照各类压力仪器仪表的测量范围、用途、准确度等级和压力量值的传递次序等编成的压力量值传递系统表，见表 8 - 6。

表 8 - 6　　　　　　　　　　　　　压力量值传递系统表

级　　别	测量范围及基本允差	使用和保存单位
基准器	0.04～10MPa　±0.002% 气压计 133kPa　±0.7Pa	国家级 中国计量科学研究院
工作基准器	0.04～60MPa　±0.005%	国家级 中国计量科学研究院 主要部门和大区级
一等标准器	0.04～250MPa　±0.02%	省市和地区级 各省市计量机构 各地区计量站
二等标准器	0.04～2500MPa　±0.05%	主要企事业单位
三等标准器	0.04～2500MPa　±0.2%	各企事业单位
工作用压力 仪器仪表	各种测量范围　±（0.5～4.0）%	各种使用场合

三、测压仪表的使用

测压仪表的选用与被测压力的种类（压力、负压、绝对压力或差压等），被测介质的物理、化学性质和参数（温度、黏度、腐蚀性与爆炸性等），用途（标准、指示、记录和远传等），以及要求的测量准确度，被测压力的变化范围等有关。

我国测压仪表是按系列生产的，其标尺上限刻度值为 1，1.6，2.5，4，6×10^nPa 或 MPa（n 为 0 或正整数）。

为了保护测压仪表，一般不允许压力计指针经常处于刻度上限处，但选用测量范围过大的仪表又会影响测量结果的准确性。如果被测压力相当稳定，则被测压力的正常值应在压力计测量范围的 2/3 处；如果被测压力经常变动，则其正常值应在压力计测量范围的 1/2 处。

对于某些特殊的介质，如氧气、氨气等专用性压力表，不能误用。氧气压力表在安装、使用和校验中禁止接触油类。

此外，在安装、使用中还应注意：

（1）取压管口应与工质流速方向垂直，与设备内壁平齐，不应有凸出物和毛刺，这点对于保证测量较低静压力的准确性尤为重要。

图 8 - 60 所示为取压孔边缘形状对静压测量的影响。

（2）防止仪表感受件与高温或有害的被测介质直接接触，为此，在测量高温蒸汽时在表计前要装设冷凝盘管，测量含尘气体压力时表计前应装设灰尘捕集器，测量腐蚀性介质时应

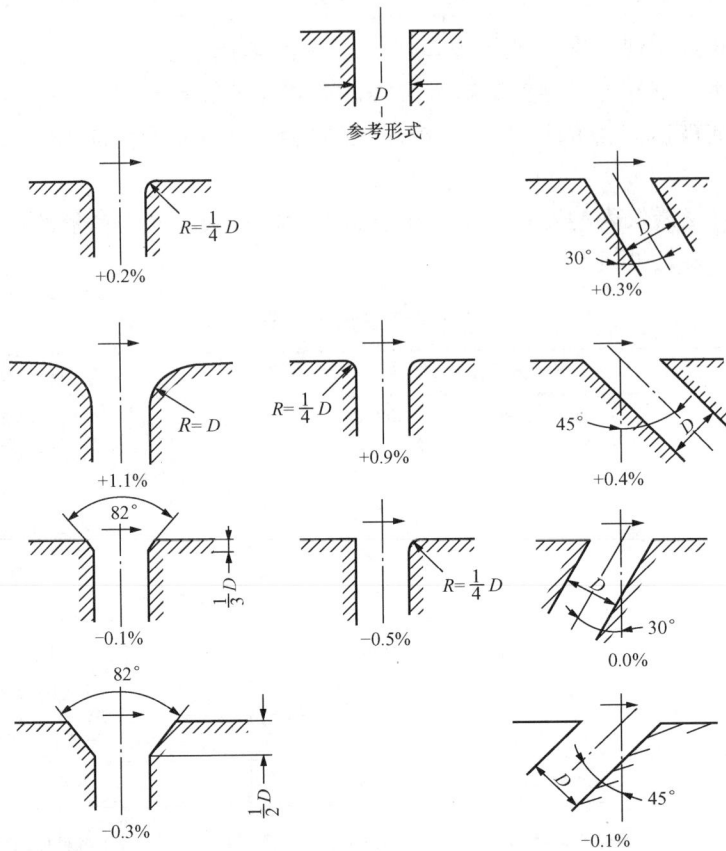

图 8-60　取压孔边缘形状对静压测量的影响

加装隔离容器等。

（3）仪表与取压口如果不在同一水平上，则应注意校正由于两者高度差对仪表读数造成的额外误差。特别应注意在测量蒸汽介质的差压时，必须保证两侧信号管路中凝结水液面在同一高度，并应使两信号管路中的凝结水温度一致。例如，在测量蒸汽流量时，孔板等节流件所产生的差压从蒸汽管道上引出处，要加装两个大截面的凝结容器，并通过不断的冷凝和溢流使凝结容器中凝结水液面始终等高度。两根信号管路应平行布置，使它们的温度相等。

（4）测量气体介质的压力取出口位置一般在工艺管道上部，测量蒸汽的应在工艺管道的两侧，测量液体的应在工艺管道的下部。信号管路上在靠近取压口处应装有隔离阀，便于在仪表或信号管路发生故障时切断仪表。信号管路的敷设应有一定的倾斜度，在信号管路的最高处应有排气装置（测量液体或蒸汽时），在信号管路的最低处应有排水装置（测量气体时）。

为了便于进行现场校验和冲洗信号管路，在靠近仪表处可装设三通阀。在投入仪表时应缓慢打开阀门，避免仪表承受压力的突然冲击。对于差压计，在冲洗信号管路等操作时应特别当心，防止仪表单向受压而损坏。

第九章　流体流量的测量方法

在热力发电厂中，流体（水、蒸汽、油等）的流量直接反映设备的负荷高低、工作状况和效率等运行情况。因此，连续监视流体的流量对热力设备的安全、经济运行及能源管理有着重要意义。

流体流量就是单位时间内流过某一截面的流体的量，称为瞬时流量。在某一段时间间隔内流过某一截面流体的量称为流过的总量。显然，流过的总量可以用在该段时间内瞬时流量对时间的积分得到，所以总量常称为积分流量或累计流量。总量除以得到总量的时间间隔就称为该段时间内的平均流量。

流体的流量可以用单位时间内流过的质量$\left(q_m = \dfrac{\mathrm{d}m}{\mathrm{d}t}\,\mathrm{kg/s}\right)$表示，称为质量流量，也可以用单位时间内流过的体积$\left(q_V = \dfrac{\mathrm{d}V}{\mathrm{d}t}\,\mathrm{m^3/s}\right)$来表示，称为体积流量。它们之间的关系为

$$q_m = \rho q_V \tag{9-1}$$

式中　ρ——流体密度，它随工质状况而变。

因此给出体积流量q_V的同时，必须指明被测流体的密度。在测量气体流量时，为了便于比较，常将测得的体积流量q_V换算成标准状态下的体积流量q_{Vn}，称为标准体积流量（$\mathrm{m^3/s}$）。它们之间的关系为

$$q_{Vn} = \frac{\rho}{\rho_n} q_V \tag{9-2}$$

式中　ρ_n——标准状态（温度为20℃和压力为101 325Pa绝对压力）下的被测气体密度。对于一定的被测气体，ρ_n是定值，所以已知标准体积流量，也就确定了其质量流量q_m。

目前工业上常用的流量测量方法大致可分为容积式、速度式和质量式三类，速度式测量方法中又以差压流量测量方法使用最为广泛，故单独列为一类。本章将按此四类测量方法对流量测量仪表进行介绍。

第一节　容积式流量测量方法

容积式流量测量方法是通过测量单位时间内经仪表排出的流体的固定容积V的数目来实现的。如果单位时间内排出固定容积的数目为n，则流体的体积流量$q_V = nV$。常用的容积式流量计有椭圆齿轮流量计、腰轮流量计、刮板式流量计和湿式气体流量计等。

椭圆齿轮流量计是最常见的一种容积式流量计，用于测量各种液体，特别是高黏度液体的流量。其工作原理是，一对相互啮合的椭圆齿轮在流体差压作用下交替地相互带动绕各自的轴旋转，如图9-1所示。每转一周，排出四份齿轮与仪表壳体之间形成的月牙形空腔容积的液体。因此只要测出齿轮转速就能知道流体的容积流量。齿轮转轴可与机械积算部分相连，也可采用齿轮转速的电量变送。腰轮流量计的原理与椭圆齿轮流量计相同，只是两腰轮的转动是由壳体外同轴上的一对啮合齿轮来相互带动的，如图9-2所示。腰轮流量计除能

测量液体流量外，还能用于测量气体流量。由于腰轮上没有齿，所以对流体中的固体杂质没有椭圆齿轮流量计那样敏感。刮板式流量计如图 9-3 所示，它的工作原理是，在流体差压作用下转子旋转，转子上有两对可以内外滑动的刮板，转子转动带动刮板的滚轮在中心静止凸轮的外缘上滚动，使刮板随转子转动角度不同作内外滑动，转子每转一周就有四份由两片刮板与壳体之间的计量容积液体排出。湿式流量计主要用于实验室高准确度气体容积流量测量。如图 9-4 所示，气体从位于水面以下中心位置的气体入口进入，推动转翼转动，从气体出口排出。每转一周就排出四份一个转翼所包围的固定容积的气体。使用时必须严格保持仪表水平放置和水面位置的恒定。

　　从原理上讲，容积式仪表的准确度受流量大小、流体黏性的影响很小，特别适用于小口径管道流量和高黏度流体流量测量。在测量总量时，这类仪表的准确度很高，一般可达 $\pm(0.1\sim0.5)\%$，但仪表有转动部分，惯性较大，动态特性不好。

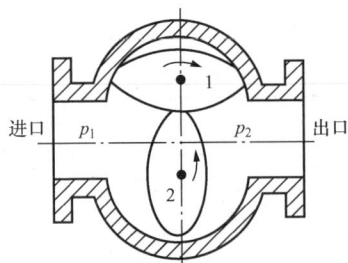

图 9-1　椭圆齿轮流量计

1、2—啮合的一对椭圆齿轮

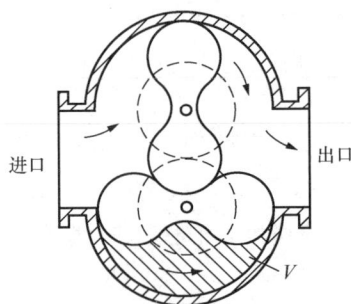

图 9-2　腰轮流量计

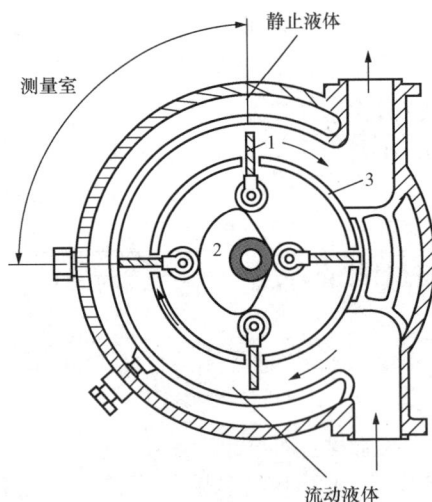

图 9-3　刮板式流量计

1—刮板；2—凸轮；3—转子

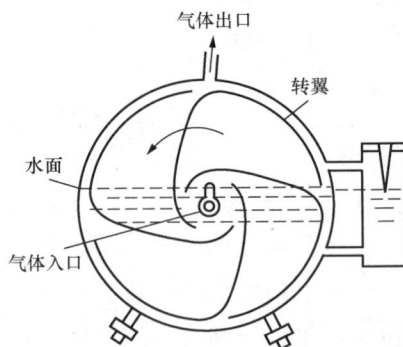

图 9-4　湿式气体流量

　　前三种类型的容积式流量计，由于齿轮等运动部件与壳体之间存在间隙，在仪表进出口差压作用下，存在着通过间隙的滑漏量，从而引起测量误差。在小流量时，由于滑漏量相对比较大，误差就很大，因此只有在一定的流量以上（如 15％～20％满量程）使用时才能保证有足够的准确度。当流量超过额定值时，由于仪表进出口差压增大，误差也要增大，并且过大的流量会造成仪表转动部件的迅速磨损，甚至损坏。

　　滑漏量与流体黏度有关，黏度较高的流体滑漏量较小，误差也较小。因此，对于容积式流量计，为达到较高的准确度，一般需要通过实验进行实液分度。当同一台流量计测量各种不同黏度的液体时，可用以下黏度修正公式来计算由于黏度变化引起的仪表误差的变化：

$$\delta = \delta_1 + \delta_2 - \delta_1 \frac{\eta - \eta_1}{\eta_2 - \eta_1} \frac{\eta_2}{\eta} \tag{9-3}$$

式中　δ、δ_1、δ_2——流体黏度分别为 η，η_1，η_2 时的仪表误差。

$$\delta = \frac{I - Q}{I} \times 100\% \tag{9-4}$$

式中　I——仪表指示值；

　　　　Q——实际通过的流体容积流量。

　　图 9-5 所示为容积式流量计的典型误差曲线，它表示了流量大小对仪表误差的影响。

　　对于湿式气体流量计，由于转翼与壳体之间有水封，故在测量小流量时仪表误差并不增大。在测量

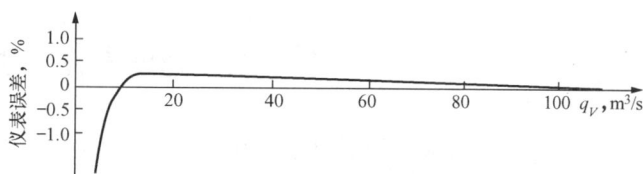

图 9-5　容积式流量计典型误差曲线

过大的流量时，由于流量引起液面波动，造成误差增大。

　　为了减小滑漏量，提高仪表的准确度，除了提高加工精度和材料的耐磨性外，还发展了伺服式容积流量计，其基本原理是，流量计的转动部件（如腰轮）由伺服电动机带动，用微差压感受元件测出流量计进出口差压，根据此差压信号来调节伺服电动机转速，保持进出口差压为零或很小，从而大大减少了滑漏量。伺服式容积流量计的准确度可达±0.1％以上，但结构复杂，设备庞大。

　　容积式流量计输出的转速信号，通过一系列齿轮减速后直接用机械计数器进行累计流量的显示，或者通过电量远传发信器进行远传及显示。电量远传发信器有干簧继电器发信、高频振荡发信、电感发信及光电发信等。其中干簧继电器及高频振荡发信的方法如下：减速后的齿轮带动永久磁铁旋转，干簧继电器的触点在永久磁铁的吸动下与永久磁铁的旋转同步闭合或断开，从而发出一个个电脉冲以供远传。此法比较简单，但干簧继电器使用寿命较短。较好的方法是利用电磁感应原理将仪表出轴的转速信号变换为电脉冲信

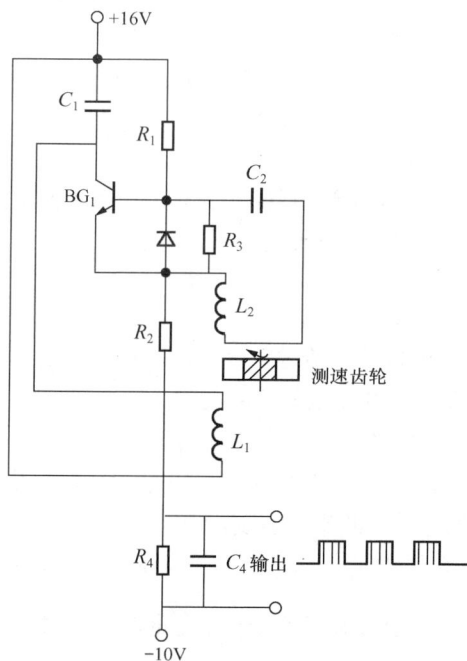

图 9-6　转速的远传

号。具体的做法是，在仪表出轴上安装一个有等距离开槽的测速齿轮，齿轮两侧的机壳上有两个电感线圈，当齿轮旋转时，槽齿相继通过两电感线圈之间，改变两电感线圈之间的互感。将两电感线圈 L_1、L_2 与电容 C_1、C_2 和晶体管 BG_1 组成振荡器（见图 9 - 6），随着 L_1、L_2 之间互感的变化，振荡器时而起振，时而停振，其起振频率 f 取决于测速齿轮的转速 $n(r/min)$ 和测速齿轮上的开槽数 z，即

$$f = \frac{z}{60}n \qquad (9 - 5)$$

振荡器输出为杂有高次谐波的方波，经过滤波、整形、放大后，进行计数显示总量，或通过"脉冲—电压"转换线路转换成模拟量，用来显示瞬时流量。

容积式流量计使用时在仪表前必须加装滤网，仪表处要加装旁路，便于经常清扫。在被测液体内有可能混入气体时，还要加装气体分离器。被测流体温度过高，不仅会增加测量误差，而且还有使齿轮等卡死的可能，因此应注意仪表的使用温度范围不能超过规定值。仪表运转中应经常注意其回转声音，如发现测量室内有反常的碰击声，应及时拆开检查。

第二节　速度式流量测量方法

速度式流量测量方法以直接测量管道内流体流速 v 作为流量测量的依据。若测得的是管道截面上的平均流速 $\bar{v}$，则流体的容积流量 $q_V = \bar{v}A$，A 为管道截面积。若测得的是管道截面上的某一点流速 v，则流体体积流量 $q_V = KvA$，K 为截面上的平均流速与被测点流速的比值，它与管道内流速分布有关。

在典型的层流或紊流分布的情况下，圆管截面上流速的分布是有规律的，即 K 为确定值，但在阀门、弯头等局部阻力后流速分布变得非常不规则，K 值很难确定，而且通常是不稳定的。因此速度式流量测量方法的一个共同特点是：测量结果的准确度不但取决于仪表本身的准确度，而且与流速在管道截面上的分布情况有关。为了使测量时的流速分布与仪表分度时的流速分布相一致，要求在仪表前后有足够长的直管段或加装整流器，以使流体进入仪表前速度分布就达到典型的层流或紊流分布，如图 9 - 7 所示。

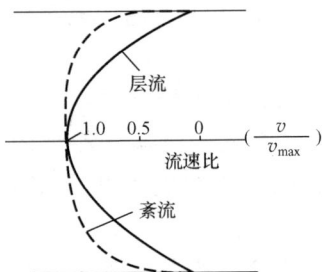

图 9 - 7　圆管内典型的层流和紊流的速度分布

对于半径为 R 的圆管，在层流（$Re_D < 2300$）情况下，由于流动分层，沿管道截面的流速分布为

$$v = v_{max}\left[1 - \left(\frac{r}{R}\right)^2\right] \qquad (9 - 6)$$

式中　v_{max}——管道中心处的最大流速；

　　　　v——管道中心处 r 的流速；

　　　　r——离管道中心 r 的距离。

也就是说，在层流情况下，流速沿管道截面按抛物面分布。由此可计算出管道截面上的平均流速 $\bar{v}$ 是在 $r_0 = 0.707\,1$ R 处，其数值为管道中心最大流速 v_{max} 的一半，而沿管道直径的流速分布为一抛物线，沿直径的平均流速 $\bar{v}_D = \frac{2}{3}v_{max}$，所以层流情况下截面上平均流速 $\bar{v}$ 是直径上的平均流速 $\bar{v}_D$ 的 $\frac{3}{4}$ 倍。

在紊流情况下，由于存在流体的径向流动，流速分布曲线随雷诺数 Re_D 的增大而逐渐变平，变平的程度还与管道粗糙度有关。对于光滑管道（即 $K_S/D < 0.004$，其中：D 为管道内径，K_S 为管道内壁的绝对粗糙度），可由如下经验公式表示圆管中紊流下的流速分布：

$$v = v_{max}\left(1 - \frac{r}{R}\right)^{1/n} \tag{9-7}$$

式中　n——与流体管道雷诺数 Re_D 有关的常数，数值见表 9-1；
　　　R——与管道中心的距离。

表 9-1　　　　　　　　　　　　　光滑管道速度分布公式中的 n 值

Re_D	n	Re_D	n	Re_D	n
2.56×10^4	7.0	42.8×10^4	8.6	110×10^4	9.4
10.56×10^4	7.3	53.6×10^4	8.8	152×10^4	9.7
20.56×10^4	8.0	57.2×10^4	8.8	198×10^4	9.8
32.0×10^4	8.3	64.0×10^4	8.8	235.2×10^4	9.8
38.4×10^4	8.5	70.0×10^4	9.0	278.0×10^4	9.9
39.56×10^4	8.5	84.4×10^4	9.2	307.0×10^4	9.9

根据式（9-7）可以计算出紊流情况下，不同雷诺数时管道截面上平均流速所在的位置，以及截面平均流速与最大流速的比值，见表 9-2。

表 9-2　　　　　　光滑管道中平均流速与最大流速之比及平均流速所在位置

n	7.0	8.0	9.0	10.0
$\bar{v}/v_{max}$	0.816	0.836	0.852	0.865
r_0/R	0.759 1	0.761 5	0.763 7	0.765 6

由表 9-2 可知，紊流情况下管道截面上的平均流速 $\bar{v}$ 位于距离管道中心 $r_0 = 0.762R$ 左右处。

同样，在紊流情况下管道截面上的平均流速 $\bar{v}$ 和沿管道直径的平均流速 $\bar{v}_D$ 也是不一样的。由于紊流情况下流速分布曲线比较平坦，两者差别没有层流时那么大，而且随雷诺数的变化而略有不同，见表 9-3。

表 9-3　　　　　　　　光滑管道中直径上的平均流速与最大流速之比

n	7.0	8.0	9.0	10.0
$\bar{v}_D/v_{max}$	0.857	0.888	0.900	0.909
$\bar{v}/v_D$	0.932	0.941	0.947	0.951

此外，还有很多近似描述圆管内充分发展紊流速度分布的数学模型，例如"对数—线性"法数学模型：

$$v = c_1 \lg \frac{y}{R} + c_2 \frac{y}{R} + c_3 \tag{9-8}$$

式中　c_1、c_2、c_3——常数；
　　　y——离开管壁的距离，$y = R - r$。

由于速度式测量方法是通过测量流速而测得体积流量的，因此，了解被测流体的流速分布及其对测量的影响是十分重要的。

工业上常用的速度式流量测量仪表有涡轮式、电磁式、超声波式、热式和差压式等。使用最广泛的差压式流量测量仪表将在下一节介绍。

一、涡轮流量计

涡轮流量计实质上为一零功率输出的涡轮机，其结构如图 9 - 8 所示。当被测流体通过时，冲击涡轮叶片，使涡轮旋转。在一定的流量范围内、一定的流体黏度下，涡轮转速与流速成正比。当涡轮转动时，涡轮上由导磁不锈钢制成的螺旋形叶片顺次接近处于管壁上的检测线圈，周期性地改变检测线圈磁电回路的磁阻，使通过线圈的磁通量发生周期性变化，检测线圈产生与流量成正比的脉冲信号。此信号经前置放大器放大后，可远距离传送至显示仪表。在显示仪表中对输入脉冲进行整形，然后一方面对脉冲信号进行积算以显示总量，另一方面将脉冲信号转换为电流输出指示瞬时流量。将涡轮的转速转换为电脉冲信号的方法，除上述磁阻方法外，也可采用感应方法，这种方法要求转子用非导磁材料制成，方法是将一小块磁钢埋在涡轮的内腔，当磁钢在涡轮带动下旋转时，固定于壳体上的检测线圈中感应出电脉冲信号。磁阻方法比较简单，并可提高输出电脉冲频率，有利于提高测量准确度。图 9 - 8 中导流器的作用是导直流体的流束以及做涡轮的轴承支架用。导流器和仪表壳体均由非导磁不锈钢制成。使用中，轴承的性能好坏是涡轮流量计使用寿命长短的关键。目前一般采用不锈钢滚珠轴承和聚四氟乙烯、石墨、碳化钨等非金属材料制成的滑动轴承，前者适用于清洁的、有润滑性的液体和气体流量，流体中不能含有固体颗粒；后者适当选择材料可用于非润滑性流体、含微小颗粒和腐蚀性流体测量中，以及由于流体液态突然气化等原因而有可能造成涡轮高速运转的场合。

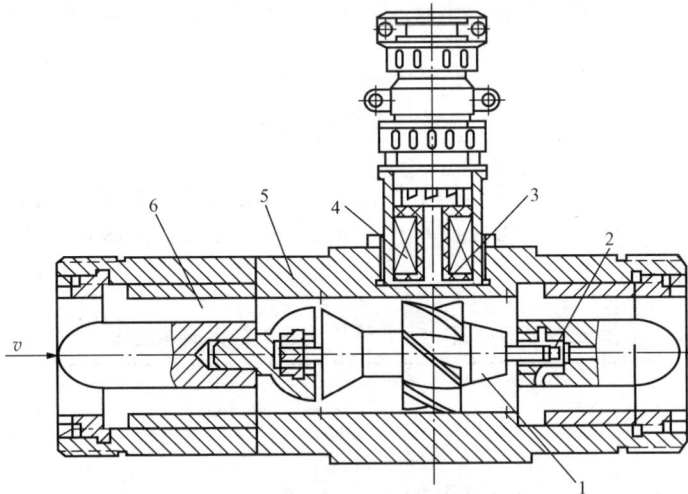

图 9 - 8　涡轮流量计结构

1—涡轮；2—支承；3—永久磁钢；4—感应线圈；5—壳体；6—导流器

当叶轮处于匀速转动的平衡状态，并假定涡轮上所有的阻力矩均很小时，可得到涡轮运动的稳态公式：

$$\omega = \frac{v_0 \tan\beta}{r} \tag{9-9}$$

式中　ω——涡轮的角速度；

　　　v_0——作用于涡轮上的流体速度；

　　　r——涡轮叶片的平均半径；

　　　β——叶片对涡轮轴线的倾角。

检测线圈输出的脉冲频率为

$$f = nz = \frac{\omega}{2\pi}z \qquad (9\text{-}10)$$

或

$$\omega = \frac{2\pi f}{z}$$

式中　z——涡轮上的叶片数；

　　　n——涡轮的转速，r/s。

$$v_0 = \frac{q_V}{A} \qquad (9\text{-}11)$$

式中　q_V——流体体积流量；

　　　A——流量计的有效通流面积。

将式（9-9）和式（9-11）代入式（9-10）得

$$f = \frac{z\tan\beta}{2\pi rA}q_V = \zeta q_V \qquad (9\text{-}12)$$

式中　ζ——仪表常数。

$$\zeta = \frac{z\tan\beta}{2\pi rA} \qquad (9\text{-}13)$$

理论上，仪表常数 ζ 仅与仪表结构有关，但实际上 ζ 值受很多因素的影响。例如，轴承摩擦及电磁阻力矩变化的影响，涡轮与流体之间黏性摩擦阻力矩的影响以及速度沿管截面分布不同的影响。

典型的涡轮流量计的特性曲线如图 9-9 所示。仪表出厂时由制造厂标定后给出其在允许流量测量范围内的 ζ 平均值。因此，在一定时间间隔内流体流过的总量 Q_V 与输出总脉冲数 N 之间的关系为

$$Q_V = \frac{N}{\zeta} \qquad (9\text{-}14)$$

由图 9-9 中可以看出，在小流量下，由于存在的阻力矩相对比较大，故仪表常数 ζ 急剧下降；在从层流到紊流的过渡区中，由于层流时流体黏性摩擦阻力矩比紊流时要小，故在

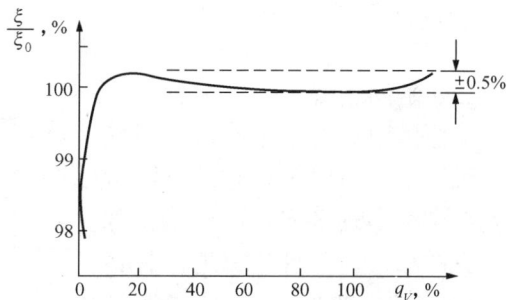

图 9-9　涡轮流量计特性曲线

ζ_0——理想的仪表常数；ζ——实际的仪表常数

特性曲线上出现 ζ 的峰值；当流量再增大时，转动力矩大大超过阻力矩，因此特性曲线虽稍有上升但近于水平线。通常仪表允许使用在特性曲线的平直部分，使 ζ 的线性度在 $\pm0.5\%$ 以内，复现性在 $\pm0.1\%$ 以内。

由于流体黏性阻力矩的存在，涡轮流量计的特性受流体黏度变化的影响较大，特别在小流量、小口径时更为显著，因此应对涡轮流量计进行实液标定。制造厂常给出仪表用于不同

流体黏度范围时的流量测量下限值，以保证在允许测量范围内仪表常数 ζ 的线性度仍在 $\pm 0.5\%$ 范围之内。在用涡轮流量计测量燃油流量时，保持油温大致不变，使黏度大致相等是重要的。

为了降低管内流速分布不均匀的影响。要保证在流量计前的流速分布不被局部阻力所扭曲，仪表前要有 15D（管道直径）长以上、仪表后要有 5D 长以上的直管段，必要时要加装整流器。

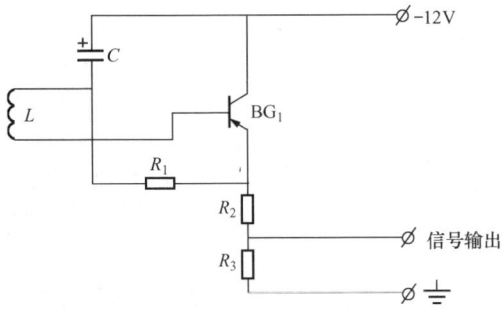

图 9 - 10　前置放大器

仪表前应加装滤网，防止杂质进入。仪表使用时应特别注意不能超过规定的最高工作温度、压力和转速。例如，在用高温蒸汽清扫工艺管路时涡轮流量计会损坏，因此必须加装旁路，使冲洗蒸汽不经过仪表。另外，流量计应水平安装，因为垂直安装会影响仪表特性。仪表应加装止回阀，防止涡轮倒转。

为了便于远距离传送和提高抗干扰能力，与检测线圈一起装有单级共发射极放大器作前置放大器，其原理线路如图 9 - 10 所示。

涡轮流量计的显示仪表实际上是一个脉冲频率测量和计数的仪表，它将涡轮流量变送器输出的单位时间内的脉冲数和一段时间内的脉冲总数按瞬时流量和累计流量显示出来。

这类显示仪表的类型很多，图 9 - 11 所示为一种显示仪表的工作原理方框图。仪表由整形电路、频率—电压变换电路、仪表常数除法运算电路、电磁计数器和自动回零电路、机内振荡器和电源等部分组成。

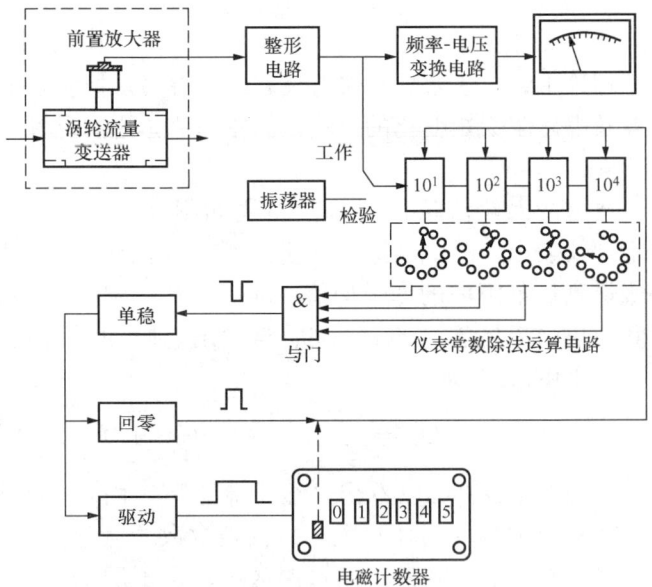

图 9 - 11　显示仪表工作原理方框图

二、漩涡流量计

在流体中放置一个有对称形状的非流线型柱体时，在它的下游两侧就会交替出现漩涡，两侧漩涡的旋转方向相反，并且轮流地从柱体上分离出来，在下游侧形成所谓"涡街"，如图 9 - 12 所示。实验证明，当漩涡之间的纵向距离 h 和横向距离 L 之间满足下列关系：

$$\mathrm{sh}\left(\frac{\pi h}{L}\right) = 1 \tag{9 - 15}$$

即 $h/L = 0.281$ 时，非对称的"卡门涡街"是稳定的。通过大量实验证明，单侧的漩涡产生的频率 f 与柱体附近的流体流速 v 成正比，与柱体的特征尺寸 l 成反比，即

$$f = St \frac{v}{l} \qquad (9\text{-}16)$$

式中　St——无因次数，称斯特劳哈尔数。

St 是以柱体特征尺寸 l 计算流体雷诺数 Re_l 的函数。而且发现，Re_l 在 $500\sim$ $150\,000$ 的范围内，St 基本不变。St 的数值对于圆柱体为 0.2，对等边三角形柱体为 0.16。因此当柱体的形状、尺寸决定后，就可通过测定单侧漩涡释放频率 f 来测量流速和流量。

对于工业圆管，漩涡流量计一般应用在 $Re_l = 1000 \sim 100\,000$ 范围内。设管内插入柱体和未插入柱体时的管道通流截面比为 m，对于直径为 D 的圆管，可以证明

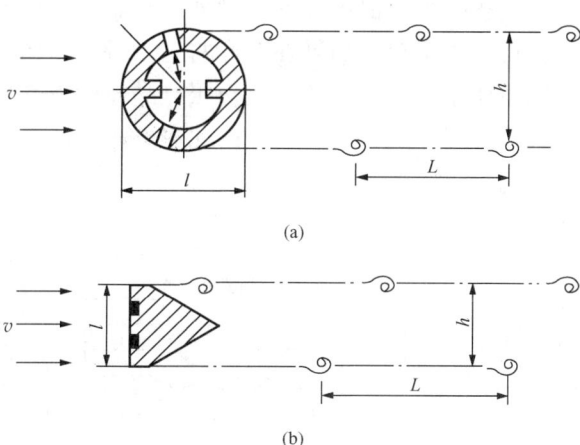

图 9-12　"涡街"的发生情况
(a) 圆柱体；(b) 等边三角形柱体

$$m = 1 - \frac{2}{\pi}\left[\frac{l}{D}\sqrt{1-\left(\frac{l}{D}\right)^2} + \arcsin^{-1}\frac{l}{D} \right] \qquad (9\text{-}17)$$

当 $l/D < 0.3$ 时

$$m \approx 1 - 1.25\frac{l}{D} \qquad (9\text{-}18)$$

根据流动的连续性，有柱体处的流速 v 和无柱体处的管内平均流速 $\bar{v}$ 与两者流通截面积成反比，即

$$\frac{\bar{v}}{v} = m \qquad (9\text{-}19)$$

将式 (9-18) 和式 (9-19) 代入式 (9-16)，得到圆管中漩涡的发生频率 f 与管内平均流速 $\bar{v}$ 的关系为

$$f = \frac{St}{\left(1 - 1.25\dfrac{l}{D}\right)} \frac{\bar{v}}{l} \qquad (9\text{-}20)$$

所以，体积流量与频率 f 之间的关系为

$$q_V = \frac{\pi D^2}{4}\bar{v} = \frac{\pi D^2}{4}\left(1 - 1.25\frac{l}{D}\right)\frac{fl}{St} \qquad (9\text{-}21)$$

漩涡频率信号 f 的检出方法很多，可以利用漩涡发生时发热体散热条件变化的热检出；也可用漩涡产生时漩涡发生体两侧产生的差压来检出，差压信号可通过压电变送或应变片变送等。例如，三角柱漩涡流量计中，在三角柱体的迎流面中间对称地嵌入两个热敏电阻，因三角柱表面涂有陶瓷涂层，所以热敏电阻与柱体是绝缘的。在热敏电阻中通以恒定电流，使其温度在流体静止的情况下比被测流体高 $10\,℃$ 左右。在三角柱两侧未发生漩涡时，两只热敏电阻温度一致、阻值相等；当三角柱两侧交替发生漩涡时，在发生漩涡的一侧由于流体的漩涡发生能量损失，流速要低于另一侧，因而换热条件变差，使这一侧热敏电阻温度升高，阻值变小。以这两个热敏电阻为电桥的相邻臂，在电桥对角线上就输出一列与漩涡发生频率相对应的电压脉冲。经放大、整形后得到与流量相应的脉冲数字输出，或用"脉冲—电压"

转换电路转换为模拟量输出，供指示和累计用。三角柱漩涡流量计的原理方框图如图 9 - 13 所示。目前使用较多的是在三角柱根部平面两侧装设两片压电晶体，当漩涡左右交替产生时，三角柱左右振动，从而使两压电晶体轮流受压，交替产生电势，将此电势信号引出并放大，就可得到一系列电脉冲，由此得到漩涡产生的频率，经过转换可求出体积流量。

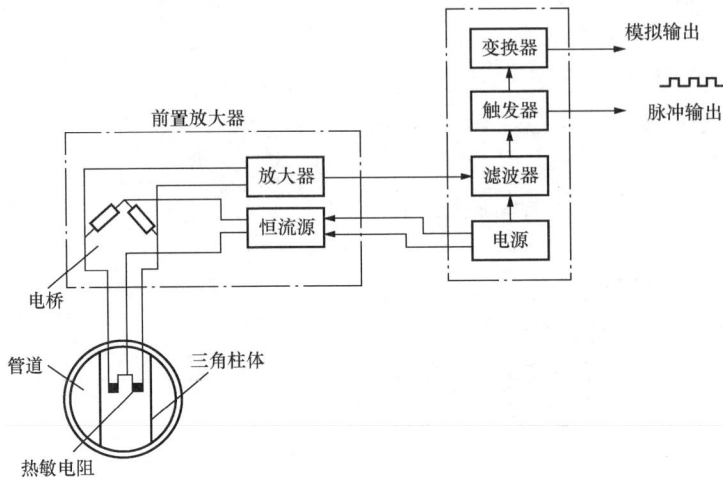

图 9 - 13　三角柱漩涡流量计框图

由于漩涡流量计的测量范围宽（仪表口径越大，测量范围越宽，一般可达 100∶1），压损小，具有数字输出，其结构简单且安装、维护方便，输出信号不受流体压力、温度、黏度和密度的影响等优点，正受到广泛的注意。目前的准确度约为±(0.5～1)%左右。该流量计对于大口径管道的流量测量（例如烟道排气和天然气流量测量）更为便利。

由于是速度式测量方法，管道内流速分布对测量准确性有较大影响，因此漩涡发生体前面至少要有 20D 长、后面要有 5D 长的直管段，管段的内壁上不能有明显的凹凸。对于大口径管道，要求的直管段更长，这给漩涡流量计的使用带来困难。

三、电磁流量计

电磁流量计的原理是法拉第电磁感应定律，图 9 - 14 所示为其结构示意。在工作管道的两侧有一对磁极，另有一对电极安装在与磁力线和管道垂直的平面上。当导电流体以平均速度 $\bar{v}$ 流过直径为 D 的测量管段时切割磁力线，

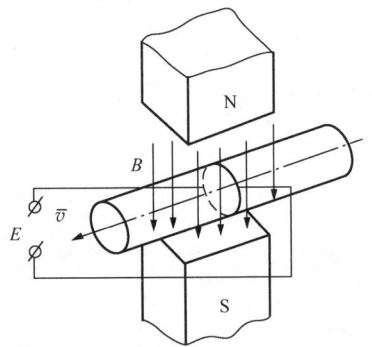

图 9 - 14　电磁流量计结构示意

于是在电极上产生感应电动势 E，电动势方向可由右手定则判断。如磁场的磁感应强度为 B，则电动势

$$E = C_1 BD\bar{v} \tag{9-22}$$

式中　C_1——常数。

因为流过仪表的体积流量

$$q_V = \frac{1}{4}\pi D^2 \bar{v} \tag{9-23}$$

合并式（9 - 22）和式（9 - 23），得

$$q_V = \frac{\pi}{4C_1} \frac{D}{B} E$$

或

$$E = 4C_1 \frac{B}{\pi D} q_V = K q_V \qquad (9\text{-}24)$$

式中　K——电磁流量计的仪表常数，$K = 4C_1 \dfrac{B}{\pi D}$。

当仪表口径 D 和磁感应强度 B 一定时，K 为定值，感应电势与流体体积流量存在线性关系。

为了避免极化作用，以及导体与电解质之间通过直流电后产生的吸热或放热反应，工业用电磁流量计通常采用交变磁场，其缺点是干扰较大。采用直流磁场对于真实地反映流量的急剧变化有利，故适用于实验室等特殊场合或用来测量不致引起极化现象的非电解性液体，如液态金属之类。

电磁流量计的感受件结构如图 9-15 所示。为了避免磁力线被管道壁短路和降低涡流损耗，测量导管应由非导磁的高阻材料制成，一般为不锈钢、玻璃钢或某些具有高电阻率的铝合金。在用不锈钢等导电材料做导管时，测量导管内壁及内壁与电极之间必须有绝缘衬里，以防止感应电势被短路。衬里材料视工作温度而异，常用耐酸搪瓷、橡胶、聚四氟乙烯等。电极与管内衬平齐，电极材料常用非导磁不锈钢制成，也有用铂、金或镀铂、镀金的不锈钢制成的。

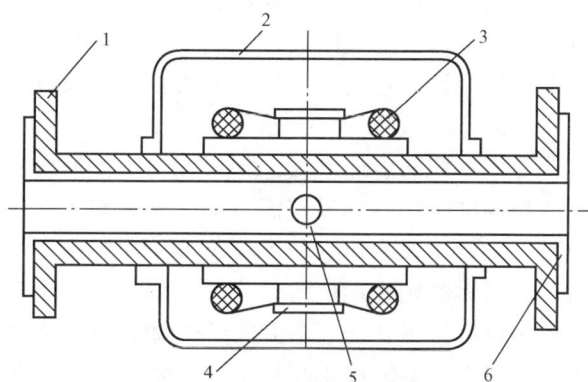

图 9-15　电磁流量计感受件结构示意
1—导管和法兰；2—外壳；3—马鞍形激磁线圈；
4—磁轭；5—电极；6—内衬

产生交变磁场的激磁线圈结构根据导管口径不同而有所不同，图 9-15 所示的适合大口径导管（100mm 以上），将激磁线圈分成多段，每段匝数的分配按余弦分布，并弯成马鞍形驼伏在导管上下两边，在导管和线圈外边再放一个磁轭，以便得到较大的磁通量，并提高导管中磁场的均匀性。

采用交变磁场时，磁感应强度 $B = B_m \sin\omega t$，则式（9-24）变为

$$E = C_1 B_m D \overline{v} \sin\omega t \qquad (9\text{-}25)$$

式中　B_m——磁感应强度的幅值；
　　　ω——交变磁场的角频率。

由于交变磁通总有可能穿过由被测导电液体、电极引线和感应电势测量仪表等所形成的回路，并在此回路中产生一个干扰电动势 E_t，干扰电动势的大小为

$$E_t = -C_2 \frac{dB}{dt} \qquad (9\text{-}26)$$

由于 $B = B_m \sin\omega t$，所以式（9-26）变为

$$E_t = \omega C_2 B_m \sin\left(\omega t - \frac{\pi}{2}\right) \qquad (9\text{-}27)$$

可见，信号电动势 E 和干扰电动势 E_t 的频率相同而相位相差 $90°$，故称此干扰为正交

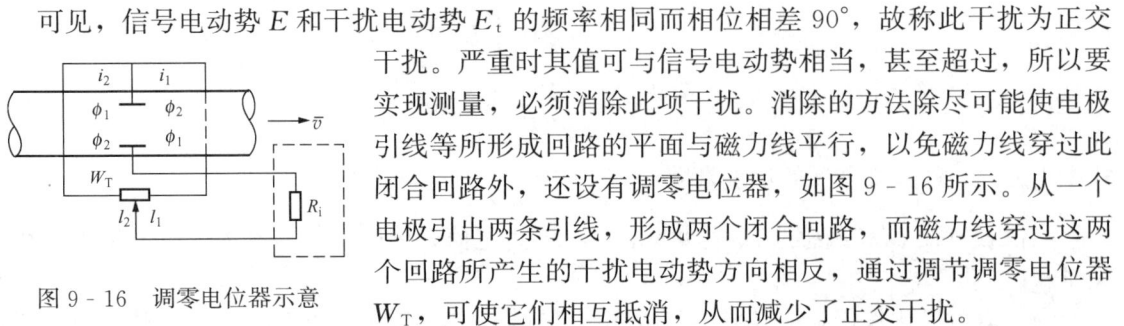

图 9 - 16 调零电位器示意

干扰。严重时其值可与信号电动势相当，甚至超过，所以要实现测量，必须消除此项干扰。消除的方法除尽可能使电极引线等所形成回路的平面与磁力线平行，以免磁力线穿过此闭合回路外，还设有调零电位器，如图 9 - 16 所示。从一个电极引出两条引线，形成两个闭合回路，而磁力线穿过这两个回路所产生的干扰电动势方向相反，通过调节调零电位器 W_T，可使它们相互抵消，从而减少了正交干扰。

还有一种是以低频等值矩形波激磁，其特点是采用低频（约 1/8 工频）的等值矩形波磁场。由于磁场存在期间的 $dB/dt=0$，因而交变磁场激磁时存在的正交干扰可以消除或大为减少。同时采用低频间断建立磁场的方式，在磁场没有建立或磁场反向期间，足以消除直流激磁时将产生的极化电位。要达到这两个目的，需要一个时间控制开关，按所需的低频断续地将直流电流与激磁线圈正、反向接通，并将电极与测量回路断续接通。

电磁流量计无可动部件和插入管道的阻流件，所以压力损失极小。其流速测量范围很宽（0.5～10m /s），口径从 1mm 到 2m 以上，反应迅速，可用于测量脉动流、双相流以及如灰浆等含固体颗粒的液体流量。如果截面上流速分布是轴对称的，则层流、紊流等流动状态不影响测量的准确性。如果截面上的流速分布不是轴对称的，而在电极附近及两电极之间的流量分配得多，则仪表指示的流量将大于实际流量；相反，如果在与电极成 $90°$ 方向的区域里流量分配得多，则指示值将偏小。一般要求在电磁流量计之前有长度为 5～10D 的直管段。

仪表准确度可达 $\pm1\%$ 以上。被测流体必须是导电的，电导率一般要求在（20～50）× 10^{-8} s/m 以上，不能用于测量气体、蒸汽、石油制品等。另外，仪表使用温度、压力不能过高，目前使用温度不应超过 200℃。安装地点要远离强磁场和振动源。使用中还应注意，测量的准确度会受测量导管内壁，特别是电极附近积垢的影响。由于电磁流量计价格昂贵，这影响了它的推广使用。

四、超声波流量计

超声波流量计的原理是，在流体中超声波向上游和向下游的传播速度由于叠加了流体流速而不相同，因此，可以根据超声波向上、下游传播速度之差测得流体流速。测定传播速度之差的方法很多，主要有时间差、相位差或频率差等方法。

设静止流体中的声速为 c，流体流速为 v，发送器与接收器之间距离为 L，则传播时间差为

$$\Delta t = \frac{L}{c-v} - \frac{L}{c+v} = \frac{2Lv}{c^2-v^2} \qquad (9-28)$$

当 $c \gg v$ 时，

$$\Delta t \approx \frac{2Lv}{c^2} \qquad (9-29)$$

如发送器发出的是连续正弦波，则上、下游接收到的波的相位差为

$$\Delta \varphi = \omega \Delta t = \frac{2\omega Lv}{c^2} \qquad (9-30)$$

式中 ω——超声波的角频率。

由式（9 - 28）和式（9 - 29）可以看出，测得 Δt 或 $\Delta \varphi$ 就能求得流速 v。但是，流体中声速 c 是随流体温度而变的，水中声速的温度系数约为 $0.2\%/℃$，因此在流速一定时，Δt

和 $\Delta\varphi$ 的温度系数约为 $0.4\%/℃$，造成测量误差。一般需采用流体温度补偿装置。采用频率法的优点是可以消除声速 c 的影响，因为上、下游接收到的超声波的频率之差为

$$\Delta f = \frac{c+v}{L} - \frac{c-v}{L} = \frac{2v}{L} \tag{9-31}$$

可见，在频率法中，频率差与声速 c 无关，因此工业上常用频率法。

超声波流量计的原理如图 9-17 所示。在管壁的斜对面固定两个超声波振子 TR_1，TR_2，兼作为超声波的发送和接收元件。由一侧的振子产生的超声波脉冲穿过管壁—流体—管壁为另一侧的振子所接收，并转换为电脉冲，经放大后再用此电脉冲来激发对面的发送振子，形成所谓单环自激振荡，振荡周期由超声波在流体中的顺流传播速度决定，周期的倒数即单环频率 f_1。一定时间间隔以后。切换电路使发送振子切换成接收振子，接收振子切换成发送振子，测出取决于超声波在逆流中传播速度的单环频率 f_2，如此循环交替地测出 f_1、f_2。若管径方向流体平均流速为 $\bar{v}_D$，超声波束与管轴间的夹角为 θ、管径为 D、静止流体中声速为 c，则

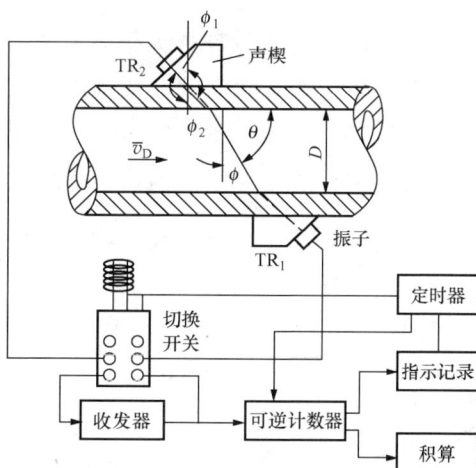

图 9-17　超声波流量计

$$f_2 = \left[\frac{D}{\sin\theta(c+\bar{v}_D\cos\theta)} + \tau\right]^{-1} \tag{9-32}$$

$$f_1 = \left[\frac{D}{\sin\theta(c-\bar{v}_D\cos\theta)} + \tau\right]^{-1} \tag{9-33}$$

式中　τ——超声波在管壁内和电脉冲信号在电路中传输所产生的滞后时间的总和。

当 $c \gg \bar{v}_D$，且 τ 很小时，可得

$$\Delta f = f_2 - f_1 = \frac{\sin 2\theta}{D}\left(1 + \frac{\tau c}{D}\sin\theta\right)^{-2}\bar{v}_D \tag{9-34}$$

所以，当 D、θ、τ、c 为常数时，Δf 与 $\bar{v}_D$ 呈线性关系。由于 τ 很小，在大口径管道中 τc 一项可忽略。通过运算电路算得的 Δf 值可供指示、记录和积算。

式（9-34）也可用下法来消去滞后时间 τ。设超声波在流速为零的流体中频率为 f_0，称为超声波基准频率，显然

$$f_0 = \left(\frac{D}{c\sin\theta} + \tau\right)^{-1} = \frac{c\sin\theta}{D}\left(1 + \frac{\tau c\sin\theta}{D}\right)^{-1} \tag{9-35}$$

从式（9-34）和式（9-35）中消去 τ，得

$$\Delta f = 2D\cot\theta\left(\frac{f_0}{c}\right)^2\bar{v}_D \tag{9-36}$$

f_0 可在停止流动时测量，或者用 f_1、f_2 的平均值代替。由式（9-36）可见，由于 τ 的存在，声速的变化对测量的影响实际上还是存在的。

超声波与管轴之间的夹角 θ 可由折射定律决定，即

$$\frac{\sin\phi_1}{c_1} = \frac{\sin\phi_2}{c_2} = \frac{\sin\phi}{c} \tag{9-37}$$

$$\theta + \phi = \frac{\pi}{2} \tag{9 - 38}$$

式中　c_1、c_2、c——声楔、管道壁、流体中的声速；

　　　ϕ_1、ϕ_2、ϕ——如图 9 - 17 所示。

超声波振子通常由锆钛酸铅陶瓷等压电材料制成，通过压电效应和电致伸缩效应将超声波脉冲转换为电脉冲或将电脉冲转换为机械伸缩而产生超声波。声楔是用塑料等制成的楔形块，它使超声波通路与管道轴线成一定的夹角。

值得注意的是，超声波流量计测得的是超声波通路上流体的平均流速，也就是沿管道直径上的平均流速 $\bar{v}_D$，它不等于求体积流量所需要的管道截面上的平均流速 $\bar{v}$。如上节所述，在层流情况下，$\bar{v} = \frac{3}{4}\bar{v}_D$；在紊流情况下，$\bar{v}$ 与 $\bar{v}_D$ 之间的比值与雷诺数有关，但在一般的流量范围内雷诺数变化不会太大，往往可以认为该比值是一常数。因此，在用超声波流量计测量流量时，考虑到截面平均流速 $\bar{v}$ 与沿直径平均流速 $\bar{v}_D$ 之间关系的影响，体积流量 q_V 与频率差 Δf 之间关系为

$$q_V = \frac{\pi}{4}D^2\bar{v} = \frac{\pi}{4k}D^2\bar{v}_D = \left\{ \frac{1}{k}\left[\frac{\pi}{4}\frac{D(D + \tau c\sin\theta)^2}{\sin 2\theta} \right] \right\}\Delta f \tag{9 - 39}$$

或

$$q_V = \left[\frac{\pi D}{8k}\left(\frac{c}{f_0} \right)^2 \tan\theta \right]\Delta f \tag{9 - 40}$$

式中　k——流量修正系数，$k = \dfrac{\bar{v}_D}{\bar{v}}$，其值可见表 9 - 3。

当雷诺数在 $3\times10^4 \sim 10^6$ 范围内变化时，k 值的相对变化约为 $\pm 1\%$。

另外，为了在仪表前就达到典型层流或紊流流速分布，仪表前后必须要有足够的直管段（前 $20D$，后 $5D$），否则，流速分布要发生变化，并且不稳定，使流量指示的离散性很大，准确度很差。使用中还应注意被测液体流中可能含有的气泡、未充满的空气层等对超声波传播的干扰以及泵和其他声源所混入的超声杂音干扰。

超声波流量计的最大特点是，仪表可装设在管外，不用破坏管道；其价格不随管道口径增大而增大，因此特别适合于大口径管道的液体流量测量。

五、热式流量计

热式流量计的原理是，在流体流动途径上设置加热体，加热体上游侧和下游侧的流体温度不同，同时加热体受到冷却，这些变化都与流量有关，因此可通过检测这些变化来求得流速和流量。有代表性的热式流量计有热线风速计、托马斯气体流量计和边界层流量计。

热线风速计是以直径为 $0.025 \sim 0.15\text{mm}$ 的铂或镍铬细丝作加热体处于流体中，当流体密度、比热容、导热系数一定时，流体流速 v 与热线散热量 Q 之间的关系为

$$Q = K_1\sqrt{v} + K_2 \tag{9 - 41}$$

式中　K_1、K_2——常数。

如加热丝的电阻值为 R，通过的电流为 I，则

$$Q = I^2R = K_1\sqrt{v} + K_2 \tag{9 - 42}$$

在测量中，若保持热线电阻值一定，也就是保持热线温度恒定，则式（9 - 42）变为

$$I^2 = K_1'\sqrt{v} + K_2' \tag{9 - 43}$$

式中　K_1'、K_2'——常数，与工质性质、状态参数等有关，其值由实验求得。

由测量加热电流来测定流速，就是所谓恒电阻法；还可以保持电流恒定，通过测量热线温度的高低，即热线电阻的电阻值变化来测定流速，这就是所谓恒电流法。

热线风速计灵敏度很高，当用半导体热敏电阻作加热体时将具有更高的灵敏度。热线温度越高，仪表的灵敏度越高，流体温度变化所产生的影响越小，但热线温度的提高受到材料性质的限制。

托马斯流量计是在流经管道的气体中设置加热体，并在其上、下游等距离处设置温度计，测出两点间的温度差 ΔT，控制加热量 Q 使温差 ΔT 维持不变，则可用测量加热量 Q 来测量流体的质量流量 q_m，因为它们之间有如下的关系：

$$q_m = \frac{Q}{c_p \Delta T} \tag{9-44}$$

式中　c_p——被测气体的比定压热容。

在测量过程中，要求被测气体的比定压热容 c_p 保持为常数。在常温、常压范围内，空气、N_2、H_2 等的 c_p 基本上为常数。但应注意，对于混合气体，随着被测气体的成分变化、比定压热容 c_p 可能有很大变化。

边界层流量计用于气体和液体质量流量的测量，图 9-18 所示即为这种流量计的例子。在管壁上绕有加热线圈作加热体，在距离加热体较远的上游侧管壁上和距离加热体很近的下游侧管壁上各装有电阻温度计的测温电阻绕组。以这两个测温电阻作为两相邻臂组成温差测量电桥，用代表温度差 ΔT 的电桥输出电压去控制加热电源，使温差 ΔT 保持不变。从而通过测量加热功率来测量流过的质量流量。

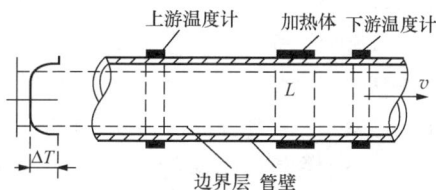

图 9-18　边界层流量计的原理

边界层流量计的原理基于管壁层流边界层的导热系数随管内流体的流量变化这一现象。当加热体通电发热时，热量向管道中心传递，如果管道材料具有良好的导热性能，则可认为在管壁上没有温度降落；如果管道中心部分流体是紊流流动，温度几乎处处相等。因此，可以认为管壁与中心的温度差 ΔT 几乎全是流动边界层所造成的。那么在温差 ΔT 不太大的条件下，根据管内紊流放热的经验公式可得到发热体的耗热量 Q 和流过流体的质量流量 q_m 的关系如下：

$$Q = K_1 \Delta T \frac{\lambda^{0.6} c^{0.4}}{D^{0.2} \eta^{0.4}} q_m^{0.8} \tag{9-45}$$

式中　K_1——常数；

　　　λ——流体的导热系数；

　　　c——流体的比热容；

　　　η——流体的动力黏度；

　　　D——管径。

由此可见，若 λ、c、η、D 为常数，ΔT 维持恒定不变，则流体质量流量与耗热量之间成 0.8 次方关系。

当管内流动为层流时，q_m 与流体黏度无关，而与加热体在流动方向的长度 L 有关。此时质量流量 q_m 和耗热量 Q 之间关系为

$$Q = K_2 \Delta T \frac{\lambda^{2/3} c^{1/3}}{(DL)^{1/3}} q_m^{1/3} \tag{9-46}$$

式中　K_2——常数。

由此可见，在层流情况下，Q 与 q_m 的 1/3 次方成比例。图 9-18 中，上游温度计测得的是流体温度，下游温度计测得的是加热体处管壁温度，此两温度之差即为前述的层流边界层造成的温度差 ΔT。由于在这种流量计中仅需要使边界层温度上升，流体温度并不需有较大的升高，因此耗热量要比托马斯流量计用来对全部流体加热的热量要小得多，反应也要快一些。它与托马斯流量计的共同特点是能直接测量流体的质量流量。

第三节　差压式流量测量方法

差压式测量方法是流量或流速测量方法中使用历史最久和应用最广泛的一种。它们的共同原理是伯努利定律，即通过测量流体流动过程中产生的差压来测量流速或流量。这种差压可能是由于流体滞止造成的，也可能是由于流体通流截面改变引起流速变化而造成的。属于这种测量方法的流量计有皮托管、均速管、节流变压降流量计等。这些流量计的输出信号都是差压，因此其显示仪表为差压计。此外，也可以改变节流件的通流面积，使不同流量下节流件前后差压值维持不变，利用测量通流面积来测量流量。这就是所谓节流恒压降变截面流量计，如转子流量计。

一、皮托管与均速管

皮托管是利用测量流体的全压和静压之差——动压 Δp 来测量流速的。对于稳定流动，如果流体在滞止过程中没有能量损失，而且全压和静压取压口位于同一点上。则根据伯努利方程，全压与静压之差 Δp 与 v 流速之间的关系为

$$v = \sqrt{\frac{2\Delta p}{\rho}} \tag{9-47}$$

式中　ρ——测量点处流体的密度。

式（9-47）只用于不可压缩性流体。对于可压缩性流体可用下式表示：

$$v = (1-\varepsilon)\sqrt{\frac{2\Delta p}{\rho}} \tag{9-48}$$

式中　$1-\varepsilon$——可压缩性校正系数，当流体为液体时 $\varepsilon=0$。

当马赫数 Ma 小于 0.25（即流速小于当地声速的 1/4）时，系数 $1-\varepsilon$ 可用式（9-49）确定，即

$$1-\varepsilon \approx \left[1 - \frac{1}{2\kappa} - \frac{\Delta p}{p} + \frac{\kappa-1}{6\kappa^2}\left(\frac{\Delta p}{p}\right)^2\right]^{1/2} \tag{9-49}$$

式中　κ——被测流体的等熵指数；

　　　　p——测量点处的静压力；

　　　　Δp——皮托管所测得的差压。

实际上，由于滞止过程中不可能没有能量损失，全压和静压也不可能在同一点上测得，以及皮托管支持杆对静压测量的影响等。上述流速和差压关系式中还应乘上一校正系数 α，α 值可在实验室风洞中测定。对于标准皮托管，此系数等于 1。图 9-19 所示为具有椭圆头部的标准皮托管，它的头部廓形由两个 1/4 椭圆组成，两 1/4 椭圆相距为全压孔直径 d_1。

整个椭圆的长轴为 $4d$，其中 d 为皮托管探头直径，因此椭圆短轴为 $d-d_1$，头部长度为 $2d$。两毕托管直径 d 不超过 15mm。全压孔直径 d_1 应在 $0.1d\sim0.35d$ 之间。静压孔应在距离毕托管头部 $8d$ 处并沿探头圆周上等距离分布，静压孔数目不少于 6 个，孔径不得超过 1mm。全部探头表面应光滑，全压孔轴线应与探头轴线同心。孔的边缘应尖锐，孔的直径应至少在长度 $1.5d$ 范围内不变化。

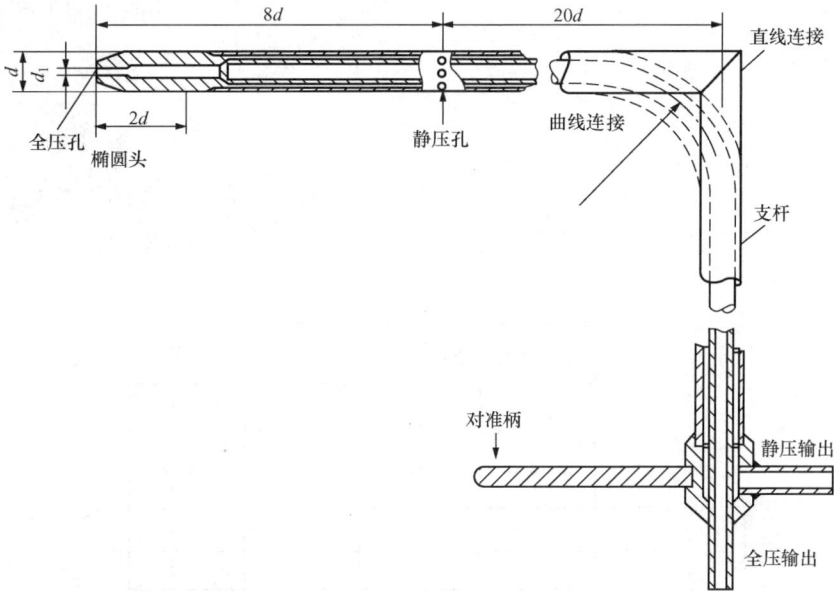

图 9-19　具有椭圆头部的标准皮托管

　　测量时必须将皮托管牢固固定，并且必须使皮托管探头的轴线与管道中心线平行，这可用皮托管上附有的对准柄来对准。因为椭圆形头部皮托管比半球形头部皮托管对制造中的某些缺点更不敏感；圆锥形头部皮托管容易受损伤；椭圆形头部皮托管具有较好的流动特性，所以现在认为椭圆形头部标准皮托管是最好的一种标准皮托管。

　　用皮托管只能测出管道截面上某一点流速，而计算体积流量 q_V 时需要知道截面上的平均流速 $\bar{v}$。对于圆管，充分发展的流动截面平均流速与截面上各点流速的关系如上一节所述。在层流时从管壁算起，$y=0.2929R$ 处（等于从管中心算起 $r_0=0.7071R$ 处，R 为管道内半径）的直径上的流速就是管道截面平均流速 $\bar{v}$。在紊流时管道截面上的流速分布与雷诺数有关，因此平均流速通常都用实验方法确定，即通过测定截面上若干个测点处的流速，求取平均值得到截面上的平均流速。测点位置的选定是在假定管截面上的流速分布符合某个数学模型的条件下得到的，所假设的数学模型不同，所选的测点位置也不同。国际标准 ISO 3966 所推荐的"对数—线性"方法确定的测点位置如下：

　　对于圆截面管道，在两个相互垂直的直径上选取的测点位置如表 9-4 所列，表中 r 为测点到圆管中心距离，y 为测点到管壁距离，显然，$y=R-r$。R，D 为圆管半径和直径。各点的权值选取相等值，所以平均流速 $\bar{v}$ 为

$$\bar{v}=\frac{\sum\limits_{i=1}^{n}v_i}{n} \tag{9-50}$$

表 9 - 4	圆管中测点位置	
半径上测点数目	r/R	r/D
3	0.358 6	0.320 7
	0.730 2	0.134 9
	0.935 8	0.032 1
5	0.277 6	0.361 2
	0.565 8	0.217 1
	0.695 0	0.152 5
	0.847 0	0.076 5
	0.962 2	0.018 9

式中　n——测点数目；

　　　v_i——第 i 个测点测得的流速。

对于矩形截面管道，可取图 9 - 20 中所示的 26 个测点位置，测得 26 个速度后，根据表 9 - 5 中所给的各测点的权值进行加权平均，就可得到矩形截面上的平均流速，即

$$\bar{v} = \frac{\sum_{i=1}^{26} K_i v_i}{\sum_{i=1}^{26} K_i} \qquad (9 - 51)$$

式中　K_i、v_i——i 点的权数和在 i 点上测得的流速。

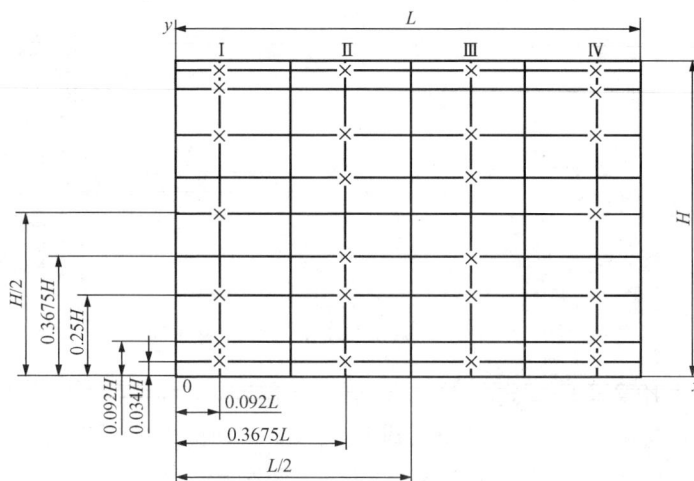

图 9 - 20　矩形管道中测点配置图

×—测点位置

表 9 - 5			各 测 点 的 权 值		
K $\quad x/L$ / y/H		I	II	III	IV
		0.092	0.367 5	0.632 5	0.908
0.034		2	3	3	2
0.092		2	—	—	2
0.250		5	3	3	5
0.367 5		—	6	6	—
0.500		6	—	—	6
0.632 5		—	6	6	—
0.750		5	3	3	5
0.908		2	—	—	2
0.966		2	3	3	2

表 9 - 5 中 H 和 L 为矩形管道的高和宽。y 和 x 为测点在高和宽的方向上与管壁之间的距离。用试验方法求取平均流速来计算体积流量的方法，其测试时间很长，计算复杂，只能用于稳定工况下的试验工作以及大口径流量计的标定工作。工业上可采用均速管（即阿纽巴管）来自动平均各测点得到的差压，求取截面平均流速和体积流量。均速管的结构示意如图 9 - 21 所示。在测量管道的直径方向插入有圆截面的均速管，均速管的迎流面上有四个取压孔，测取四点的全压。该四点全压在均速管内腔中平均后由内插管引出；另一压力由均速管背流面管道中心处取得，以上两压力差即代表平均流速和体积流量。迎流面上的四孔位置是用切比雪夫数值积分方法求得的，即

$$r_1/R = \pm 0.459\,7, \quad r_2/R = \pm 0.888\,1$$

式中　r——取压孔距管道中心距离；

　　　R——管道半径。

均速管的流量公式如下：

$$q_V = A\alpha \sqrt{\frac{2}{\rho}\Delta p} \qquad (9 - 52)$$

$$\alpha = \varphi K_{Re} K_\varepsilon K_\varphi$$

上两式中　A——工作参数下的圆管截面积；

　　　Δp——均速管输出差压；

　　　ρ——工作参数下的流体密度；

　　　α——均速管流量系数；

　　　φ——在规定的雷诺数、均速管结构和标定用流体情况下实验得到的系数；

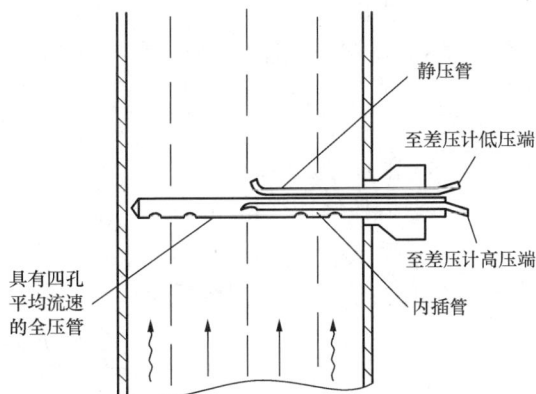

图 9 - 21　均速管流量计

　　　K_{Re}——雷诺数偏离规定值时的修正系数；

　　　K_ε——流体是可压缩性流体时的膨胀修正系数；

　　　K_φ——被测流体不是标定 φ 时用的流体情况下需要的修正系数。

目前，均速管的流量系数 α 仅有各制造厂给出的标定数据，国内外尚未标准化。

实验证明，菱形截面均速管比圆形截面均速管流量系数较稳定，测量范围较宽，准确性和复现性均较好，因此现在多采用菱形截面均速管。

由于均速管测量位置的确定是以充分发展紊流分布为依据的，一般它只在一个直径方向上开两对测孔，所测管道内流速分布应基本上达到典型的紊流分布。所以使用时，其前后要有一定的直管段，前为 $(7\sim24)D$，后为 $(3\sim4)D$。

均速管具有结构简单、安装维护方便、价格低（特别对大口径管道）、压力损失小 $[\delta p = (2\%\sim5\%)\Delta p]$、适用管径范围宽（$D = 25\sim900\text{mm}$）等优点。缺点是差压输出较小、灵敏度低、量程比小（3:1）、很难用于带尘气流的测量等。

二、靶式流量计

在管道中设置孔板、喷嘴等各种节流件，当流体流经节流件时由于流通截面改变，流速发生变化，在节流件前后形成差压，此差压随流量变化而变化，通过试验得到流量与差压之间的关系，就可通过测量差压测出流量。这是工业上最常用的流量测量方法，也是目前热电厂中在高温高压下测量流量的几乎唯一的方法。在第十章中将对这种测量方法详加讨论。

　　靶式流量计从其工作原理上说也属于节流变压降式流量计，它的原理如图 9-22 所示。

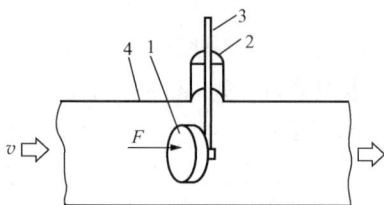

　　在管道中同心地设置一圆盘形靶作为节流件，靶与管壁之间形成环形通流截面，故把靶又称为环形孔板。流体在靶前后所形成的差压使靶受到推力，靶连接在力平衡变送器主杠杆的一端，经变送器将靶上所受推力转换为统一的电流信号输出。

图 9-22　靶式流量计示意
1—靶；2—接变送器；3—主杠杆；4—管壁

　　由于靶的节流作用和靶对流速的滞止作用，在靶两侧产生了差压 Δp，差压作用在靶上对靶产生推力

$$F = A\Delta p$$

式中　A——靶面积。

　　F 与环形间隙中流体平均流速 v 之间的关系如下：

$$F = A\Delta p = AK\frac{\rho v^2}{2} = \frac{\pi}{8}Kd^2\rho v^2 \tag{9-53}$$

式中　d——靶直径，m；

　　　　ρ——流体密度，kg/m^3；

　　　　K——系数。

　　考虑到通过流量计的流体质量流量

$$q_m = \frac{\pi}{4}(D^2 - d^2)v\rho \tag{9-54}$$

式中　D——管道直径，m。

　　令直径比 $\beta = d/D$，合并上述各式，可得质量流量 q_m 与推力 F 之间的关系如下：

$$q_m = \sqrt{\frac{\pi}{2}}K_a D\left(\frac{1}{\beta} - \beta\right)\sqrt{F\rho} \qquad kg/s \tag{9-55}$$

式中　K_a——靶式流量计的流量系数，$K_a = \sqrt{1/K}$；

　　　　F——作用在靶上的力，N。

　　因此，在被测介质密度 ρ、管道内径、靶直径 d 和流量系数 K_a 一定的条件下，输出力的平方根与流量成正比。通过测量输出的推力即可测定被测介质流量大小。

　　实验证明，流量系数 K_a 与直径比 β、管道直径 D、被测流体的雷诺数 Re_D 以及流体流速沿管道截面上的分布情况有关。在 D 和 β 值一定，靶前后有足够长的直管段的情况下，当被测流体的管道雷诺数 Re_D 在某一低限值 $(Re_D)_K$ 以上时，流量系数 K_a 不随雷诺数变化，基本为常数。而在低限雷诺数 $(Re_D)_K$ 以下时，K_a 将随 Re_D 的减小而变小。对于不同的管径 D 和直径比 β，低限雷诺数 $(Re_D)_K$ 和流量系数 K_a 是不同的。在适当选择 β 值后，低限雷诺数可低至 $2.5\times10^2 \sim 1\times10^3$，从而保证在较宽的雷诺数范围内流量系数 K_a 为定值（在 $0.62 \sim 0.68$ 范围内）。因此，靶式流量计的特点是能用于低雷诺数的黏性流体流量测量。一般认为对于 $50 \sim 70mm$ 直径的管道，适当的 β 值应在 $0.7 \sim 0.8$ 之间；对大口径管道，β 值可适当低一些，β 值过小使流量系数 K_a 不稳定，测量的复现性和准确性就很差。

　　靶式流量计的另一优点是没有差压信号管路引出的问题，但流量系数受靶的加工和安装精度的影响较大，输出有脉动，故准确度不高。即使个别标定，准确度也只有 $\pm1\%$ 左右。靶前后为使流动稳定所需的直管段长度可参照第十章中标准孔板对直管段的要求。

三、转子流量计

与节流变压降流量计不同，恒压降变截面流量计在测量过程中保持节流件前后的差压不变，而节流件的通流面积随流量而变，因此，可通过测量通流面积来测量流量，在这类流量计中使用最广泛的就是转子流量计。

转子流量计由一段垂直安装并向上渐扩的圆锥形管和在锥形管内随被测介质流量大小而作上下浮动的浮子组成，如图 9 - 23 所示。当被测介质流过浮子与管壁之间的环形通流面积时，由于节流作用，在浮子上下产生差压 Δp，此差压作用在浮子上，浮子承受向上的力。当此力与被测介质对浮子的浮力之和等于浮子重力时，浮子处于力平衡状态，浮子就稳定于锥形管的一定位置上。由于测量过程中浮子的重力和流体对浮子的浮力是不变的，故在稳定的情况下，浮子受到的差压始终也是恒定的。当流量增大时，差压增加，浮子上升，浮子与管壁之间环形通流面积增大，差压又减小，直至浮子上下的差压恢复至原来的数值，这时浮子平衡于较上部新的位置上，因此，可用浮子在锥形管中的位置来指示流量。

浮子处于锥形管中，相当于通流面积 A_0 可变的节流件。流体流经节流件所产生的差压与体积流量的关系如下：

$$q_V = \alpha A_0 \sqrt{\frac{2\Delta p}{\rho}} \qquad (9 - 56)$$

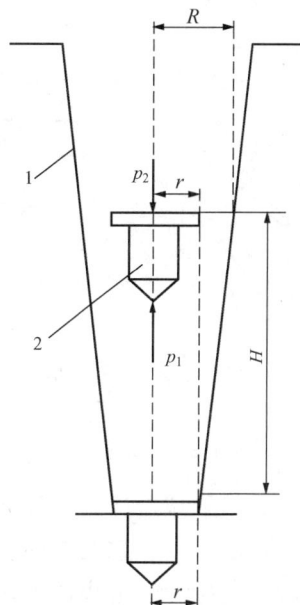

图 9 - 23　转子流量计的原理
1—锥形管；2—转子

式中　α——与浮子形状、尺寸等有关的流量系数；

ρ——流体密度。

当浮子处于力平衡情况下，差压对浮子产生向上的作用力等于浮子在流体中的重力，即

$$A_f\Delta p = V_f(\rho_f - \rho)g$$

或

$$\Delta p = \frac{V_f}{A_f}(\rho_f - \rho)g$$

式中　A_f——浮子的有效横截面积；

V_f——浮子体积；

ρ_f、ρ——浮子材料和流体的密度；

g——当地的重力加速度。

合并上两式可得体积流量 q_V 与通流面积 A_0 之间的关系：

$$q_V = \alpha A_0 \sqrt{\frac{2gV_f}{A_f}} \sqrt{\frac{\rho_f - \rho}{\rho}} \qquad (9 - 57)$$

因为　　　　　　　$A_0 = \pi(R^2 - r^2) = \pi(R + r)(R - r)$

$$R + r = 2r + H\tan\theta, \quad R - r = H\tan\theta$$

所以　　　$A_0 = \pi(2r + H\tan\theta)H\tan\theta = \pi(2rH\tan\theta + H^2\tan^2\theta)$

又因为　　　　　　　　　　　$\tan\theta \to 0$

所以　　　　　　　　　$A_0 \approx 2\pi r\tan\theta H = CH \qquad (9 - 58)$

即锥度很小的锥形管中通流面积 A_0 与浮子在管中的高度 H 近似成正比，式中 C 为与圆锥管锥度有关的比例系数。

因此，可得体积流量与浮子高度的关系式：

$$q_V \approx \alpha C H \sqrt{\frac{2gV_f}{A_f}} \sqrt{\frac{\rho_f - \rho}{\rho}} \qquad (9-59)$$

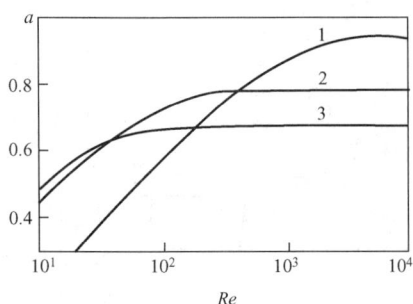

图 9-24　转子流量计的 α-Re 曲线

1—旋转式浮子；2—圆盘式浮子；3—板式浮子

实验证明，转子流量计的流量系数 α 与浮子形状、流体雷诺数等有关，对于一定的浮子形状，当雷诺数大于某一低限雷诺数 $(Re_D)_K$ 时，流量系数趋于一常数。因此，对于一定材料、形状的浮子和一定密度的流体，雷诺数在低限雷诺数以上，就能得到体积流量和浮子位置 H 之间的线性刻度关系。图 9-24 中列举了三种浮子的转子流量计流量系数 α 与雷诺数的关系。其中 1 为旋转式浮子，它的低限雷诺数 $(Re_D)_K$ 约为 6000，多用于玻璃管直接指示的转子流量计；2 为圆盘式浮子，它的 $(Re_D)_K = 300$；3 为板式浮子，$(Re_D)_K = 40$。2 和 3 广泛应用于电气远传式转子流量计。电气远传式转子流量计通常是使浮子带动差动变压器的铁芯上下移动的，通过位移—电感变换的方法将浮子的位置信号变换为电量信号。

转子流量计的量程比可达 10，准确度为 $\pm(1\sim2)\%$。应当注意的是，当被测流体密度和黏度变化时，必须对原有刻度进行校正。被测流体黏度变化对刻度的影响关系非常复杂，因流量计的构造、形状、尺寸而异，只能用试验求得校正系数。被测流体密度变化对刻度的影响可用下述方法校正：

标定液体　　　　$q'_V = \alpha C \sqrt{\dfrac{2gV_f}{A_f}} \sqrt{\dfrac{(\rho_f - \rho_0)}{\rho_0}} H$

被测液体　　　　$q_V = \alpha C \sqrt{\dfrac{2gV_f}{A_f}} \sqrt{\dfrac{(\rho_f - \rho)}{\rho}} H$

体积流量的准确值

$$q_V = q'_V \sqrt{\frac{(\rho_f - \rho)\rho_0}{(\rho_f - \rho_0)\rho}} \qquad (9-60)$$

式中　q'_V、q_V——仪表体积流量读数和体积流量的准确值；

　　　ρ_0、ρ——仪表分度时和使用时的流体密度。

式（9-60）还表示了可用改变浮子材料密度 ρ_f 来改变仪表的量程。当改用较大的 ρ_f 时，仪表量程扩大，即

$$q_V = q'_V \sqrt{\frac{\rho'_f - \rho}{\rho_f - \rho}} \qquad (9-61)$$

式中　q'_V、q_V——仪表上原来的体积流量刻度数和改量程后新的体积流量刻度数；

　　　ρ_f、ρ'_f——分度时和改量程后浮子的材料密度；

　　　ρ——被测介质密度。

当流体为气体时，若被测气体不是空气，则 ρ 不同。另外，若 $t \neq 20℃$，$p \neq 0.101MPa$，

对气体的密度影响很大，均需修正，若转子流量计的指示刻度值为 q'_V，计算实际气体流量 q_V 时，可按下式修正

$$q_V = \sqrt{\frac{(\rho_f - \rho)\rho_0}{(\rho_f - \rho_0)\rho}} \sqrt{\frac{p}{p_0}} \sqrt{\frac{T_0}{T}} q'_V \approx \sqrt{\frac{\rho_0}{\rho}} \sqrt{\frac{p}{p_0}} \sqrt{\frac{T_0}{T}} q'_V$$

式中 ρ_0、ρ——空气和被测气体在标准状态下的密度；

p_0、p——标准状态的绝对压力（0.101MPa）和被测气体的实际绝对压力；

T_0、T——标准状态的温度（293K）和被测气体的实际温度。

第四节 质量流量计

在工业生产中，不论是生产过程控制还是成本核算，通常需要准确地获知流体的质量流量 q_m，因此需要有能直接测定流体质量流量的质量流量计。质量流量计的输出信号不受流体压力、温度等参数改变引起的流体密度变化的影响，因此测量准确度有很大的提高。前述各种流量计的输出信号是反映体积流量（如容积流量计）的，或者其输出信号与流体密度直接有关（如差压式流量计）。因此，在被测参数密度变化的情况下就无法得到准确的质量流量数值。

目前，质量流量计可分三大类：

（1）直接式——感受件的输出信号直接反映质量流量；

（2）推导式——分别检测流体体积流量和密度，通过乘法器的运算得到反映质量流量的信号；

（3）温度、压力补偿式——检测流体体积流量、温度、压力，根据流体密度和温度、压力的关系，通过计算单元计算得流体密度，然后与体积流量相乘得到反映质量流量的信号。

目前，直接式质量流量计在工业上还很少应用，对于滑参数启动和运行的电厂来说，为了在整个启动和运行过程中得到准确的质量流量数值，常采用带温度、压力补偿的质量流量计。

一、直接式质量流量计

直接式质量流量计的类型很多，如量热式、双涡轮式、角动量式等。这里仅介绍振动管式科里奥利力质量流量计的基本工作原理（见图 9 - 25）。

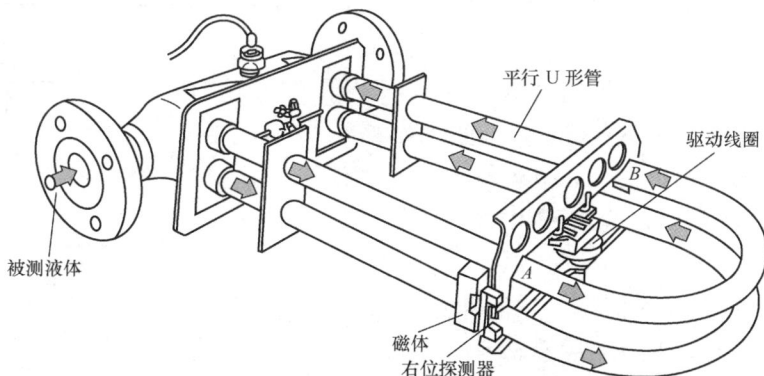

图 9 - 25 振动管式质量流量计

如图 9 - 25 所示，一根（或者两根）U 形管在驱动线圈的作用下，以约 80Hz 的固有频

率振动，其上下振动的角速度为 ω。被测流体以流速 v 从 U 形管中流过，流体流动方向与振动方向垂直。若 U 形管半边管内流体质量为 m，则半边管上所受到的科里奥利力 F_c 为

$$F_c = 2mv\omega \tag{9-62}$$

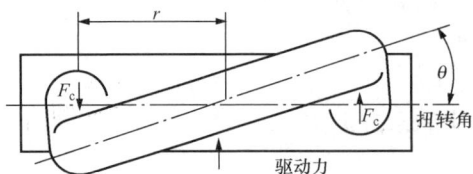

图 9-26　U 形管扭转原理

力的方向可由右手螺旋法则决定。由于两半管中流体质量相同，流速相等而流向相反，故 U 形管左右两半边管所受的科里奥利力大小相等、方向相反，从而使金属 U 形管产生扭转，即产生扭转角 θ。当 U 形管振动处于由下向上运动的半周期时，扭转角方向如图 9-26 所示。当处于由上向下运动的半周期时，由于两半管所受的科里奥利力反向，U 形管扭转角方向与图中方向相反。F_c 产生的扭转力矩 M_c 为

$$M_c = 2rF_c = 4rmv\omega = 4\omega rq_m \tag{9-63}$$

式中　r——U 形管两侧肘管至中心的距离。

U 形管扭转变形后产生的弹性反作用力矩为

$$M_f = K_f\theta \tag{9-64}$$

式中　K_f——U 形管扭转变形弹性系数。

在稳态情况下，存在 $M_c = M_f$ 的关系，因此流过流量计的流体质量流量 q_m 与 U 形管扭转角之间存在如下关系：

$$\theta = \frac{4\omega r}{K_f}q_m \tag{9-65}$$

当 r、K_f 和 ω 为定值时，U 形管扭转角 θ 直接与被测流体质量成正比，而与流体密度等无关。用安装在 U 形管两侧的磁探测器传感此扭转角，并经适当的电子线路变换为所要求的输出信号，从而直接指示质量流量值。此种流量计可测量气体、液体和多相流体，准确度可达 0.2%~1.0%。

二、推导式质量流量计

推导式质量流量计是在分别测出两个相应参数的基础上，通过运算器进行一定形式的数学运算，间接推导出流体的 ρv 值，从而求得质量流量的。下面介绍三种可能的构成形式。

1. 用差压式流量计与密度计组合的质量流量计

差压式流量计输出的差压信号 $\Delta p \propto q_V^2\rho$，当流量计流通截面一定时，则 $\Delta p \propto \rho\bar{v}^2$。因此，若把差压输出信号与密度计输出信号 ρ 相乘，再经开方就得到与 $\rho\bar{v}$ 成正比的信号，此信号代表了流体的质量流量 q_m。当然，差压输出信号和密度输出信号都要转化为统一的电或气信号，才能通过电或气的运算器进行乘、除、开方等运算。

图 9-27 所示为差压式流量计与密度计组合的质量流量计的示意。质量流量由显示仪表进行指示和记录，流过流体质量的总量由积算器来累计。

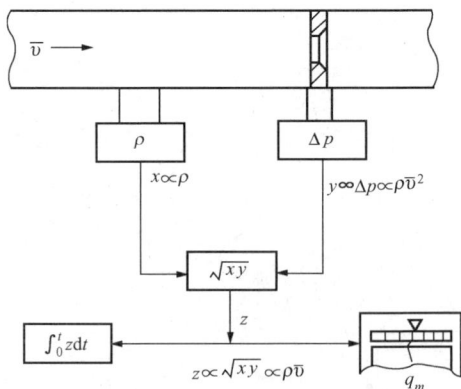

图 9-27　差压式流量计与密度计组合的质量流量计

密度计可采用同位素式、超声波式或振动管式等连续测量流体密度的仪表。

2. 用速度式流量计和密度计组合的质量流量计

涡轮流量计、电磁流量计、超声波流量计等速度式流量计输出的信号代表管内流体截面平均流速 $\bar{v}$，将 $\bar{v}$ 与密度计输出 ρ 相乘，就得到代表流体质量流量的 $\rho\bar{v}$ 信号，其组合原理如图 9-28 所示。

3. 用差压式流量计与速度式流量计组合的质量流量计

差压式流量计输出代表 $\rho\bar{v}$，速度式流量计输出代表 $\bar{v}$，如经运算器将两信号进行除法运算，就得到代表流体质量流量 q_m 的 $\rho\bar{v}$ 信号，其组合原理如图 9-29 所示。

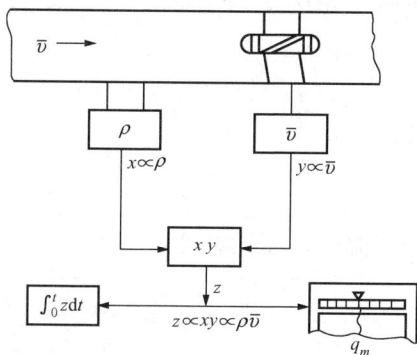

图 9-28　速度式流量计与密度计
组合的质量流量计

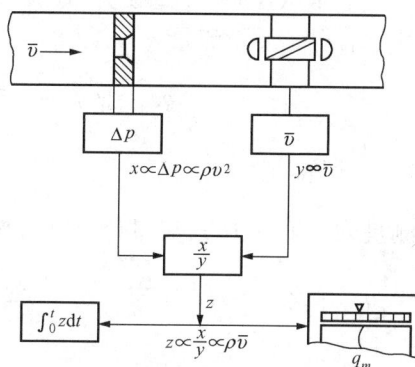

图 9-29　差压式流量计与速度式
流量计组合的质量流量计

三、温度、压力补偿式质量流量计

温度、压力补偿式质量流量计的基本原理是，测量流体的体积流量、温度和压力值，根据已知的被测流体密度与温度、压力之间的关系，通过运算，把测得的体积流量数值自动换算到标准状态下的体积流量数值。由于被测流体种类一定时，其标准状态下的密度 ρ_0 是定值，所以标准状态下的体积流量值就代表了流体的质量流量值。连续测量温度、压力比连续测量密度容易。因此，目前工业上所用的质量流量计多采用这种原理。

当被测体为液体时，可只考虑温度对流体密度的影响。在温度变化范围不大时，密度与温度之间的关系为

$$\rho = \rho_0 [1 + \beta(t_0 - t)] \tag{9-66}$$

式中　ρ——工作温度 t 下的流体密度；

　　ρ_0——标准状态（或仪表标定状态）温度 t_0 下流体的密度；

　　β——被测流体的体积膨胀系数。

因此，对于用容积式流量计或速度式流量计，测得的液体体积流量 q_V 可用式 (9-67) 进行温度补偿，即

$$q_m = \rho q_V = q_V \rho_0 [1 + \beta(t_0 - t)] = q_V \rho_0 + q_V \rho_0 \beta(t_0 - t) \tag{9-67}$$

若被测流体种类一定，ρ_0 和 β 就一定，此时只需要测得体积流量 q_V 和温度变化 $t_0 - t$，进行自动运算即可获得质量流量 q_m。对于水和油类，当温度在 $\pm 40\,^{\circ}\mathrm{C}$ 内变化时，上式的准确度可达 $\pm 0.2\%$。当用差压式流量计来测量液体体积流量时，输出差压信号 Δp 与体积流量 q_V 之间关系为 $q_V = K\sqrt{\Delta p/\rho}$（其中 K 为常数）。此时实现温度补偿的计算式为

$$q_m = \rho q_V = K\sqrt{\Delta p \rho} = K\sqrt{\Delta p \rho_0 [1 + \beta(t_0 - t)]} \qquad (9\text{-}68)$$

可见，只要在差压式流量计输出信号 Δp 上加上一项与输出 Δp 和 $t_0 - t$ 乘积成比例的补偿量，然后开方就可求得质量流量。

若被测流体为低压范围内的气体，则可应用理想气体状态方程，即

$$\rho = \rho_0 \frac{p}{p_0} \frac{T_0}{T} \qquad (9\text{-}69)$$

式中　ρ——热力学温度为 T，压力为 p 工作状态下的气体密度；

　　　ρ_0——热力学温度为 T_0、压力为 p_0 标准状态下的气体密度。

此时，对于体积式流量计或速度式流量计，测得的流体体积流量 q_V，可经下式进行温度、压力补偿后得到质量流量 q_m，即

$$q_m = \rho q_V = \frac{p}{p_0} \frac{T_0}{T} \rho_0 q_V = C_1 \frac{p}{T} q_V \qquad (9\text{-}70)$$

式中　C_1——常数，$C_1 = \frac{T_0}{p_0}\rho_0$。

对于测量 $\rho q_V{}^2$ 的差压式流量计，则可按下式进行温度、压力补偿：

$$q_m = \rho q_V = \rho K\sqrt{\frac{\Delta p}{\rho}} = K\sqrt{\Delta p \rho} = K\sqrt{\Delta p \rho_0 \frac{p}{p_0} \frac{T_0}{T}} = C_2\sqrt{\Delta p \frac{p}{T}} \qquad (9\text{-}71)$$

式中　C_2——常数，$C_2 = K\sqrt{\rho_0 \frac{T_0}{p_0}}$。

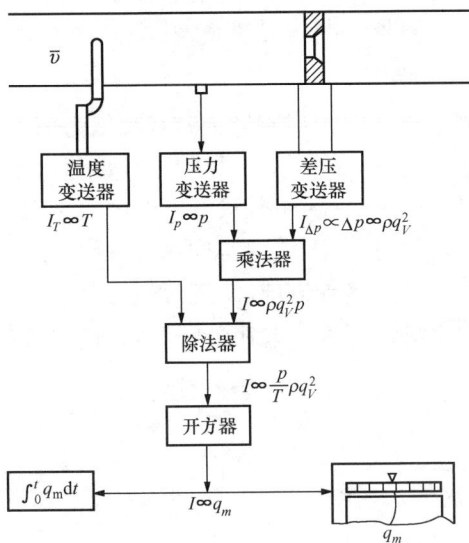

图 9-30　气体质量流量计测量的压力、温度补偿系统

从式（9-71）可知，只要测得差压式流量计的差压值和温度、压力值就能求得质量流量值。图 9-30 所示为气体质量流量测量的温度、压力补偿系统。

四、多功能微电脑流量显示积算仪

对于热力发电厂中高温高压蒸汽流量测量来说，采用标准节流装置的变压降流量计是目前唯一的测量方法。这种测量方法的基本公式为

$$q_m = \frac{\pi}{4}\alpha\varepsilon d_t{}^2 \sqrt{\rho \Delta p} \qquad (9\text{-}72)$$

式中　q_m——瞬时质量流量；

　　　α——流量系数；

　　　ε——流束膨胀系数；

　　　d_t——工作温度下节流件的开孔直径；

　　　ρ——工质密度；

　　　Δp——节流件前后的差压。

以前，流量测系统采用节流件配差压变送器和开方器，这种方式虽然较简单，但未涉及式（9-72）中各参数的变化，仅能在额定工况下使用，否则会产生较大的测量误差，特别是用于电厂机炉滑参数启动时更是如此。近年来，流量测量系统在原有的基础上增加了温度、压力测量和一些运算单元，构成了带温度、压力补偿的流量测量系统。但是由于采用模拟运算，因此所用的补偿公式较为简单，误差较大。此外，温漂、时漂和模拟运算误差等问

题不易克服，也没有考虑到流量系数、流束膨胀系数和节流件开孔直径等参数的变化。现在介绍的这种多功能微电脑流量显示积算仪，它与标准节流装置和变送器组成较准确的流量测量系统，如图9-31所示。对流量系数、流束膨胀系数、节流件开孔直径、工质密度进行在线修正，可获得较准确的测量结果。通过手动切换开关，可分别用数字显示被测流体的温度、压力、瞬时质量流量和累计质量流量。它与常规流量仪表相比，不仅准确度高而且功能多。下面简要介绍一下该测量系统的工作原理。

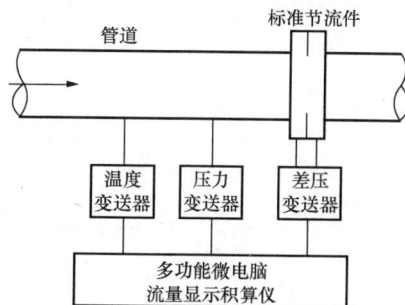

图9-31　多功能微电脑流量测量系统

根据标准节流装置变压降流量测量原理，式（9-72）中的 α、ε、d_t 和 ρ 均随使用条件发生变化，必须求得在使用条件下的各参数值，才能达到准确测量的目的。

α 是直径比 β（节流件开孔直径 d_t 与管道直径 D_t 的比值）、管道直径 D_t、管壁粗糙度 K_s 和雷诺数 Re_D 的函数。在确定的使用场合，仅雷诺数是变量，α 与 Re_D 的关系可近似为

$$\alpha = \alpha_0 - C_1 Re_D \tag{9-73}$$

式中　α_0——最大雷诺数下的流量系数；

　　　C_1——由直径比和管道直径决定的常数。

在计算雷诺数时，必须知道瞬时质量流量，而流量值又是待求的，因此计算中要进行反复迭代。

ε 可表示为

$$\varepsilon = f(\beta^4, \Delta p, p_1, \kappa)$$

式中　p_1——节流件前工质的压力；

　　　κ——工质的等熵指数。

同样，在确定的使用场合，ε 仅为 Δp 和 p_1 的函数，有以下近似关系：

$$\varepsilon = 1 - C_2 \frac{\Delta p}{p_1} \tag{9-74}$$

式中　C_2——由 β 和 κ 决定的常数。

d_t 的计算式为

$$d_t = d_{20}[1 + \lambda(t - 20)] \tag{9-75}$$

式中　d_{20}——20℃时实测的节流件开孔直径；

　　　λ——节流件材料的线膨胀系数。

工质密度是工质温度和压力的函数。对水蒸气来说，密度和温度、压力关系的非线性十分严重，密度随温度、压力变化较大。因此，求得准确的密度计算公式，是提高仪表准确度的关键之一。经采用一元正交和二元正交拟合的方法，得到了干饱和蒸汽和过热蒸汽的密度计算公式。

对于干饱和蒸汽，密度计算公式为

$$\rho = \sum_{i=0}^{3} A(i) p^i \tag{9-76}$$

$$\rho = \sum_{i=0}^{2} D(i)p^i \tag{9-77}$$

式（9-76）的范围为 0.1～1MPa，式（9-77）的范围为 1～5MPa。

对于过热蒸汽，在 0.4～17MPa、100～580℃范围内，拟合最大误差为±0.5%的密度计算公式为

$$\rho = \sum_{i=0}^{3}\sum_{j=0}^{3} A(i,j)\overline{p}^i\,\overline{T}^j \tag{9-78}$$

$$\overline{p} = \frac{p}{64}, \quad \overline{T} = T/256$$

上几式中 p——过热蒸汽压力；

T——过热蒸汽的热力学温度；

$A(i)$、$D(i)$、$A(i,j)$——常数，其数据请参考相关资料。

求得以上参数，即可由式（9-72）计算瞬时质量流量，再由式（9-79）可计算 t 时刻的累计流量 Q_t，即

$$Q_t = \int_0^t q_m \mathrm{d}t \tag{9-79}$$

这种仪表的硬件方框图如图9-32所示，软件方框图如图9-33所示。为了使仪表能正常工作，还必须采取一系列的抗干扰及保护措施。这种仪表的流量测量准确度为±0.5%。

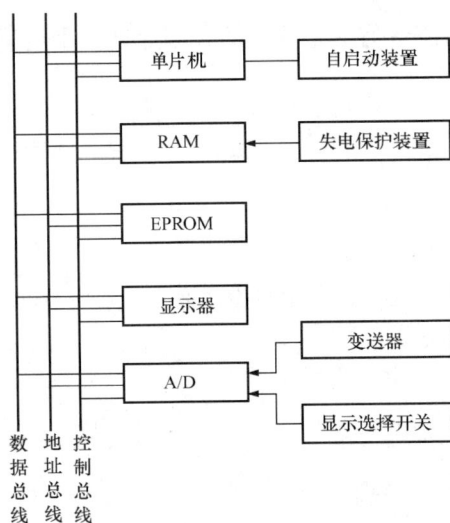

图 9-32 硬件方框图

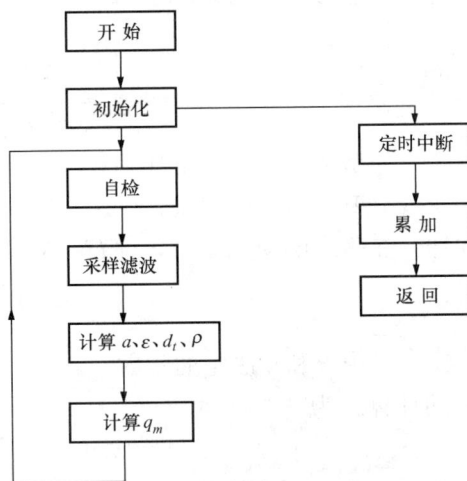

图 9-33 软件方框图

第五节 流量测量仪表的校验与分度

除标准节流装置和标准皮托管以外的各种流量测量仪表，在出厂前大部分需要用实验来求得仪表的流量系数，以确定仪表的流量刻度标尺，即进行流量计的分度。在使用中还需要定期校验，检查仪表的基本误差是否超过仪表准确度等级所允许的误差范围。标准节流装置的分度关系和误差，可按流量测量节流装置国家标准中的规定通过计算确定，但必须指出，

标准中的流量系数等数据也是通过大量试验求得的。另外，在测量准确度要求很高时，还是要将成套节流装置进行试验分度和校验。

　　在进行流量测量仪表的校验和分度时，瞬时流量的标准值是用标准砝码、标准容积和标准时间（频率）通过一套标准试验装置得到的。标准试验装置是指能调节流量并使其高度稳定在不同数值上的一套液体或气体循环系统。若能保持系统中流量稳定不变，则可通过准确测量某一段时间 $\Delta\tau$ 和这段时间内通过系统的流体总容积 ΔV 或总质量 Δm，由下式求得这时系统中的瞬时体积流量 q_V 或质量流量 q_m 的标准值：

$$q_V = \frac{\Delta V}{\Delta\tau} \text{ 或 } q_m = \frac{\Delta m}{\Delta\tau}$$

　　将流量标准值与安装在系统中的被校仪表指示值对照，就能达到校验和分度被校流量计的目的。图 9 - 34 所示为水流量标定系统，该系统用高位水槽来产生压头，并用溢流的方法保持压力恒定，以达到稳定流量的目的；用与切换机构同步的计时器来测定流体流入计量槽的时间 $\Delta\tau$；用标准容积计量槽（或用称重设备）测定 ΔV（或 Δm），被校流量计前后必须有足够长的直管段，流量调节由被校流量计后的阀门控制。系统所能达到的雷诺数受高位水槽高度的限制。为了达到更大的雷诺数，有些试验装置用泵和多级稳压罐代替高位溢流水槽作为恒压水源。

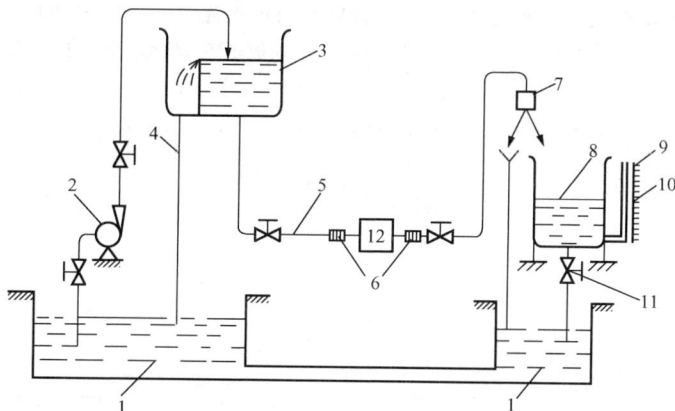

图 9 - 34　水流量标定系统
1—水池；2—循环泵；3—高位水槽；4—溢流管；5—直管段；
6—活动接头；7—切换机构；8—标准容积计量槽；9—液位
标尺；10—游标；11—底阀；12—被标定的流量计

　　经过容积标定的基准体积管和高准确度的容积式流量计也经常作为流量测量仪表校验和分度的标准。由于它们便于移动和能安装在生产工艺管道上，所以更适用于流量计的现场校验，基准体积管如图 9 - 35 所示，其原理是在一根等直径管段内壁的一定距离上设置两个微动检测开关。当直径稍大于管径的橡胶球在流体推动下通过前一开关时，会发出一个电脉冲去打开计数器的计数门，开始对时基脉冲计数；当橡胶球通过后一开关时，会发出一电脉冲，关闭计数器的计数门，停止计数，两电脉冲信号间所计的脉冲数代表时间 $\Delta\tau$。两开关之间的管段容积是经过准确地标定过的，即 ΔV 是确定的，因此测得 $\Delta\tau$ 就可求得瞬时体积流量 q_V。基准体积管的两端有橡胶球投入和分离装置，使胶球能自动地从基准体积管前投入，从体积管后分离出来，连续循环于体积管中。

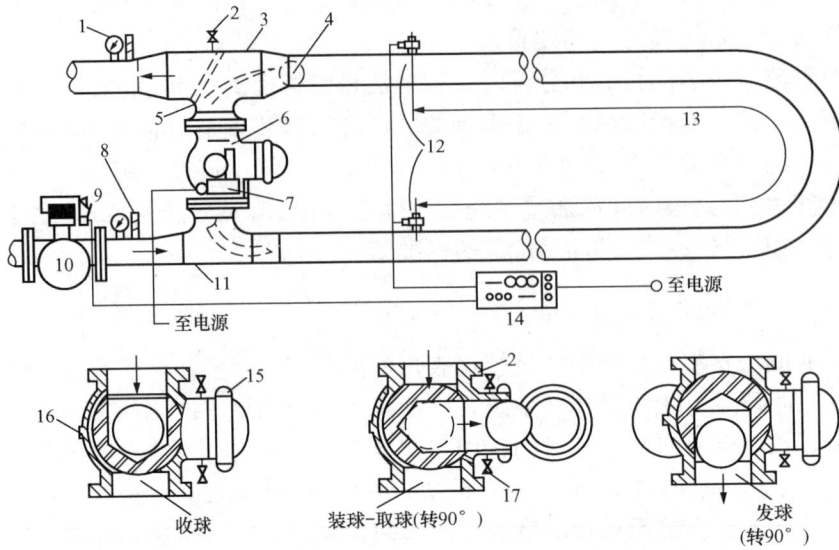

图 9-35　典型的单向回球型基准体积管系统

1—压力计；2—排气阀；3—分离三通；4—球；5—挡球栓；6—控球阀；7—操作器；
8—温度计；9—脉冲发生器；10—流量计；11—发送三通；12—检测开关；
13—基准体积管；14—电子计数器；15—盲板；16—堵塞；17—排放阀

第十章　节流变压降流量计

节流变压降流量计的工作原理是，在管道内装入节流件，流体流过节流件时流束收缩，于是在节流件前后产生差压。对于一定形状和尺寸的节流件，一定的测压位置和前后直管段情况，一定参数的流体，和其他条件下，节流件前后产生的差压值随流量而变，两者之间有确定的关系，因此可通过测量差压来测量流量。

节流件的形式很多，有孔板、喷嘴、文丘里管、1/4圆喷嘴等。目前用得最广泛的节流件是孔板和喷嘴，这两种形式的节流件的外形、尺寸已标准化，并同时规定了它们的取压方式和前后直管段要求，称为标准节流装置。通过大量试验求得了这类标准节流装置流量与差压的关系，以流量测量节流装置国家标准的形式公布。凡符合国家标准的节流装置，其流量和差压之间的关系及测量误差可按国家标准直接计算确定。

标准节流装置只适用于测量圆形截面管道中的单相、均质流体的流量，并要求流体充满管道；在节流件前后一定距离内不发生相变或析出杂质；流速小于声速，流动属于非脉动流；流体在流过节流件前，流束与管道轴线平行，不得有旋转流。

节流变压降流量计的显示仪表就是差压计（已在第八章中叙述），只是差压的标尺是按求得的流量与差压间的关系，以流量值刻度的。

第一节　标准节流装置

标准节流装置如图10-1所示，该系统包括节流件及其取压装置、节流件上游侧第一个阻力件、第二个阻力件、下游侧第一个阻力件以及在它们之间的直管段。

标准节流装置应根据我国《流量测量节流装置检定规程》的规定进行设计、制造、安装和使用。我国的标准（GB/T 2624.1—2006）和国际标准（ISO R541）基本一致。在完全符合标准各项规定时，标准节流装置的流量与差压的关系以及测量误差可按标准规定计算得到。本章部分内容按ISO 5167—1—2003叙述。

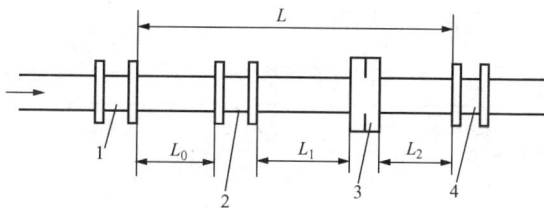

图10-1　标准节流装置示意
1—上游侧第二个局部阻力件；2—上游侧第一个局部阻力件；
3—节流件；4—下游侧第一个局部阻力件

一、标准节流件及其取压装置

关于标准节流件的形式和取压方式，国标规定如下：

标准孔板：角接取压、法兰取压。

标准喷嘴（也称ISA 1932喷嘴）：角接取压。

国际上还有一些其他的已标准化了的节流件，如径距取压（即D和1/2D取压，D为管道内径）标准孔板，径距取压长径喷嘴（也称 ASME 喷嘴），古典文丘里管和文丘里喷嘴等。

1. 标准孔板

标准孔板的结构如图 10-2 所示。标准孔板的开孔直径 d 是一个重要尺寸，应实际测量。测量在上游端进行，最好是在四个大致相等的角度上测量直径，求其平均值。要求各个单测值与平均值之差在 0.05% 范围内。

标准孔板的全称是同心薄壁锐缘孔板，因此孔板进口圆筒形部分应与管道同心安装，其中心线与管道中心线的偏差不得大于 $0.0025D/(0.1+2.3\beta^4)$，$\beta=d/D$ 称为直径比。孔板进口边缘应是严格直角，不能有毛刺和可见的反光，即进口边缘应很尖锐，边缘半径不大于 $0.0004d$。所谓薄壁是指孔板厚度 E 和圆筒形厚度 e 不能过大，$E=(0.02\sim0.05)D$，$e=(0.005\sim0.02)D$，然而当 $50\text{mm}\leqslant D\leqslant64\text{mm}$ 时，考虑强度，E 可以大到 3.2mm。

标准孔板制造安装的其他要求是：

（1）在各处测得的 E 值之间的最大差值和各处测得的 e 值之间的最大差值均不得超过 $0.001D$；

（2）孔板必须与管道轴线垂直安装，其偏差不超过 $\pm1°$；

（3）若 $E\leqslant0.02D$，则可以不做成 $45°\pm15°$ 的圆锥形出口，这样的孔板适用于测量双向流动的流体，但这时要求下游端面的表面粗糙度和边缘尖锐度必须与上游端面的相同；

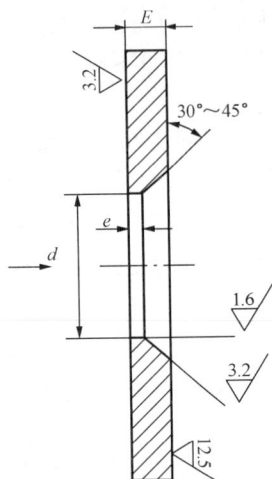

图 10-2　标准孔板
$E=(0.02\sim0.05)D$；
$e=(0.005\sim0.02)D$

（4）孔板加工过程中，不得使用刮刀和砂布进行修刮和打磨。孔板开孔直径的加工公差见附录表 Ⅱ-4。

标准孔板的适用范围见表 10-1。

2. 标准喷嘴

角接取压标准喷嘴适用于 $D=50\sim500\text{mm}$，$0.3\leqslant\beta\leqslant0.8$。当 $0.3\leqslant\beta\leqslant0.44$ 时，$7\times10^4\leqslant Re_D\leqslant10^7$；当 $0.44\leqslant\beta\leqslant0.80$ 时，$2\times10^4\leqslant Re_D\leqslant10^7$。

标准喷嘴的形状如图 10-3 所示。其型线由进口端面 A、收缩部分第一圆弧面 c_1、第二圆弧面 c_2、圆筒形喉部 e 和圆筒形出口边缘保护槽 H 五部分组成。圆筒形喉部长度为 $0.3d$，其直径就是节流件开孔直径 d。d 值应是不少于 8 个单测值的算术平均值，其中 4 个在圆筒形喉部的始端测得，另外 4 个在其终端测得，并且是在大致相距 $45°$ 角的位置上测得的。要求任何一个单测值与平均值的差值不得超过 $\pm0.05\%$。各段型线之间必须相切，不得有不光滑的部分。

表 10-1　　标准孔板适用范围

角接取压	法兰取压	径距取压
$12.5\text{mm}\leqslant d$		
$50\text{mm}\leqslant D\leqslant1000\text{mm}$		
$0.2\leqslant\beta\leqslant0.75$		
当 $0.2\leqslant\beta\leqslant0.45$ 时 $Re_D\geqslant5000$	$Re_D\geqslant1260\beta^2D$	
当 $\beta>0.45$ 时 $Re_D\geqslant10\,000$		

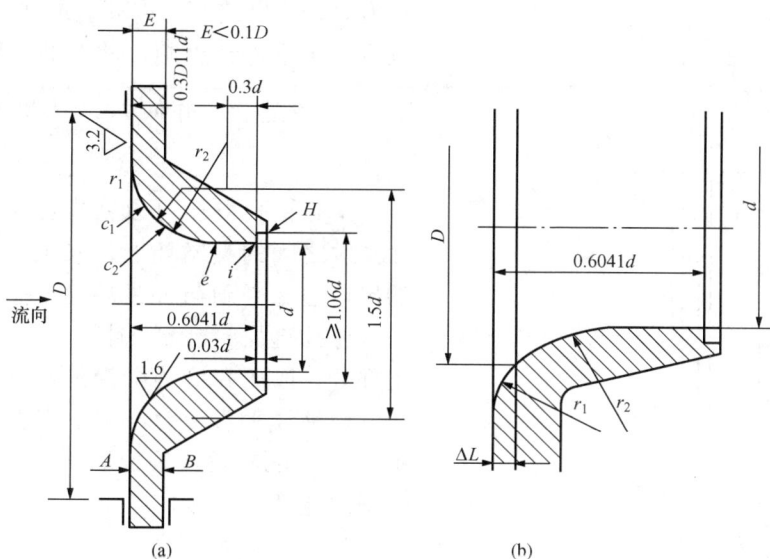

图 10-3 标准喷嘴

(a) $\beta \leqslant 2/3$；(b) $\beta > 2/3$

当 $\beta > \dfrac{2}{3}$ 时，由于此时 $1.5d$ 已大于管道直径 D，必须将喷嘴上游端面切去一部分 ΔL，使上游进口部分最大直径与管道内径相等，以便夹持，应切去的长度为

$$\Delta L = \left[0.2 - \left(\frac{0.75}{\beta} - \frac{0.25}{\beta^2} - 0.5225 \right)^{1/2} \right] d \qquad (10-1)$$

各部分尺寸已注在图上，喷嘴厚度 E 不得超过 $0.1D$。当 $\beta < 0.5$ 时，$r_1 = 0.2d \pm 0.02d$，$r_2 = \dfrac{d}{3} \pm 0.03d$；当 $\beta \geqslant 0.5$ 时，$r_1 = 0.2d \pm 0.006d$，$r_2 = \dfrac{d}{3} \pm 0.01d$。

喷嘴在管道上的安装要求与标准孔板的相同。

3. 角接取压装置

角接取压装置有环室取压和单独钻孔取压两种，如图 10-4 上半部和下半部所示。环室取压的前、后环室装在节流件两边，环室夹在法兰之间，法兰和环室、环室和节流件之间放有垫片并夹紧。节流件前后的压力是从前、后环室和节流件前、后端面之间所形成的连续环隙上取得的，为整个圆周上的平均值。缝隙宽度或单独取压孔直径 a 在防止堵塞的条件下尽可能小一些，规定如下：

对于清洁流体，当 $\beta \leqslant 0.65$ 时，$0.005D \leqslant a \leqslant 0.03D$；当 $\beta > 0.65$ 时，$0.01D \leqslant a \leqslant 0.02D$。对于任何 β 值，对环室，$1\text{mm} \leqslant a \leqslant 10\text{mm}$，对单个取压孔的蒸汽和液化气体，$4\text{mm} \leqslant a \leqslant 10\text{mm}$。

如环室或夹紧环和节流件之间有太厚的垫片时，将增加 a 值，并且还可能使节流件与管轴之间的垂直度偏差超过 $1°$，所以垫片厚度不能超过 1mm。

为起到均压作用，应使环腔截面积 $hc \geqslant \dfrac{1}{2} \pi Da$。环腔与导压管之间的连通孔至少有 2φ 长度为等直径圆筒形，φ 为连通孔直径，其值应为 $4 \sim 10\text{mm}$。

前后环室和垫片的开孔直径 D' 应等于管道内径 D，允许 $D' \leqslant 1.02D$，但绝不允许小于

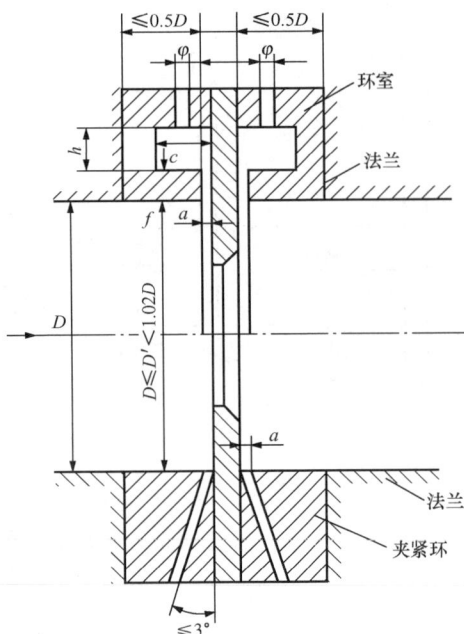

图 10-4 环室取压和单独钻孔取压装置结构
$f>2a$；$\varphi=4\sim10mm$

管道内径，即绝不允许环室或垫片突入管道内。也可使用不连续缝隙，此时断续缝隙数至少为4，等角距配置，并使 $hc\geqslant\frac{1}{2}$ 断续缝隙的连通面积。

单独钻孔取压可以钻在法兰上，也可以钻在法兰之间的夹紧环上。取压孔在夹紧环内壁的出口边缘必须与夹紧环内壁平齐，并有不大于取压孔直径 1/10 的倒角，无可见的毛刺和突出部分。取压孔应为圆筒形，其轴线应尽可能与管道轴线垂直。允许与上下游孔板端面形成不大于 3°的夹角，规定取压孔直径与环室取压的缝隙宽度 a 一样。

4. 法兰取压装置

法兰取压装置如图 10-5 所示，孔板夹持在两块特制的法兰中间，其间加两片垫片，厚度不超过 1mm。取压口只有一对，上游取压口中心线与节流件上游端面距离 $l_1=25.4mm$，下游取压口中心线与节流件下游端面距离 $l_2=25.4mm$。

当 $\beta>0.6$ 且 $D<150mm$ 时，允许偏差为 $\pm0.5mm$，其余情况下允许偏差为 $\pm1mm$。从法兰外圆垂直管道轴线向内钻孔。取压孔直径应小于 $0.13D$ 和小于 13mm，取压孔必须符合单独钻孔取压的全部要求，取压孔中心线必须与管道中心线垂直。

5. 径距取压

取压孔只有一对，上游取压孔中心线与节流件上游端面距离 l_1 等于 D，允许偏差为 $\pm0.1D$。下游取压孔中心线与节流件上游端面距离 l_2 等于 $0.5D$，允许偏差为，当 $\beta\leqslant0.6$ 时为 $\pm0.02D$；当 $\beta>0.6$ 时为 $\pm0.01D$。取压孔必须符合单独钻孔取压的全部要求，取压孔中心线必须与管道中心线垂直。

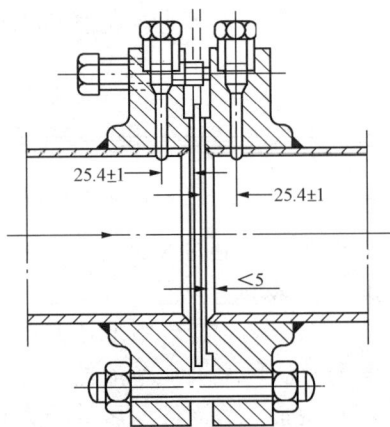

图 10-5 法兰取压装置

二、标准节流装置的管道条件

节流装置的流量与差压之间的关系不仅与节流件类型有关，而且与流体在节流件上下游流动情况有关。对于标准节流装置，要求在节流件前（2～4）D 处的管道截面上已基本形成典型的紊流速度分布，节流件下游的阻力件不影响流束的正常恢复。因此，对节流件前后的管道必须有明确的要求，还必须确定所用管道内壁粗糙度限值。

1. 节流件前后直管段要求

节流件上下游第一阻力与节流件之间的直管段长度 L_1 和 L_2 如图 10-1 所示。L_1 和 L_2 取决于上下游第一阻力件的形式和所用节流件的 β 值，见表 10-2。表中所列数值为管道内

径 D 的倍数。如果实际的 L_1 和 L_2 中有一个为括号内数值，或在括号内外的数值之间，则在计算流量测量不确定度时，在流出系数的不确定度上要算术相加 $\pm 0.5\%$ 的附加偏差。对于实验研究用系统，L_1 应至少为括号外数值的一倍。

表 10-2 节流件上下游侧的最小直管段长度

直径比 $\beta \leqslant$	节流件上游侧的局部阻力件形式和最小直管段长度 L_1							节流件下游最短直管段长度 L_2（包括在本表中的所有阻力件）
	单个 $90°$ 弯头或三通（流体仅从一个支管流出）	在同一平面上的两个或多个 $90°$ 弯头	在不同平面上的两个或多个 $90°$ 弯头	渐缩管（在 $1.5D$～$3D$ 的长度内由 $2D$ 变为 D）	渐扩管（在 $1D$～$2D$ 的长度内由 $0.5D$ 弯为 D）	球形阀全开	全孔球阀或闸阀全开	
0.20	10 (6)	14 (7)	34 (17)	5	16 (8)	18 (9)	12 (6)	4 (2)
0.25	10 (6)	14 (7)	34 (17)	5	16 (8)	18 (9)	12 (6)	4 (2)
0.30	10 (6)	16 (8)	34 (17)	5	16 (8)	18 (9)	12 (6)	5 (2.5)
0.35	12 (6)	16 (8)	36 (18)	5	16 (8)	18 (9)	12 (6)	5 (2.5)
0.40	14 (7)	18 (9)	36 (18)	5	16 (8)	20 (10)	12 (6)	6 (3)
0.45	14 (7)	18 (9)	38 (19)	5	17 (9)	20 (10)	12 (6)	6 (3)
0.50	14 (7)	20 (10)	40 (20)	6 (5)	18 (9)	22 (11)	12 (6)	6 (3)
0.55	16 (8)	22 (11)	44 (22)	8 (5)	20 (10)	24 (12)	14 (7)	6 (3)
0.60	18 (9)	26 (13)	48 (24)	9 (5)	22 (11)	26 (13)	14 (7)	7 (3.5)
0.65	22 (11)	32 (16)	54 (27)	11 (6)	25 (13)	28 (14)	16 (8)	7 (3.5)
0.70	28 (14)	36 (18)	62 (31)	14 (7)	30 (15)	32 (16)	20 (10)	7 (3.5)
0.75	36 (18)	42 (21)	70 (35)	22 (11)	38 (19)	36 (18)	24 (12)	8 (4)
0.80	46 (23)	50 (25)	80 (40)	30 (15)	54 (27)	44 (22)	30 (15)	8 (4)

上游第一阻力件与第二阻力件之间的直管段长度 L_0 按上游第二个阻力件的形式和 $\beta=0.7$（不论所用节流件实际 β 为多少）按表 10-2 查得 L_1 数值折半。

在节流件上游安装温度计套管时，除满足上述要求外，温度计套管与节流件之间的距离 L 应满足以下关系：当温度计套管直径 $\leqslant 0.03D$ 时，$L=5D(3D)$；当温度计套管直径在 $(0.03\sim0.13)D$ 之间时，$L=20D(10D)$。

如节流件前有大于 $2:1$ 的骤缩，则除上述要求外，骤缩处距离节流件不得小于 $30D$（$15D$）。

凡实际装在节流件上游侧的阻力件形式没有包括在表 10-2 之内，或要求的三段直管段有一个小于括号内的数值或有两个都在括号内外的数值之间，则应在实验室实际测定差压和流量之间的关系。

2. 节流装置所用管道的条件

必须知道节流件前 L_1 长度上的管道内壁绝对粗糙度 K_s 或粗糙度的相对值 K_s/D 它们原则上应用实验方法确定。对于一般工业用管道，K_s 的数值经过大量试验得到，其值见附录表 Ⅱ-5。

节流件上游侧 $10D$ 以内管道内壁应没有肉眼可见的明显凸凹，相对粗糙度应在表 10-3 和表 10-4 所给出的限值之内，必要时应对此长度内的管道内壁进行拉光，这样不但能满足粗糙度要求，而且保证得到准确的管道内径 D 值和满足管道圆度的要求。管道内径 D 的测量方法和对管道圆度的要求如下：用来计算直径比 β 的管道直径应为上游取压口前 $0.5D$ 长度范围内管道内径的平均值。测量方法是在上游取压孔前的 $0D$、$1/2D$ 及前两者之间处取与管道轴线垂直的 3 个截面，在每个截面上，以大致相等的角距离取 4 个内径的单测值，这 12 个单测值的平均值即为设计计算节流件时所用的管道内径。管道圆度的要求是指：直径的任意单测值与平均值的偏差不得大于 $\pm0.3\%$，并且在离节流件上游端面起的 $2D$ 长度的下游直管段上任何一个直径单测值与上述平均值的偏差不得大于 $\pm3\%$。

表 10-3　　　　　　　　　　孔板上游侧管道相对粗糙度上限

β	$\leqslant0.3$	0.32	0.34	0.36	0.38	0.4	0.45	0.5	0.6	0.75
$\dfrac{K_s}{D}\times10^4$	25	18.1	12.9	10.0	8.3	7.1	5.6	4.9	4.2	4.0

表 10-4　　　　　　　　　　ISA1932 喷嘴的管道相对粗糙度上限

β	$\leqslant0.35$	0.36	0.38	0.40	0.42	0.44	0.46	0.48	0.50	0.60	0.70	0.77	0.80
$\dfrac{K_s}{D}\times10^4$	25	18.6	13.5	10.6	8.7	7.5	6.7	6.1	5.6	4.5	4.0	3.9	3.9

所用管道材料的线膨胀系数已知，常用节流件和管道材料的线膨胀系数见附录表 Ⅱ-3。

第二节　标准节流装置的流量公式

流量公式就是差压和流量之间的关系式。可通过伯努利方程和流动连续性方程来推导。但必须指出，要完全从理论上计算出差压和流量之间的关系目前是不可能的，因为关系式中的各系数只能靠实验确定。

一、流动情况和流量公式

图 10-6 所示为流动情况。截面 1 处流体未受节流件影响，流束充满管道，流束直径为 D，流体压力为 p_1'，平均流速为 $\bar{v}_1$，流体密度为 ρ_1。截面 2 是节流件后流束收缩为最小的截面，对于孔板，它在流出孔板以后的位置；对于喷嘴，在一般情况下该截面的位置在喷嘴的圆筒部分之内，此处流束中心压力为 p_2'，平均流速为 $\bar{v}_2$，流体密度为 ρ_2，流束直径为 d'。

从图 10-6 中可知，当流束未受节流件影响时，流动方向与管道中心线平行，在节流件前流体就向中心加速，在截面 2 处流束截面收缩到最小，此处流束截面上各点的流动方向又完全与管道中心线平行，此时流速最大、压力最低，然后流束向外扩散，流速降低，静压升高，直到又恢复到流束充满管道

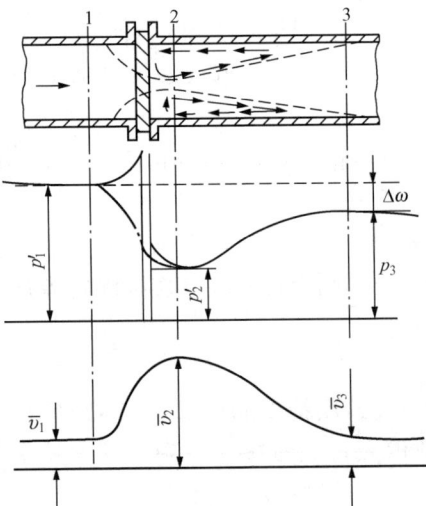

图 10-6　流体流经孔板时的压力和流速变化情况

内壁的情况。图中实线代表管壁处静压力,点画线代表管道中心处静压力。由于涡流区的存在,流体有能量损失,因此,在流束充分恢复后,静压力不能恢复到原来的数值 p'_1,而有一个压力降落,这压力降落就是流体流经节流件后的压力损失 $\Delta\omega$。

设流经水平管道的流体为不可压缩性流体,对截面 1 和 2 可写出伯努利方程和流动连续性方程:

$$\frac{p'_1}{\rho_1} + C_1\frac{\overline{v}_1^2}{2} = \frac{p'_2}{\rho_2} + C_2\frac{\overline{v}_2^2}{2} + \zeta\frac{\overline{v}_2^2}{2} \tag{10-2}$$

$$\rho_1\frac{\pi}{4}D^2\overline{v}_1 = \rho_2\frac{\pi}{4}d'^2\overline{v}_2 \tag{10-3}$$

式中 C_1、C_2——截面 1、2 处流速不均匀,以平均流速代替中心点流速计算动能时采用的修正系数,对于充分发展的紊流,其值大于 1,并随雷诺数增大渐趋近于 1;

ζ——节流件的阻力系数。

对于不可压缩性流体,$\rho_1=\rho_2$。联立求解式(10-2)和式(10-3),并定义节流件直径比为 $\beta=d/D$,收缩系数 $\mu=(d'/d)^2$,其中 d 为孔板开孔直径或喷嘴和文丘里管的喉部直径,d' 为流束收缩至最小截面处截面直径。μ 与节流件的形式和雷诺数有关,当雷诺数大时,孔板的 $\mu\approx0.618$,喷嘴的 $\mu\approx1$。由以上关系可得

$$\overline{v}_2 = \frac{1}{\sqrt{C_2-C_1\mu^2\beta^4+\zeta}}\sqrt{\frac{2}{\rho_1}(p'_1-p'_2)} \tag{10-4}$$

因为流束最小收缩截面 2 的位置随流速改变,而实际取压孔位置根据取压方式不同是固定的,用固定点上取得的压力 p_1 和 p_2 代替 p'_1 和 p'_2 时,需引入一个随取压方式不同而异的取压系数 ψ:

$$\psi = \frac{p'_1-p'_2}{p_1-p_2} = \frac{p'_1-p'_2}{\Delta p} \tag{10-5}$$

因此

$$\overline{v}_2 = \sqrt{\frac{\psi}{C_2-C_1\mu^2\beta^4+\zeta}}\sqrt{\frac{2}{\rho_1}(p_1-p_2)} \tag{10-6}$$

再利用 $q_m=\frac{\pi}{4}d'^2\overline{v}_2\rho_1=\frac{\pi}{4}\mu d^2\overline{v}_2\rho_1$,可得

$$q_m = \frac{\mu\sqrt{\psi}}{\sqrt{C_2-C_1\mu^2\beta^4+\zeta}}\frac{\pi}{4}d^2\sqrt{2\rho_1(p_1-p_2)} \tag{10-7}$$

定义流量系数 α 和流出系数 C:

$$\alpha = \frac{\mu\sqrt{\psi}}{\sqrt{C_2-C_1\mu^2\beta^4+\zeta}} \tag{10-8}$$

$$C = \alpha\sqrt{1-\beta^4} = \frac{\alpha}{E} \tag{10-9}$$

式中 E——速度渐近系数,$E=\dfrac{1}{\sqrt{1-\beta^4}}$,它只与节流件的直径比有关。

α 或 C 由实验方式确定,但从前面分析可以看出,α 和 C 值与节流件形式、取压方式、β 值、雷诺数 Re_D、管道粗糙度有关。如果节流件前后直管段不足,影响截面 1、2 上的速度

分布，从而影响 C_1，C_2 值，亦会影响 α 和 C 值。于是，不可压缩性流体的流量公式为

$$q_m = \frac{\pi}{4}\alpha d^2 \sqrt{2\rho_1\Delta p} = \frac{\pi}{4}CEd^2 \sqrt{2\rho_1\Delta p} \qquad (10-10)$$

$$q_V = \frac{\pi}{4}\alpha d^2 \sqrt{\frac{2}{\rho_1}\Delta p} = \frac{\pi}{4}CEd^2 \sqrt{\frac{2}{\rho_1}\Delta p} \qquad (10-11)$$

对于可压缩性流体，不再能满足 $\rho_1=\rho_2$，并且由于流体的膨胀，μ 值与不可压缩性流体也不同，但为了方便起见，规定公式中 ρ 使用节流件前的流体密度 ρ_1，α 和 C 值仍取相当于不可压缩性流体时的数值，而把全部的流体可压缩性对流量系数和流出系数的影响用一个流束膨胀系数 ε 来考虑。当流体为不可压缩性流体时，$\varepsilon=1$。所以流量公式可以统一写为

$$q_m = \frac{C}{\sqrt{1-\beta^4}}\varepsilon\frac{\pi}{4}d^2 \sqrt{2\rho_1\Delta p} = \frac{C}{\sqrt{1-\beta^4}}\varepsilon\frac{\pi}{4}\beta^2 D^2 \sqrt{2\rho_1\Delta p} \qquad (10-12)$$

或

$$q_m = \alpha\varepsilon\frac{\pi}{4}d^2 \sqrt{2\rho_1\Delta p} = \alpha\varepsilon\frac{\pi}{4}\beta^2 D^2 \sqrt{2\rho_1\Delta p} \qquad (10-13)$$

由于体积流量 $q_V = \dfrac{q_m}{\rho_1}$，所以体积流量为

$$q_V = \frac{C}{\sqrt{1-\beta^4}}\varepsilon\frac{\pi}{4}d^2 \sqrt{\frac{2}{\rho_1}\Delta p} = \frac{C}{\sqrt{1-\beta^4}}\varepsilon\frac{\pi}{4}\beta^2 D^2 \sqrt{\frac{2}{\rho_1}\Delta p} \qquad (10-14)$$

或

$$q_V = \alpha\varepsilon\frac{\pi}{4}d^2 \sqrt{\frac{2}{\rho_1}\Delta p} = \alpha\varepsilon\frac{\pi}{4}\beta^2 D^2 \sqrt{\frac{2}{\rho_1}\Delta p} \qquad (10-15)$$

流量公式中各量的单位为：体积流量 q_V—m^3/s；质量流量 q_m—$\mathrm{kg/s}$；直径 d 或 D—m；密度 ρ_1—$\mathrm{kg/m}^3$；差压 Δp—Pa。

二、标准节流装置的流出系数 C 值及其不确定度

标准节流装置的流出系数 C 值是通过在流量试验台上测定 q_m 和与之相对应的 Δp，然后用上述流量公式计算得到的。对于一定形式的标准节流装置，其流量系数 α 和流出系数 C 仅与 β 和雷诺数 Re_D 有关，图 10-7 所示为标准孔板和 ISA 1932 喷嘴的 α、C 和 Re_D、β 之间的关系曲线。从图中可见，当雷诺数大到一定值后，α 和 C 就与雷诺数值无关，趋于一定值。

1. 标准孔板的 C 值及其不确定度

标准中取得 C 值的原始实验，对于角接取压是在相对粗糙度为 $K_s/D \leqslant 3.8\times10^{-4}$，而对于径距取压则是在 $K_s/D \leqslant 10\times10^{-4}$ 的管道中进行的，但只要所使用管道在节流件上游侧 $10D$ 长度内的粗糙度不超过前节所列的限值，C 的数值仍是可用的。

标准孔板的流出系数是由 stolz 方程给出的：

$$C = 0.595\,9 + 0.031\,2\beta^{2.1} - 0.184\,0\beta^8 + 0.002\,9\beta^{2.5}\left(\frac{10^6}{Re_D}\right)^{0.75}$$

$$+ 0.090\,0L_1'\beta^4(1-\beta^4)^{-1} - 0.033\,7L_2'\beta^3 \qquad (10-16)$$

式中　　Re_D——雷诺数，$Re_D = \dfrac{\pi}{4}\dfrac{q_m}{\eta D}$，质量流量 q_m 单位为 $\mathrm{kg/s}$，流体动力黏度 η 单位为

Pa·s，管道内径 D 单位为 m；

L_1'——孔板上游端面到上游取压口的距离除以管道内径得出的值，$L_1'=l_1'/D$；

L_2'——孔板下游端面到下游取压口的距离除以管道内径得出的值，$L_2'=l_2'/D$。

对于角接取压，$L_1'=L_2'=0$。

对于 D 和 $D/2$ 取压，$L_1'=1$，$L_2'=0.47$。由于 $L_1'\geqslant 0.433\,3$，因此 $\beta^4(1-\beta^4)^{-1}$ 项的系数应采用0.039 0。

对于法兰取压，$L_1'=L_2'=\dfrac{25.4}{D}$，在 $D\leqslant 58.62$mm 的管道中，因为 $L_1'\geqslant 0.433\,3$，因此对 $\beta^4(1-\beta^4)^{-1}$ 项的系数应采用0.039 0。

对于上述三种取压方式，若 β、D、Re_D 和 K_s/D 是已知的且无误差，则 C 值的百分率不确定度 δ_c/C（概率为 95%）为：$\beta\leqslant 0.6$ 时，$\delta_c/C=0.6\%$；$0.6<\beta\leqslant 0.75$ 时，$\delta_c/C=\beta\%$。

附录表 Ⅱ - 6 给出了角接取压孔板的 C 值。

2. 标准喷嘴（ISA 1932 喷嘴）的 C 值及其不确定度

求取标准喷嘴 C 值的原始实验是在相对粗糙度 $K_s/D\leqslant 3.8\times 10^{-4}$ 的管道中进行的，但只要喷嘴上游侧至少有 10D 长度的管道的粗糙度在前节规定的限值之内，C 值仍然可用。

标准喷嘴的流出系数 C 由下式给出：

$$C = 0.990\,0 - 0.226\,2\beta^{4.1} - (0.001\,75\beta^2 - 0.003\,3\beta^{4.15})\left(\frac{10^6}{Re_D}\right)^{1.15} \qquad (10\text{-}17)$$

如不考虑 β、D、Re_D 的不确定度，并假定管道的 K_s/D 在规定的限值之内，则 C 值的百分率不确定度 δ_c/C（概率 95%）为：当 $\beta\leqslant 0.6$ 时，$\dfrac{\delta_c}{C}=0.8\%$；当 $\beta>0.6$ 时，$\dfrac{\delta_c}{C}=(2\beta-0.4)\%$。

标准喷嘴的 C 值在附录表 Ⅱ - 8 中给出。

三、标准节流装置的流束膨胀系数 ε 值及其不确定度

标准节流装置的形式确定后，其流束膨胀系数 ε 值决定于 $\Delta p/p_1$、κ 和 β 值。其中 κ 是被测流体的等熵指数，对于过热蒸汽，可近似取 $\kappa=1.3$，对空气 $\kappa=1.4$。

为限制流体可压缩性对流量测量的影响，标准规定节流装置的 $\Delta p/p_1<0.25$，即 $p_2/p_1>0.75$。

上述三种取压方式的标准孔板的 ε 值是由实验确定的，可用如下的经验公式计算：

$$\varepsilon = 1 - (0.41 + 0.35\beta^4)\frac{\Delta p}{\kappa p_1} \qquad (10\text{-}18)$$

若 β、$\dfrac{\Delta p}{p_1}$ 和 κ 是已知的且无误差，则标准孔板 ε 值的百分率不确定度 $\delta_\varepsilon/\varepsilon$（概率95%）为 4 $\Delta p/p_1\%$。

标准喷嘴的流束膨胀系数 ε 值是根据等熵流动过程直接从理论上推导出来的。由于流动过程不可能是等熵过程，所以存在误差，从理论上推导出计算标准喷嘴 ε 的公式如下：

$$\varepsilon = \left\{\left(1 - \frac{\Delta p}{p_1}\right)^{2/\kappa}\left(\frac{\kappa}{\kappa-1}\right)\left[\frac{1-\left(1-\frac{\Delta p}{p_1}\right)^{\frac{\kappa-1}{\kappa}}}{\frac{\Delta p_1}{p_1}}\right]\left[\frac{1-\beta^4}{1-\beta^4\left(1-\frac{\Delta p}{p_1}\right)^{2/\kappa}}\right]\right\}^{1/2} \qquad (10\text{-}19)$$

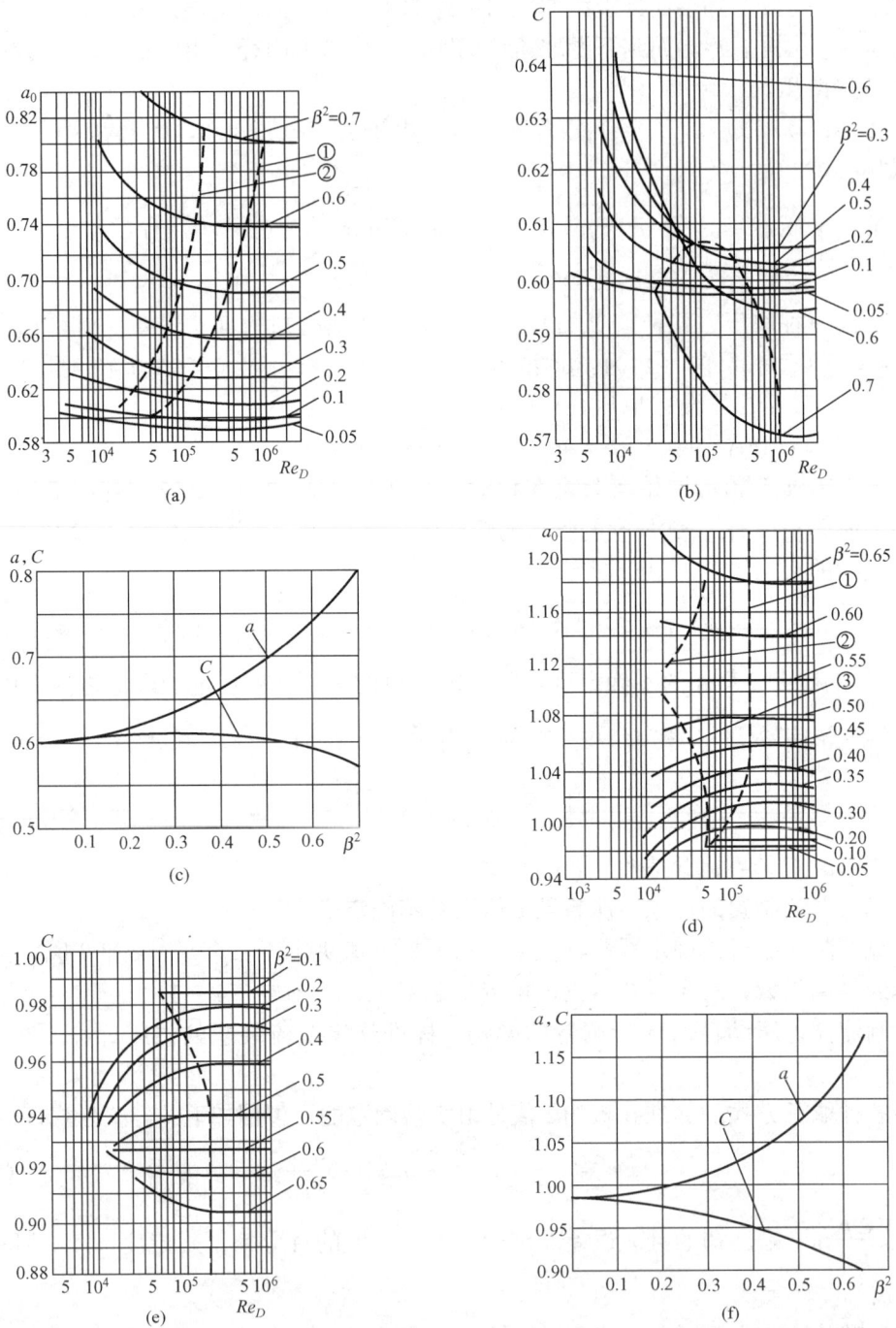

图 10 - 7　流量系数和流出系数

（a）角接取压标准孔板的 $a_0 = f(\beta^2, Re_D)$；（b）角接取压标准孔板的 $C = f(\beta^2, Re_D)$；

（c）角接取压孔板的 α 和 C ［当雷诺数超过（a）中①对应的 Re_D 值时］；（d）ISA 1932 喷嘴的 $a_0 = f(\beta^2, Re_D)$；

（e）ISA1932 喷嘴的 $C = f(\beta^2, Re_D)$；（f）ISA1932 喷嘴的 α 和 C ［当雷诺数超过（d）中①对应的 Re_D 值时］

标准喷嘴 ε 值的百分率不确定度 $\dfrac{\delta_\varepsilon}{\varepsilon}=2\dfrac{\Delta p}{p_1}\%$，置信概率为 95%。

标准孔板与喷嘴的 ε 值分别见附录表 II - 7 和表 II - 9。

四、标准节流装置的压力损失

流体流经标准节流装置时，涡流的产生必然造成压力损失，其损失大小因节流件形式而异。孔板的压力损失要大于喷嘴。β 值越小，压力损失越大。标准规定孔板与喷嘴都可用下式近似地计算压力损失 $\Delta\omega$ 值：

$$\Delta\omega \approx \frac{\sqrt{1-\beta^4}-C\beta^2}{\sqrt{1-\beta^4}+C\beta^2}\Delta p \tag{10 - 20}$$

标准孔板可用下式近似计算 $\Delta\omega$：

$$\Delta\omega = (1-\beta^{1.9})\Delta p \tag{10 - 21}$$

第三节　标准节流装置的计算

一、计算命题

常见的标准节流装置计算命题大致有以下两类：

（1）已知管道内径、节流件开孔直径、节流件形式、取压方式、被测流体参数等必要条件，要求根据所测得的差压值 Δp 计算流量 q_m。这一般是试验工作中的命题。为了准确地求得流量值，需较准确地测量当时的差压值和流体温度、压力等参数。

（2）已知管道内径及管路布置情况、流体的性质和参数值、大致流量范围，要求设计标准节流装置流量测量系统，即要进行以下工作：①选择节流件形式和确定节流件开孔直径；②选择差压计类型及其差压和流量量程范围；③建议节流件在管道上的布置位置；④必要时计算流量测量的不确定度。

各类命题提出的任务书和计算过程将结合计算举例介绍。

二、原始资料和辅助计算公式

在任务书中应给出被测流体的种类、参数（如温度 t、压力 p）、密度 ρ_1、动力黏度 η；对于可压缩性流体，还应知道其等熵指数 κ，管道和节流件的线胀系数 λ_D 与 λ_d 和管道的绝对粗糙度 K_s（可参考附录表 II - 3 和表 II - 5）。

计算时的管道直径 D 和节流件开孔直径 d 都应使用节流件工作温度下的数值，即 D_t 和 d_t，节流件的直径比 $\beta=d_t/D_t$，D_t 和 d_t 的计算式为

$$D_t = D_{20}[1+\lambda_D(t-20)] \tag{10 - 22}$$

$$d_t = d_{20}[1+\lambda_d(t-20)] \tag{10 - 23}$$

式中，D_{20} 和 d_{20} 是 20℃下的管道内径和节流件开孔直径。

应检查流量测量范围内的雷诺数 Re_D 是否在所用节流件的适用雷诺数范围之内。管道雷诺数的计算公式为

$$Re_D = \frac{4}{\pi}\frac{q_m}{D_t\eta} \tag{10 - 24}$$

或

$$Re_D = \frac{4}{\pi}\frac{\rho q_V}{D_t\eta} \tag{10 - 25}$$

式中　　q_m——质量流量，kg/s；

　　　　q_V——体积流量，m^3/s；

　　　　ρ、η——工作状态下，被测流体的密度，kg/m^3；动力黏度，Pa·s，水与水蒸气的 η 和 ρ 见附录表Ⅱ-1和表Ⅱ-2。

　　在计算标准节流装置时，由于流量公式中的未知数不止一个，且未知数间有一定的关系，所以通常需用迭代算法求解，即将流量公式中已知量重新组合在等号一边，形成这一问题的"不变量"，将初始假设值引入等号另一边中，依次迭代、逐步逼近。

三、计算举例

（一）第一类命题

第一类命题计算任务书见表10-5。

表10-5　　　　　　　　　　　　　　第一类命题计算任务书

序号	项　目	符号	单位	数　　值
1	被测介质名称			锅炉给水
2	被测介质温度	t	℃	215
3	被测介质压力（绝对压力）	p	MPa	13.2
4	管内径（20℃下实测值）	D_{20}	mm	150
5	管道材料			20号钢
6	节流件形式			标准孔板（角接取压）
7	节流件材料			1Cr18Ni9Ti
8	节流件孔径（20℃下实测值）	d_{20}	mm	95.59
9	差压计类型			电容式差压变送器
10	差压值	Δp	Pa	118 600
11	管道系统			

1. 准备计算

（1）求 D_t。根据附录表Ⅱ-3，按管道材料20号钢和温度215℃，查得膨胀系数 $\lambda_D = 12.78 \times 10^{-6}$/℃，求得 D_t 为

$$D_t = D_{20}[1 + \lambda_D(t - 20)] = 150 \times [1 + 12.78 \times 10^{-6} \times 195] = 150.37 \text{(mm)}$$

（2）求 d_t。根据附录表Ⅱ-3，按孔板材料1Cr18Ni9Ti和温度215℃，查得 $\lambda_d = 17.2 \times 10^{-6}$ 1/℃，求得 d_t 为

$$d_t = d_{20}[1 + \lambda_d(t - 20)] = 95.59 \times (1 + 17.2 \times 10^{-6} \times 195) = 95.911 \text{(mm)}$$

（3）求 β 值。$\beta = \dfrac{d_t}{D_t} = \dfrac{95.911}{150.37} = 0.637\ 83$

求水的密度 ρ_1 和黏度 η：根据13.2MPa和215℃从附录表Ⅱ-1和附录表Ⅱ-2上查得 $\rho_1 = 855.69$kg/m^3、$\eta = 126.93 \times 10^{-6}$Pa·s。

（4）求 ε。若被测介质为可压缩性流体，在准备计算中可直接根据已知的 κ、Δp、p_1 和

β 值计算出 ε 值。本题为不可压缩性流体，$\varepsilon=1$。

2. 检查直管段长度和粗糙度是否符合要求

根据表 10 - 2，在 $\beta=0.65$、上游侧第一局部阻力件形式为全开闸阀的情况下，要求 $L_1=16D$，即 $L_1=16\times0.15=2.4\text{m}$，实际为 5m，已足够，在 $\beta=0.65$ 时，要求 $L_2=7D=7\times0.15=1.1\text{m}$，实际为 2m，也已足够。$L_0$ 按 β 为 0.7 和上游侧第二局部阻力件形式为一个 $90°$ 弯头，查表 10 - 2，查得 $L_0=\dfrac{1}{2}\times28D=14\times0.15=2.1\text{m}$，实际为 6m，也已足够。

根据管道情况，从附录表 Ⅱ - 5 中查得管道的绝对粗糙度 $K_s=0.05\text{mm}$，即相对粗糙度 $\dfrac{K_s}{D}=\dfrac{0.05}{150}=3.3\times10^{-4}$。从表 10 - 3 可知，标准孔板在 $\beta=0.6$ 时，管道相对粗糙度极限值为 4.2×10^{-4}，所以管道粗糙度也符合要求。

3. 迭代计算流量 q_m

将流量公式 $q_m=\dfrac{C}{\sqrt{1-\beta^4}}\varepsilon\dfrac{\pi}{4}d_t^2\sqrt{2\rho_1\Delta p}$ 与雷诺数计算公式 $Re_D=\dfrac{4}{\pi}\dfrac{q_m}{D_t\eta}$ 合并，并将已知量移到等式一边，得到不变量 A

$$A=\frac{\varepsilon d_t^2}{\eta D_t}\frac{\sqrt{2\rho_1\Delta p}}{\sqrt{1-\beta^4}}$$

而迭代方程为

$$\frac{Re_D}{C}=A$$

计算出　$A=\dfrac{1\times(95.911\times10^{-3})^2\times\sqrt{2\times855.69\times118\,600}}{126.93\times10^{-6}\times150.37\times10^{-3}\times\sqrt{1-(0.637\,83)^4}}=7.516\,5\times10^6$

选定初始值 $C_0=C_\infty$，即 $\beta=0.637\,83$，雷诺数为无穷大时的流出系数 C_∞。

对角接取压孔板，根据式 (10 - 16) 有

$$C=0.595\,9+0.031\,2\beta^{2.1}-0.184\,0\beta^8+0.002\,9\beta^{2.5}\times\left(\frac{10^6}{Re_D}\right)^{0.75}$$

故　$C_0=C_\infty=0.595\,9+0.031\,2\times(0.637\,83)^{2.1}-0.184\,0\times(0.637\,83)^8=0.602\,99$

则　　　　　　$(Re_D)_1=AC_0=7.516\,5\times10^6\times0.602\,99=4.532\,4\times10^6$

根据所得 $(Re_D)_1$，求 C_1：

$$C_1=C_\infty+0.002\,9\beta^{2.5}\times\left(\frac{10^6}{Re_D}\right)^{0.75}$$

$$=0.602\,99+0.002\,9\times(0.637\,83)^{2.5}\times\left(\frac{10^6}{4.532\,4\times10^6}\right)^{0.75}=0.603\,29$$

计算 $(Re_D)_2$：

$$(Re_D)_2=AC_1=7.516\,5\times10^6\times0.603\,29=4.534\,6\times10^6$$

根据 $(Re_D)_2$，计算 C_2：

$$C_2=C_\infty+0.002\,9\beta^{2.5}\left(\frac{10^6}{Re_D}\right)^{0.75}$$

$$=0.602\,99+0.002\,9\times(0.637\,83)^{2.5}\times\left(\frac{10^6}{4.536\,4\times10^6}\right)^{0.75}=0.603\,29$$

迭代是否可结束判别：

$$\left| \frac{A - \frac{(Re_D)_2}{C_2}}{A} \right| = \left| \frac{7.516\ 5 \times 10^6 - \frac{4.534\ 6 \times 10^6}{0.603\ 29}}{7.516\ 5 \times 10^6} \right| = 6.5 \times 10^{-6} < 5 \times 10^{-5}$$

以上不等式成立，认为迭代可以结束。精密度判据可根据需要选定，一般为 10^{-5}。如其他参数值准确度高，且在计算机中计算，则可取到 5×10^{-10}，最终得

$$q_m = \frac{\pi}{4} \eta D_t Re_D$$

$$= \frac{\pi}{4} \times 126.93 \times 10^{-6} \times 150.37 \times 10^{-3} \times 4.534\ 6 \times 10^6$$

$$= 67.975 \text{kg/s} = 244\ 710 (\text{kg/h})$$

（二）第二类命题

第二类命题计算任务书见表 10 - 6。

表 10 - 6   **第二类命题计算任务书**

序号	项　目	符号	单位	数　值
1	被测介质名称			过热蒸汽
2	流量测量范围：正常	q_{mch}	kg/h	200 000
	最大	q_{mmax}	kg/h	230 000
	最小	q_{mmin}	kg/h	100 000
3	介质温度	t	℃	550
4	介质绝对压力	p_1	MPa	13
5	管道内径（20℃下实测值）	D_{20}	mm	221
6	管道材料			12CrMoV 新无缝管
7	在正常流量下允许的压力损失	$\Delta \omega_y$	Pa	60×10^3
8	管路简图			

1. 准备计算

根据介质工作状态下的压力 $p_1 = 13$MPa 和温度 $t = 550℃$，从附录表 Ⅱ - 2 中查得介质密度 $\rho_1 = 37.296 \text{kg/m}^3$；从附录表 Ⅱ - 1 中查得介质动力黏度 $\eta = 31.207 \times 10^{-6} \text{Pa} \cdot \text{s}$，过热蒸汽 $\kappa = 1.3$。

根据管道材料 12CrMoV 和工作温度 550℃，从附录表 Ⅱ - 3 中查得管道材料线膨胀系数 $\lambda_D = 13.65 \times 10^{-6} 1/℃$，计算 D_t

$$D_t = D_{20} [1 + \lambda_D (t - 20)] = 221 \times [1 + 13.65 \times 10^{-6} \times (550 - 20)] = 222.6 \text{mm}$$

计算正常流量和最小流量下雷诺数：

$$Re_{D,ch} = \frac{4 q_{m,ch}}{\pi D_t \eta} = \frac{4 \times 200\ 000}{\pi \times 222.6 \times 10^{-3} \times 31.207 \times 10^{-6} \times 3600} = 10.183 \times 10^6$$

$$Re_{D,\min} = \frac{4q_{m,\min}}{\pi D_t \eta} = 5.031\ 5 \times 10^6$$

可见，在最小流量下的雷诺数 $Re_{D,\min}$ 已超过各种形式标准节流件雷诺数适用范围的下限（见表 10 - 1 和喷嘴适用范围）。

在不同流量下，雷诺数 Re_D 不同，原则上 C 值数值也不同，只是在高雷诺数下流量对 C 值的影响较小而已，并且在不同流量下，输出差压 Δp 不同，因而 ε 也不相同，而一般流量计分度时是将它们作为常数的，因此为了保证在正常流量下有较高的测量准确度，计算中应按正常流量下的雷诺数和 Δp 值来确定 C 与 ε 的值。若未指明是正常流量，则可用流量计最大刻度流量的 $3/4 \sim 4/5$ 为确定 C 和 ε 的流量值。

2. 选择节流件形式和差压计类型和量程

孔板加工方便、价格较廉，但其压力损失 $\Delta\omega$ 较大。对于大型发电机组，由于管道雷诺数较高，允许压力损失 $\Delta\omega_y$ 限制较严格，故常用喷嘴。本例中节流件选用标准喷嘴。

差压计类型根据投资费用和准确度要求选取，可参考附录表 Ⅱ - 13，本例选用准确度等级为 0.25 的电容式差压变送器。

选择差压计量程的原则是，在保证压损不超过允许压损 $\Delta\omega_y$ 的条件下，选用较大的差压计量程上限，从而使 β 值较小，并尽可能使 β 在 $0.5 \sim 0.6$ 范围内为好。这是由于 β 值越小，要求直管段越短；β 较小时在较低的雷诺数下 C 值就趋于稳定不变；β 较小时对管道粗糙度要求较低；β 小于 0.6 时，C 值误差较小等。但 β 过小，除会造成过大的压力损失外，还会使 d 值过小而加工不便。另外，对于标准孔板，过小的 d 值会使孔板入口边缘的尖锐度要求难以保证，从而引起较大的测量误差（参见附录表 Ⅱ - 10、附录表 Ⅱ - 11）。特别应注意，对可压缩性流体，应使 $\Delta p/p_1 < 0.25$。

对于压力损失有严格限制的情况，可先按允许压力损失 $\Delta\omega_y$ 来估算差压计量程上限，计算结束时再验算压力损失是否超过。如超过，则降低差压计上限重算。对于孔板，可用式 $\Delta p_{\max} \leqslant (2 \sim 2.5)\Delta\omega_y$ 估计；对于喷嘴，可用式 $\Delta p_{\max} \leqslant (3 \sim 3.5)\Delta\omega_y$ 估算。对于接近于饱和温度的液体，为使其通过节流件时不发生相变，应使 $\Delta p_{\max} \leqslant [p_1 - (1.2 - 1.3)p_s]$，其中 p_s 为工作温度下该种液体的饱和压力。

本例差压计量程上限 $\Delta p_{\max}$ 按下式计算：

$$\Delta p_{\max} = 3.5\Delta\omega_y = 3.5 \times 60 \times 10^3 = 210 \times 10^3 (\text{Pa})$$

参考附录表 Ⅱ - 13，可选用 1151DP 电容式差压变送器，其量程范围为 $(635 \sim 3810) \times 9.81\text{Pa}$，耐静压为 14MPa。变送器差压量程调整为 $0 \sim 210 \times 10^3\text{Pa}$。流量指示仪表的刻度上限流量是有规定的，即为 1，1.25，1.6，2，2.5，3.2，4，5，6.3，8×10^n，其中 n 为正或负整数。本例最大流量为 230t/h，所以流量计流量刻度上限 $q_{m,\max}$ 定为 250t/h。

验算 $\Delta p_{m,\max}/p = 210 \times 10^3/13 \times 10^6 = 0.016 < 0.25$，符合规定。

3. 计算常用流量下的差压值 Δp_{ch}

$$\Delta p_{ch} = \Delta p_{\max}(q_{m,ch}/q_{m,\max})^2 = 210 \times 10^3 \times \left(\frac{2 \times 10^5}{2.5 \times 10^5}\right)^2 = 134.4 \times 10^3 (\text{Pa})$$

4. 迭代计算 β 值和 d 值

将流量公式 $q_{m,ch} = \dfrac{C}{\sqrt{1-\beta^4}} \varepsilon \dfrac{\pi}{4} \beta^2 D_t^2 \sqrt{2\rho_1 \Delta p_{ch}}$ 中已知数移至等号一边，形成一不变量

A，即

$$A = \frac{q_{m,\text{ch}}}{\frac{\pi}{4}D_t^2 \ \sqrt{2\rho_1 \Delta p_{\text{ch}}}}$$

迭代方程为

$$\frac{C\varepsilon\beta^2}{\sqrt{1-\beta^4}} = A$$

线性算法中变量为

$$X = \frac{\beta^2}{\sqrt{1-\beta^4}} = \frac{A}{C\varepsilon}$$

精密度判据为 $\left|\dfrac{A-XC\varepsilon}{A}\right| < 5\times10^{-5}$（也可高达 5×10^{-10}）

迭代结束后，可按下式计算 β 和 d：

$$\beta = \left(1 + \frac{1}{X^2}\right)^{-0.25}$$

$$d_t = D_t \left(\frac{X^2}{1+X^2}\right)^{0.25}$$

5. 迭代计算

计算 A 值：

$$A = \frac{q_{m,\text{ch}}}{\frac{\pi}{4}D_t^2 \ \sqrt{2\rho_1 \Delta p}}$$

$$= \frac{200\,000/3600}{\frac{\pi}{4}(222.6\times10^{-3})^2 \times \sqrt{2\times37.296\times134.4\times10^3}}$$

$$= 0.450\,86$$

（1）第一步：设初始假定值 $C_0 = 0.95$，$\varepsilon_0 = 0.99$，因此有

$$X_1 = \frac{A}{C_0\varepsilon_0} = \frac{0.450\,86}{0.95\times0.99} = 0.479\,38$$

则

$$\beta_1 = \left(1 + \frac{1}{X_1^2}\right)^{-0.25} = \left[1 + \frac{1}{0.479\,838^2}\right]^{-0.25} = 0.657\,48$$

根据 β_1 计算 C_1 和 ε_1，对标准喷嘴，由式（10-17）和式（10-19）可知：

$$C_1 = 0.990\,0 - 0.226\,2\beta_1^{4.1} - (0.001\,75\beta_1^2 - 0.003\,3\beta_1^{4.15}) \times \left(\frac{10^6}{Re_{D,\text{ch}}}\right)^{1.15}$$

$$= 0.990\,0 - 0.226\,2\times0.657\,48^{4.1} - [0.001\,75\times0.657\,48^2 - 0.003\,3\times0.657\,48^{4.15}]$$

$$\times \left(\frac{10^6}{10.183\times10^6}\right)^{1.15} = 0.949\,45$$

$$\varepsilon_1 = \left\{\left(1 - \frac{\Delta p_{\text{ch}}}{p_1}\right)^{2/\kappa}\left(\frac{\kappa}{\kappa-1}\right)\left[\frac{1 - \left(1 - \frac{\Delta p_{\text{ch}}}{p_1}\right)^{\frac{\kappa-1}{\kappa}}}{\frac{\Delta p_{\text{ch}}}{p_1}}\right]\left[\frac{1-\beta_1^4}{1-\beta_1^4\left(1 - \frac{\Delta p_{\text{ch}}}{p_1}\right)^{2/\kappa}}\right]\right\}^{1/2}$$

$$= \left\{\left(1 - \frac{134.4\times10^3}{13\times10^6}\right)^{\frac{2}{1.3}} \times \left(\frac{1.3}{1.3-1}\right) \times \left[\frac{1 - \left(1 - \frac{134.4\times10^3}{13\times10^6}\right)^{\frac{1.3-1}{1.3}}}{\frac{134.4\times10^3}{13\times10^6}}\right]\right.$$

$$\times \left[\frac{1-(0.657\,48)^4}{1-0.657\,48^4 \times \left(1-\frac{134.4 \times 10^3}{13 \times 10^6}\right)^{\frac{2}{1.3}}} \right]^{1/2} \Bigg\}$$

$$=(0.988\,076 \times 0.993\,682\,32)^{1/2}=0.992\,21$$

（2）第二步：计算 $X_2 = \frac{A}{C_1 \varepsilon_1} = \frac{0.450\,86}{0.949\,45 \times 0.992\,21} = 0.478\,59$

$$\beta_2 = \left(1 + \frac{1}{X_2{}^2}\right)^{-0.25} = \left[1 + \frac{1}{0.478\,59^2}\right]^{-0.25} = 0.657\,04$$

根据 β_2，计算 C_2、ε_2：

$$C_2 = 0.990\,0 - 0.226\,2\beta_2{}^{4.1} - (0.001\,75\beta_2{}^2 - 0.003\,3\beta_2{}^{4.15})\left(\frac{10^6}{Re_{D,ch}}\right)^{1.15}$$

$$=0.990\,0 - 0.226\,2 \times 0.657\,04^{4.1} - (0.001\,75 \times 0.657\,04^2 - 0.003\,3 \times 0.657\,04^{4.15})$$

$$\times \left(\frac{10^6}{10.183 \times 10^6}\right)^{1.15} = 0.949\,57$$

$$\varepsilon_2 = \left\{ \left(1 - \frac{\Delta p_{ch}}{p_1}\right)^{2/\kappa} \left(\frac{\kappa}{\kappa-1}\right) \left[\frac{1 - \left(1 - \frac{\Delta p_{ch}}{p_1}\right)^{\frac{\kappa-1}{\kappa}}}{\frac{\Delta p_{ch}}{p}}\right] \left[\frac{1 - \beta_2{}^4}{1 - \beta_2{}^4\left(1 - \frac{\Delta p_{ch}}{p_1}\right)^{2/\kappa}}\right] \right\}^{1/2}$$

$$=\left[0.988\,073\,6 \times \frac{1-(0.657\,48)^4}{1-0.657\,48^4 \times \left(1-\frac{134.4 \times 10^3}{13 \times 10^6}\right)^{\frac{2}{1.3}}}\right]^{1/2} = 0.992\,22$$

（3）第三步：根据 $X_3 = \frac{A}{C_2 \varepsilon_2} = \frac{0.450\,86}{0.949\,57 \times 0.992\,22} = 0.478\,53$

$$\beta_3 = \left(1 + \frac{1}{X_3{}^2}\right)^{-0.25} = \left(1 + \frac{1}{0.478\,53^2}\right)^{-0.25} = 0.657\,00$$

计算 C_3、ε_3：

$$C_3 = 0.990\,0 - 0.226\,2\beta_3{}^{4.1} - (0.001\,75\beta_3^2 - 0.003\,3\beta_3{}^{4.15})\left(\frac{10^6}{Re_{D,ch}}\right)^{1.15}$$

$$=0.990\,0 - 0.226\,2 \times 0.657\,00^{4.1} - (0.001\,75 \times 0.657\,00^2 - 0.003\,3 \times 0.657\,00^{4.15})$$

$$\times \left(\frac{10^6}{10.183 \times 10^6}\right)^{1.15}$$

$$=0.949\,58$$

$$\varepsilon_3 = \left\{ 0.988\,076 \times \left[\frac{1 - \beta_3^4}{1 - \beta_3^4\left(1 - \frac{\Delta p_{ch}}{p_1}\right)^{2/\kappa}}\right] \right\}^{1/2}$$

$$=\left\{ 0.988\,076 \times \left[\frac{1-(0.657\,48)^4}{1-0.657\,48^4 \times \left(1-\frac{134.4 \times 10^3}{13 \times 10^6}\right)^{\frac{2}{1.3}}}\right] \right\}^{1/2} = 0.992\,22$$

精密度检查：

$$\left| \frac{A - X_3 C_3 \varepsilon_3}{A} \right| = \left| \frac{0.450\,86 - 0.478\,53 \times 0.949\,58 \times 0.992\,22}{0.450\,86} \right|$$

$$=1.6 \times 10^{-5} < 5 \times 10^{-5}$$

迭代结束后得 $\beta = 0.657\,00$，$C = 0.949\,58$，$\varepsilon = 0.992\,22$。

6. 验算压力损失

根据式（10-20）可得正常流量下压力损失 $\Delta \omega_{ch}$ 为

$$\Delta \omega_{ch} = \frac{\sqrt{1-\beta^4} - C\beta^2}{\sqrt{1-\beta^4} + C\beta^2} \Delta p_{ch} = \frac{\sqrt{1-0.657\,00^4} - 0.949\,58 \times 0.657\,00^2}{1 - 0.657\,00^4 + 0.949\,58 \times 0.657\,00^2} \Delta p_{ch}$$

$$= 0.375 \Delta p_{ch} = 0.375 \times 134.4 \times 10^3 = 50.4 \times 10^3 \, \text{Pa} < \Delta \omega_{\gamma}$$

压力损失验算合格。

7. 确定 d_{20}

选用 1Cr18Ni9Ti 不锈钢为喷嘴材料，从附录表 II-3 中查得 $\lambda_d = 18.2 \times 10^{-6} \, 1/℃$，故

$$d_{20} = \frac{d_t}{1 + \lambda_d(t-20)} = \frac{\beta D_t}{1 + \lambda_d(t-20)} = \frac{0.657\,00 \times 222.6}{1 + 18.2 \times 10^{-6} \times (550-20)}$$

$$= \frac{146.25}{1.009\,646} = 144.85 \, \text{mm}$$

8. 确定直管段长度和对管道粗糙度的要求

按 $\beta = 0.65$，上游侧第一阻力件为 90°弯头，上游侧第二阻力件为全开闸阀，下游侧阻力件为两个 90°弯头。从表 10-2 中可查得

$$L_1 = 22D = 22 \times 0.222\,6 \approx 4.9 \, \text{m}$$

$$L_2 = 7D = 7 \times 0.222\,6 \approx 1.6 \, \text{m}$$

$$L_0 = \frac{1}{2} \times 20D = 10 \times 0.222\,6 \approx 2.3 \, \text{m}$$

喷嘴对管道相对粗糙度的限值可从表 10-4 中查得，对于 $\beta = 0.7$，管道相对粗糙度限值为 4.0×10^{-4}，所以本例中要求节流件 10D 以内管道的绝对粗糙度 K_s 为

$$K_s < 222.6 \times 4.0 \times 10^{-4} = 0.089 \, \text{mm}$$

新无缝钢管的绝对粗糙度 $K_s = 0.05 \sim 1 \, \text{mm}$，选择内壁光滑的无缝钢管即能符合粗糙度要求。

四、标准节流装置流量测量结果的不确定度

即使完全符合前述对标准节流装置制造、安装和使用方面的要求，但由于流量公式中各项参数的测量都存在一定的不确定度，所以根据它们计算得到的流量值必然也存在一定的不确定度。在工业测量中，可以认为流量公式中各参数，如 C、ε、ρ_1、d、D 和 Δp 为彼此独立的量，并考虑 C 对 β 的依存关系而引入 D 值测量不确定度的影响，通过间接测量值的误差传递定律，可得出求取流量值相对不确定度的实用公式如下：

$$\frac{\delta_{q_m}}{q_m} = \left[\left(\frac{\delta_C}{C}\right)^2 + \left(\frac{\delta_\varepsilon}{\varepsilon}\right)^2 + \left(\frac{2\beta^4}{1-\beta^4}\right)^2 \left(\frac{\delta_D}{D}\right)^2 + \left(\frac{2}{1-\beta^4}\right)^2 \left(\frac{\delta_d}{d}\right)^2 + \frac{1}{4}\left(\frac{\delta_{\Delta p}}{\Delta p}\right)^2 + \frac{1}{4}\left(\frac{\delta_{\rho_1}}{\rho_1}\right)^2 \right]^{1/2}$$

$$(10-26)$$

式中所有的不确定度的置信概率均为 95%。

（1）流出系数和流束膨胀系数的不确定度 $\dfrac{\delta_C}{C}$ 和 $\dfrac{\delta_\varepsilon}{\varepsilon}$：其估计方法前节已述。

（2）节流件孔径的不确定度 $\dfrac{\delta_d}{d}$：它是与量器的误差、λ_d 值误差和工作温度 t 值误差有关。当节流件工作在设计工作温度时，此项误差主要取决于量器的误差，一般在按标准规定

的方法实测的情况下，$\frac{\delta_d}{d}$ 在 ±0.1% 范围之内。

（3）管径的不确定度 $\frac{\delta_D}{D}$：其影响因素与 $\frac{\delta_d}{d}$ 相同，在按标准规定实测的情况下，$\frac{\delta_D}{D}$ 可估计为 ±0.2%，若所用的 D 为管径的公称值，则 $\frac{\delta_D}{D}$ 可达 ±(2～3)% 或更大。

（4）差压测量值的不确定度 $\frac{\delta_{\Delta p}}{\Delta p}$：原则上它应包括差压信号管路、变送器、显示仪表所形成的差压值的不确定度，可用各环节不确定度取均方根值求得。若信号管路安装正确，可不计误差，这时按变送器和差压计的准确度等级来估计差压测量误差。根据差压计的准确度等级可决定该差压计在全量程范围内每一刻度点上的最大误差的绝对值。我国有关标准规定这最大误差绝对值是标准偏差的 3 倍。例如，一台量程为 0～100 000Pa 的差压计，其准确度级为 1 级，则在每一刻度上的最大误差绝对值为

$$\pm 1\% \times 100\,000 = \pm 1000\text{Pa}$$

所以标准偏差

$$\sigma_{\Delta p} = \pm \frac{1}{3} \times 1000 = \pm 333\text{Pa}$$

置信概率为 95% 的不确定度绝对值

$$\delta_{\Delta p} = 2\sigma_{\Delta p} = \pm 666\text{Pa}$$

如此时所测流量是流量计标尺刻度上限流量，则此时差压值为 100 000Pa，差压测量不确定度的相对值为

$$\frac{\delta_{\Delta p}}{\Delta p} = \frac{\pm 666}{100\,000} \times 100\% = \pm 0.67\%$$

如所测流量是上限刻度流量的 $\frac{1}{2}$ 时，则此时差压输出为

$$\frac{1}{4} \times 100\,000 = 25\,000\text{Pa}, \frac{\delta_{\Delta p}}{\Delta p} = \frac{\pm 666}{25\,000} \times 100\% = \pm 2.7\%$$

如流量为刻度上限流量的 $\frac{1}{4}$，则

$$\frac{\delta_{\Delta p}}{\Delta p} = \frac{\pm 666}{\frac{1}{16} \times 100\,000} \times 100\% = \pm 10.7\%$$

即 $\frac{\delta_{\Delta p}}{\Delta p}$ 已大到不能允许的程度，此时仅差压计测量的不确定度引起的流量测量误差，即

$$\frac{\delta_{qm}}{q_m} = \frac{1}{2} \times \frac{\delta_{\Delta p}}{\Delta p} = \pm 5.4\%$$

因此对同一台差压计，节流装置流量计的量程比不应大于 3:1 或 4:1。

（5）密度值的不确定度 $\frac{\delta_{\rho 1}}{\rho_1}$：其估计比较复杂，$\rho_1$ 的值一般由查表得到，表格中 δ 的值为 0.1%～0.2%。问题是还应考虑用来确定 ρ_1 的压力和温度的测量误差。在各种不同的测温和测压准确度下，密度值的标准误差 $\delta_{\rho 1}$ 估计如下：

对液体，当测温条件 $\frac{\delta_{t1}}{t_1} \leqslant \pm 5\%$ 时，$\frac{\delta_{\rho 1}}{\rho_1} = \pm 0.03\%$。

对于水蒸气，$\dfrac{\delta_{\rho 1}}{\rho_1}$ 的值见表 10 - 7。

表 10 - 7　　测量水蒸气时的 $\dfrac{\delta_{\rho 1}}{\rho_1}$ 值

测压条件 $\dfrac{\delta_{p_1}}{p_1}$（%）	测温条件 $\dfrac{\delta_{t_1}}{t_1}$（%）	$\dfrac{\delta_{\rho 1}}{\rho_1}$（%）
0	0	±0.02
±1	±1	±0.5
±5	±5	±3.0
±1	±5	±1.5
±5	±1	±2.5

由此也可看出，被测介质参数改变对流量测量准确度的影响是比较大的，所以最好要加装对 ρ_1 变化的自动校正装置，特别是在全量程调节或滑参数启动和运行时，如不进行自动温度、压力校正，流量的指示值或调节信号会变得毫无意义。现以前面计算的标准喷嘴为例，估计流量测量的不确定度 $\dfrac{\delta_{qm}}{q_m}$。

对于标准喷嘴，当 $\beta > 0.6$ 时，有

$$\frac{\delta_C}{C} = (2\beta - 0.4)\% = (2 \times 0.657\,0 - 0.4)\% = 0.9\%$$

$$\frac{\delta_\varepsilon}{\varepsilon} = 2\frac{\Delta p}{p}\% = 2 \times \frac{134.4 \times 10}{13 \times 10^6}\% = 0.02\%$$

$$\frac{\delta_d}{d} = \pm 0.1\%, \quad \frac{\delta_D}{D} = \pm 0.2\%, \quad \frac{\delta_{\rho 1}}{\rho_1} = \pm 1.0\%$$

如差压变送器为 0.25 级，指示仪表为 0.5 级，则

$$\frac{\delta_{\Delta p}}{\Delta p} = \frac{2}{3} \times \frac{210 \times 10^3 \sqrt{0.25^2 + 0.5^2}}{134.4 \times 10^3}\% = 0.58\%$$

因此

$$\frac{\delta_{qn}}{q_m} = \left[\left(\frac{\delta_C}{C}\right)^2 + \left(\frac{\delta_\varepsilon}{\varepsilon}\right)^2 + \left(\frac{2\beta^4}{1-\beta^4}\right)^2 \left(\frac{\delta_D}{D}\right)^2 + \left(\frac{2}{1-\beta^4}\right)^2 \left(\frac{\delta_d}{d}\right)^2 + \frac{1}{4}\left(\frac{\delta_{\Delta p}}{\Delta p}\right)^2 + \frac{1}{4}\left(\frac{\delta_{\rho 1}}{\rho_1}\right)2 \right]^{1/2}$$

$$= \left[0.9^2 + 0.02^2 + \left(\frac{2 \times 0.657\,0^4}{1-0.657\,0^4}\right)^2 \times 0.2^2 + \left(\frac{2}{1-0.657\,0^4}\right)^2 \right.$$

$$\left. \times 0.1^2 + \frac{1}{4} \times 0.58^2 + \frac{1}{4} \times 1.0^2 \right]^{1/2}\%$$

$$\approx \pm 1.1\%$$

第四节　非标准节流件及其应用

所谓非标准节流件，就是试验数据较少、流量系数的误差还相当大的尚未标准化的节流件。在某些特殊的情况下（例如管道直径小于 50mm，雷诺数很小等），不适用标准节流件，就只能选用非标准节流件或其他类型的流量计。下面仅列举两种能用于电厂燃料油流量测量的非标准节流件。如图 10 - 8 所示，两图均为同心孔板，与标准孔板相比，只是孔口廓形不同，前者为 1/4 圆弧，后者像一倒装的标准孔板，各部分尺寸要求如图中所示。

这两种孔板的特点是存在最小雷诺数 $Re_{D,\min}$ 和最大雷诺数 $Re_{D,\max}$，在此区间内流量系数 α 不随雷诺数而变，近似为常数，而且最小雷诺数很低，故适用于低雷诺数流量测量。

一、1/4 圆弧孔板

1/4 圆弧孔板适用的最小雷诺数 $Re_{D,\min} = 500$，最大雷诺数 $Re_{D,\max} = 5 \times 10^5 (\beta - 0.1)$，管道直径满足 150mm $< D <$ 400mm 关系，β 满足 $0.04 < \beta^2 < 0.394$ 关系。若管径再小，开孔

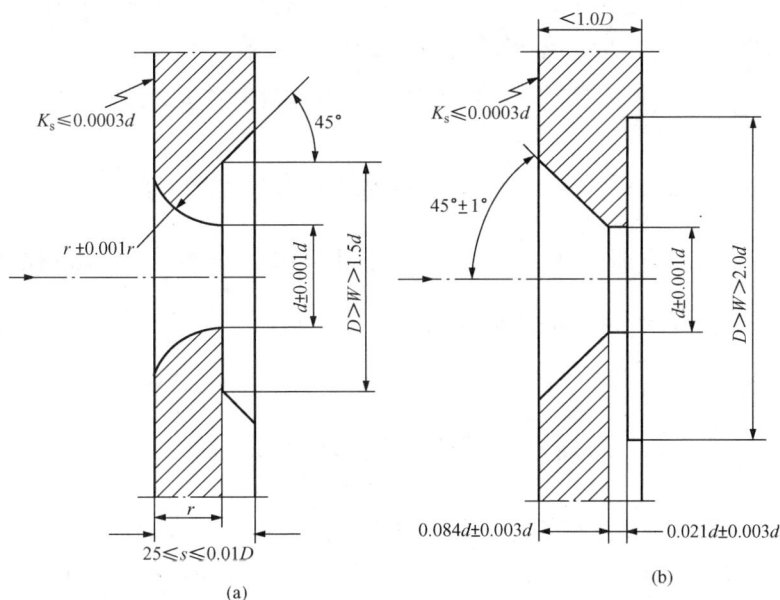

图 10 - 8 1/4 圆弧孔板和锥形入口孔板

(a) 1/4 圆弧孔板;(b) 锥形入口孔板

直径 $d < 15\mathrm{mm}$ 就很难保证加工和安装的准确度。

1/4 圆弧孔板的 $\dfrac{r}{D}$ 由 β 值决定,如附录表 II - 12 所示。试验证明,同样 β 值下,流量系数 α 值随值 $\dfrac{r}{D}$ 的不同而异,并且对于一定的 β 值,只有在一定的 $\dfrac{r}{D}$ 值下流量系数才比较稳定。

1/4 圆弧孔板一般采用角接取压,在管径 $D \geqslant 40\mathrm{mm}$ 时,也可采用法兰取压。前后直管段要求与标准孔板相同,管道相对糙度要求 $\dfrac{K_s}{D} = (1.1 \sim 3) \times 10^{-3}$。在符合上述条件下,1/4 圆弧孔板的流量系数 α 仅与直径比 β 有关,可根据下式求得:

$$\alpha = 0.769 + 0.914 \frac{\beta^4}{1-\beta^4} \qquad \left(\frac{\sigma_\alpha}{\alpha} = \pm 0.7\%\right) \qquad (10 - 27)$$

膨胀系数 ε 可由下式求得:

$$\varepsilon = 1 - (0.484 + 1.54\beta^4)\frac{\Delta p}{\kappa p_1} \qquad \left(\frac{\sigma_\varepsilon}{\varepsilon} = \pm 2.5 \frac{\Delta p}{p_1}\%\right) \qquad (10 - 28)$$

式中 κ——等熵指数;

$\dfrac{\Delta p}{p_1}$——相对工作差压,要求 $\dfrac{\Delta p}{p_1} < 0.15$。

二、锥形入口孔板

锥形入口孔板适用的以节流件孔口直径 d 为特征尺寸的雷诺数 Re_D 范围为 $250 \sim 2 \times 10^5$,即在 $\beta = 0.1$ 时,$Re_{D,\min}$ 为 25、$Re_{D,\max}$ 为 2×10^4;在 $\beta = 0.3$ 时,$Re_{D,\min} = 75$,$Re_{D,\max} = 6 \times 10^4$。$\beta$ 只能在 $0.1 \sim 0.316$ 之间,而开孔直径 d 不小于 6mm。由于相对粗糙度的要求,管径 D 应在 25mm 以上。

锥形入口孔板采用角接取压，节流件前后直管段要求与标准孔板的相同，在符合以上条件和图 10 - 8 中各尺寸要求时，锥形入口孔板的流出系数 C 值为：Re_D 在 250～5000 之间时，$C=0.734$；Re_D 在 5000～200 000 之间时，$C=0.730$，C 的标准偏差 $\frac{\sigma_C}{C}=\pm1\%$。也可以在 $Re_D=250\sim300\,000$ 之间统一用 $C=0.734$ ，而此时 C 的标准偏差 $\frac{\sigma_C}{C}=\pm1.25\%$。

锥形入口孔板的流束膨胀系数 ε 值可取与标准孔板相同的值，而其标准偏差 $\frac{\sigma_\varepsilon}{\varepsilon}=\pm16.5\times(1-\varepsilon)\%$。这两种非标准节流件的流量公式、标准误差计算公式和设计计算方法与标准节流件相同。

第五节　差压计信号管路的安装

流量测量用差压计与节流装置之间用差压信号管路连接，信号管路应按最短的距离敷设，一般总长度不超过 50m。差压信号管路敷设要求已在第八章第四节中提到，主要要满足以下条件：

（1）所传送的差压不因经信号管路而发生变化。

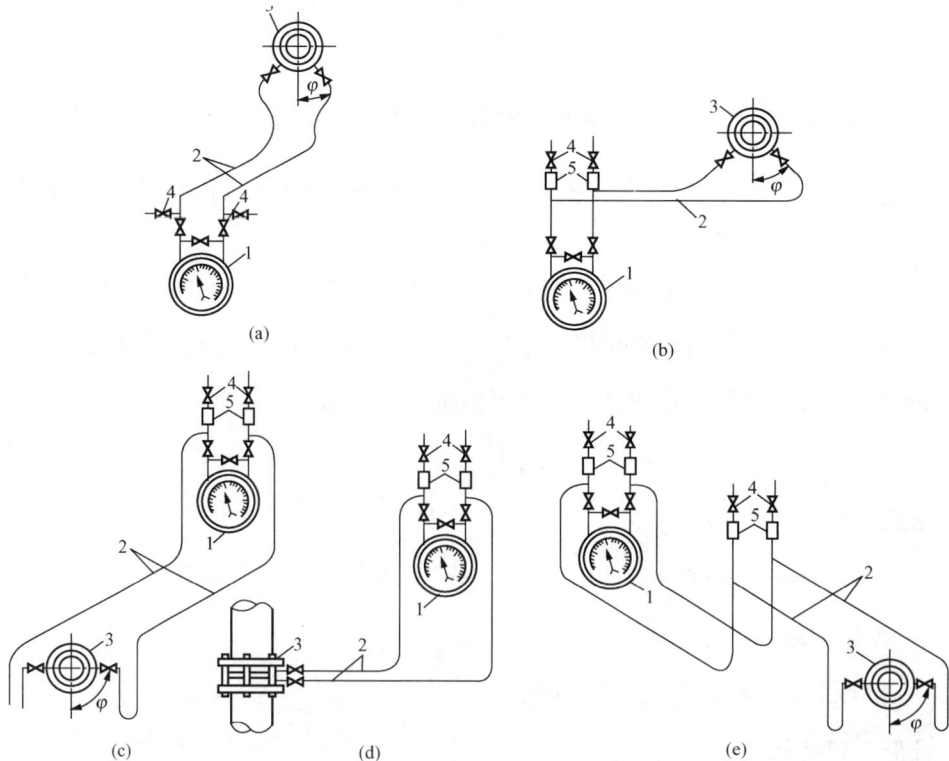

图 10 - 9　测量液体流量时的信号管路

（a）差压计低于节流件，信号管能倾斜；（b）差压计低于节流件，信号管不能倾斜；（c）差压计高于节流件，信号管能倾斜；（d）差压计高于节流件，节流件装于垂直管道上；（e）差压计高于节流件，信号管能倾斜

1—差压计；2—信号管；3—节流件；4—冲洗阀；5—气体收集器

（2）信号管路应带有阀门等必要的附件，使得能在主设备运行条件下冲洗信号管路，现场校验差压计以及在信号管路发生故障情况下能与主设备隔离。

（3）信号管路与水平面之间应有不小于 1∶10 的倾斜度，能随时排出气体（对液体、蒸汽介质）或凝结水（对于气体介质）。

（4）应能防止有害物质（如高温介质）进入差压计，在测量腐蚀性介质时应使用隔离容器。如信号管路中介质有凝固或冻结的可能，应沿信号管路进行保温，甚至采用蒸汽或电加热，但应特别注意防止两信号管路加热不匀，或局部汽化造成误差。

下面介绍几种不同情况下信号管路安装的一般原则。

1. 测量液体流量时的信号管路

测量液体流量时，主要是防止被测液体中存在的气体进入并存积在信号管路内，造成两信号管路中介质密度不等而引起误差。因此，取压口最好在节流装置取压室的中心线下方 45° 的范围内，以防止气体和固体沉积物进入。

为了能随时从信号管路中排出气体，管路最好向下斜向差压计。如差压计比节流件高，则在取压口处最好设置一个 U 形水封。信号管路最高点要装设气体收集器，并装有阀门，以便定期排出气体，如图 10-9 所示。

2. 测量蒸汽流量时的信号管路

测量蒸汽流量时，主要是保持两信号管路中凝结水的液位在同样高度，并防止高温蒸汽直接进入差压计。因此在取压口处一定要加装凝结容器，容器截面要稍大一些（直径约 75mm 左右）。自取压室到凝结容器的管道应保持水平或向取压室倾斜，凝结容器上方两个管口的下缘必须在同一水平高度上，以使凝结水液面等高。其他如排气等要求同测量液体时的相同，具体管路连接如图 10-10 所示。

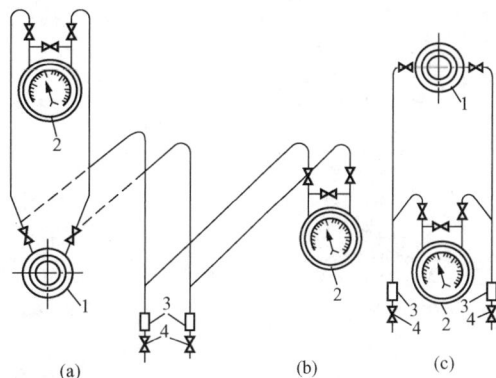

图 10-10　测量蒸汽流量时的信号管路

（a）垂直管道，差压计在下；（b）水平管道，差压计在下；

（c）水平管道，差压计在上；（d）水平管道，

差压计与节流件高度相近

1—节流件；2—平衡凝结容器；3—冲洗阀；

4—差压计；5—气体收集器

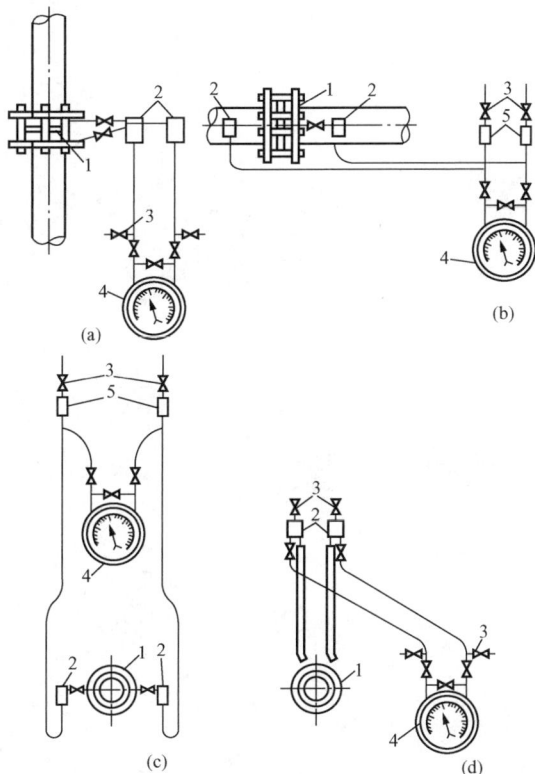

图 10-11　测量气体流量时的信号管路

（a）差压计在上；（b）差压计与蒸汽节流件等高；

（c）差压计在下

1—节流件；2—差压计；3—液体收集器；4—冲洗阀

3. 测量气体流量时的信号管路

测量气体流量时，主要是防止被测气体中存在的凝结水进入并存积在信号管路中，因此取压口应在节流装置取压室的上方，并希望信号管路向上斜向差压计。如差压计低于节流装置，则要在信号管路的最低处装设集水器，并装设阀门，以便定期排水，如图 10 - 11 所示。

差压计一般都装有五只阀门，其中两只作隔离阀，一只作平衡阀，打开平衡阀可检查差压计的零点，另两只是用于冲洗信号管路和现场校验差压计，操作此两阀时应特别注意防止差压计单向受压而损坏。

第十一章　汽包水位测量

　　锅炉汽包水位测量对于锅炉的安全运行极为重要，水位过高、过低都将引起蒸汽品质变坏或水循环恶化，甚至造成严重事故。尤其在机炉启停过程中，炉内参数变化很大，水位变动也大，水位的及时监视就更为重要。

　　目前，主要采用连通管式云母（玻璃）水位计或双色水位计测量锅炉汽包水位。云母水位计就地安装在汽包上，指示直观、可靠，但监视不便。有的大锅炉采用闭路工业电视来远距离监视双色水位计的水位。

　　为了能在控制室远距离监视水位，以及为水位自动调节系统提供水位信号，采用平衡容器把水位信号转换成差压信号，此信号经差压信号管路传送至差压计，通过差压计显示水位，即差压式水位计。差压式水位计的指示值受汽包压力变化的影响大，特别是在锅炉启停过程中。只有对差压式水位计的指示值进行汽包压力补偿，才能比较准确地反映汽包水位。

　　近年来，电接点水位计得到了广泛的应用，和差压式水位计相比，它的指示值受汽包压力变化的影响较小，并能方便地远传压力信号，缺点是指示不连续。

第一节　云母水位计、双色水位计和电接点水位计

一、云母水位计

　　在锅炉运行中，汽包内水容积中存在大量气泡，水容积中的水实际上是汽水混合物，其密度很难确定，且汽包内汽水界面也不十分分明，在高温、高压锅炉中尤其如此。因此，这里所说的汽包水位，实际上是指将水位上、下联管间的测量段上的汽水混合物密度，折合成汽包工作压力下饱和水密度时相应的水位，称为重量水位。

　　云母水位计如图 11-1 所示，实际上就是一根连通管，对低压锅炉，可以用玻璃作水位计观察窗；对高压锅炉，炉水对玻璃有较强的腐蚀性，会使玻璃透明度变差而不利于水位监视，故常用优质云母片作观察窗，因而称为云母水位计。

　　当云母水位计中的水为汽包压力下的饱和水时，其中的水位即为汽包的重量水位。但是，水位计处于汽包外，因为散热，水位计中水的平均温度必然低于

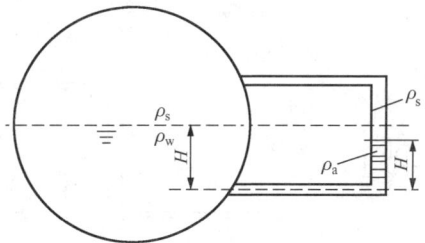

图 11-1　云母水位计测量示意

汽包压力下的饱和温度，其上部由于来自汽连通管的饱和蒸汽不断凝结，水温接近饱和温度，水温沿高度逐步降低，凝结水由水连通管流入汽包。若能在水位计上沿测量筒高度装设若干温度测点，就能求出筒中水的平均温度 t_a，并得出水平均密度 ρ_a。由于 ρ_a 和饱和水密度 ρ_w 不同，这就造成了云母水位计指示值 H' 和汽包实际的重量水位 H 的差异，该差值可由下式求得：

$$H = \frac{\rho_a - \rho_s}{\rho_w - \rho_s} H' \qquad\qquad (11-1)$$

式中　　ρ_s、ρ_w——汽包工作压力下饱和蒸汽和饱和水密度。

　　但是，ρ_a 和水位高度、汽包工作压力、环境温度及测量筒散热情况等有关，其数值很难确定。一般认为，在额定工况下，高压锅炉实际零水位比云母水位计指示值高约 50mm，中压锅炉则高 30mm 左右。

二、双色水位计

　　云母水位计的最大优点是直接反映汽包水位，直观、可靠，但只能就地监视，并且液位显示不够清晰，尤其当水位超出水位计可视范围时，很难正确判断是满水还是缺水。为此，改进了云母水位计结构，辅以光学系统，利用光从空气进入蒸汽或水产生不同的折射，使汽水分界面显示成红、绿两色的分界面，显示清晰，并可用摄像方式传至控制室，在工业电视或 DCS 的 CRT 上显示，这就是目前使用的双色水位计。

　　图 11-2 所示为双色水位计工作原理。由于蒸汽和空气的光学性质接近，以及窗口玻璃为平板玻璃，当红、绿光以不同角度由空气射入前面一个窗口玻璃进入蒸汽空间，再通过后面一个窗口玻璃射到空气中时，虽然光线产生多次折射，但光线方向改变不大，如图 11-2（a）所示。这时红、绿光的入射角正好使绿光斜射到光线通道的侧壁，而红光正好射在影屏上，显示红色。图 11-2（b）所示为红、绿光通过水时所发生的现象。由于两块窗口玻璃不是平行安装的，而有一定夹角，因而有水部分形成一段"水棱镜"，入射的红、绿光均产生较大的折射而向顺时针方向偏转，结果使斜射的绿光折向光线通道的中心，到达影屏，显示绿色。原来处于光线通道中心的红光斜射，折向光线通道侧壁，不被显示。

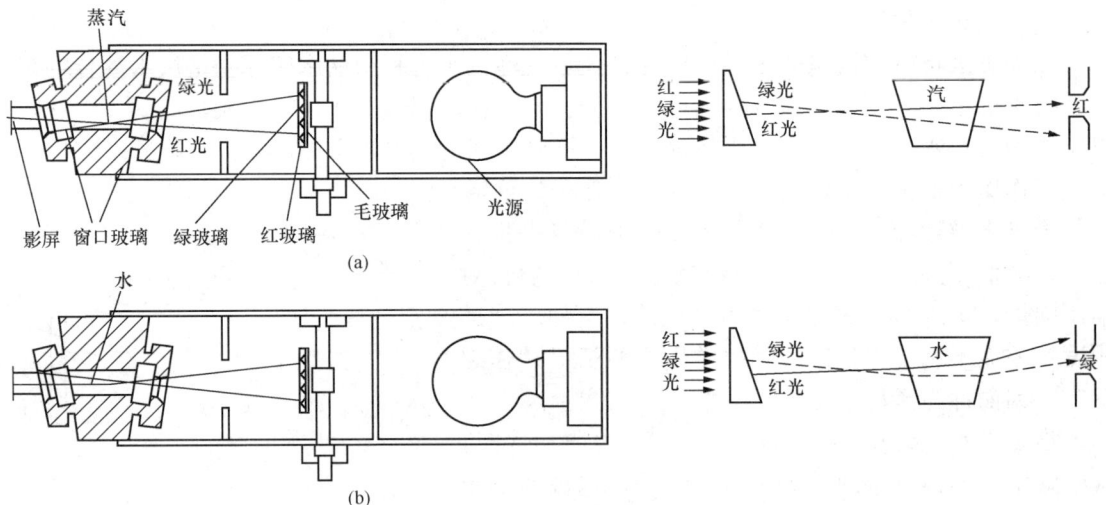

图 11-2　双色水位计工作原理
（a）红绿光通过蒸汽；（b）红绿光通过水

　　用于超高压锅炉上的水位计，考虑其强度，窗口玻璃不做成长条形，而是沿水位计高度上开 7 个圆形窗口，每个窗口的直径约为 22mm，窗口中心距为 72mm，称为多窗式双色水位计，其缺点是小窗之间一段是水位指示的盲区。

　　为减小水位计内水柱温降带来的测量误差，有时在水位计本体内加装蒸汽加热夹套，由水位计汽侧连通管引入蒸汽（凝结水排入锅炉下降管），以使水柱温度接近于锅炉汽包工作压力下的饱和温度。为了防止锅炉压力突降时测量室中水柱沸腾而影响测量，从安全方面考虑，测量室内的水柱温度还应有一定的过冷度。

三、电接点水位计

电接点水位计是利用汽包内汽、水介质的电阻率相差极大的性质来测量汽包水位的。在 360℃ 以下，纯水的电阻率小于 $10^6\Omega\cdot cm$，蒸汽的电阻率大于 $10^8\Omega\cdot cm$。由于炉水含盐，电阻率较纯水低，因此炉水与蒸汽的电阻率相差就更大了。电接点水位计可应用于 22MPa 压力（饱和温度 373.7℃）以下的汽包锅炉。其结构原理是，在与汽包形成连通管的水位测量筒圆周上以 120° 的夹角分三排，沿高度交错排列与筒壁绝缘的电极，筒壁为公共电极。当汽包水位到达某一电极处，接通它与公共电极之间形成的电接点，供远距离显示水位、报警，甚至为调节系统提供水位信号之用。由于测量筒水侧部分的散热比云母水位计少，因此，电接点水位计的指示较接近于汽包重量水位，但它的指示是不连续的，两电极之间的距离是仪表的不灵敏区。

电接点水位测量筒的外形如图 11-3（a）所示。水位测量筒一般用 20 钢无缝钢管制成。电接点在水位方向上单个安装，在测量筒圆周方向，上下电极呈 120° 的布置，如图 11-3（b）所示。相邻电极之间的距离按要求设计，在零水位附近电接点间距要小一些。对于火力发电厂锅炉汽包水位的测量一般采用 19 点的测量筒。

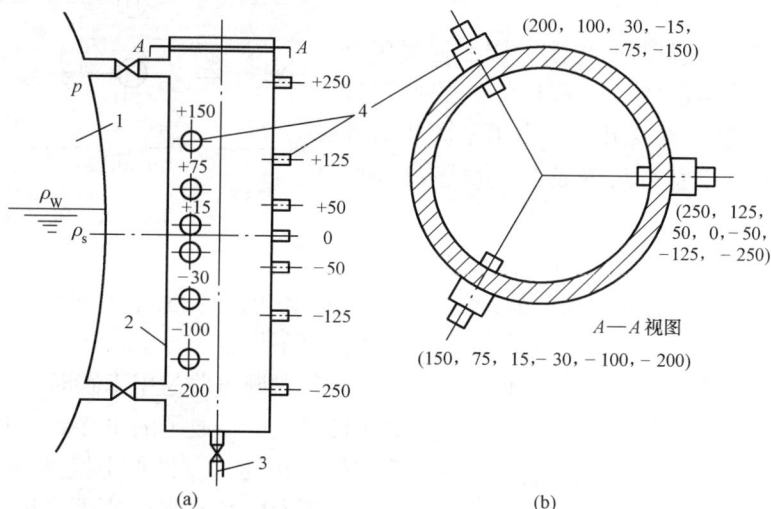

图 11-3 电接点水位测量筒的结构组成
（a）电接点水位测量筒外形；（b）电接点水位测量筒 A—A 截面视图；
1—汽包；2—测量筒壳；3—排污管；4—电接点

为了保证电极能在高温、高压以及具有强烈腐蚀性的炉水中长期工作，要求电极和绝缘材料有良好的耐腐蚀性能，电极与绝缘材料之间有很好的密封。目前常用镍铬合金作为电极材料，用超纯三氧化二铝（纯度为 99.95% 以上）烧制成的刚玉瓷件作为电极绝缘材料。绝缘材料与金属电极之间，用膨胀系数与三氧化二铝瓷件的膨胀系数 [（8～8.4）× 10^{-6}/℃] 相近的可伐合金（铁、钴、镍合金）钎焊密封。典型的电极结构如图 11-4 所示。氧化锆比氧化铝具有更高的抗腐蚀性能，在解决了与金属电极的封接问题以后，以氧化锆为绝缘材料的电极将具有更长的寿命和更低廉的价格。

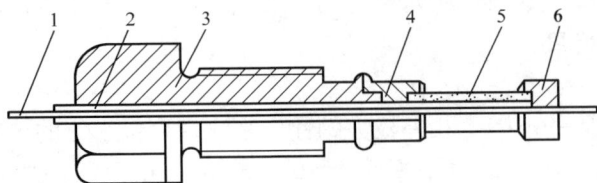

图 11-4　电极结构

1—电极芯杆；2—绝缘套；3—电极螺杆；

4，6—可伐合金连接件；5—超纯三氧化二铝绝缘瓷管

电极的使用寿命还与炉水的水质有关，加大测量筒上部蒸汽侧的散热，以加快蒸汽在测量筒上部的冷凝；同时增加保温层以减少测量筒下部水侧的散热，这样做既能使测量筒中的水位接近于汽包内的重量水位，又能保证测量筒中经常有较好的水质，有利于延长电极的使用寿命。另外，三氧化二铝瓷件的抗热冲击性能较差，应尽可能使电极能随炉缓慢升温和冷却。在运行中需调换电极时，应首先稍开蒸汽门，使新换上的电极逐步加热升温。

电接点的通断信号可直接用氖灯来显示，如图 11-5 所示。为了避免极化现象，采用交流电源供电。为了安全起见，单数接点和双数接点分别由两组电源供电，这样当任何一组电源发生故障时，最多造成一个电极间距的误差，仍可继续指示水位。

图 11-5 中 R 为氖灯限流电阻，限制通过氖灯的工作电流不超过额定值，以延长氖灯的使用寿命；电阻 R_2 为并联分流电阻，其作用是防止电缆的分布电容形成交流通路而造成在电极不接通时氖灯仍起辉。

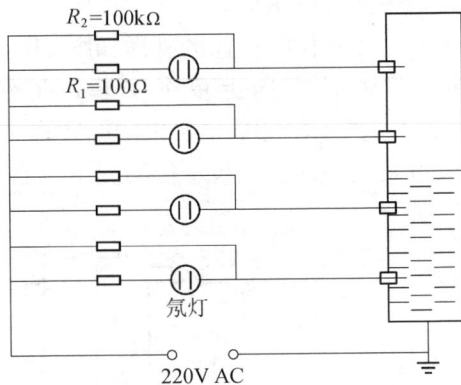

图 11-5　氖气显示

水位计电接点的通断也可通过类似于图 11-6 的转换电路转换为输出电位的高、低信号，然后用开关电路进行逻辑判断，经过译码电路直接用数字显示。

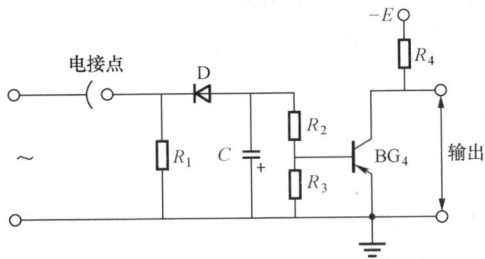

图 11-6　转换电路

逻辑判断电路是用于判断出哪一个电接点是离水面最近的接通了的电接点。判断的逻辑条件为该接点接通；该接点上面的相邻接点不接通；该接点下面的相邻接点接通。凡符合这三条的接点才是要显示的离水面最近的接通的接点，相应该接点的由反相器和"与"门组成的逻辑电路才有输出，并送至译码电路。这种电路排除了因某一电接点"挂水"而造成的错误指示。

第二节　差压式水位计

差压式水位计是通过把液位高度变化转换成差压变化来测量水位的，其测量仪表就是差压计。差压式水位计准确测量汽包水位的关键是水位与差压之间的准确转换，这种转换是通过平衡容器实现的。

一、双室平衡容器

常用的双室平衡容器结构如图 11-7 所示。正压头是从宽容器中引出，负压头是从置于宽容器中的汽包水侧连通管中取得。宽容器中的水面高度是一定的。当水面要增高时，水便通过汽侧连通管溢流入汽包；水面要降低时，由蒸汽凝结水来补充。因此，当宽容器中水的密度一定时，正压头为定值。负压管与汽包是连通的，因此，负压管中输出压头的变化反映了汽包水位变化。

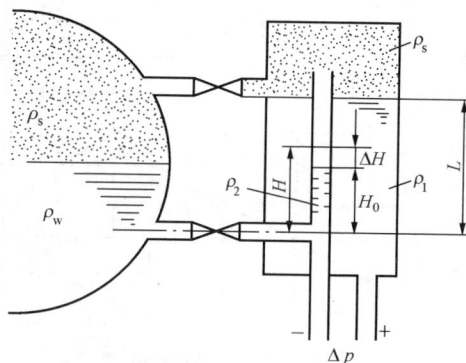

图 11-7 双室平衡容器

按照流体静力学原理，当汽包水位在正常水位 H_0（即零水位）时，平衡容器的差压输出 Δp_0 为

$$\Delta p_0 = L\rho_1 g - H_0\rho_2 g - (L - H_0)\rho_s g$$

$$(11 - 2)$$

式中　ρ_s——饱和蒸汽密度。

当汽包水位偏离正常水位变化 ΔH 时，平衡容器的差压输出 Δp 为

$$\Delta p = \Delta p_0 - (\rho_2 - \rho_s)g\Delta H \qquad (11 - 3)$$

L、H_0 为确定值，若 ρ_1、ρ_2 和 ρ_s 为已知的确定值时，正常水位相对的差压输出 Δp_0 就是常数，也就是说，差压式水位计的零水位差压是稳定的。平衡容器的输出差压 Δp 则是汽包水位变化 ΔH 的单值函数，水位增高，输出差压减小。

应当指出，上述平衡容器在实际使用中，它存在的下列问题会造成差压式水位计指示不准：

（1）由于平衡容器向外散热，正、负压容器中的水温由上至下逐步降低，且温度分布不易确定。因此，用式（11-2）和式（11-3）分度差压计时，因密度 ρ_1 和 ρ_2 的数值很难准确确定，分度好的差压式水位计装到现场后，其指示值与云母水位计的指示值不一致，即使在现场对照云母水位计的指示调整好刻度值，随着使用情况的变化，还会由于 ρ_1 和 ρ_2 数值改变而指示不准。为解决这个问题，可通过改进平衡容器结构，设法使 ρ_1 和 ρ_2 为已知确定值。例如，用蒸汽套保温，可使 ρ_1 和 ρ_2 都等于汽包压力下饱和水的密度 ρ_w，这时，差压 Δp 和水位 H 有以下关系式：

$$\Delta p = L(\rho_w - \rho_s)g - H(\rho_w - \rho_s)g \qquad (11 - 4)$$

其中
$$H = H_0 \pm \Delta H_0$$

（2）一般情况下，差压式水位计是在汽包额定工作压力下分度的，因此，差压式水位计只有在汽包额定工作压力下运行时其指示才正确。当汽包压力变化时，饱和水密度和饱和蒸汽密度随之变化，使差压式水位计的指示发生很大误差。$\rho_w - \rho_s$ 随压力变化的关系在不同的压力范围内是不同的。如图 11-8 所示，在 3～13MPa 压力范围内，压力 p 和密度差 $\rho_w - \rho_s$ 的关系非常接近于线性；随着压力的降低，密度差 $\rho_w - \rho_s$ 增大。由于双室平衡容器的结构尺寸 L 总是大于 H，所以从式（11-4）可知，当汽包压力低于额定值时，$\rho_w - \rho_s$ 增大，使输出 Δp 增大，因而使差压式水位计指示偏低。由此产生的水位指示误差还与水位 H、平衡容器的结构尺寸 L 有关。$L-H$ 越大，指示误差也越大，也就是说，低水位比高水位误差

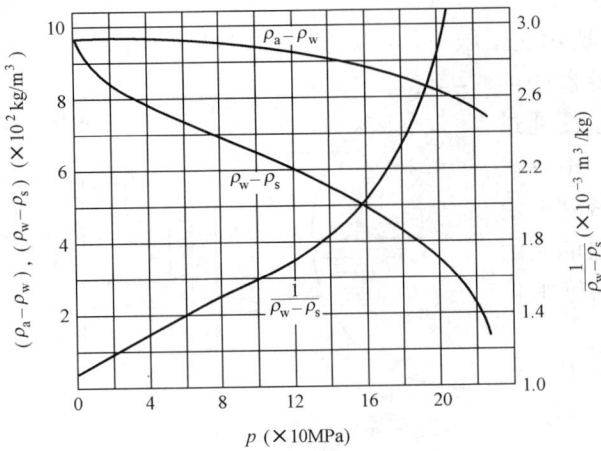

图 11-8 汽包压力和密度差的关系

ρ_w—饱和水的密度；ρ_s—饱和蒸汽的密度；

ρ_a—在室温、汽包压力 p 下水的密度

大。这种误差在中压锅炉可达 40～50mm，在高压锅炉可达 100mm 以上。因此，差压式水位计在机组启、停或滑压运行时是不能使用的。

要消除或减小汽包压力变化造成的误差，可进一步改进平衡容器的结构，或者采用汽包压力补偿措施。具体方法很多，下面举例说明。

二、平衡容器的改进

改进后的平衡容器的结构如图 11-9 所示。在汽包水位变化时，为了使正压管中的水位始终恒定，加大了正压容器的截面积（一般要求正压容器直径大于 100mm），并在其上安装凝结水漏盘，使得更多的凝结水不断流入正压容器，正压容器中多余的水不断溢出。用蒸汽加热的方法使正压容器中的水温等于饱和温度，蒸汽凝结水由泄水管流入下降管。泄水管与下降管相接处高度应保证平衡容器内无水而下降管又不抽空，即泄水管内要保持一定高度的水。负压管直接从汽包水侧引出。为了保证压力引出管的垂直部分水的密度 ρ_a 等于环境温度下水的密度，压力引出管的水平距离 S 要大于 800mm。

正常水位（即零水位）H_0 时，平衡容器的输出差压 Δp_0 为

$$\begin{aligned}\Delta p_0 &= p_+ - p_- \\ &= [(L-l)\rho_w + l\rho_a]g - [H_0\rho_w \\ &\quad + (L-H_0)\rho_s]g \\ &= L(\rho_w - \rho_s)g - l(\rho_w - \rho_a)g \\ &\quad - H_0(\rho_w - \rho_s)g \end{aligned} \qquad (11-5)$$

当水位偏离正常水位 ΔH 时，输出差压 Δp 为

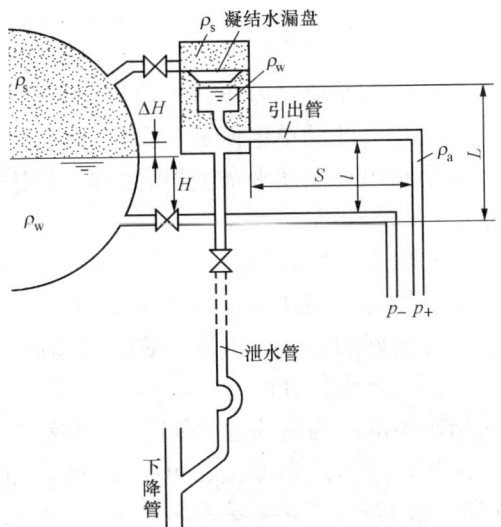

图 11-9 平衡容器结构示意

$$\Delta p = \Delta p_0 - \Delta H(\rho_w - \rho_s)g \qquad (11-6)$$

在设计平衡容器时，若能确定适当的 L 和 l 值，使汽包压力从很小值（例如 0.5MPa）变至额定工作压力过程中，正常水位下平衡容器输出的差压 Δp_0 不变，则可消除差压式水位计的零位漂移。

根据式（11-6），在汽包压力为 0.5MPa 时，正常水位下的差压输出为

$$\Delta p_{0_5} = (L-l)\rho_{w5}g + l\rho_a g - H_0\rho_{w5}g - (L-H_0)\rho_{s5}g \qquad (11-7)$$

式中下标含有"5"的值均指在 0.5MPa 压力下的参数值。ρ_a 为处于室温下水的密度，

受压力影响很小，可认为不变。同样，在额定工作压力下，正常水位下的差压输出为

$$\Delta p_{0e} = (L-l)\rho_{we}g + l\rho_a g - H_0\rho_{we}g - (L-H_0)\rho_{se}g \tag{11-8}$$

式中下标含有"e"的值均指在汽包额定压力下的参数值。

令 $\Delta p_{05} = \Delta p_{0e}$，则

$$(L-l)\rho_{we}g - H_0\rho_{we}g - (L-H_0)\rho_{se}g = (L-l)\rho_{w5}g - H_0\rho_{w5}g - (L-H_0)\rho_{s5}g \tag{11-9}$$

另外，平衡容器输出差压变化范围还应满足所选用差压计测量范围的要求，即在汽包压力最低情况下，水位最低（$\Delta H = -H_0$）时，平衡容器输出差压最大。此差压最大值应等于所选差压计的差压测量上限 Δp_{max}，即

$$\Delta p_{max} = (L-l)\rho_{w5}g + l\rho_a g - L\rho_{s5}g \tag{11-10}$$

联立求解式（11-9）和式（11-10）得

$$L = \frac{\Delta p_{max} + H_0\left(1 - \frac{\Delta\rho_s}{\Delta\rho_w}\right)(\rho_a - \rho_{w5})g}{\left(\frac{\Delta\rho_s}{\Delta\rho_w} - 1\right)(\rho_{w5} - \rho_a)g + (\rho_{w5} - \rho_{s5})g} \tag{11-11}$$

$$l = (L - H_0)\left(1 - \frac{\Delta\rho_s}{\Delta\rho_w}\right) \tag{11-12}$$

上两式中，$\Delta\rho_s = \rho_{se} - \rho_{s5}$；$\Delta\rho_w = \rho_{we} - \rho_{w5}$。

求得 L、l 值后，就可以用差压—水位关系式（11-5）和式（11-6）来分度差压式水位计。式中的水位是重量水位。若要与云母水位计的指示比较，还应考虑上节所述云母水位计指示值与重量水位之间的偏差。

应当指出，平衡容器结构上的改进只能使正常水位（即零水位 $\Delta H = 0$）下的差压输出 Δp_0 受汽包压力的影响大为减小，但当水位偏离正常值时（$\Delta H \neq 0$），输出 Δp 还会受到汽包压力变化的影响。从分度式（11-6）可以看出，其中 $\Delta H(\rho_w - \rho_s)g$ 一项还会因 $\rho_w - \rho_s$ 随汽包压力变化而影响输出差压，但比起未改进前，差压式水位计的准确性有很大提高。

三、汽包水位信号的压力校正

为了进一步消除汽包压力变化对差压式水位计指示值的影响，可以在差压式水位计的差压输出信号回路中，用同时测得的汽包压力信号，根据汽包压力与密度差之间的关系，对差压输出信号进行校正运算，校正由于汽包压力偏离额定值所带来的误差。

以图 11-9 所示的平衡容器为例，其输出差压与水位的关系为

$$\Delta p = \Delta p_0 - \Delta H(\rho_w - \rho_s)g = L(\rho_w - \rho_s)g - l(\rho_w - \rho_a)g - H(\rho_w - \rho_s)g$$
$$H = \frac{l(\rho_a - \rho_w)g + L(\rho_w - \rho_s)g - \Delta p}{(\rho_w - \rho_s)g} \tag{11-13}$$

式中 $\rho_w - \rho_s$——汽包工作压力下的饱和水与饱和蒸汽密度之差；

$\rho_a - \rho_w$——室温下的过冷水与饱和水密度之差；

L、l——平衡容器结构尺寸，如图 11-9 所示。

若将室温近似作为常数，则式中 $\rho_a - \rho_w$ 和 $\rho_w - \rho_s$ 与汽包压力的关系如图 11-8 中所示，若将汽包压力与这个密度差的关系近似用线性关系

$$(\rho_w - \rho_s)g = K_1 - K_2 p$$
$$(\rho_a - \rho_w)g = K_3 - K_4 p$$

来表达，并代入式（11-13），可得水位与汽包压力及差压之间的关系为

$$H = \frac{l(K_3 - K_4 p) + L(K_1 - K_2 p) - \Delta p}{K_1 - K_2 p} = \frac{K_5 - K_6 p - \Delta p}{K_1 - K_2 p} \tag{11-14}$$

其中　　　　　　　　　　$K_5 = lK_3 + LK_1, \quad K_6 = lK_4 + LK_2$

式中　K_1、K_2、K_3、K_4、K_5、K_6——常数。

　　汽包压力在不同的变化范围内，这些常数为不同的值。显然，K_5、K_6 还与平衡容器的结构尺寸 l 与 L 有关。根据式（11-14）设计的、带有汽包压力校正的差压式水位计测量系统方框图如图 11-10 所示。

　　当压力补偿范围较大、测量准确度又要求较高时，汽包压力与密度差的关系可用几段折线来更好地逼近，也就是说在不同的压力区段上采用不同的 K_1、K_2、K_5、K_6 值来进行补偿。

四、双差压平衡容器

　　为了进一步改善结构补偿式平衡容器的特性，近年来已研制出了双差压结构补偿式平衡容器。其中一种结构形式如图 11-11 所示，在平衡容器中安装了两个凝结水盘，两者之间的高度差为 L_1。

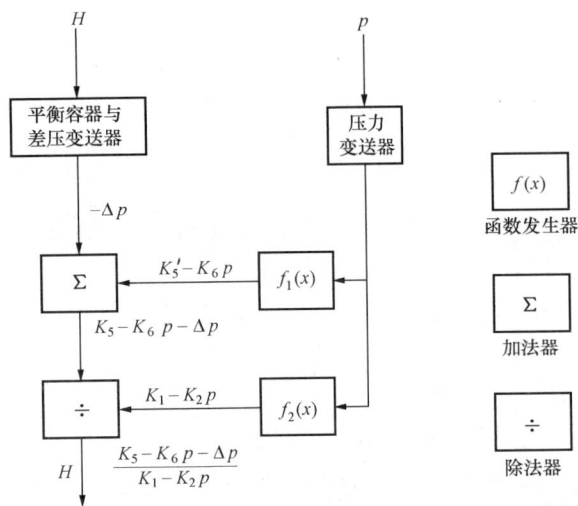

图 11-10　有压力校正的汽包水位测量系统方框图　　　图 11-11　双差压结构补偿式平衡容器示意

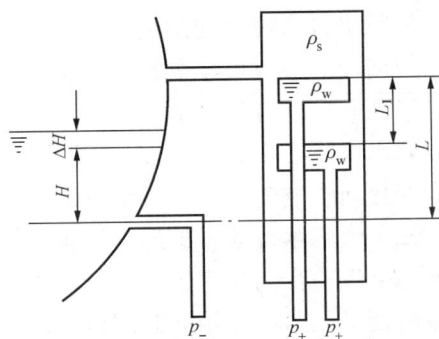

　　图中的平衡容器输出的差压 $\Delta p = p_+ - p_-$ 为信号差压，$\Delta p' = p_+ - p'_+$ 为补偿差压。

$$\Delta p = p_+ - p_- = L\rho_w - [(H_0 + \Delta H)\rho_w g + (L - H_0 - \Delta H)\rho_S g]$$
$$= (L - H_0 - \Delta H)(\rho_w - \rho_s)g$$
$$\Delta p' = p_+ - p'_+ = L_1 \rho_w g - L_1 \rho_s g = L_1(\rho_w - \rho_s)g$$
$$Y = \frac{\Delta p}{\Delta p'} = \frac{L - H_0 - \Delta H}{L_1} = \frac{L - H_0}{L_1} - \frac{\Delta H}{L_1} \tag{11-15}$$

即　　　　　　　　　　　　$\Delta H = L - H_0 - YL_1$

　　上式中 L、L_1、H_0 为不变的量，两差压信号经过处理计算后得到的信号比值 Y 只与平衡容器的结构尺寸和水位有关，与汽包工作压力无关，理论上消除了工作压力对水位测量的影响。

五、带微处理机的锅炉汽包水位计

1. 工作原理

为了减小汽包压力变化及平衡容器向外散热而造成的水位示值的误差，设计了用改进型单室平衡容器代替传统平衡容器的带微处理机的汽包水位测量系统，如图 11 - 12 所示。从图中可见，正压头由凝汽器引出，而且从凝汽器引出的导压管有 S 长度的水平段，使垂直下降导压管中的水温与环境温度基本一致，这样就可以较准确地确定垂直下降导压管中水的密度。同理，负压侧的导压管也有一段水平段，以保证管中水的温度接近环境温度并易于确定该管中水的密

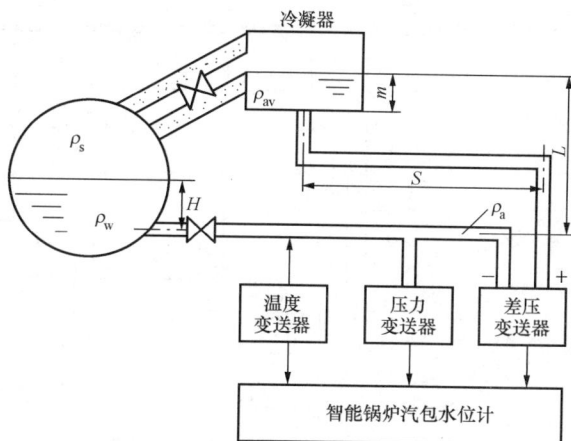

图 11 - 12 带微处理机的智能锅炉汽包水位计框图

度。凝汽器中水的温度分布是由上而下逐渐降低的，很难准确确定，其中水的平均密度 ρ_{av} 也就很难准确确定。为了减小由于 ρ_{av} 估计不准而带来的误差，应将 m 取得小一些，现取 $m = 50mm$。另外，安装环境温度变送器，以对导压管中水的密度 ρ_a 进行修正。由图 11 - 12 可见，差压、压力和环境温度都通过变送器送入以微处理机为核心的智能锅炉汽包水位计中，下面对表征水位的差压信号进行压力、温度修正。

设差压信号为 Δp，则有

$$\Delta p = p_+ - p_- = (L - m)\rho_a g + m\rho_{av} g - H\rho_w g - (L - H)\rho_s g \qquad (11 - 16)$$

式中 ρ_s——饱和蒸汽密度；

        ρ_w——饱和水密度；

        ρ_a——环境温度下导压管中水的密度；

        ρ_{av}——凝汽器中水的平均密度。

由式（11 - 16）可见，汽包水位不仅与差压 Δp 有关，而且与 ρ_w、ρ_s、ρ_a 和 ρ_{av} 有关，也就是与汽包压力和环境温度有关。ρ_s 和 $\rho_w - \rho_s$ 是汽包压力的函数。

为了在汽包压力变化的全量程范围内都能进行密度补偿，用水蒸气图表的数据以及水的密度变化图表的数据进行曲线拟合，得到 $\rho_w - \rho_s = f(p)$，$\rho_s = f(p)$ 以及 $\rho_a = f(p,t)$，$\rho_{av} = f(p,t)$ 等密度拟合公式，把这些拟合公式存入 ROM 中，根据温度、压力、差压变送器送入的信号，就可以算得比较准确的水位 ΔH 值。

2. 智能锅炉汽包水位计的主要硬件和软件

式（11 - 16）中的右边各项，L、m 及 H_0 为常数，$\rho_w - \rho_s$ 及 ρ_s 为与 p 有关的函数，ρ_a 与压力 p 及室温有关，ρ_{av} 则与压力 p 及凝汽器中水的平均温度有关，因此 ρ_a 及 ρ_{av} 都是与 p、t 有关的函数。采用微处理机进行以上的计算，可构成智能测量系统。

这个系统是一个较简单的微机系统，CPU 采用一片 8031，EPROM 选用一片 2764，RAM 选用 6116，A/D 转换选用 MC14433，模拟开关选用 CD4051 定时切换输入的压力、温度和差压信号。模拟量输出选用 DAC0832，输出 0～10mA DC 或 4～20mA DC 的标准信号供调节器或记录仪。水位越限时有灯光报警信号，用 LED 显示器显示水位。智能锅炉汽

包水位计的微机硬件框图如图 11-13 所示。

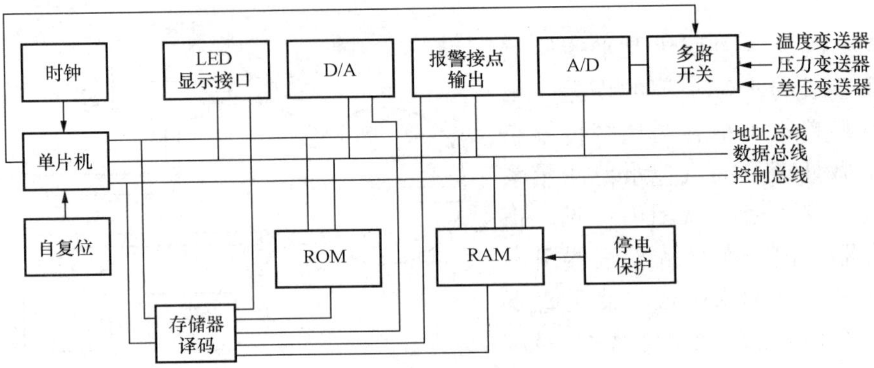

图 11-13　智能锅炉汽包水位计硬件框图

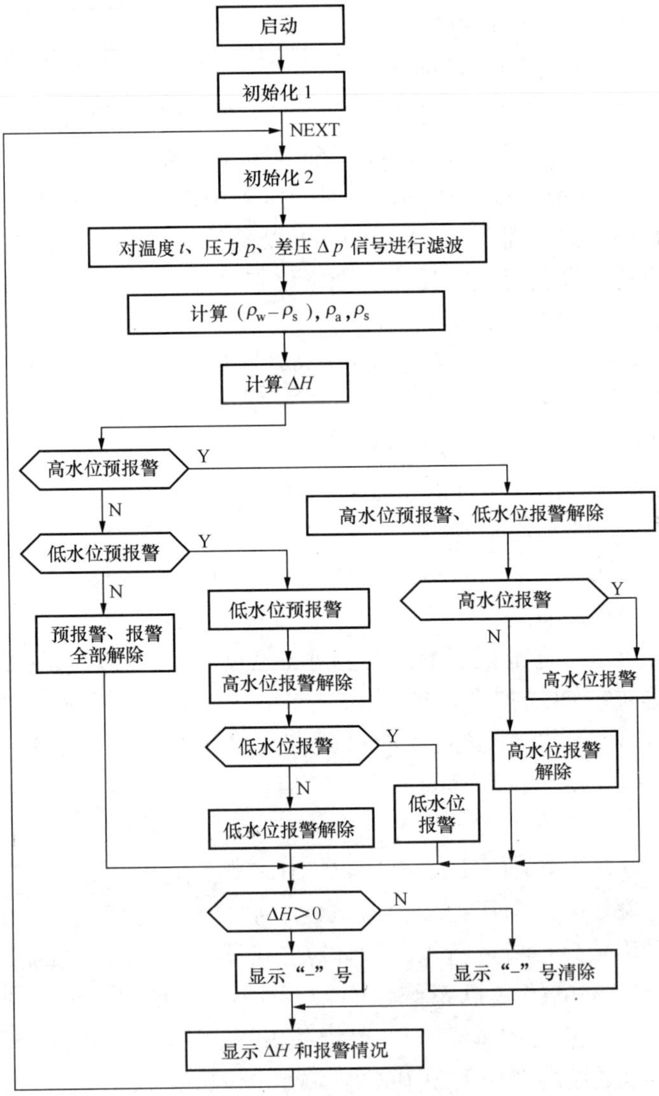

图 11-14　微机软件框图

软件设计采用模块化和子程序配套的形式，将常用的操作和模数转换程序，加、减、乘、除、开方等运算程序都编成子程序，以供主程序调用，微机软件框图如图 11-14 所示。

系统启动后，首先进行一些必要的初始化。在每个测量周期的开始，首先对自检计数器清零，然后对压力、温度和差压信号进行采样和滤波，根据得到的压力、温度和差压数值，即可求得 ΔH，并转换为显示码显示。根据水位值的大小，决定各报警显示器和报警继电器的状态。经理论估算，当汽包压力 $p=0.980\,6\text{MPa}$ 时，$\Delta H=0$ 时，水位误差 $\sigma_{\Delta H}=0.004\text{m}$；$\Delta H=H_0$ 时，$\sigma_{\Delta H}=0.005\text{m}$。当汽包压力 $p=16.67\text{MPa}$，$\Delta H=0$ 时，水位误差 $\sigma_{\Delta H}=0.008\text{m}$；$\Delta H=H_0$ 时，水位误差 $\sigma_{\Delta H}=0.009\text{m}$。由此可见。它的准确度远大于同类情况下云母水位计的准确度。

第三节 其他液位测量方法

还有许多其他的液位测量方法，但由于使用温度、压力和可靠性等限制，在汽包水位测量中很少应用，这里仅作简单介绍。

一、浮力法

利用液体对浮子的浮力来测量液位是最简单、最常用的方法。它有两种类型。一类是浮子式，即浮子漂浮在液面上，浮力是一定的，根据浮力随液面上下而改变的位置来检测液位。在压力容器中应用时如图 11-15 所示，可使浮子带动磁铁在非导磁材料制成的测量筒内上下移动，顺序吸动和翻转沿测量筒高度悬挂的小铁片，小铁片两边颜色不同，从铁片颜色可指示出液位高度，这种液位计称为翻板式液位计。也可使浮子带动铁芯上下移动，改变铁芯和置于测量筒外差动线圈的相对位置，使差动线圈电压输出发生变化。经放大器和伺服

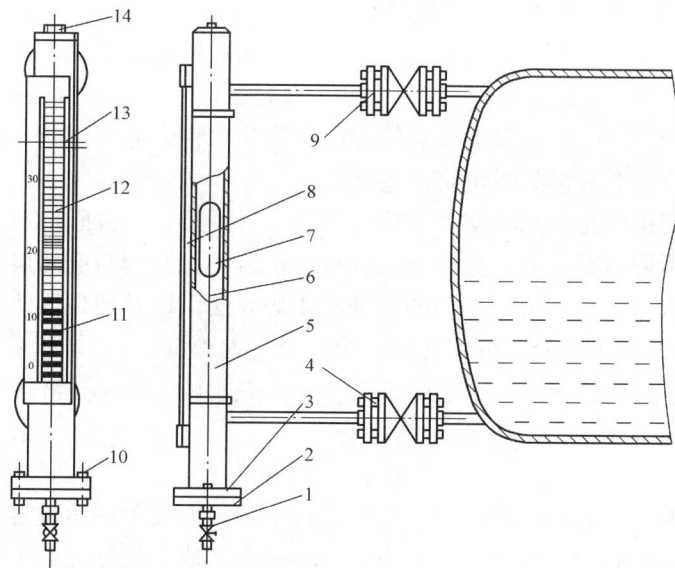

图 11-15 翻板式液位计结构

1—排污阀；2—筒体下法兰盖；3—筒体下法兰；4—连接法兰；5—筒体；
6—浮子室；7—浮子；8—标尺架；9—连接法兰；10—螺栓；
11—标尺；12—翻柱式指示器；13—导管；14—封头螺钉

电动机等构成自动平衡系统，使线圈跟踪铁芯上下移动，并指示液位。另一类是浮筒式，浮筒的位置一定，浮筒的浸没深度随液位高度而变，因此作用在浮筒上的浮力也随液位而变，可以将浮筒浮力转换成扭力管芯轴的转角来测量液位。也可采用与差压变送器中相类似的力平衡方法测量。浮筒式液位计可用于敞口容器，也可用于密闭容器，但不适用于高黏度液体。另外，当被测液体密度变化时将产生误差。

二、静压法

当液体密度一定时，液柱静压力与液柱高度成正比，因此，在敞口容器中可通过测量容器底部的静压力变化来测量液位变化。

吹气法是一种根据静压原理测量液位的常用方法。将吹气管插入储液容器中，以一定压力的压缩空气经微小的节流孔对吹气管供气，使吹气管底部有微量气泡经液体逸出，此时节流孔后吹气管中的吹气压力近似等于吹气管底部的静压力。因此，当液体密度已知时，就可通过吹气压力来测量液位高度。节流孔是起稳流作用的，因为节流孔较小，节流孔前后压力比低于临界压力比（对空气为 0.528）后，流经节流孔的流量就不再随节流孔后吹气压力而变。吹气法特别适合于腐蚀性液体或含固定悬浮物等脏污液体的液位测量，但应注意，吹气管阻塞时将产生错误指示。

三、电容法

插入储液容器内的探头和容器壁作为两个电极，电极的电容量大小随液位而变化，可用来测量液位。电极的总电容 C 为

$$C = Kh_1\varepsilon_1 + K(h - h_1)\varepsilon_2 = Kh\varepsilon_2 - Kh_1(\varepsilon_1 - \varepsilon_2) \qquad (11\text{-}17)$$

式中　K——与电极的形状、尺寸有关的常数；

ε_1、ε_2——被测液体和液面上气体的介电常数；

h、h_1——电极总高度和液体浸没电极的高度。

当电极的几何尺寸一定时，被测液体和液面上气体两者的介电常数相差越大，单位液位变化引起的电容变化越大，灵敏度则越高。同时，从式（11-17）中也可看出，温度、湿度变化或介质中混入杂质使电极间两种介质的介电常数变化将会造成误差。另外，在有导电性物质黏附在探头上改变电极常数时也将产生误差。

电极电容量的变化可通过高频交流电桥等测量。为了防止电极间漏电，当被测介质具有导电性时，电极要用聚四氟乙烯、搪瓷等绝缘材料覆盖，它们同时起防腐作用。

电容法还能用于测量介电常数不同的两种液体的界面，以及测量固体粉位（此时仪表应使用防爆型）。如粉位为非平面，可用几根探头测量平均粉位。

电容液位计的量程范围极广，可达到近 100m。根据覆盖绝缘材料的不同，被测介质的温度范围为 $-190\sim+450\text{℃}$。

四、超声波法

用安装在被测液面上方或容器底部的超声波探头向液面发射超声波脉冲，液面两边介质密度相差很大，超声波脉冲被液面反射回来，再由探头接收。根据发射脉冲到接收脉冲之间的时间间隔 Δt 可确定探头到液面之间的距离 H，也就是测得了液位高度。设超声波在介质中的传播速度为 a，则

$$H = \frac{1}{2}a\Delta t$$

声波在介质中的传播速度与介质的可压缩性有关，介质可压缩性小的传播速度快，介质可压缩性大的传播速度慢，所以在具有不同可压缩性的介质中，声波的传播速度也不同；另外，对于同一介质，随介质的温度不同，其可压缩性也不同，因此对同一介质，声速还会随介质温度而变。例如，对于理想气体

$$a = \sqrt{\frac{\kappa R T}{M}} \qquad (11-18)$$

式中　κ——等熵指数；

　　　R——气体常数；

　　　T——热力学温度；

　　　M——气体分子质量

对于常温常压下的空气，可近似看作是理想气体，$\kappa = 1.4$，$R = 8.315 \text{J}/(\text{mol} \cdot \text{K})$，$M = 29 \text{g}/\text{mol}$，所以

$$a = 20.1 \sqrt{T} \quad \text{m/s}$$

因此，声速与温度的平方根成正比。介质温度有较大变化就会影响测量的正确性，必须采用补偿措施。例如，在相同的介质中，用另一探头对一固定距离 H_0 上的反射面发射一个超声波脉冲，同样测得从发射到接收之间的时间间隔 Δt_0，就可求得当地声速，即

$$a = 2 \frac{H_0}{\Delta t_0}$$

根据此速度以及前一探头测得的 Δt_0，就可由下式求出正确的液位高度：

$$H = \frac{H_0}{\Delta t_0} \Delta t \qquad (11-19)$$

探测器一般用压电晶体制成，由于受到压电晶体工作温度的限制，被测介质温度一般不应超过 60℃。

在用超声物位计测量时，存在不敏感距离，它就是指超声探头发出超声波后，振动膜残留有余振，因而不能接收信号的那段时间，可将它按当时声速换算成相应的距离，通常称为"盲区"。因此，安装探头时，不应使物位测量范围处于盲区之内。在测量料位时应注意粉尘飞扬和积聚在探头上对测量的影响。

五、同位素法

放射性同位素放射的 γ 射线在穿透物质时，辐射强度随穿透途径的增长作指数规律的衰减。可利用此现象从容器外部射入 γ 射线来测量对象的物位。γ 射线辐射强度在介质中的衰减规律为

$$I = I_0 e^{-\mu H}$$

式中　I_0——射入介质前的射线辐射强度；

　　　I——透过介质后的射线辐射强度；

　　　μ——介质对射线的吸收系数；

　　　H——射线途径的介质厚度。

介质对 γ 射线的吸收系数随介质的性质不同而不同，质量越大的物质越容易吸收 γ 射线。放射源一般是用 ^{60}Co（钴 60）和 ^{137}Cs（铯 137）制作，当放射源和被测介质确定后，I_0 和 μ 为已知值，则 H 和 I 有确定的关系：

$$H = \frac{1}{\mu}\ln I_0 - \frac{1}{\mu}\ln I \qquad\qquad (11-20)$$

即

$$\frac{\mathrm{d}I}{\mathrm{d}H} = -\mu I \qquad\qquad (11-21)$$

可见，被测物质吸收能力越大，放射源强度越大，测量灵敏度也越高；但射线源辐射强度越高，防护层也更加笨重。

透射后的辐射强度 I 一般用电离室或盖革计数管测量。它们的作用原理是，利用 γ 射线射入密封充气管使管内气体电离，在电极间的直流强电场作用下，正、负离子收集于相应的电极上形成脉冲电流，经前置放大器放大后送往显示仪表进行电脉冲计数。

根据射线源与检测器的安装方式不同，此测量方法可分为自动跟踪式、透射式和照射式三种不同的类型。自动跟踪式测量方法是通过电动机带动分置于容器两侧的射线源和检测器同时上下升降，根据输出辐射强度突变来判断物位的位置，从而对物位实现自动跟踪。此法测量范围很宽，可达十几米，但有可动部件，结构复杂。透射式测量方法是使 γ 射线束倾斜或垂直地穿透被测液体，液面的高低决定了 γ 射线透射路程的长短，可根据射线衰减后的辐射弧度测量物位。此种方法的设备安装和维护比较方便，但量程较窄，约为 1m，不能使用于大口径容器，而且需要较强的放射源。照射式测量方法是把射线源做成长棒状，均匀分布在整个测量高度上，随液位上升，受被测液体屏蔽部分增加，检测器接受到的射线减少，这种方法的测量范围可达 3m。

由于同位素法是一种完全不接触的测量方法，因而不受容器内被测介质的压力、温度、黏度和腐蚀性等因素的影响，也可用来测量粉状料位。但由于射线对人体危害较大，使用时必须采取严格的防护措施。另外，检测器一般到 50～60℃ 就不能工作，因此在高温环境中工作要进行冷却。

六、微波法

微波法很早就用于汽车车速检测、电子测距等领域，最近微波物位开关和物流检测器等亦得到实际应用。

微波开关的工作原理是，在储物容器两侧面上开孔，镶上透波窗（融熔玄武岩或玻璃）。窗外侧各装设微波发射器和接收器，当物料面未到达窗面时，微波的调制脉冲构成发射器和接收器之间的耦合信号。当料面达到窗口时，由于物料对微波脉冲的衰减，使发射器与接收器之间的耦合受到衰减，当衰减到所设定的电平以下时，控制器就发出检出信号。它可方便地用于原煤或煤粉仓料位检测，以及落煤管或落粉管架空报警。

能检知粉、粒料流动的微波物流检出器的工作原理是，根据多普勒效应，检测由被测物流动引起的微波反射波频率变化。如将检出器装在运煤皮带上方。对准皮带中心，当皮带停止或皮带上无煤粒时，微波入射和反射波之间无频差。但当运动的皮带上有煤粒时，就有频差，从而输出信号。

第十二章　炉　烟　分　析

随着大容量、超超临界参数火电机组相继投入运行，燃煤所带来的环境污染问题，日趋成为一个必须要解决的问题，人们对电厂烟气连续监测的重要性也有了进一步认识和重视。烟气的连续监测主要涉及两方面的问题，第一是环保问题，有了在线的实时测量才能为节能

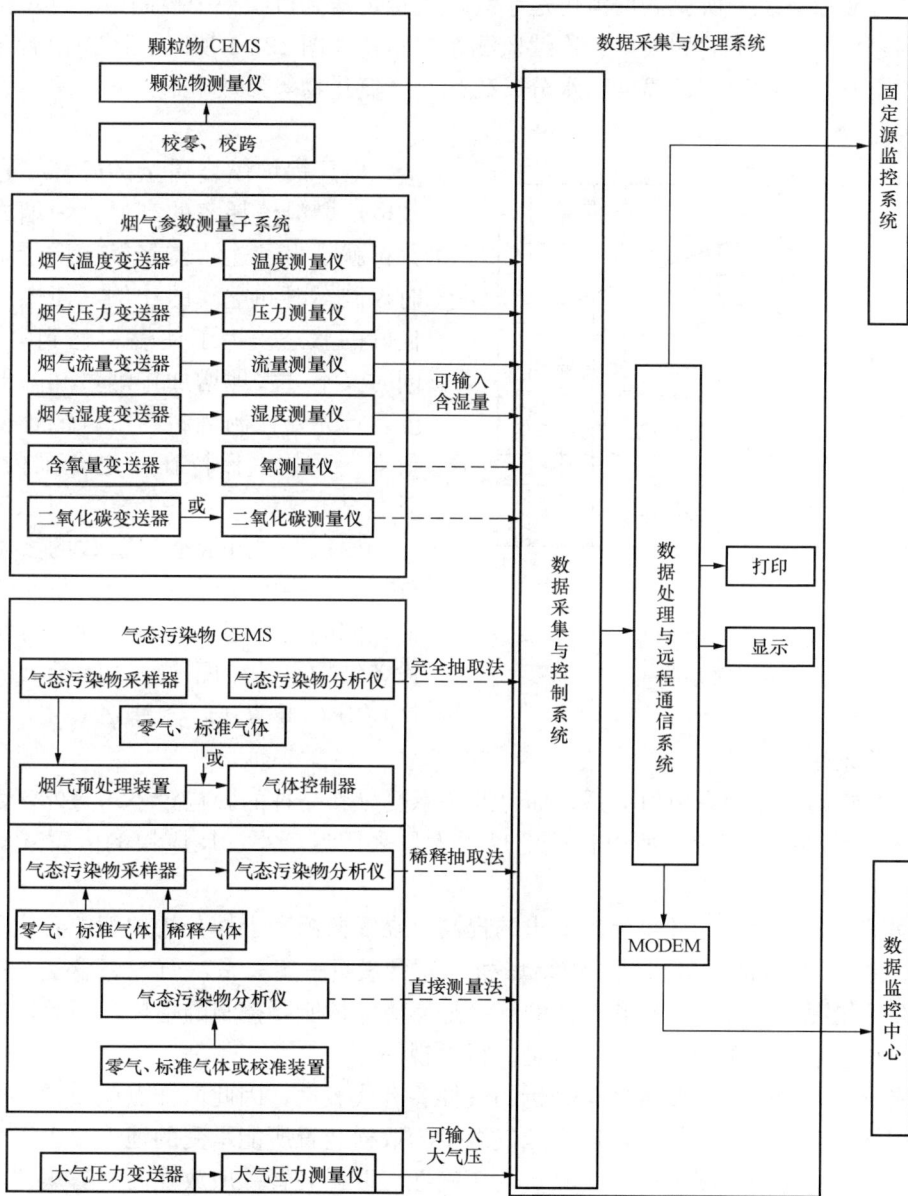

图 12-1　烟气排放连续监测系统示意

减排提供依据；第二是运行的经济性问题，控制适当的过量空气系数，可保证锅炉内煤粉的燃烧质量，从而提高燃烧的效率。

国家环境保护总局颁布了《火电厂烟气排放连续监测技术规范》（2002 年实施）、《火电厂大气污染物排放标准》（2003 年修订）、《固定污染源烟气排放连续监测系统技术要求及监测方法》（2007 年实施）等行业或国家标准，要求待审查批准的新、扩、改建火电厂必须在烟囱或烟道上安装固定的烟气排放连续测试装置，以准确地监测污染物的排放总量，掌握污染物排放状况，控制和掌握烟气净化装置（除尘器、脱硫设备）的工作和运行情况。连续排放物监测系统称为 CEMS。目前，CEMS 一般由三个集成部分组成，分别是采样接口、气体分析仪、数据获取系统。所获数据由传送系统可直接传送到机组集中控制室、环境监测站和总工室。国家标准中规定的烟气排放连续监测系统示意如图 12 - 1 所示，图中由若干传感器和取样装置得到烟气的流速、温度、水分、硫化物、氮化物等参数，通过数据采集、分析处理系统送到监控中心。

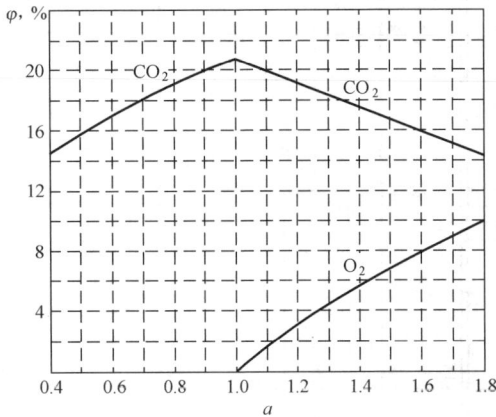

图 12 - 2　烟煤燃烧产物中 CO_2 及 O_2 的含量
φ 与 α 的关系曲线

电厂锅炉燃烧质量的好坏，直接关系到电厂燃料消耗率的高低。炉烟成分自动分析就是为了连续监督燃烧质量，以便及时控制燃料和空气的比例，使燃烧维持在良好的状态。为了使燃料达到完全燃烧，同时又不过多地增加排烟量和降低燃烧温度，首先要控制燃料与空气的比例，使过量空气系数 α 保持在一定范围内。例如，对燃煤炉 α 为 1.20～1.30，对燃油炉 α 为 1.10～1.20。过量空气系数的大小可通过分析炉烟中 CO_2 和 O_2 的含量来判断，它们之间的关系还与燃料品种、燃烧方式和设备结构有关。图 12 - 2 所示为烟煤燃烧产物中 CO_2 及 O_2 含量 φ（％）与过量空气系数 α 的关系曲线。

由于氧含量与 α 之间有单值关系，而且此关系受燃料品种的影响较小；另外，由于氧量计的反应比二氧化碳表计快，所以目前电厂中大量采用迟延小、反应快的内置式氧化锆氧量计。

随着锅炉容量的增大和环境保护要求的提高，在线监测和全面分析炉烟中各成分的含量成为必须。例如，CO 的含量与燃油炉结焦和 SO_3 含量有一定关系，而 SO_3 含量直接影响锅炉尾部的腐蚀情况；另外，SO_3 和 NO 的含量是环境保护所要控制的指标，因此发展快速响应的自动气相色谱仪用于炉烟的全分析是值得重视的。

炉烟成分正确分析的首要条件是分析的气样要有代表性，因此取样点应设置在燃烧过程已结束，烟气不存在分层、停滞，以及烟气温度为取样装置所能承受的地方。由于烟道处于负压下，特别要防止空气漏入而影响测量的正确性。取样装置一般放在高温省煤器出口烟气侧，也可放在过热器出口烟气侧。实验证明：对于大截面烟道，截面上各处烟气成分是不相同的，有明显分层倾向，而且在各排不同位置燃烧器投入运行的情况下，分层情况也不同。

因此，最好设置多个取样点，然后取其平均值，但这样做会增加测量滞后性，有时就用试验方法求取一个较好的取样点位置作为经常测量的取样点。

快速响应是对成分分析仪的一个突出的要求，应尽可能缩短取样管路，以减少纯滞后。最好装设大口径旁路烟道，分析仪的取样装置可安装在旁路烟道内。

第一节 烟气中的氧量测量

一、热磁式氧量计的烟气取样系统

为了把炉烟从负压烟道中抽出，要有一套具有稳定抽力的抽吸设备。另外，被分析的炉烟在进入仪表前应清除气样中妨碍发送器工作的灰尘和有害成分，并保持气样的压力、温度、湿度和流量在规定的范围内，完成以上功能的装置统称为气体取样系统。热磁式氧量计的取样系统包括陶瓷过滤器、射水抽气装置和监视过滤器三部分，后两部分的结构如图12-3所示。水经节流阀进入溢流稳压室中，溢流使室内液面保持一定高度，具有一定位头的水以一定速度从抽气管上的射水口落下，于是在抽气管上部产生一定的负压，用来抽吸气样。被抽吸出的气样首先经过安装在烟道中的陶瓷过滤器，滤去大部分机械杂质，然后与水一起进入过滤分离器，在这里气样的动能转变为压力能，气样从负压转变为正压，然后进入监视过滤器，检查被送入仪表的烟气的净化程度，同时过滤掉细微灰尘和水滴。经过监视过滤器后烟气中的含尘量应不大于 $0.02g/m^3$（标准状态下）。

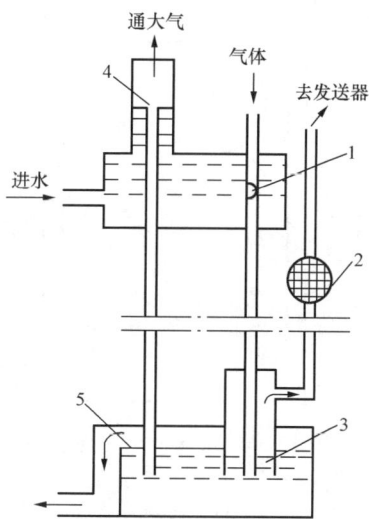

图 12 - 3 射水抽气装置
1—抽气管；2—监视过滤器；3—过滤分离器；4—溢流稳压室；5—溢流槽

水力抽气器的抽气量（即气样流量）在 0.8L/min 左右。气样流量变化为 $\pm10\%$，造成的指示值误差达 $2\%\sim4\%$，所以系统中加装了转子流量计监视通过仪表的气样流量。气样流经过滤分离器时被冷却，冷却后的气样温度不高于水温 3℃。过滤分离器还有除尘、洗去 SO_2 等腐蚀性气体的作用。

保证可靠的水源和防止取样管路腐蚀、漏气或堵塞是仪表正常工作的必要条件。供水压力应稳定，杂质含量少，水温不能过高。工作过程中应注意使取样管路的温度高于烟气露点温度，管路中存在的凝结水要能及时排出。

二、氧化锆氧量计

1. 工作原理

氧化锆氧量计的基本原理是，以氧化锆作固体电解质，高温下的电解质两侧氧浓度不同时形成浓差电池，浓差电池产生的电势与两侧氧浓度有关，如一侧氧浓度固定，即可通过测量输出电势来测量另一侧的氧含量。氧化锆氧量计的发送器就是一根氧化锆管。

氧化锆管是由氧化锆（ZrO_2）中渗入一定数量（12%～15%摩尔当量）的氧化钙（CaO）或氧化钇（Y_2O_3），并经高温焙烧后制成，它的气孔率要很小。在管子的内外壁上用高温烧结等方法附上金、银或铂的多孔性电极和引线，如图12-4所示。

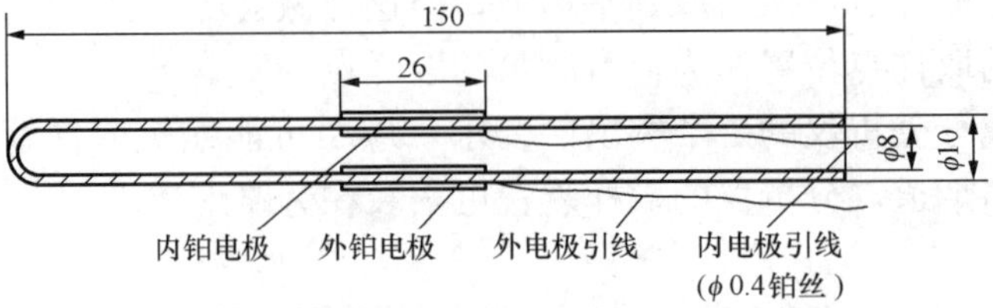

图 12-4　氧化锆管

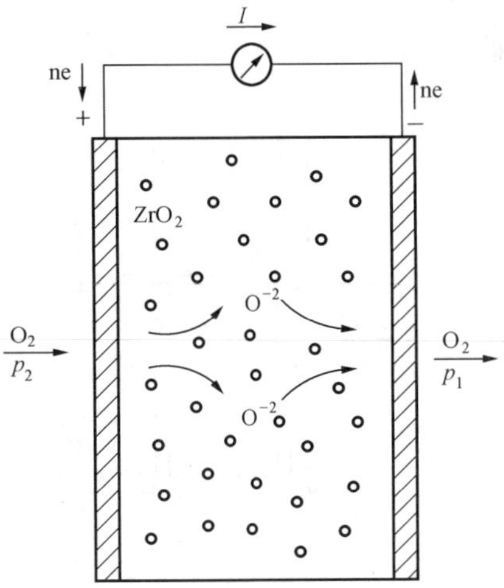

图 12-5　ZrO_2 浓差电池原理

经过上述掺杂和焙烧而成的氧化锆材料，其晶型为稳定的萤石型立方晶系，晶格中部分四价的锆离子被二价的钙离子或三价的钇离子所取代而在晶格中形成氧离子空穴。由于氧离子空穴的存在，在 $600 \sim 1200℃$ 高温下，这种氧化锆材料成为对氧离子有良好传导性的固体电解质。在氧化锆管两侧氧浓度不等的情况下，浓度大的一侧的氧分子在该侧氧化锆管表面电极上结合两个电子形成氧离子，然后通过氧化锆材料晶格中的氧离子空穴向氧浓度低的一侧泳动，当到达低浓度一侧时在该侧电极上释放两个电子形成氧分子，于是在电极上造成电荷积累，两电极之间产生电势，此电势阻碍这种迁移的进一步进行，直至达到动平衡状态，这就形成浓差电池，它所产生的与两侧氧浓度差有关的电动势，称为浓差电动势，ZrO_2 浓差电池原理如图 12-5 所示。

氧浓差电池可以表示为

Pt，O_2（分压力 p_1）｜含氧离子空穴的电解质 $ZrO_2 \cdot CaO$ 电极｜O_2（分压力 p_2），Pt

　（负极）　　　　　　　　　（电解质）　　　　　　　　　　（正极）

其中，p_2、p_1 分别为两侧的氧分压，$p_2 > p_1$。

在正极上进行还原反应：

$$O_2(p_2) + 4e \longrightarrow 2O^{-2}$$

在负极上进行氧化反应：

$$2O^{-2} \longrightarrow O_2(p_1) + 4e$$

电池两端产生的电动势 E 可由能斯脱公式计算，即

$$E = \frac{RT}{nF}\ln\frac{p_2}{p_1} \quad V \tag{12-1}$$

式中　R——气体常数，$R = 8.315 J/(mol \cdot K)$；

　　　F——法拉第常数，$F = 96\,500 C/mol$；

　　　T——热力学温度，K；

　　　n——反应时所输送的电子数，对氧气，$n = 4$；

　p_1、p_2——被测气体与参比气体中的氧分压。

若被分析气体的总压力 p 与参比气体的总压力相同，则式（12-1）可改写为

$$E = \frac{RT}{nF}\ln \frac{p_2}{p_1} = \frac{RT}{nF}\ln \frac{\varphi_2}{\varphi_1} = 0.049\ 6\ T\lg \frac{\varphi_2}{\varphi_1}\quad \text{mV} \tag{12-2}$$

式中　φ_2——参比气体中氧的容积成分，$\varphi_2 = p_2/p$；

　　　φ_1——被测气体中氧的容积成分，$\varphi_1 = p_1/p$。

在分析炉烟中的氧含量时，常用空气作参比气体，即 $\varphi_2 = 20.8\%$ 为定值。如果工作温度 T 一定，则氧浓差电势与被测气体中的氧含量的对数成反比。为了正确测量气体中氧的容积成分（即氧含量），使用氧化锆氧量计时必须注意以下几点：

（1）因为氧浓差电势与氧化锆管工作的热力学温度成正比，因此氧化锆管应处于恒定温度下工作或在仪表线路中附加温度补偿措施，以使输出不受温度影响。另外，当工作温度过低时，氧化锆内阻很高，正确测量其电动势比较困难，故要求氧化锆管的工作温度在 600℃ 以上，但不得超过 1200℃。因为温度过高时烟气中的可燃物质就会与氧化合而形成燃料电池，使输出增大，目前常用的工作温度为 800℃ 左右。

（2）氧化锆材料的致密性要好，否则氧分子将直接通过氧化锆而降低输出电动势；另外，氧化锆材料的纯度要高，如存在杂质，特别是铁元素，会使电子直接通过氧化锆本身短路，降低输出电动势。例如，当氧化锆中含 5% 的 Fe_2O_3 时，输出电动势仅为计算值的 50%，所以电极材料中的铁元素应控制在千分之几。

（3）使用中应保持被测气体和参比气体的压力相等，只有这样，两种气体中氧分压之比才能代表两种气体中氧的百分容积含量（即氧浓度）之比。因为当压力不同时，如氧浓度相同，氧分压也是不同的。例如，空气中氧浓度为 20.8% 是定值，但空气中氧分压值却是随空气压力而变的。

（4）由于氧浓差电池有使两侧氧浓度趋于一致的倾向，因此必须保证被测气体和参比气体都有一定的流速，以便不断更新。

（5）氧化锆材料的阻抗很高，并且随工作温度降低按指数曲线上升，为了正确测量输出电动势，显示仪表必须具有很高的输入阻抗；另外，氧浓差电势输出如用作调节信号，还应使用线性化电路把氧含量与电势之间的对数关系转换成线性关系。

2. 测量系统

目前用氧化锆式氧量计来测量炉烟含氧量的测量系统形式很多，大致可分为抽出式和直插式两类。抽出式带有抽气和净化系统，能除去杂质和 SO_2 等有害气体，对保护氧化锆管有利。氧化锆管处于 800℃ 的定温电炉中工作，准确性较高，但系统复杂，并失去了反应快的特点。直插式是将氧化锆管直接插入烟道高温部分，如图 12-6 所示。在一端封闭的氧化锆管内外，分别通过空气和被测烟气，在管外装有铂铑—铂热电偶，测定氧化锆管的工作温度，并通过控制设备把定温炉的温度控制在 800℃。为了防止炉烟尘粒污染氧化锆，加装了多孔性陶瓷过滤器。用泵抽吸烟气和空气，使它们的流速在一定范围内，同时使空气和烟气侧的总压力大致相等。也可不用定温电炉，而在测出工作温度后用除法电路对输出电动势进行温度补偿。直插式的特点是反应迅速，响应时间约为 1s，加装过滤器后约为 3s。

目前，氧化锆材料存在的问题是，在高温下膨胀易出现裂纹或使铂电极脱落；另外，在氧化锆管表面有尘粒等污染时测量误差较大，甚至使铂电极中毒，所以使用过程中要经常清理。

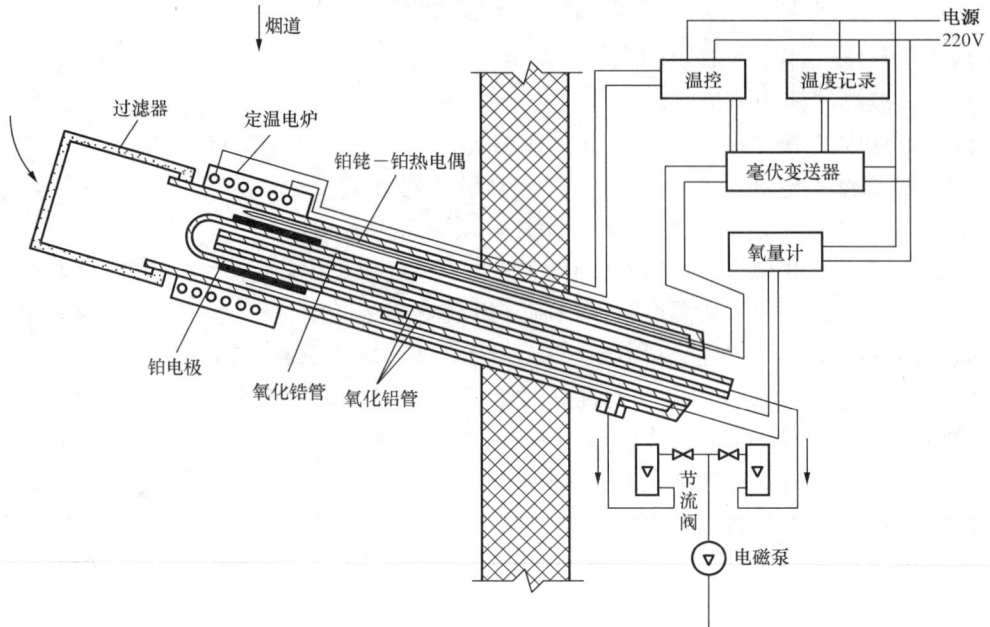

图 12 - 6　直插定温抽气式氧化锆氧量计

第二节　红外线气体分析仪

目前工业上常用的是吸收式红外线气体分析仪，它是利用某些气体分子对红外光谱范围内，某一个或某一组特定波段辐射的选择性吸收来检测气体成分的。这个特定波段就是分子的特征吸收带。气体分子的特征吸收带主要分布在 $1\sim25\mu m$ 波长范围内的红外区。特征吸收带对某一种分子是确定且已知的，因此，通过对特征吸收带和其吸收光谱的分析，就能鉴别分子类型，分析混合气体中待测组分的一个特征波长上的红外辐射吸收情况，就可得到待测组分的成分。

当波长为 λ 的红外线透过气样时，其透射强度与气样中特征波长为 λ 的待测组分浓度之间的关系，可由贝尔定律给出，即

$$I = I_0\exp(-K_\lambda cL) \tag{12-3}$$

式中　I、I_0——透射和入射的红外辐射强度；

$\quad\quad K_\lambda$——待测组分对波长为 λ 的红外辐射的吸收系数；

$\quad\quad c$——待测组分的浓度；

$\quad\quad L$——红外辐射穿过待测组分的路程长度（气样厚度）。

由此可见，当入射红外辐射强度 I_0 透过的气样厚度 L 一定时，由于 K_λ 对某一种待测组分是常数，因此，通过测量透射红外辐射强度 I 就可确定待测组分的浓度。

图 12 - 7 所示为工业上常用的红外线气体分析仪的工作原理。它由红外光源、切光片、干扰滤光室、测量气室、参比气室、电容微音红外检出器、放大器及指示记录仪组成。参比气室中充以对红外线不吸收的气体，如 N_2，并密封。测量气室中连续通过被测气样，红外

测量光源（工作光源）和参比光源的辐射线分别经干扰滤光室，测量气室或参比气室，最后到达电容微音红外检出器，此检出器又称薄膜电容接收器，其结构原理如图 12-8 所示。检出器两个接收室（见图 12-7）中都充以待测组分 A 气体，以薄膜分隔两室，薄膜为电容动片，它与定片之间的电容量就是检出器的输出信号。当测量气室中无待测组分 A 时，调整两束光强平衡，使达到两接收室的光强相等，两个接收室中所充的待测组分 A 气体吸收了它的特征吸收波长的辐射能量，使两室温度升高。由于两室的体积是固定的，两室温升相等，测量电容的可动电极处于平衡位置，输出信号为零。当测量室中通以被测组分 A 时，进入检出器测量接收室一边的能量减弱，此时检出器两接收室中 A 组分吸收的光强不等，从而使两室中的压力不等，可动电极偏离平衡位置，就有不平衡信号输出。被测气样中 A 组分浓度越大，不平衡信号越大。切光片由同步电动机带动，使红外光源受到一定频率的调制，以得到交流信号，便于信号放大和得到较好的时间响应特性。滤光室的作用是消除气样中干扰成分的影响。若被测气样中存在与待测组分 A 有部分重叠的特征吸收带的组分 B，则 B 即为测量的干扰成分。此时，可在滤光室中充以组分 B，使组分 B 特征吸收带的辐射能量全部被吸收掉，这样组分 B 在被测气样中的浓度变化不再影响组分 A 浓度的指示。

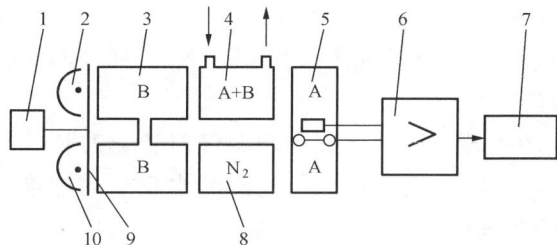

图 12-7　红外分析仪的工作原理
1—同步电动机；2—红外光源；3—干扰滤光室；4—测量
气室；5—检出器；6—放大器；7—指示记录仪；
8—参比气室；9—切光片；10—参比光源

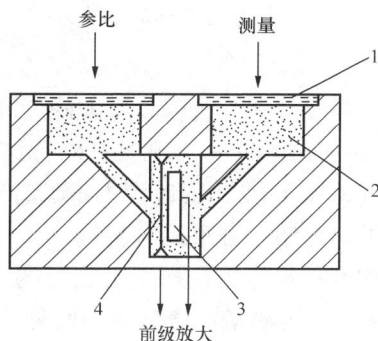

图 12-8　电容微音红外检出器结构原理
1—窗口材料；2—待测组分气体；
3—定片；4—动片（薄膜）

　　近年来，对多种组分浓度同时进行自动连续分析的多组分红外线气体分析仪的研制也有很大进展。图 12-9 所示为一种同时测定气样中三种组分浓度的红外线气体分析仪的工作原理示意。红外光源所产生的平行红外辐射光束，通过切光器、样品室被碲镉汞红外检出器接收。切光器上设有六个气室，若被测气体由 A、B、C 三种待测组分组成，那么切光器上三个气室 Ra、Rb、Rc 分别是组分 A、B、C 的参比室，室中分别充以浓度为 100% 的待测组分 A、B、C 气体，窗口相应安装着对 A、B、C 组分特征吸收带光谱无吸收作用的滤光片，切光器上另外三个气室 Sa、Sb、Sc 分别是相应于 A、B、C 三种组分的分析室，Sa 中充有一定浓度的 B、C 组分。Sb 中充以一定浓度的 A、C 组分，Sc 中则充以一定浓度的 A、B 组分。样品室中通入被分析的混合气体。电动机带动切光器转动时，红外检出器输出六个波峰，Ra 和 Sa 峰是 A 组分的参比峰和分析峰；Rb 和 Sb 以及 Rc 和 Sc 相应是 B 和 C 组分的参比峰和分析峰。光源和光敏二极管给出一个同步信号，使分离器根据程序将三组信号分开，并相减，分别在三个放大器上得到相应于待测组分 A、B、C 浓度的信号。

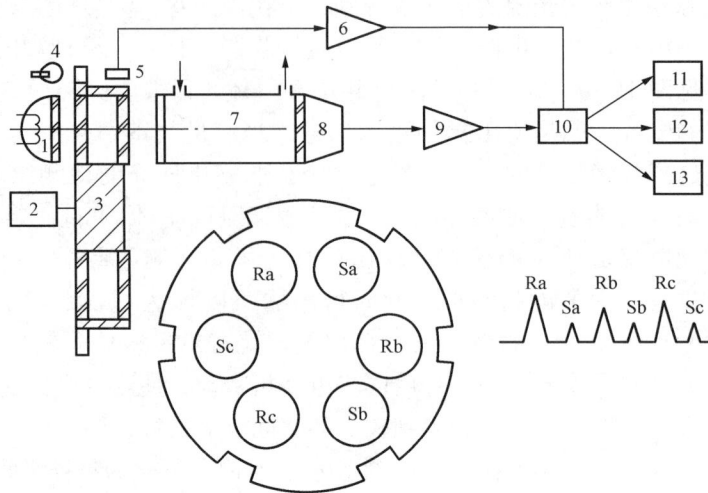

图 12-9　三组分红外线气体分析仪原理示意

1—红外光源；2—电动机；3—切光器；4—光源；5—光敏二极管；

6—放大器；7—样品室；8—红外检出器；9—信号放大器；

10—分离器；11～13—显示器

　　红外线气体分析仪具有准确度高、灵敏度高及反应迅速等优点，但不能分析单原子气体（如 He、Ne、Ar 等）和具有对称结构的无极性的双原子气体（如 O_2、N_2、H_2 等），因为这些气体在 $1\sim25\mu m$ 范围内不具有特征吸收带。

　　下面介绍一种可同时测量 CO_2 和水蒸气的仪器，二氧化碳和水蒸气对特定波长的红外光线均有吸收作用，利用吸收量的不同，检测出混合气体中二氧化碳和水蒸气的浓度。图 12-10所示为测量混合气体中两种成分浓度的系统框图，该系统由光学系统、机电装置、电子线路和微处理器组成。

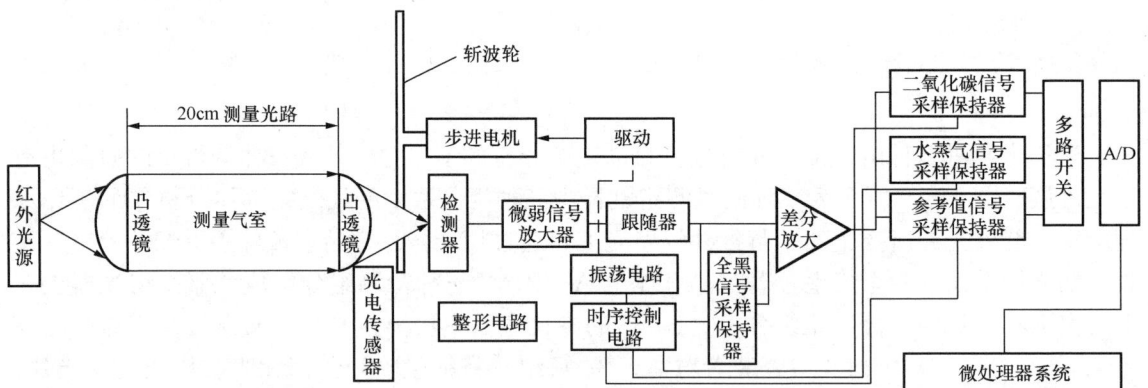

图 12-10　测量混合气体中 CO_2 和水蒸气浓度的系统框图

　　图 12-10 中，通过对镍铬合金电阻丝加热到一定的温度后产生红外光源（此时为一个点光源），该红外光经过左边的一个凸透镜后，变成平行光，进入测量气室，其长度约为 20cm，各成分在此对红外光进行吸收，再经过右边一个凸透镜后，光束照射到斩波轮上，轮上装有三个滤光片和一个反光元件，滤光片 1 对应的中心波长为 $4.3\mu m$（CO_2 的吸收波

长)、滤光片 2 对应的中心波长为 2.6μm（水蒸气的吸收波长）、滤光片 3 对应的中心波长为
3.9μm（各气体组分均不吸收该波段红外光线，故作为参考信号），当红外光源通过滤光片
照射到检测器（PbSe）上时，会产生一个微弱的电压信号。反光元件供光电传感器检测斩
波轮（见图 12-11）所处的角度，作为时序信号的
基准点，用来判断检测器所收到的是哪个滤光片后
的信号。斩波轮每转一周，检测器共得到四个脉冲
信号，分别为二氧化碳、水蒸气、参考信号、全黑
信号，通过时序控制电路首先对全黑信号进行采样
并保持，并将其与另外三个信号通过差分放大器进
行减法运算，消除背景光对测量信号的影响，再经
过时序控制电路和采样保持电路分别得到对应二氧
化碳、水蒸气、参考值的电压信号，最后经多路开
关和 A/D 转换后送入微处理器系统。微处理器系
统对三个数字信号进行运算、处理后得到二氧化碳、水蒸气的浓度。

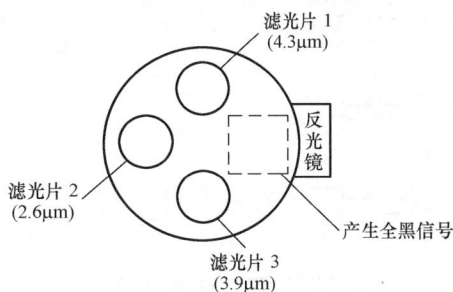

图 12-11 斩波轮示意

第三节 气相色谱分析仪

气相色谱分析仪的特点是，将气样中各成分进行分离后，分别加以测定，故能对被测气
样进行全分析，其分离效能高，分析速度快，灵敏度高；能分析气样中的微量元素
（1×10^{-6}甚至于 0.1×10^{-12}）。因此在锅炉试验和燃烧监视中得到广泛应用。

气相色谱分析仪是由载气源、流量控制器、进样装置、色谱柱、检测器、气体转子流量
计、恒温箱、信号衰减器及记录仪等部件组成，其流程如图 12-12 所示。

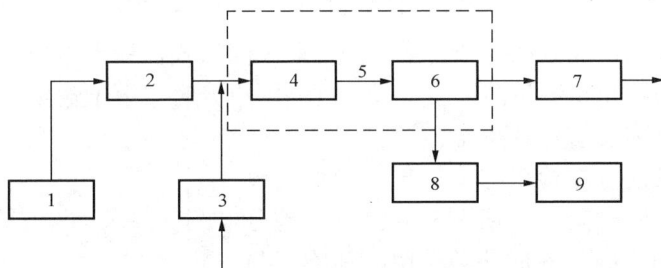

图 12-12 气相色谱分析仪基本组成部分
1—载气源；2—流量控制器；3—进样装置；4—色谱柱；5—恒温箱；
6—检测器；7—气体转子流量计；8—信号衰减器；9—记录仪

一、工作原理

当一定量的气样在纯净载气（称为流动相）的携带下，通过具有吸附性能的固体表面，
或通过具有溶解性能的液体表面（这些固体和液体称为固定相）时，由于固定相对流动相所
携带气样的各成分的吸附能力或溶解度不同，气样中各成分在流动相和固定相中的分配情况
是不同的，可以用分配系数 K_i 表示，即

$$K_i = \frac{\varphi_s}{\varphi_m}$$

式中　φ_s——成分 i 在固定相中的浓度；

　　　φ_m——成分 i 在流动相中的浓度。

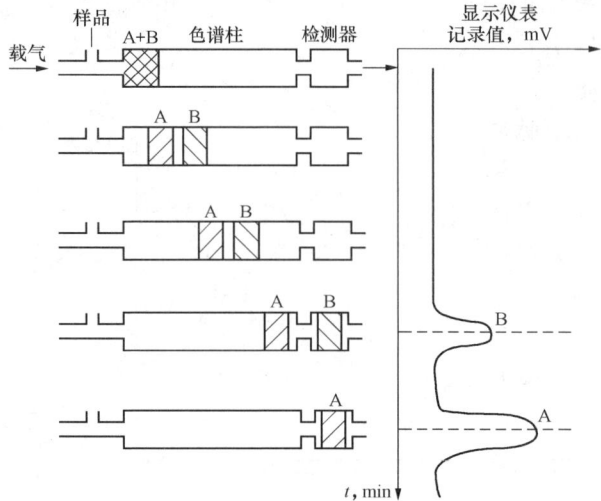

图 12 - 13　组分在色谱柱中的分离过程

显然，分配系数大的成分不易被流动相带走，因而在固定相中停滞的时间较长；相反，分配系数小的成分在固定相中停滞的时间较短。固定相充填在一定长度的色谱柱中，流动相与固定相之间作相对运动。气样中各成分在两相中的分配在沿色谱柱长度上反复进行多次，使得即使分配系数只有微小差别的成分也能产生很大的分离效果，也就是能使不同成分完全分离。分离后的各成分按时间上的先后次序由流动相带出色谱柱，进入检测器检出（见图 12 - 13），并用记录仪记录下该成分的峰形。各成分的峰形在时间上的分布图称为色谱图。

由于流动相为气体，故称为气相色谱。在气相色谱中，固定相为固体（如硅胶、活性炭、分子筛、氧化铝或高分子微球等）的称为气—固色谱；固定相为液体（各种烃类、有机脂类等）的称为气—液色谱。为增加接触面，液体涂在称为担体的硅藻土或耐火砖细粒上或毛细管内壁上，称为固定液。

固定相的种类繁多，可根据被测气样选取，并均匀填装在直径为 3～6mm、长度为 1～4m 的玻璃或不锈钢细管中形成色谱柱，柱管可以是直管、U 形管或螺旋形管。

检测器随所需检测的成分性质和含量不同可取不同形式，最常用的为热导式检测器和氢火焰电离检测器。为防止在测量高浓度或灵敏度高的成分时，由于输出信号过大而超出指示记录仪的刻度范围，需设信号衰减器。

从进样时刻到某成分在检出器上出现峰值的这段时间称为该成分的保留时间 t_R。所谓分离就是使被分析各成分的保留时间不同，各成分的保留时间除了与各成分性质有关外，还取决于色谱柱长度，固定相的特性，以及色谱柱的工作温度、压力和载气的性质、流量等。例如，提高色谱柱工作温度会使保留时间缩短，从而可以缩短分析周期；但保留时间太短则会引起成分的峰形相互重叠，不利于分离，常用分辨率 R 来衡量分离的好坏，如图 12 - 14 所示。

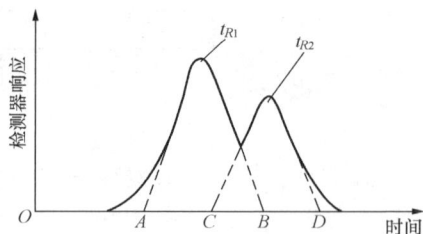

图 12 - 14　计算分辨率用图

$$R = \frac{2 \times 保留时间差}{峰宽之和} = \frac{2(t_{R2} - t_{R1})}{AB + CD} \qquad (12 - 4)$$

各成分的保留时间差别大、峰宽狭，则分辨率高，也就是色谱柱分离效能高。

载气通过色谱柱的流速对色谱柱的分离效能影响较大，流速过高或过低都会使色谱柱分离效能降低。载气流量由气体转子流量计监视，并由流量控制阀将载气流速控制在最佳流速。

当色谱柱和操作条件确定后，各成分的保留时间是恒定的，因此可根据保留时间来区分各成分。

在进样量较小和固定相选择适当的情况下，每一成分的流出曲线是对称的，可用正态分布函数来表示。因此，在全部被分析成分都出现峰值及色谱柱和操作条件一定的情况下，就可用色谱峰的面积或高度来表示成分的浓度。如果事先在同样条件下，用浓度与各被测成分浓度相近的标准气样分度检测器，确定各种成分的单位峰面积或峰高所代表的成分浓度，即求出检测器对各成分的灵敏度，则可根据记录下的色谱图定量分析各成分含量，即

$$\varphi = \frac{A/s}{\sum (A_i/s_i)} \times 100\% \qquad (12\text{-}5)$$

式中　φ、A、s——所分析的某成分含量、峰面积和灵敏度；

　　　　A_i、s_i——气样中各成分的峰面积与灵敏度。

峰面积可以用求积仪直接测量，用电子自动积分装置积算或用以下方法近似估算：

$$A = 0.94 \times 峰高 \times 半峰宽 \qquad (12\text{-}6)$$

式中，半峰宽是指半峰高处的宽度。在工业色谱分析中，常近似地用峰高代替峰面积来定量计算。

为了控制色谱柱的工作温度和恒定热导式检测器的环境温度，仪表中带有恒温装置或程序控温装置。

对于工业色谱仪，要求能自动定期定量取样，定量要精确，否则仪表的复现性就差。因此，进样装置中采用程序控制器，实现对进样阀的定时自动切换。典型的气动进样阀的原理如图 12-15 所示。

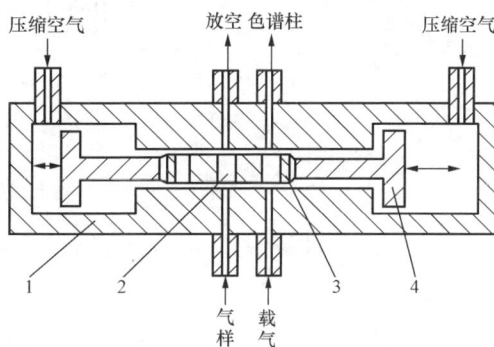

图 12-15　气动进样阀
1—固定块；2—定量管；3—滑动块；4—活塞

二、分析流程

根据被分析气样成分的复杂程度，可采用多种分析流程。当用一根色谱柱不能使全部成分分离时，可用两根色谱柱，分别充以不同的吸附物质或固定液，分别进行部分成分的分离。有时用一种检测器不能检测出全部成分，或个别成分含量极微，需用高灵敏度检出器时，可用两个检出器分别检出。

现以实例说明在分析炉烟时可能的流程。图 12-16 所示为一双柱、单检测器串联系统。图中色谱柱 1 的长度为 0.76m，充填六甲基磷酰胺（HMPA），色谱柱 2 的长度为 2m，充填活化分子筛（如 13X）。在气样进入之前，载气氦通过热导式检测器的两个参比桥臂室 T_1、T_2、色谱柱 1、桥臂室 T_3、色谱柱 2，经桥臂室 T_4 排出。由于四个桥臂室中的电阻的冷却效应相等，该四个电阻组成的电桥输出为零，这时在记录仪上记下一水平线称作基线。

当定量管中的一定容积的烟气气样进入色谱柱后，CO_2 被色谱柱 1 所阻滞，其他成分一起流出色谱柱 1，到达桥臂室 T_3，这时电桥失去平衡，在记录仪上出现一个合成峰。合成峰过后不久，CO_2 从色谱柱 1 中流出，通过桥臂室 T_3，这时在记录仪上画出 CO_2 峰，同时

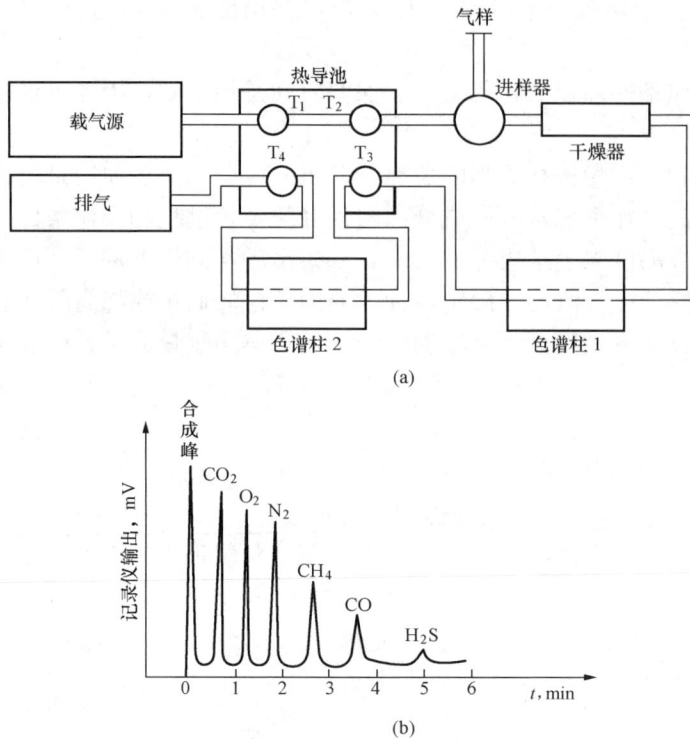

图 12 - 16 双柱、单检测器串联系统及色谱图
（a）串联系统；（b）色谱图

H_2、O_2、N_2、CH_4 和 CO 都在色谱柱 2 中被分离，并以一定的时间间隔顺序通过桥臂室 T_4，这时在记录仪上按相应顺序画出各成分的峰。CO_2 被色谱柱 2 中分子筛所吸收，所以桥臂室 T_4 中不能发现它。所得的色谱图如图 12 - 16（b）所示。

分离 CO_2 的色谱柱 1 也可用多孔性的芳香族高分子微球（GDX-104）充填。为了防止色谱柱 2 中的分子筛在长时间吸收 CO_2 后中毒、活性降低，也可考虑在 CO_2 流出桥臂室 T_3 之后，通过一充填碱石灰的柱子去除。

如果所分析的烟气气样中 CO 和甲烷 CH_4 的含量极微，低于热导式检测器的灵敏度限而不出峰时，可用灵敏度比热导式检测器的灵敏度高 1000 倍左右的氢火焰电离检测器来检出微量 CO 和 CH_4。由于氢火焰电离检测器仅对有机碳氢化合物有响应，因此，在进入氢火焰电离检测器前先要使气样通过一催化转化炉，将 CO 转换成 CH_4。转化炉中充填镍触媒（$NiNO_3$），保持温度在（380 ± 10）℃。CO 在载气携带下经过转化炉时的转化过程为

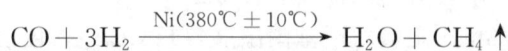

$$CO + 3H_2 \xrightarrow{Ni(380℃ \pm 10℃)} H_2O + CH_4 \uparrow$$

氢火焰电离检测器是一种仅对有机碳氢化合物具有响应的灵敏检测器，对无机物质没有响应，其基本结构如图 12 - 17 所示。携带有被分析有机物的载气从色谱柱出来，与经过净化和干燥的纯氢混合后进入检测器，从喷嘴中喷出，与注入离子室的经过净化的空气流相遇。用通电的点火丝引燃氢焰，有机物质在高温氢焰中形成正离子及电子。在收集电极和极化电极之间加有 150～350V 电压，形成直流电场。在直流电场的作用下，正离子和电子收集于相应的电极上，收集到的离子电流经静电放大器放大后，输入二次仪表指示和记录被测成分浓度。

　　由于检测器内阻很高，输出信号微弱，一般为 $10^{-8}\sim10^{-13}$ A，最大信号只有 10^{-7} A 左右，因此所用的静电放大器要求具有高输入阻抗和低噪声。放大器的基本形式如图 12 - 18 所示，图中真空管的右边部分是用于平衡零位的。输入电阻常在 $10^{6}\sim10^{10}\,\Omega$ 范围内，可根据灵敏度要求换挡。

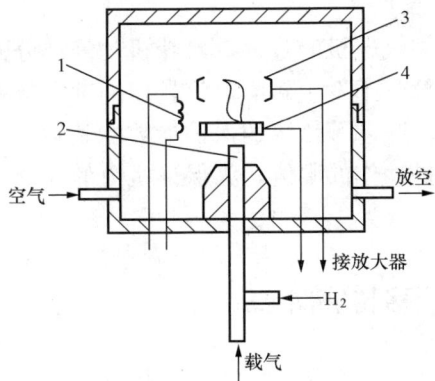

图 12 - 17　氢火焰电离检出器
1—点火丝；2—喷气口；3—收集电极；4—极化电极

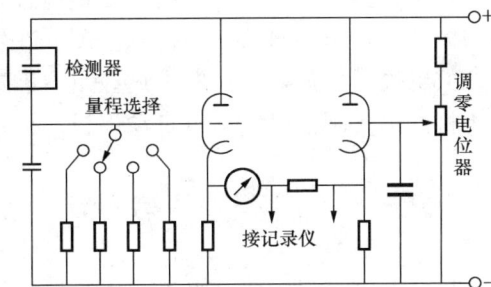

图 12 - 18　离子电流放大器

第十三章　旋转机械参数的测量

随着火电机组向超超临界参数的发展，为了提高汽轮机的效率，汽轮机动静部分的间隙越来越小。为了保证机组启动、变负荷过程中动静部分不发生碰摩，汽轮机的轴向位移、胀差、振动、转速等参数必须得到监测。在轴向位移、胀差等传统的保护参数的基础上，轴振等参数也投了保护，一旦发生这些重要参数超出保护动作的限值，为保证机组的安全，保护系统将发出跳闸信号，紧急自动停机。

第一节　电涡流式位移传感器

目前火电机组中，电涡流式传感器使用非常普遍，主要用于测量汽轮机轴相对于轴瓦的振动、汽轮机的轴向位移、转速等参数，该传感器的输出信号与被测体相对于测量探头的位移成对应关系。

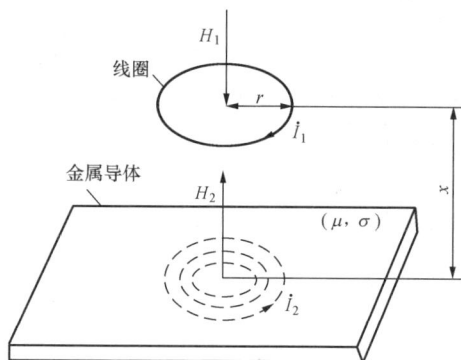

图 13-1　电涡流效应示意

一、工作原理

在图 13-1 中，如果用一个扁平线圈置于金属导体附近，当线圈中通以正弦交变电流时，线圈的周围空间产生正弦交变磁场 H_1，而置于此磁场中的金属导体产生电涡流，电涡流也将产生交变磁场 H_2，H_2 的方向与 H_1 的方向相反。由于磁场 H_2 的反作用，通电线圈的有效阻抗发生变化，即线圈原来的电感量下降、线圈中电流的大小和相位都发生变化，这种线圈阻抗的变化完整而唯一地反映了待测体的涡流效应。

线圈阻抗的变化既与电涡流效应有关，又与静磁学效应有关，即与金属导体的电导率、磁导率、几何形状、线圈的几何参数、激励电流频率以及线圈到金属导体的距离等参数有关。假定金属导体是均质的，其性能是各向同性的，则线圈—金属导体系统的物理性质通常可由金属导体的磁导率 μ、电导率 σ、尺寸因子 r 及 x、激励电流强度 $\dot{I}_1$ 和角频率 ω 等参数来描述，线圈的阻抗 Z 可用如下函数表示：

$$Z = F(\mu, \sigma, r, x, \dot{I}_1, \omega)$$

如果上式中的 μ、σ、r、$\dot{I}_1$、ω 恒定不变，则阻抗 Z 就成为距离 x 的单值函数。因此，电涡流式传感器从整体来看是一个载流线圈加一块金属导体。

要精确地求出线圈阻抗与线圈到被测物体距离等参数之间的函数关系是比较困难的。可以把金属导体看作是一短路线圈，它与传感器线圈磁性相连，线圈与金属导体之间可以定义一个互感系数 M，此互感系数随着间距 x 的缩短而增大。如图 13-2 所示，R_1 和 L_1 为线圈的电阻和电感，R_2 和 L_2 为金属导体的电阻和电感，E 为激励电压。根据基尔霍夫定律，可以写出方程组：

$$R_1 \dot{I}_1 + j\omega L_1 \dot{I}_1 - j\omega M \dot{I}_2 = \dot{E} \Bigg\}$$
$$-j\omega M \dot{I}_1 + R_2 \dot{I}_2 + j\omega L_2 \dot{I}_2 = 0 \Bigg\} \tag{13 - 1}$$

解得

$$\dot{I}_1 = \cfrac{\dot{E}}{R1 + \cfrac{\omega^2 M^2}{R_2^2 + (\omega L_2)^2} R_2 + j\left[\omega L_1 - \cfrac{\omega^2 M^2}{R_2^2 + (\omega L_2)^2}\omega L_2\right]} \tag{13 - 2}$$

$$\dot{I}_2 = j\omega \cfrac{M \dot{I}_1}{R_2 + j\omega L_2} = \cfrac{M\omega^2 L_2 \dot{I}_1 + j\omega M R_2 \dot{I}_1}{R_2^2 + \omega^2 L_2^2} \tag{13 - 3}$$

由式（13 - 2）可得到线圈受到金属体影响后的等效阻抗为

$$Z = R_1 + \cfrac{\omega^2 M^2}{R_2^2 + (\omega L_2)^2} R_2 + j\omega\left[L_1 - L_2 \cfrac{\omega^2 M^2}{R_2^2 + (\omega L_2)^2}\right] \tag{13 - 4}$$

由式（13 - 4）可得出线圈的等效电感为

$$L = L_1 - L_2 \cfrac{\omega^2 M^2}{R_2^2 + (\omega L_2)^2} \tag{13 - 5}$$

式（13 - 5）中右边第一项 L_1 与静磁学效应有关。当金属导体是铁磁性材料时，线圈与金属导体构成一个磁路。随着 x 减小，磁阻减小，L_1 增大。若金属导体是非磁性材料，则 L_1 不变。式（13 - 5）中右边第二项与电涡流效应有关。电涡流产生一个与原磁场方向相反的磁场，并由此减小线圈的电抗。间距 x 越小，电感的减小程度就越大。另外，在金属导体上流动的电涡流必然产生热量而损耗能量，即与线圈阻抗的实数部分有关。并且金属导体的导电性能和导体离线圈的距离将直接影响这

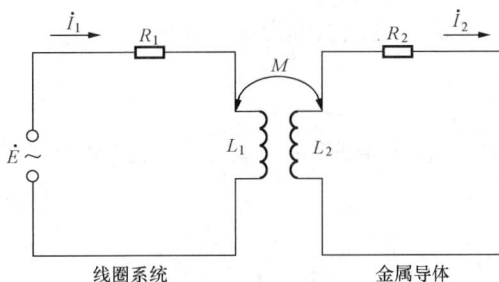

图 13 - 2　电涡流式传感器与被测体的等效电路

实数部分的大小。这实数部分的大小与金属导体是否为磁性材料无关。但当金属导体是铁磁性材料时，除电涡流现象外，还存在磁滞损耗，当被测导体靠近线圈时，损耗功率增大。

由式（13 - 4）也可得到线圈的品质因数 Q 为

$$Q = Q_0 \cfrac{1 - \cfrac{L_2 \omega^2 M^2}{L_1 Z_2^2}}{1 + \cfrac{R_2 \omega^2 M^2}{R_1 Z_2^2}} \tag{13 - 6}$$

式中　Q_0——无涡流影响下线圈的品质因数，$Q_0 = \cfrac{\omega L_1}{R_1}$；

　　　Z_2——金属导体中产生电涡流部分的阻抗，$Z_2^2 = R_2^2 + \omega^2 L_2^2$。

从式（13 - 4）～式（13 - 6）可知，线圈和金属导体这一系统的阻抗、电感和品质因数都是其互感系数平方的函数。从麦克斯韦互感系数的基本公式出发，可以求出互感系数是两个磁性相连线圈间距离 x 的非线性函数，因此 $Z = F_1(x)$，$L = F_2(x)$，$Q = F_3(x)$ 都是非线性函数。但是，在某一范围内，可以将这些函数关系近似地用线性的函数关系来表示，即电涡流式位移传感器不是在电涡流整个波及范围内都能呈线性变换的。

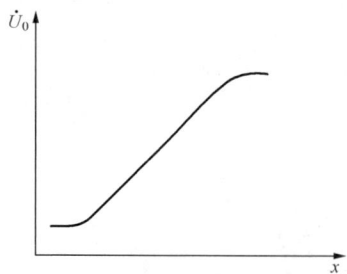

图 13 - 3　涡流传感器的输出特性曲线

综上所述，当被测导体材料与激磁频率一定时，阻抗值 Z 将是距离的单值函数，即 $Z = F_1(x)$，因此，通过适当的测量电路，可以把 Z 的变化转换为电压的变化，从而达到把位移转换为电量的目的。

输出电压 $\dot{U}_0$ 与位移 x 之间的关系曲线如图 13 - 3 所示，曲线的中间一段是直线。传感器的线性范围大小、灵敏度高低都与线圈形状、尺寸有关，因为线圈的形状、尺寸直接影响线圈所产生磁场的分布。线圈直径增大时，线性范围相应增大，灵敏度则降低。经验表明，传感器的线性范围（即线性部分相应的 x）一般为线圈外径的 $1/5 \sim 1/3$，线圈最好做成扁薄圆片形状。

二、测量线路

测量线路的任务是把电涡流式传感器的电感 L 和品质因数 Q 值的变化转换为阻抗 Z 或频率 f，再转换成电压或电流的变化。用得较多的是谐振法。

谐振法是将传感器线圈的等效电感变化转换为电压或电流变化。传感器线圈与电容并联组成 LC 并联谐振回路，其谐振频率为

$$f = \frac{1}{2\pi \sqrt{LC}}$$

并且，在回路谐振时，其等效阻抗最大，其值为

$$Z_0 = \frac{L}{R'C} \tag{13 - 7}$$

式中　R'——回路的等效损耗电阻。

当电感 L 发生变化时，回路的等效阻抗和谐振频率都将随着 L 的变化而变化，由此可利用测量回路阻抗或谐振频率的方法间接测出被测值。

目前，电涡流式传感器所配用的谐振电路有三种类型，即调幅式电路、调频调幅式电路和调频式电路。从稳定性来看，调幅式最好，因为它采用了石英晶体振荡器，振荡频率比后两种采用的电容三点式振荡器要稳定些，由频率不够稳定引起的输出量的变化更小些；从灵敏度来看，调频调幅式比其他两种要高些；从测量线性范围来看，调频调幅式略强于调幅式，而调频式居第三位；但调频式结构最简单，便于遥测和数字显示；从应用的广泛性来看，目前国内外的一些产品中，多采用调频调幅式，所以下面只介绍这种测量电路。

调频调幅式测量电路的核心部分是一个电容三点式振荡器，传感器线圈是振荡回路的一个电感元件，如图 13 - 4 所示。

当无被测导体时，回路谐振频率为 f_0，此时 Q 值最高，即对应的输出电压 U_0 最大（见图 13 - 5）。当非软磁材料制成的被测导体靠近传感器时，谐振峰右移，谐振频率增高为 f_1，谐振曲线峰由于值 Q 降低而变得矮胖，所以对应的输出电压 U_1 也降低。当被测导体进一步靠近传感器线圈时，谐振频率增高为 f_2，输出电压降为 U_2，…。

当被测导体为软磁材料时，随着被测导体靠近线圈，谐振频率降低为 f'_1，f'_2，…，输出电压也由 U_0 依次降为 U'_1，U'_2，…。

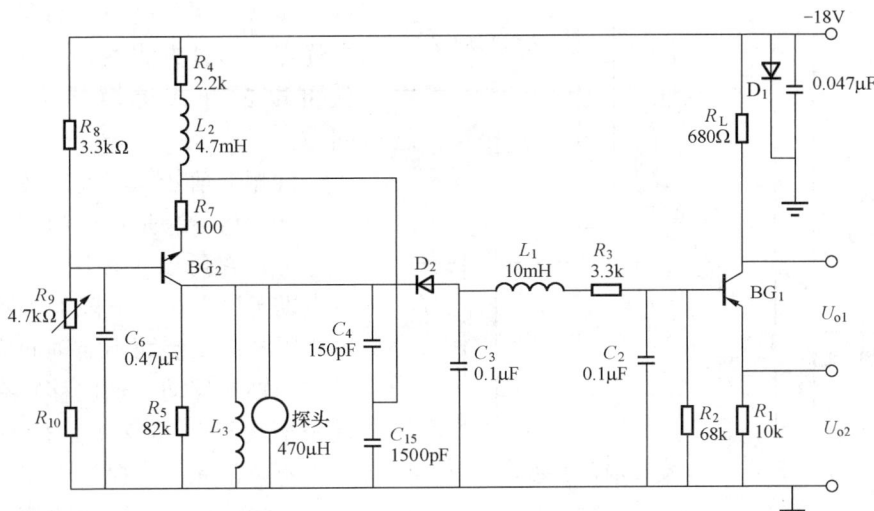

图 13 - 4　调频调幅式测量线路

调频调幅式测量电路由以下三部分组成：

（1）电容三点式振荡器。其作用是将位移变化引起的振荡回路的 Q 值变化转换成高频载波信号的幅值变化。为使电路具有较高的频率而自行起振，在电路中采用了自给偏压的办法，适当选择振荡管的分压电阻的比值，使电路处于甲、乙类工作状态。

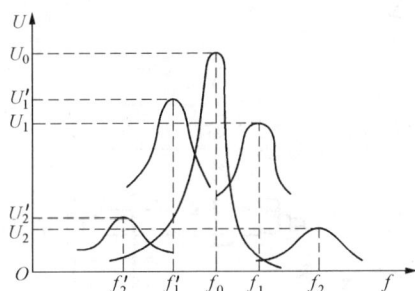

图 13 - 5　弦振曲线

（2）检波器。检波器由检波二极管 D_2 和 Ⅱ 形滤波器组成。Ⅱ 形滤波器可适应电流变化较大，而又要求纹波很小的情况，可获得平滑的电压波形。这部分电路的作用是将高频载波中的测量信号不失真地取出。

（3）射极跟随器。由于射极跟随器具有输入阻抗高、输出阻抗低，并有良好的跟随特性等优点，所以采用它作输出级可以获得尽可能大的不失真输出幅度。

三、电涡流式传感器探头安装

电涡流探头安装时，要求被测金属表面没有凸凹不平的现象，如锻造的痕迹、划伤、孔眼或键槽；被测表面没有各种类型的电镀层（包括镀铬），原因是镀层会有不均匀现象。

当两个探头安装距离比较近的时候，要防止交叉耦合。如图 13 - 6 所示，水平方向安装了测量轴向位置的探头，垂直方向安装了测量径向振动的探头，两个探头安装得太近，顶端的磁场会产生交叉耦合，使前置放大器输出信号上叠加一个小幅度的交流信号，产生测量误差。因此，安装时，两个探头顶端的安装间距至少使磁场不会产生相互交叉。

另外，由于电涡流式传感器所产生的电磁场沿探头顶端向外延伸，如图 13 - 7 所示。探头周围不应有导磁材料，否则也会产生错误的信号。安装时，通过适当调整探头间隙或扩孔，可避开导磁材料，以保证测量的准确性。

在安装探头支架时，固定探头的支架必须紧固，还应检查其共振频率，该频率一般至少是被测机械转速的十倍。测量探头支架应与被测面垂直，探头中心线偏离垂线小于 $15°$ 时，一般不会影响传感器系统的性能。探头也可以利用机械装置原有的部件来固定，如轴承盖

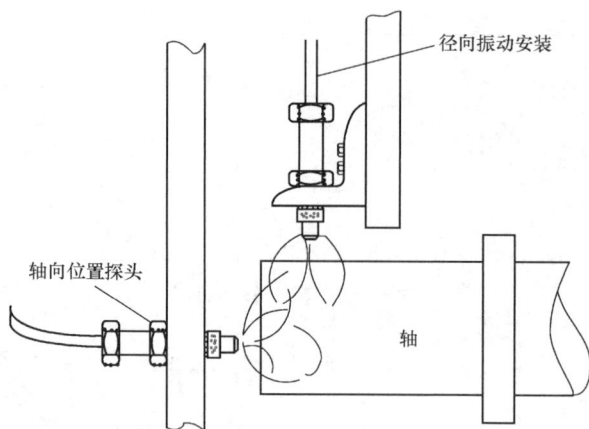

图 13-6　磁场交叉耦合示意

等。实践表明，使用外部安装支架有很多优点，这种方法不需要取下机器部件就可以拆卸或更换探头、调整探头间隙。

键相器信号（即轴每转一周产生的一个脉冲信号）是转速和相位测量的参考标记，它可以直接用于动平衡调整，并有助于区分机器故障的类型。键相探头必须径向安装而不能轴向安装。旋转机械的轴向移动（轴位移）有可能引起键相槽离开测量探头，得不到键相信号。若条件允许，探头应安装在机械传动装置的箱体上，这样即使在传动机械轴位移比较大时，探头也能为前置放大器提供输入信号。

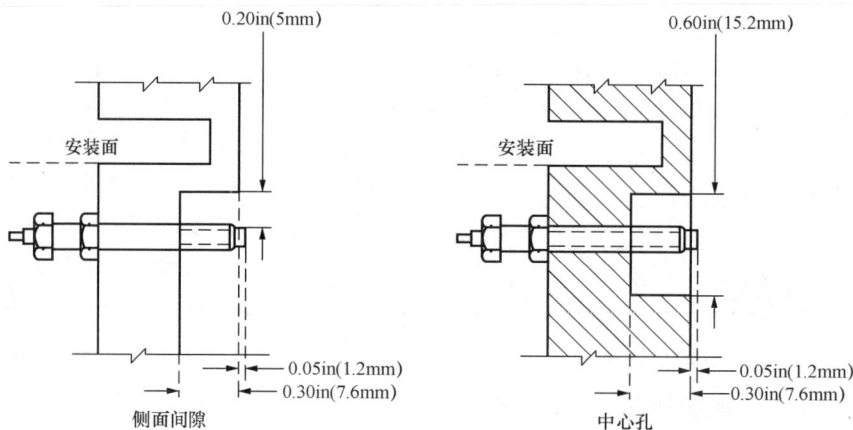

图 13-7　探头侧面安装间隙要求示意

　　对于有不同转速或齿轮的机械传动装置必须有一个以上的键相器，使轴每旋转一周产生一个键相脉冲。机械传动装置轴上的标记可以是一个凸出的或凹下的槽，如图 13-8 所示。当键相传感器检测凹槽标记时，探头与光滑的轴表面之间必须有一定间隙，以避免探头磨损；当标记是凸台时，探头必须离凸台表面有一定间隙，否则，当轴转动时，探头会被凸台剪断。

　　凸台或凹槽要满足一定的尺寸要求，使探头的前置放大器所产生的信号（峰—峰值）脉冲达到 5V。一般要求键相标记的最小宽度为 7.6mm，深度为 1.5mm，长度为 10mm，长度方向与轴的中心线平行，宽度方向与轴的中心线垂直，键相标记的长度应大于轴向位移的变化范围。在旋转机械正常的转速范围内，电涡流式传感器探头的中心与轴上键相标记的中心应保持一致。

　　安装电涡流探头时，需注意以下几点：

　　（1）在把探头装入螺孔之前，螺孔内不能留有其他异物。必要时，可用合适的丝攻清理螺纹。当旋入探头时，应将探头的引线与延伸电缆拆开，避免导线缠绕，测量时再重新连接。

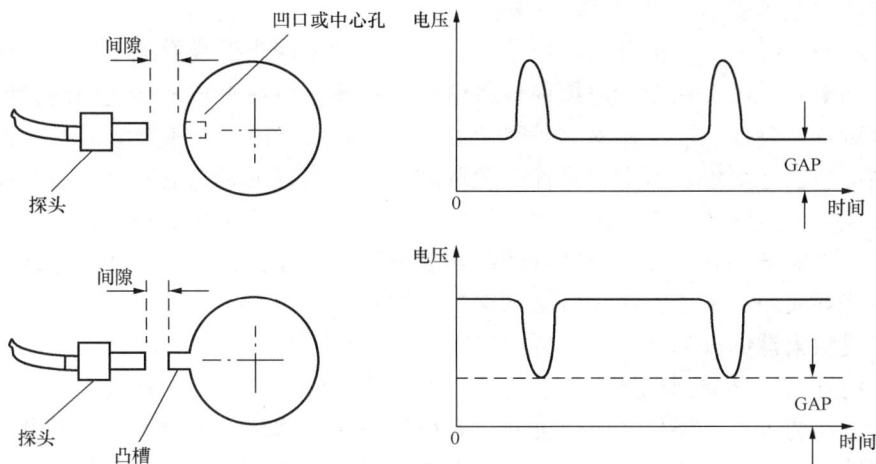

图 13 - 8　键相器输出信号

（2）探头间隙可用机械方法来测量，在把探头旋入时，用一非金属的塞尺来测量安装间隙。使用非金属塞尺可以防止探头的顶端和被测表面被擦伤。

（3）探头也可以用电气的方法来调整其间隙，方法为：连接好探头、延伸电缆和前置放大器间的连线，接通前置放大器电源（－18V DC 或－24V DC）。把数字万用表接在前置放大器的输出端，将探头旋入安装孔，测量传感器的输出电压。随着探头的旋入 [见图 13 - 9 (a)]，传感器的输出将保持在低电压或指示错误的数据。这是因为传感器感应到了螺孔周围的导磁材料。当探头继续旋入，伸出螺孔时 [见图 13 - 9 (b)]，传感器输出电压将达到最大输出。当探头接近被测物体表面时，传感器输出电压又会减小。将该电压与探头标准曲线相对照，可将探头间隙调整在最佳位置。

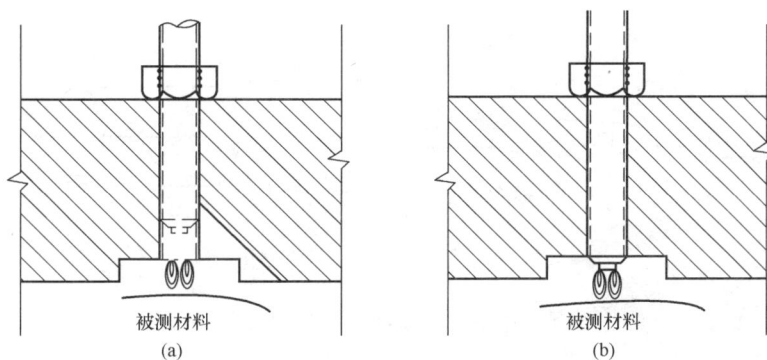

图 13 - 9　安装过程中间隙的变化
(a) 探头受旁边螺孔感应并给出一个错误指示；(b) 探头伸出螺孔感应到的是
被测表面，因此给出的是正确的间隙

（4）当探头间隙调整合适后，旋紧螺母以固定，但不要旋得过紧，以免螺纹受损。

探头固定好后，需固定探头引线以防止油、气流或其他压力引起电缆疲劳断裂，电缆夹具或其他固定电缆的装置不能对电缆施加太大压力，防止由于长时间的外力作用使聚四氟乙烯绝缘层变形和损坏。

四、延伸电缆的安装

在安装延伸电缆前，应保证延伸电缆的电气长度加上探头引线的总长度等于所用前置放大器所要求的电气长度。在布设电缆前，将信号识别标签装在电缆末端透明的聚四氟乙烯套管下，通过对热缩套加热固定标签，其热源温度不能超过149℃。如果电缆本身带有金属保护管，标签可装在金属保护管上。延伸电缆可放置在导线管内，它的一端与装有探头引线和延伸电缆接线头的接线盒相连，另一端应与放置前置放大器的接线盒外壳相连。在导线管内安装电缆时，不能被尖硬外壳或粗糙管面刮断或擦伤，因此，在把电缆装入导线管以前，可利用胶带缠绕导线或用覆盖接头等方法来保护电缆及接头免受损伤。

五、前置放大器的安装

为避免前置放大器受到机械损伤和不适宜的环境条件的影响，前置放大器应安装在封闭的接线盒内。当前置放大器处在有腐蚀性或有溶解力的气体环境中时，可用干净、干燥的压缩空气或惰性气体吹洗接线盒，以保护前置放大器。前置放大器的电源电压由控制室中的监控仪表提供，电压范围为直流 $-26 \sim -17.5V$，典型的供电电压为 $-24V$。当直流电压为 $-24V$ 时，5mm 传感器系统的线性范围约为 2mm（80mils）；当电源电压降低（比如 $-18V$ DC）时，线性范围会有所下降。

前置放大器与监控表之间的线缆，一般用三芯屏蔽电缆，连接时要注意绝缘和屏蔽两个问题，绝缘和屏蔽做得好，可使信号线产生的噪声减到最小。

探头内部是绝缘的，探头导线和延伸电缆的屏蔽层应与前置放大器的外壳相连，如图13-10所示。屏蔽层采用聚四氟乙烯保证绝缘，连接探头线和延伸电缆的外露接头要求用不导电的防油、防水的胶带来绝缘或用热缩聚四氟乙烯套管封盖。屏蔽要做到一端接地，另一端不接地。所有接到监控表上的屏蔽线都应接到同一接地端上，以避免形成地电流回路，产生串模干扰信号。

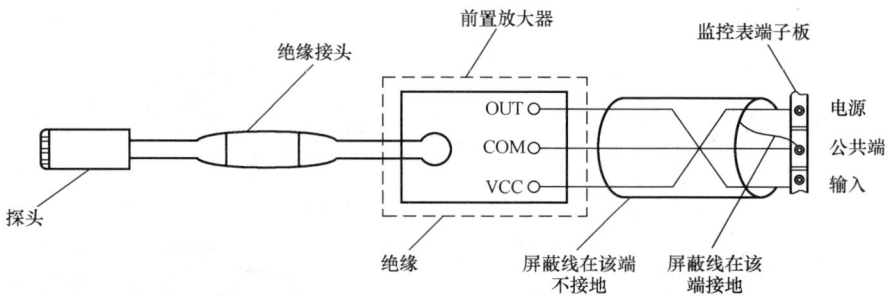

图 13-10　屏蔽线接地方式示意

第二节　绝对振动测量

随着旋转机械功率的增大和某些设备转速的不断提高，振动所产生的应力、摩擦、转轴过度弯曲以及连接件松动等情况，会引起一系列的事故发生。因此，振动的测量和控制越来越显得重要。如何衡量旋转机械振动的大小呢？国际标准中规定用振动烈度作为描述振动状态的特征量，并规定在机器的重要位置（例如轴承、地脚固定处等）上所测得的振动速度的最大有效值，作为机器的振动烈度。

对瞬时速度 $v(t) = v\cos\omega t$ 的简谐振动（v 为峰值）和由几个不同频率的简谐振动所组成的复合振动，可以用具有平方检波特性的仪器测量烈度和直接显示机器的振动烈度。

如果测得随时间变化的振动速度 $v(t)$，则由下式可计算出振动速度的有效值 v_{rms}：

$$v_{rms} = \sqrt{\frac{1}{T}\int_0^T v^2(t)\,dt} \tag{13-8}$$

式中　T——计算时所取的某一时间间隔。

在利用计算机进行离散数据处理时，式（13-8）可写成如下形式：

$$v_{rms} = \sqrt{\frac{1}{N}\sum_{i=1}^N v_i^2} \tag{13-9}$$

式中　N——样本的数目；

　　　v_i——速度经离散后的样本值。

如果由频谱分析得到了角频率 ω_j 相对应的加速度幅值 a_j、速度幅值 v_j、位移幅值 s_j，$j=1$，2，$\cdots$，n，则表征振动相应的速度有效值为

$$v_{rms} = \sqrt{\frac{1}{2}\left[\left(\frac{\hat{a}_1}{\omega_1}\right)^2 + \left(\frac{\hat{a}_2}{\omega_2}\right)^2 + \cdots + \left(\frac{\hat{a}_n}{\omega_n}\right)^2\right]} = \sqrt{\frac{1}{2}\left(\hat{s}_1^2\omega_1^2 + \hat{s}_2^2\omega_2^2 + \cdots + \hat{s}_n^2\omega_n^2\right)}$$

$$= \sqrt{\frac{1}{2}\left(\hat{v}_1^2 + \hat{v}_2^2 + \cdots + \hat{v}_n^2\right)}$$

式中　$\hat{a}_j$、$\hat{s}_j$、$\hat{v}_j$ 均为峰值。

当振动仅有两个接近的频率分量并形成拍振动时，可由下式计算拍振动速度的均方根值：

$$v_{rms} = \sqrt{\frac{1}{4}(v_{max}^2 + v_{min}^2)}$$

式中　v_{max}——拍腹部的峰值；

　　　v_{min}——拍腰部的幅值。

当使用指示均方根值的仪表时，可按下列关系近似计算拍振动速度的均方根值：

$$v_{rms} = \sqrt{\frac{1}{2}(R_{max}^2 + R_{min}^2)} \tag{13-10}$$

式中　R_{max}——仪表的最大示值；

　　　R_{min}——仪表的最小示值。

在一台机器上至少有一个或几个关键的部位对于了解机器上是否出现过大的振动是重要的。机器的底座或轴承就是重要的部位，在这些部位测得的垂直振动分量或水平振动分量可以直接反映出机器中不希望有的动力学条件，例如过大的不平衡。机器所测位置的振动烈度在给定的工作或环境条件下，可由直接测量或由式（13-8）～式（13-10）计算出振动速度的最大有效值后得到。

在许多标准中，10～1000Hz 频率范围内常用速度有效值作为衡量振动的参数，然而在某些较老的标准中，还采用从所测得的频谱中主频率相对应的位移幅值作为衡量振动的参数，例如我国目前还采用振动幅值大小作为评价汽轮机振动的参数。因此，必须把速度有效值转换为位移的峰值。

只有单一频率的正弦波，才能将其振动速度转换为振动位移。如果已知该频率的振动速

度，则可由下式计算得位移峰值：

$$\hat{s}_f = \frac{v_f}{\omega_f}\sqrt{2} = \frac{v_f}{2\pi f}\sqrt{2} = 0.225\frac{v_f}{f}$$

式中　$\hat{s}_f$——位移峰值；

　　　v_f——频率为 f 的振动速度的有效值；

　　　ω_f——角频率，$\omega_f = 2\pi f$。

［实例］已知一振动烈度（速度的有效值）为 4mm/s，即在 10～1000Hz 频率范围内最大振动速度的有效值不超过 4mm/s。频谱分析说明主频率为 25Hz，其振动速度的有效值为 2.8mm/s，所以位移峰值为

$$s_f = 0.225 \times \frac{2.8}{25} = 0.025 \quad \text{mm 或者 } 25\mu m$$

一般来说，不能由主频率下的位移幅值推算出烈度值，只有在单频率振动和在 10～1000Hz 的整个频率范围内可以测定速度有效值时［见式（13-10）］，才能由主频率的位移幅值推算出烈度值。

上面介绍了振动测量的一般原理，下面将介绍振动测量传感器和测量线路。这里只介绍目前电厂中常用的磁电式传感器。磁电式传感器在电厂中用来测量汽轮机轴承的振动速度，它可以把机械振动速度转换为感应电动势，因此也称为速度式传感器。该传感器可以直接安装在振动体上测量振动体的绝对振动，而不需要一个静止的参考基准（如大地）。磁电式传感器也被广泛地用在其他运动体的振动测量中。

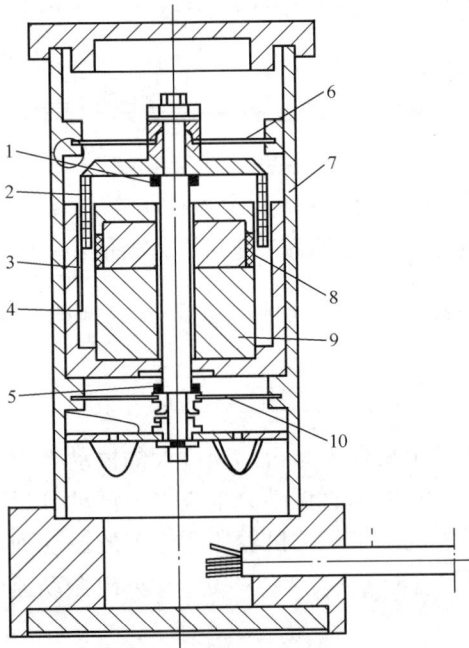

图 13-11　磁电式传感器结构示意

1、5—限位器；2—阻尼筒；3—附加阻尼线圈；

4—测量线圈；6—弹簧片；7—外壳；

8—校正线圈；9—永久磁铁；10—弹簧片

一、磁电式传感器的结构及工作原理

磁电式传感器的结构主要有两种，一种是将线圈组件（线圈与骨架）与传感器壳体固定，而永久磁铁（磁钢）用柔软的弹簧支持；另一种是将永久磁铁与传感器壳体固定，而线圈组件用柔软的弹簧支撑。这两种形式传感器的工作原理是相同的。后者的结构如图 13-11 所示，这种结构形式的传感器内有一个带测量线圈的惯性组件，测量线圈由两片弹簧片支撑，测量线圈可在一个圆形永久磁铁的磁场中运动。传感器中装有限位器以防止线圈组件位移过大。在永久磁铁上装有附加的校正线圈，以抵消线圈磁通变化产生的涡流阻尼效应。在线圈组件上还装有阻尼筒，用以降低传感器自振频率对测量信号的影响。附加阻尼线圈的作用是：①补偿高温时阻尼系数的降低；②垂直安装时，补偿传感器动圈的静态下垂（励磁时）。

传感器安装在被测物体上并随其振动。当振动频率远高于传感器的固有频率时，线圈接近于静止不动，而磁钢则跟随外壳及振动体一起振动。

因此，线圈与磁钢之间就有相对运动，其相对运动的速度等于振动体的振动速度。线圈以相对速度切割磁力线时，传感器就有正比于振动速度的电压信号输出，此信号经测振仪测量后指示出振动大小。

据电磁感应定律，W 匝线圈中的感应电动势 E 取决于穿过线圈的磁通 Φ 的变化率，即

$$E = -W\frac{\mathrm{d}\phi}{\mathrm{d}t}$$

当线圈在磁场中做直线运动时，它所产生的感应电动势 e 为

$$E = WBl\frac{\mathrm{d}x}{\mathrm{d}t}\sin\theta = WBlv\sin\theta \tag{13-11}$$

式中　B——磁场的磁感应强度；

　　　l——单匝线圈的有效长度；

　　W——线圈匝数；

　　　v——线圈与磁场的相对运动速度，$v = \dfrac{\mathrm{d}x}{\mathrm{d}t}$；

　　　θ——线圈运动方向与磁场方向的夹角。

按图 13-11 所示的结构，$\theta = 90°$，因此 $E = WBlv$。

当 W、B、l 为固定值时，感应电动势 E 的大小只随线圈切割磁力线的速度 v 变化而变化。由于传感器的输出电动势正比于振动速度，因此磁电式传感器也称为速度式振动传感器。

前已述及，我国目前汽轮机还采用振动幅值作为评价振动大小的参数，因此，必须求出振动幅值与输出电动势之间的关系。

对上述速度式振动传感器进一步的分析表明，在振动频率一定的情况下，感应电动势的大小正比于振幅的大小。而在振幅不变的情况下，振动频率越低，感应电动势也越小。为了在测量中消除振动频率变化的影响，应将磁电式传感器的输出电动势送入积分放大器，使积分后的信号只与振动幅值有关，从而消除振动频率对测量结果的影响。下面推导它们之间的关系。

假定被测体的振动是正弦振动，则其振幅为

$$s = \hat{s}\sin\omega t$$

式中　s——振动的瞬时振幅值；

　　$\hat{s}$——振动的峰值；

　　ω——振动的角频率。

速度 v 为位移（振幅）对时间的一次微分，即

$$v = \frac{\mathrm{d}s}{\mathrm{d}t} = \frac{\mathrm{d}}{\mathrm{d}t}(\hat{s}\sin\omega t) = \omega\hat{s}\cos\omega t$$

积分放大器对电动势进行积分：

$$\int_0^t E\mathrm{d}t = WBl\int_0^t v\mathrm{d}t = WBl\int_0^t \omega\hat{s}\cos\omega t\,\mathrm{d}t = WBl\hat{s}\sin\omega t \tag{13-12}$$

取其最大值（峰值），则为

$$\int_0^t E_{\max}\,\mathrm{d}t = WBl\hat{s} \tag{13-13}$$

可见，积分放大器的输出只与振动的振幅成正比而与振动的频率无关。

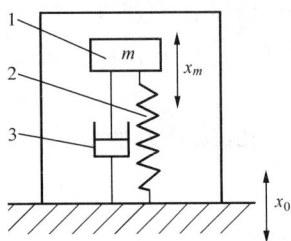

图 13 - 12　振动传感器原理框图
1—质量块；2—弹簧；3—阻尼器

二、磁电式传感器动态模型和频率特性

磁电式振动传感器的力学模型可用一个由集中质量、集中弹簧和集中阻尼组成的二阶系统表示，如图 13 - 12 所示。图中，质量块通过弹簧和阻尼器安装在传感器的基座上。测振时，传感器的基座随外界被测物体而振动，此时质量块 m 就与基座产生相对运动。质量块外层的线圈便切割磁力线产生电动势，该电动势与相对运动的速度成正比。

1. 速度式传感器模型

设 X_0 为振动物体的绝对位移，X_m 为质量块的绝对位移，则质量块与振动物体之间的相对位移 X_t 为

$$X_t = X_m - X_0 \tag{13 - 14}$$

对质量块 m 而言，其受力分析如图 13 - 13 所示，图中，F_1 为阻尼力，F_2 为质量块重力与弹簧力之间的合力。

由图 13 - 13 得到合力为

$$F = F_1 + F_2 \tag{13 - 15}$$

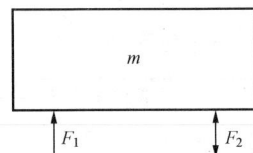

图 13 - 13　质量块 m 的受力分析图

即

$$F = C \frac{\mathrm{d}X_t}{\mathrm{d}t} + KX_t \tag{13 - 16}$$

由于动态测量时方向相反，所以

$$F = -ma \tag{13 - 17}$$

其中

$$a = \frac{\mathrm{d}^2 X_m}{\mathrm{d}t^2} \tag{13 - 18}$$

将式（13 - 17）和式（13 - 18）代入式（13 - 16）得

$$-m \frac{\mathrm{d}^2 X_m}{\mathrm{d}t^2} = C \frac{\mathrm{d}}{\mathrm{d}t}(X_m - X_0) + K(X_m - X_0) \tag{13 - 19}$$

即

$$m \frac{\mathrm{d}^2 X_m}{\mathrm{d}t^2} + C \frac{\mathrm{d}}{\mathrm{d}t}(X_m - X_0) + K(X_m - X_0) = 0 \tag{13 - 20}$$

式（13 - 20）为速度式传感器模型的微分方程形式。

2. 传感器的频率特性

对式（13 - 20）进行拉普拉斯变换得

$$\frac{X_m(S)}{X_0(S)} = \frac{CS + K}{mS^2 + CS + K} \tag{13 - 21}$$

令 $\xi = \dfrac{C}{\alpha \sqrt{mK}}$，$\omega_0 = \sqrt{\dfrac{K}{m}}$（$\omega_0$ 为振动系统的固有频率），则式（13 - 21）变为

$$\frac{X_m(S) - X_0(S)}{X_0(S)} = \frac{-S^2}{S^2 + 2\xi\omega_0 S + \omega_0^2} \tag{13 - 22}$$

设采样周期为 T，将式（13 - 22）从 S 域变换到 Z 域，求 $H(Z)$，便于计算时处理。

令

$$S = \frac{2}{T}\left(\frac{z-1}{z+1}\right) \tag{13 - 23}$$

则

$$H(z) = \frac{b_0 + b_1 z^{-1} + b_2 z^{-2}}{1 + a_1 z^{-1} + a_2 z^{-2}} \tag{13 - 24}$$

式中　a_1、a_2、b_0、b_1、b_2——各项系数。

其中

$$a_1 = \frac{2\omega_0^2 T^2 - 8}{4 + 4\omega_0 \xi_0 T + \omega_0^2 T^2}$$

$$a_2 = \frac{4 - 4\omega_0 \xi_0 T + \omega_0^2 T^2}{4 + 4\omega_0 \xi_0 T + \omega_0^2 T^2}$$

$$b_0 = \frac{-4}{4 + 4\omega_0 \xi_0 T + \omega_0^2 T^2}$$

$$b_1 = \frac{8}{4 + 4\omega_0 \xi_0 T + \omega_0^2 T^2}$$

$$b_2 = \frac{-4}{4 + 4\omega_0 \xi_0 T + \omega_0^2 T^2}$$

取 $\xi_0 = 0.7$，$\omega_0 = 15$，双线性变换周期 $T = 1/50 \text{s}$，经计算得

$b_0 = -0.811\,4$，　$b_1 = 1.622\,7$，　$b_2 = -0.811\,4$，　$a_1 = -1.586\,2$，　$a_2 = 0.659\,2$

将 b_0、b_1、b_2、a_1、a_2 的数值代入式（13 - 24）得

$$H(z) = \frac{-0.811\,4 + 1.622\,7 z^{-1} - 0.811\,4 z^{-2}}{1 - 1.586\,2 z^{-1} + 0.659\,2 z^{-2}} \tag{13 - 25}$$

式（13 - 25）为速度式传感器的频率特性表达式，相当于一个高通滤波器，其幅频、相频特性如图 13 - 14 所示。

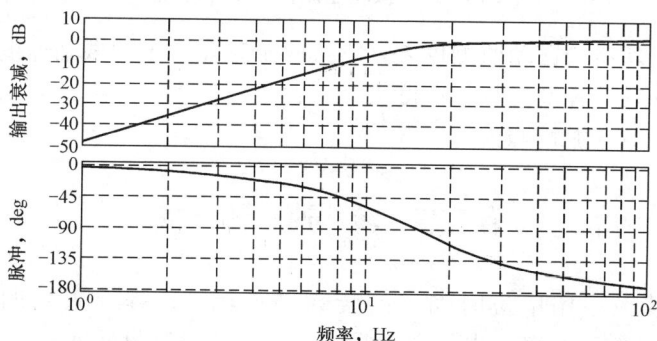

图 13 - 14　传感器的幅频、相频特性图（双线性变换后）

图 13 - 14 中，频率在 15Hz 时的输出衰减为 −3dB，即该传感器的频率特性从 15Hz 起，往 0Hz 方向，输出信号衰减变快。该类传感器在测量转速比较低的旋转机械时（如转速小于 900r/min，对应频率为 15Hz 以下），传感器的输出信号小于实际值。因此，电厂中测量转速比较低的辅机瓦振时，应注意传感器的测量频率范围，选择低频特性比较好的传感器。

三、测量线路

积分放大器的工作原理如图 13 - 15 所示。在放大器的输入端加上由 R_1、C_1 构成的积分电路就组成了积分放大器。磁电式传感器送来的感应电势经积分放大器放大后再由 D_1 进行检波，检出后的脉动信号由 R_2、C_2 组成的滤波器滤波成平滑的直流，最后送到指示表 V，

指示出振动的幅值。放大器中还有调节增益的电位器，可调节指示表的满度值，W_2 为调节指示表零位的电位器。

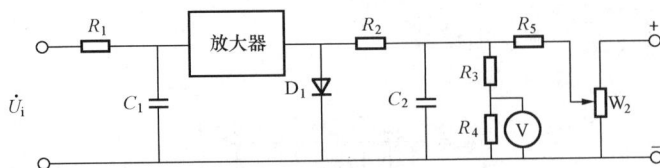

图 13-15　积分放大器的工作原理

另一种测量线路的方法是使用振动监测仪，其工作原理如图 13-16 所示，传感器送来的信号送入差分放大器，然后经过 0~2.5kHz 的低通滤波器和截止频率为 1Hz 的高通滤波器。若测量振动速度信号，就把信号送入有效值检波器（专用集成电路芯片），输出的直流信号就与振动烈度成比例。如果测量振幅，则信号先经有源积分器再送入峰—峰值检波器，输出的直流信号与振幅的峰值成比例。输出信号经输出放大器放大后供仪表显示。此外，线路中还可附加"报警"、"危险"等信号装置。

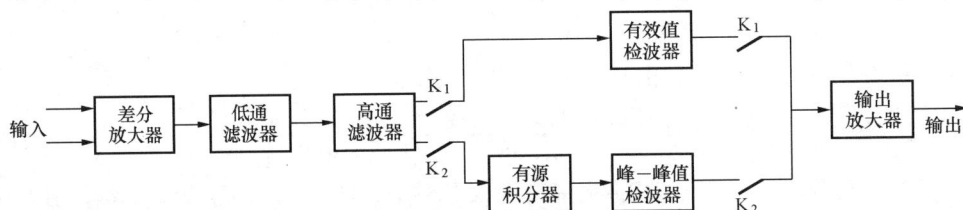

图 13-16　振动监测仪的工作原理

目前，采用微处理器的振动监测仪表，它接收传感器送来的振动速度信号，经采样和软件处理后，可求出基频及各次倍频的速度大小，再求出速度的最大有效值，即振动烈度，当然也可以求出位移峰值（振幅峰值）。

第三节　转　速　测　量

旋转机械的转速大小用单位时间内的转数来表示，工程上采用的转速单位为 r/min（转/分）。测量转速的方法很多，电厂中常采用数字转速表测量转速。

一、转速传感器

如果在旋转机械的转轴上安装脉冲式转速传感器，就能够得到与旋转机械转速成比例的脉冲数，把此脉冲进行计数或把它变换成电压或电流信号，就能测量旋转机械的转速。

转速传感器按其工作原理可分为光电式、磁电式、霍尔式及涡流式等几种，电厂中常采用的是磁电式及涡流式转速传感器。

1. 磁电式（磁阻式）转速传感器

磁电式转速传感器是根据磁路磁阻变化引起磁通变化，进而在线圈内产生感应电势的原理而工作的，它的结构如图 13-17 所示。当被测轴带动齿轮转动时，铁芯和齿轮的齿之间的间隙发生周期性改变，磁路中的磁阻也就改变。因而，通过线圈的磁通发生变化，感应线圈中就产生交变感应电动势。如果齿轮的齿数为 z、被测轴的转速为 n，线圈中就产生感应

电动势，其频率 f 为

$$f = \frac{nz}{60} \qquad (13 - 26)$$

测量感应电势的频率即可测得被测轴的转速 n，即

$$n = \frac{60f}{z} \qquad (13 - 27)$$

因为感应电势的大小与磁通的变化率成正比，即 $E = -W \dfrac{\mathrm{d}\Phi}{\mathrm{d}t}$（$W$ 为感应线圈的匝数），因此，磁电式传感器不能测量低速。国产 SZMB 系列磁电式转速传感器每转对应的输出脉冲数为 60，测量范围为 $50 \sim 5000\text{r/min}$。

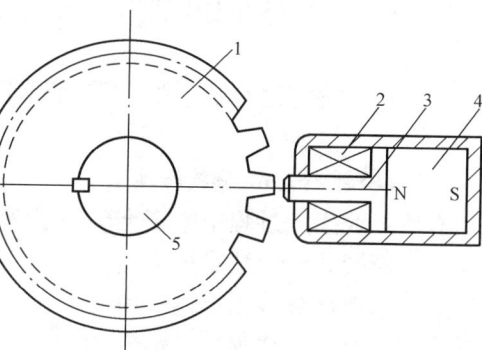

图 13 - 17　磁电式转速传感器原理
1—齿轮；2—感应线圈；3—铁芯；
4—磁钢；5—被测轴

2. 电涡流式转速传感器

电涡流传感器的安装位置和磁电式转速传感器相仿，传感器的端部对着齿轮的齿，齿轮转动时，齿顶齿根轮流通过传感器的端部附近，这时电涡流传感器的前置放大器输出系列脉冲，测量单位时间内通过的脉冲数就可知道旋转机械的转速。它的测量范围很宽，从 $1 \sim 10^5 \text{r/min}$ 之间都可测量。以上这两种转速传感器都采用数字式转速表以及 DCS 画面来显示转速。

二、测量线路

（一）数字显示转速表

数字显示转速表的形式很多，其中 JSS-2 型晶体管数字转速表的原理方框图如图13-18所示。整机由输入电路、主门电路、主控电路、标准时间脉冲发生器和计数显示电路等组成。

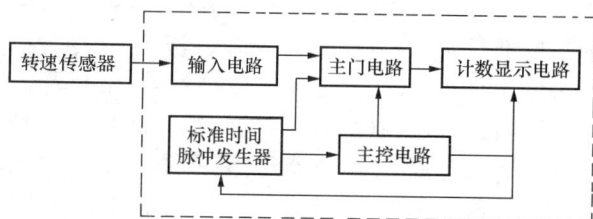

图 13 - 18　JSS-2 型数字转速表原理框图

（1）转速信号通过转速传感器转换成频率信号送到输入电路。

（2）输入电路即放大整形电路，其中包括射极输出器、电压放大器和施密特整形电路。输入的频率脉冲信号经放大整形电路处理后成为 $0 \sim 9\text{V}$ 且频率与转速成正比的脉冲信号。

（3）主门电路的作用是对被测频率脉冲信号进入计数显示电路加以控制。主门电路的开启或关闭由主控电路控制。

（4）主控电路是整机的指挥系统。它控制主门电路的开、关，即控制转速脉冲信号通过主门送到计数显示电路，进行计数和显示，同时保证在显示时间内主门不打开。显示时间结束后，即发出清零信号，对计数器清零，使整机复原，为下一个测量周期做好准备。

（5）计数显示电路由二/十进制计数器、译码器和显示电路等组成，其任务是，对在主门开启的这段时间内输出的转速脉冲信号进行计数，将计数器计得的数字存放起来，并通过译码器译成 6 位数（$0 \sim 999999$），再由数码管显示出来。

（6）标准时间脉冲发生器用于产生标准时间（时基）信号，也可输出标准频率脉冲（时标）信号。

以上这6部分组合成 JSS - 2 型数字式转速表，这种转速表的采样和显示时间一般都是 1s。

（二）瞬时转速数字式转速表

有些工业生产过程中希望准确地了解旋转机械的瞬时转速，以便对其进行实时处理和闭环控制。模拟式测速技术虽能做到瞬时转速测量，但准确度较低；数字测速技术虽然有了较大发展，但大部分（如上述转速表）还是采用定时采样的方式工作，这样，不但使测量系统的动态响应时间拖得很长（通常为 0.5~1s），而且仅能获得采样周期内的平均转速值。因此在实时控制方面，效果不能令人满意，特别是对汽轮机等旋转机械的超速监视很不及时，难以保证旋转机械的安全运行。下面介绍一种可测量瞬时转速的数字式转速检测装置。

数字式转速检测装置所采用的转速传感器为电涡流式传感器，测速齿轮（60 齿）与旋转机械同轴安装。后面的测量系统是一个数字伺服系统，该系统通过不断的脉冲比较、跟踪转速脉冲的变化，最终以数字形式输出结果。采用这种方法时，采样时间由原来的秒级缩短为毫秒级，测量结果可以近似地被认为是瞬时值。测量系统的原理如图 13 - 19 所示。

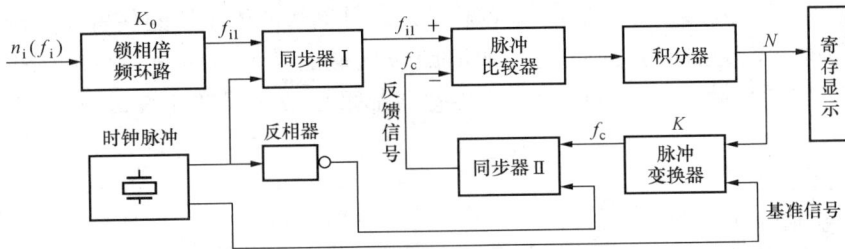

图 13 - 19 测量系统原理

1. 工作过程

与被测旋转机械转速 n_i 成正比的频率信号 f_i 通过锁相倍频环路进行 K_0 倍频，然后进入同步器 I 与时钟同步，并在脉冲比较器中与反馈频率信号 f_c 进行比较。若 $f_{i1} > f_c$，积分器（为一可逆计数器）正向积分，积分器数字输出 N 增大，反之，则减小；若 $f_{i1} = f_c$，系统达到动态平衡，积分器输出处于保持状态，这时的输出就代表当时的转速。同步器 I 和同步器 II 的作用是使加法脉冲和减法脉冲不同时进入计数器（积分器）。因系统是以脉冲比较方式工作的，而每个脉冲的相应时间 Δt 又很短（例如在 3000r/min 时，$\Delta t \approx 333\mu s$），因此该转速可以被认为是瞬时转速。

2. 静态性能计算

设转速为 n_i，测速齿轮齿数 $z = 60$，锁相倍频系数为 K_0，脉冲变换器的系数为 K，则有

$$\frac{z n_i K_0}{60} = KN \tag{13 - 28}$$

式中 N——积分器输出数据。

从式（13 - 28）可得

$$N = \frac{K_0}{K} n_i \tag{13 - 29}$$

令 $K_0 = K$，则有 $N = n_i$，也就是输出结果即为此时转速，分辨率为 1r/min。若取 $K_0 = 10K$，则 $N = 10n_i$，分辨率可达 0.1r/min。式（13-28）中的 K_0 值由锁相环确定，它的作用主要是提高系统的分辨率和动态响应速度，同时对提高系统的稳定性也有作用。K 由脉冲变换器确定，即

$$K = f_K/L_n^m$$

式中　f_K——基准信号频率；

　　　L_n——变换器的容量。

若变换器是十进制的，则 $L_n = 10$；若变换器是二进制的，则 $L_n = 2$，m 为变换器的有效位数。若要改变 K 值，可通过改变 f_K 来实现。

3. 数学模型的建立和动态分析

根据图 13-19 可得

$$N(t) = \int_0^t [K_0 n_i(t) - f_C(t)]dt$$
$$f_C(t) = KN(t)$$

(13-30)

两边微分并整理，得

$$T_s \frac{dN(t)}{dt} + N(t) = \frac{K_0}{K} n_i(t)$$

(13-31)

式中　T_s——系统的时间常数，$T_s = \frac{1}{K}$。

解方程式（13-31），利用初始条件 $N_{t=0} = 0$，得

$$N(t) = \frac{K_0}{K} n_i(0^+) \quad (1 - e^{-t/T_s})$$

(13-32)

绘出其响应曲线如图 13-20 所示。

从图 13-20 中可见，T_s 越大，响应时间越长，而 T_s 又由 K 决定，所以为了缩短系统的响应时间，应增大 K 值。由式（13-29）可知，增大 K 时，会降低积分器的分辨率，使相对误差增大；为了弥补这一缺点，在提高 K 的同时，又提高 K_0 值，使 K_0/K 的比值不变。

4. 动态特性的改善

为了提高系统的动态品质，可以在积分器的输出端串联一个数字滤波器，通过改变系统的结构来减小其时间常数。这种方法可以用硬件，也可以用软件来实现。以下介绍硬件实现的方法。

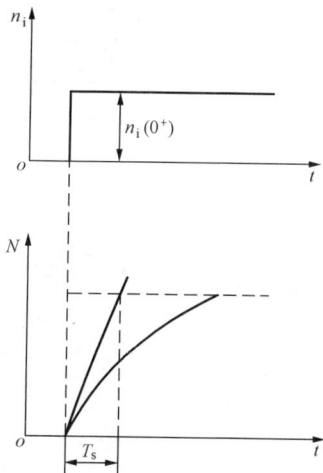

图 13-20　系统响应曲线

由式（13-31）可得系统的传递函数为

$$W_I(s) = \frac{N(s)}{n_i(s)} = \frac{K_0/K}{1 + T_s s} = \frac{B}{1 + T_s s}$$

(13-33)

式中，$B = K_0/K$，设计一个环节 $W_{II}(s)$，其传递函数为

$$W_{II}(s) = \frac{1 + T_s s}{1 + \frac{T_s s}{K_1}}$$

(13-34)

将 $W_I(s)$ 与 $W_{II}(s)$ 串联，得

$$W(s) = W_{\text{I}}(s)W_{\text{II}}(s) = \frac{B}{1+T_s s}\frac{1+T_s s}{1+\dfrac{T_s s}{K_1}}$$

即
$$W(s) = \frac{B}{1+\dfrac{T_s s}{K_1}} \tag{13-35}$$

可见式（13-35）中 $W(s)$ 的时间常数为 T_s/K_1，等于 $W_{\text{I}}(s)$ 的时间常数的 $1/K_1$，说明系统的动态性能得到了很大的改善。

传递函数 $W_{\text{II}}(s)$ 可以采用图 13-21 所示的动态补偿装置来实现。补偿前与补偿后的阶跃响应曲线如图 13-22 所示。经过数字滤波后，动态特性得到较大的改善，但在稳态时，又出现了小幅度的波动，即静态误差增大。造成这种波动的原因是数字量化，因为减法器在输出时会造成有效位的丢失，再经 K_1 倍乘后，误差会从 ±1 扩大至 $\pm K_1$，这是不希望看到的。因此，为了提高测量准确度，一方面可增加数据的有效位数，减小或避免相减时有效位的丢失；另一方面可利用一实际微分器来自动区别过程是处于动态还是静态的，再确定输出方式，这样，既保证动态性能，又提高了静态准确度。整个测量系统如图 13-23 所示。

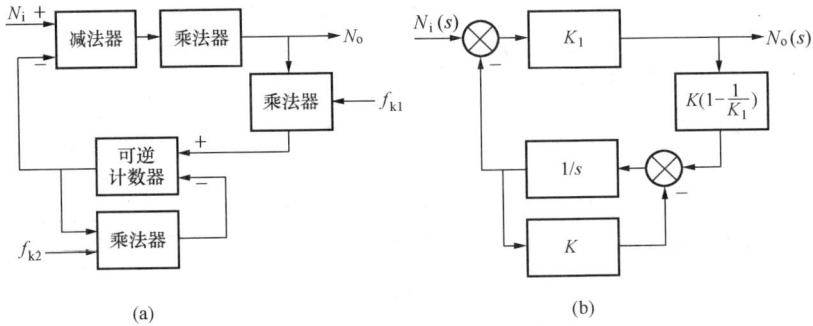

(a)　　　　　　　　　　　　(b)

图 13-21　动态补偿装置

(a) 设备框图；(b) 系统框图

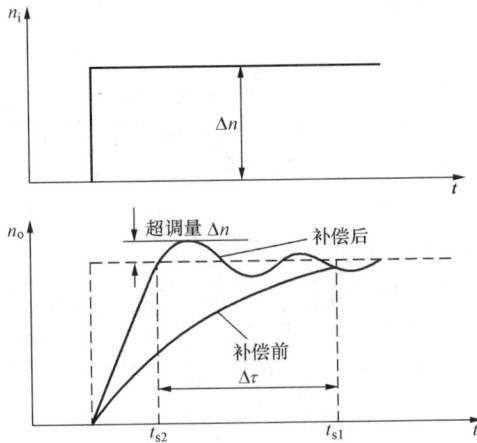

图 13-22　动态补偿前后的响应曲线

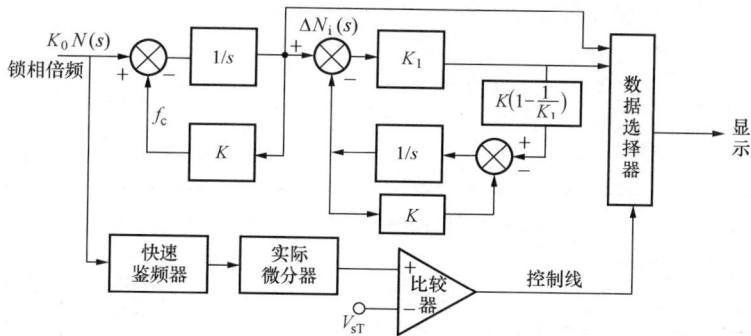

图 13-23　转速测量系统

对图 13-23 所示转速测量系统进行了实际性能测试，结果见表 13-1。从表中可以看到，该测量系统经动态补偿以后，过程的响应时间大大缩短了，而静态偏差几乎和无补偿系统的数值一样，超调量也较小。

表 13-1　　　　　　　　　　　　　　性 能 测 试 结 果

输入 Δn_i （r/min）	T_{s1} （ms）	T_{s2} （ms）	超调量 （r/min）	静态误差 （r/min）
190	1200	60	5	3
520	1300	64	4	2
1200	1500	87	5	2
3000	2000	94	5	3
4800	2100	98	8	2
6000	2600	122	7	2
9000	3000	132	12	1

注　1. 转速跃变 Δn_i 用信号发生器来实现；

　　2. T_{s1} 为补偿前的响应时间，T_{s2} 为补偿后的响应时间。

附　录

表 I - 1				各 种 测 温 材 料	
材料名称	符号或化学成分	与铂相配后的热电势 （100，0） （mV）	适用温度（℃）		
			用作电阻 温度计	用作热电偶	
				长期使用	短期使用
铝	Al	+0.40	—	—	—
镍铝	95%Ni+5%（Al，Si，Mn）	−1.02～1.38	—	1000	1250
镍铝	97.5%Ni+2.5%Al	−1.02	—	1000	1200
钨	W	+0.79	—	2000	2500
化学纯铁	Fe	+1.8	150	600	800
精制铁	Fe	+1.87	—	600	800
金	Au	+0.75	—		
康铜	60%Cu+40%Ni	−3.5	—	600	800
康铜	55%Cu+45%Ni	−3.5	—	600	800
考铜	56%Cu+44%Ni	−4.0	—	600	800
考铜	56.5%Cu+43%Ni+0.5%Mn	−4.0	—	600	800
钴	Co	−1.68～1.76	—	—	—
钼	Mo	+1.31	—	2000	2500
化学纯铜	Cu	+0.76	150	350	500
电线铜	Cu	+0.75	150	350	500
锰铜	84%Cu+13%Mn+2%Ni+1%Fe	+0.80	—	—	—
镍铬合金	80%Ni+20%Cr	+1.5～+2.5	—	1000	1100
	90.5%Ni+9.5%Cr	+2.71～+3.13	—	1000	1250
镍	Ni	−1.49～−1.54	300	1000	1100
铂	Pt	0.00	630		
铂铑合金	90%Pt+10%Rh	+0.64		1400	1600
铂铱合金	90%Pt+10%Ir	+0.13		1000	1200
汞	Hg	+0.04	—	—	—
锑	Sb	+4.7	—	—	—
铅	Pb	+0.44	—	—	—
银	Ag	+0.72	—	600	700
锌	Zn	+0.7	—	—	—
金钯铂合金	60%Au+30%Pd+10%Pt	−2.3	—	—	—
铋	Bi	−7.7	—		

Ⅰ

的　物　理　性　质

熔点 （℃）	密度 （g/cm³）	膨胀系数 （0～100℃） （℃⁻¹）	比热容 [kJ/（kg·℃）]	导热系数 [kJ/（m·h·℃）]	比电阻 （Ω·mm²·m⁻¹）	电阻的温度系数 （0～100℃） （℃⁻¹）
660.37	2.7	23.8×10^{-6}	0.887	732	0.025～0.078	4.3×10^{-3}
1450	8.5	15.1×10^{-6}	—	—	0.33～0.35	1.0×10^{-3}
1341	8.6	12×10^{-6}	0.523	107	0.29	2.4×10^{-3}
3387	19.1	3.38×10^{-6}	0.141	565	0.055～0.0612	$(4.21～4.64) \times 10^{-3}$
1528	7.86	11×10^{-6}	0.502	167	0.0907	$(6.25～6.57) \times 10^{-3}$
1400	7.8	13×10^{-6}	0.502	167～242	0.1	$(4～6) \times 10^{-3}$
1064.43	19.25	14.3×10^{-6}	0.131	1109	0.022	3.97×10^{-3}
1220	8.9	15.2×10^{-6}	0.41	83.7	0.45～0.5	-0.04×10^{-3}
1222	8.9	14.9×10^{-6}	0.393	75.8	0.49	-0.01×10^{-3}
1250	9.0	15.6×10^{-6}	—	—	0.49	-0.1×10^{-3}
1254	8.9	14.0×10^{-6}	—	84.9	0.47	-0.12×10^{-3}
1494	8.8	12.3×10^{-6}	0.435	226	0.097	$(3.66～6.56) \times 10^{-3}$
2620	9.0	5.1×10^{-6}	0.272	—	0.0438～0.0476	4.35×10^{-3}
1084.5	8.95	16.5×10^{-6}	0.392	1423	0.0156～0.0168	4.33×10^{-3}
—	8.9	16.4×10^{-6}	0.392	1255～1423	0.017	$(4.25～4.28) \times 10^{-3}$
910	8.4	—	—	—	0.42	0.006×10^{-3}
1500	8.2	17×10^{-6}	—	—	0.95～1.05	0.14×10^{-3}
1429	8.7	13.1×10^{-6}	0.448	69.5	0.70	0.41×10^{-3}
1455	8.75	22.8×10^{-6}	0.452	209	0.118～0.138	$(6.21～6.34) \times 10^{-3}$
1769	21.46	8.99×10^{-6}	0.130	247～257	0.0981～0.106	$(3.92～3.98) \times 10^{-3}$
1847	20.0	9.0×10^{-6}	0.146	135.6	0.190	1.67×10^{-3}
2454	—	—	—	—	—	—
-38.7	13.6	18.4×10^{-6}	0.138	29.3	0.943	0.96×10^{-3}
630.74	—	9.7×10^{-6}	0.209	79.5	—	4.73×10^{-3}
327.502	11.3	27.6×10^{-6}	0.132	209	0.227	4.11×10^{-3}
961.93	10.5	19.5×10^{-6}	0.238	1506	0.0147	4.1×10^{-3}
419.58	6.86	28.3×10^{-6}	0.402	397	0.062	3.9×10^{-3}
—	—	—	—	—	—	—
—	—	—	—	—	—	—

表 I -2　　铂铑 10—铂热电偶分度表（分度号为 S，冷端温度为 0℃，mV）

温度（℃）	0	10	20	30	40	50	60	70	80	90
0	0.000	−0.053	−0.103	−0.150	−0.194	−0.236				
0	0.000	0.055	0.113	0.173	0.235	0.299	0.365	0.433	0.502	0.573
100	0.646	0.720	0.795	0.872	0.950	1.029	1.110	1.191	1.273	1.357
200	1.441	1.526	1.612	1.698	1.786	1.874	1.962	2.052	2.141	2.232
300	2.323	2.415	2.507	2.599	2.692	2.786	2.880	2.974	3.069	3.164
400	3.259	3.355	3.451	3.548	3.645	3.742	3.840	3.938	4.036	4.134
500	4.233	4.332	4.432	4.532	4.632	4.732	4.833	4.934	5.035	5.137
600	5.239	5.341	5.443	5.546	5.649	5.753	5.857	5.961	6.065	6.170
700	6.275	6.381	6.486	6.593	6.699	6.806	6.913	7.020	7.128	7.236
800	7.345	7.454	7.563	7.673	7.783	7.893	8.003	8.114	8.226	8.337
900	8.449	8.562	8.674	8.787	8.900	9.014	9.128	9.242	9.357	9.472
1000	9.587	9.703	9.819	9.935	10.051	10.168	10.285	10.403	10.520	10.638
1100	10.757	10.875	10.994	11.113	11.232	11.351	11.471	11.590	11.710	11.830
1200	11.951	12.071	12.191	12.312	12.433	12.554	12.675	12.796	12.917	13.038
1300	13.159	13.280	13.402	13.523	13.644	13.766	13.887	14.009	14.130	14.251
1400	14.373	14.494	14.615	14.736	14.857	14.978	15.099	15.220	15.341	15.461
1500	15.582	15.702	15.822	15.942	16.062	16.182	16.301	16.420	16.539	16.658
1600	16.777	16.895	17.013	17.131	17.249	17.366	17.483	17.600	17.717	17.832
1700	17.947	18.061	18.174	18.285	18.395	18.503	18.609			

表 I -3　　铂铑 13—铂热电偶分度表（分度号为 R，冷端温度为 0℃，mV）

温度（℃）	0	10	20	30	40	50	60	70	80	90
0	0.000	−0.051	−0.100	−0.145	−0.188	−0.226				
0	0.000	0.054	0.111	0.171	0.232	0.296	0.363	0.431	0.501	0.573
100	0.647	0.723	0.800	0.879	0.959	1.041	1.124	1.208	1.294	1.381
200	1.469	1.558	1.648	1.739	1.831	1.923	2.017	2.112	2.207	2.304
300	2.401	2.498	2.597	2.696	2.796	2.896	2.997	3.099	3.201	3.304
400	3.408	3.512	3.616	3.721	3.827	3.933	4.040	4.147	4.255	4.363
500	4.471	4.580	4.690	4.800	4.910	5.021	5.133	5.245	5.357	5.470
600	5.583	5.697	5.812	5.926	6.041	6.157	6.273	6.390	6.507	6.625
700	6.743	6.861	6.980	7.100	7.200	7.340	7.461	7.583	7.705	7.827
800	7.950	8.073	8.197	8.321	8.446	8.571	8.697	8.823	8.950	9.077
900	9.205	9.333	9.461	9.590	9.720	9.850	9.980	10.111	10.242	10.374
1000	10.506	10.638	10.771	10.905	11.039	11.173	11.307	11.442	11.578	11.714
1100	11.850	11.986	12.123	12.260	12.397	12.535	12.673	12.812	12.950	13.089
1200	13.228	13.367	13.507	13.646	13.786	13.926	14.066	14.207	14.347	14.488
1300	14.629	14.770	14.911	15.052	15.193	15.334	15.475	15.616	15.758	15.899
1400	16.040	16.181	16.323	16.464	16.605	16.746	16.887	17.028	17.169	17.310
1500	17.451	17.591	17.732	17.872	18.012	18.152	18.292	18.431	18.571	18.710
1600	18.849	18.988	19.126	19.264	19.402	19.540	19.677	19.814	19.951	20.087
1700	20.222	20.356	20.488	20.620	20.749	20.877	21.003			

表Ⅰ-4   铂铑 30—铂铑 6 热电偶分度表（分度号为 B，冷端温度为 0℃，mV）

温度（℃）	0	10	20	30	40	50	60	70	80	90
0	0.000	−0.002	−0.003	−0.002	−0.000	0.002	0.006	0.011	0.017	0.025
100	0.033	0.043	0.053	0.065	0.078	0.092	0.107	0.123	0.141	0.159
200	0.178	0.199	0.220	0.243	0.267	0.291	0.317	0.344	0.372	0.401
300	0.431	0.462	0.494	0.527	0.561	0.596	0.632	0.669	0.707	0.746
400	0.787	0.828	0.870	0.913	0.957	1.002	1.048	1.095	1.143	1.192
500	1.242	1.293	1.344	1.397	1.451	1.505	1.561	1.617	1.675	1.733
600	1.792	1.852	1.913	1.975	2.037	2.101	2.165	2.230	2.296	2.363
700	2.431	2.499	2.569	2.639	2.710	2.782	2.854	2.928	3.002	3.087
800	3.154	3.230	3.308	3.386	3.466	3.546	3.626	3.708	3.790	3.873
900	3.957	4.041	4.127	4.213	4.299	4.387	4.475	4.564	4.653	4.743
1000	4.834	4.926	5.018	5.111	5.205	5.299	5.394	5.489	5.585	5.682
1100	5.780	5.878	5.976	6.075	6.175	6.276	6.377	6.478	6.580	6.683
1200	6.786	6.890	6.995	7.100	7.205	7.311	7.417	7.524	7.632	7.740
1300	7.848	7.957	8.066	8.176	8.286	8.397	8.508	8.620	8.731	8.844
1400	8.956	9.069	9.182	9.296	9.410	9.524	9.639	9.753	9.868	9.984
1500	10.099	10.215	10.331	10.447	10.563	10.679	10.796	10.913	11.029	11.146
1600	11.263	11.380	11.497	11.614	11.731	11.848	11.965	12.082	12.199	12.316
1700	12.433	12.549	12.666	12.782	12.898	13.014	13.130	13.246	13.361	13.476
1800	13.591	13.706	13.820							

表Ⅰ-5   镍铬—镍硅（镍铝）热电偶分度表（分度号为 K，冷端温度为 0℃，mV）

温度（℃）	0	10	20	30	40	50	60	70	80	90
−200	−5.891	−6.035	−6.158	−6.262	−6.344	−6.404	−6.441	−6.458		
−100	−3.554	−3.852	−4.138	−4.411	−4.669	−4.913	−5.141	−5.354	−5.550	−5.730
−0	0.000	−0.392	−0.778	−1.156	−1.527	−1.889	−2.243	−2.587	−2.920	−3.243
0	0.000	0.397	0.798	1.203	1.612	2.023	2.436	2.851	3.267	3.682
100	4.096	4.509	4.920	5.328	5.735	6.138	6.540	6.941	7.340	7.739
200	8.138	8.539	8.940	9.343	9.747	10.153	10.561	10.971	11.382	11.795
300	12.209	12.624	13.040	13.457	13.874	14.293	14.713	15.133	15.554	15.975
400	16.397	16.820	17.243	17.667	18.091	18.516	18.941	19.366	19.792	20.218
500	20.644	21.071	21.497	21.924	22.350	22.776	23.203	23.629	24.055	24.480
600	24.905	25.330	25.755	26.179	26.602	27.025	27.447	27.869	28.289	28.710
700	29.129	29.548	29.965	30.382	30.798	31.213	31.628	32.041	32.453	32.865
800	33.275	33.685	34.093	34.501	34.908	35.313	35.718	36.121	36.524	36.925
900	37.326	37.725	38.124	38.522	38.918	39.314	39.708	40.101	40.494	40.885
1000	41.276	41.665	42.053	42.440	42.826	43.211	43.595	43.978	44.359	44.740
1100	45.119	45.497	45.873	46.249	46.623	46.995	47.367	47.737	48.105	48.473
1200	48.838	49.202	49.565	49.926	50.286	50.644	51.000	51.355	51.708	52.060
1300	52.410	52.759	53.106	53.451	53.795	53.138	54.479	54.819		

表 I - 6　　　　　　镍铬—康铜热电偶分度表（分度号为 E，冷端温度为 0℃，mV）

温度（℃）	0	10	20	30	40	50	60	70	80	90
−200	−8.825	−9.063	−9.274	−9.455	−9.604	−9.718	−9.797	−9.835		
−100	−5.237	−5.681	−6.107	−6.516	−6.907	−7.279	−7.632	−7.963	−8.273	−8.561
−0	−0.000	−0.582	−1.152	−1.709	−2.255	−2.787	−3.306	−3.811	−4.302	−4.777
0	0.000	0.591	1.192	1.801	2.420	3.048	3.685	4.330	4.985	5.648
100	6.319	6.998	7.685	8.379	9.081	9.789	10.503	11.224	11.951	12.684
200	13.421	14.164	14.912	15.664	16.420	17.181	17.945	18.713	19.484	20.259
300	21.036	21.817	22.600	23.386	24.174	24.964	25.757	26.552	27.348	28.146
400	28.946	29.747	30.550	31.354	32.159	32.965	33.772	34.579	35.387	36.196
500	37.005	37.815	38.624	39.434	40.243	41.053	41.862	42.671	43.479	44.286
600	45.093	45.900	46.705	47.509	48.313	49.116	49.917	50.718	51.517	52.315
700	53.112	53.908	54.703	55.497	56.289	57.080	57.870	58.659	59.446	60.232
800	61.017	61.801	62.583	63.364	64.144	64.922	65.698	66.473	67.246	68.017
900	68.787	69.554	70.319	71.082	71.844	72.603	73.360	74.115	74.869	75.621
1000	76.373									

表 I - 7　　　　　　铁—康铜热电偶分度表（分度号为 J，冷端温度为 0℃，mV）

温度（℃）	0	10	20	30	40	50	60	70	80	90
−200	−7.890	−8.095								
−100	−4.633	−5.037	−5.426	−5.801	−6.159	−6.500	−6.821	−7.123	−7.403	−7.659
−0	0.000	−0.501	−0.995	−1.482	−1.961	−2.431	−2.893	−3.344	−3.786	−4.215
0	0.000	0.507	1.019	1.537	2.059	2.585	3.116	3.650	4.187	4.726
100	5.269	5.814	6.360	6.909	7.459	8.010	8.562	9.115	9.669	10.224
200	10.779	11.334	11.889	12.445	13.000	13.555	14.110	14.665	15.219	15.773
300	16.327	16.881	17.434	17.986	18.538	19.090	19.642	20.194	20.745	21.297
400	21.848	22.400	22.952	23.504	24.057	24.610	25.164	25.720	26.276	26.834
500	27.393	27.953	28.516	29.080	29.647	30.216	30.788	31.362	31.939	32.519
600	33.102	33.689	34.279	34.873	35.470	36.071	36.675	37.284	37.896	38.512
700	39.132	39.755	40.382	41.012	41.645	42.281	42.919	43.559	44.203	44.848
800	45.494	46.141	46.786	47.431	48.074	48.715	49.353	49.989	50.622	51.251
900	51.877	52.500	53.119	53.735	54.347	54.956	55.561	56.164	56.763	57.360
1000	57.953	58.545	59.134	59.721	60.307	60.890	61.473	62.054	62.634	63.214
1100	63.792	64.370	64.948	65.525	66.102	66.679	67.255	67.831	68.406	68.980
1200	69.553									

表Ⅰ-8　　　　　　铜—康铜热电偶分度表（分度号为 T，冷端温度为 0℃，mV）

温度（℃）	0	10	20	30	40	50	60	70	80	90
−200	−5.603	−5.753	−5.888	−6.007	−6.105	−6.180	−6.232	−6.258		
−100	−3.379	−3.657	−3.923	−4.177	−4.419	−4.648	−4.865	−5.070	−5.261	−5.439
−0	0.000	−0.383	−0.757	−1.121	−1.475	−1.819	−2.153	−2.476	−2.788	−3.089
0	0.000	0.391	0.790	1.196	1.612	2.036	2.468	2.909	3.358	3.814
100	4.279	4.750	5.228	5.714	6.206	6.704	7.209	7.720	8.237	8.759
200	9.288	9.822	10.362	10.907	11.458	12.013	12.574	13.139	13.709	14.283
300	14.862	15.445	16.032	16.624	17.219	17.819	18.422	19.030	19.641	20.255
400	20.872									

表Ⅰ-9　　　　铂热电阻分度表（$R_0 = 100\Omega$，$\alpha = 0.003\,850℃^{-1}$，分度号为 Pt100，$\Omega$）

温度（℃）	0	10	20	30	40	50	60	70	80	90
−200	18.52									
−100	60.26	56.19	52.11	48.00	43.88	39.72	35.54	31.34	27.10	22.83
−0	100.00	96.09	92.16	88.22	84.27	80.31	76.33	72.33	68.33	64.30
0	100.00	103.90	107.79	111.67	115.54	119.40	123.24	127.08	130.90	134.71
100	138.51	142.29	146.07	149.83	153.58	157.33	161.05	164.77	168.48	172.17
200	175.86	179.53	183.19	186.84	190.47	194.10	197.71	201.31	204.90	208.48
300	212.05	215.61	219.15	222.68	226.21	229.72	233.21	236.70	240.18	243.64
400	247.09	250.53	253.96	257.38	260.78	264.18	267.56	270.93	274.29	277.64
500	280.98	284.30	287.62	290.92	294.21	297.49	300.75	304.01	307.25	310.49
600	313.71	316.92	320.12	323.30	326.48	329.64	332.79	335.93	339.06	342.18
700	345.28	348.38	351.46	354.53	357.59	360.64	363.67	366.70	369.71	372.71
800	375.70	378.68	381.65	384.60	387.55	390.48				

表Ⅰ-10　　　　铜热电阻分度表（$R_0 = 50\Omega$，$\alpha = 0.004\,280℃^{-1}$，分度号为 Cu50，$\Omega$）

温度（℃）	0	10	20	30	40	50	60	70	80	90
−0	50.00	47.85	45.70	43.55	41.40	39.24	—	—	—	—
0	50.00	52.14	54.28	56.42	58.56	60.70	62.84	64.98	67.12	69.26
100	71.40	73.54	75.68	77.83	79.98	82.13	—	—	—	

表Ⅰ-11　　　　铜热电阻分度表（$R_0 = 100\Omega$，$\alpha = 0.004\ 280$，分度号为 Cu100，Ω）

温度（℃）	0	10	20	30	40	50	60	70	80	90
—0	100.00	95.70	91.40	87.10	82.80	78.49	—	—	—	—
0	100.00	104.28	108.56	112.84	117.12	121.40	125.68	129.96	134.24	138.52
100	142.80	147.08	151.36	155.66	159.96	164.27	—	—	—	—

注　表Ⅰ-2～表Ⅰ-8是按 ITS—90 国际温标制订的分度表；表Ⅰ-9～表Ⅰ-11 是按 TPTS—68 国际温标制订的分度表。

表Ⅰ-12　　　　常用材料在 0.66μm 波长下的光谱发射率的近似值

材料名称	表面无氧化层		有氧化层光洁表面
	固态	液态	
铝	—	—	0.22～0.4
银	0.07	0.07	—
铂	0.3	0.38	—
金	0.14	0.22	—
铜	0.1	0.15	0.6～0.8
铁	0.35	0.37	0.63～0.98
铸铁	0.37	0.4	0.7
钢	0.35	0.4～0.68	0.63～1.0
康铜（55Cu，45Ni）	0.35	—	0.84
钨	0.43	0.43	—
碳	0.93	—	—
镍	0.36	0.37	0.85～0.96
镍铬合金（90Ni　10Cr）	0.35	—	0.87
镍铬合金（80Ni　20Cr）	0.35	—	0.90
铬	0.34	0.39	—
钴	—	—	0.75
铍	0.61	0.61	0.07～0.37
锡	—	—	0.32～0.6
镁	—	—	0.2
锰	0.59	0.59	—
铅	—	—	0.32～0.6
陶瓷	0.25～0.5	—	—
粉末石墨	0.95	—	—
铂铑合金（90Pt，10Rh）	0.27	—	—
水泥	0.6	—	—

表Ⅰ-13　　　　　　　　　　一些物质的发射率 *g* 值

材料	温度（℃）	发射率	材料	温度（℃）	发射率
磨光的纯铁	260～538	0.08～0.13	未氧化的钨	100～500	0.032～0.071
磨光的熟铁	260	0.27	磨光的纯锌	260	0.03
氧化铸铁	260～538	0.66～0.75	氧化的锌	260	0.11
氧化的熟铁	260	0.95	磨光的银	260～538	0.02～0.03
磨光的钢	260～538	0.10～0.14	未氧化的银	100～500	0.02～0.035
碳化的钢	260～538	0.53～0.56	氧化的银	200～600	0.02～0.038
氧化的钢	93～538	0.88～0.96	大理石	260	0.58
磨光的铝	93～538	0.05～0.11	石灰石	260	0.80
明亮的铝	148	0.49	石灰泥	260	0.92
氧化的铝	93～538	0.20～0.33	石英	538	0.58
磨光的铜	260～538	0.05～0.18	白色耐火砖	260～538	0.68～0.89
氧化的铜	100～538	0.56～0.88	石墨碳	100～500	0.71～0.76
磨光的镍	260～538	0.07～0.10	石墨	200～538	0.49～0.54
未氧化的镍	100～500	0.06～0.12	镍铬合金	125～1034	0.64～0.76
氧化的镍	260～538	0.46～0.67	铂丝	225～1375	0.073～0.182
磨光的铂	260～538	0.06～0.10	铬	100～1000	0.08～0.26
未氧化的铂	100～500	0.047～0.096	硅砖	1000	0.08
氧化的铂	200～600	0.06～0.11	硅砖	1100	0.85
铂黑	260～538	0.96～0.97	耐火黏土砖	1000～1100	0.75
未加工的铸铁	925～1115	0.8～0.95	煤	1100～1500	0.52
抛光的铁	425～1020	0.144～0.377	钽	1300～2500	0.19～0.30
铁	1000～1400	0.08～0.13	钨	1000～3000	0.15～0.34
银	1000	0.035	生铁	1300	0.29
抛光的钢铸件	370～1040	0.52～0.56	铝	200～600	0.11～0.19
磨光的钢板	940～1100	0.55～0.61	铬	260～538	0.17～0.26
氧化铁	500～1200	0.85～0.95	镍铬合金 KA-25	260～538	0.38～0.44
熔化的钢	1100～1300	0.013～0.15	镍铬合金 NCT-3	260～538	0.90～0.97
氧化铜	800～1100	0.66～0.54	镍铬合金 NCT-6	260～538	0.89
镍	1000～1400	0.056～0.069	氧化的锡	260～538	0.05
氧化镍	600～1300	0.54～0.87	氧化锡	100	0.32～0.60

附　录　Ⅱ

表Ⅱ-1　　　　　　　　　**水和水蒸气的动力黏度**（$\eta \times 10^6$ Pa·s）

绝对压力 p (MPa) / 温度 t (℃)	0.1	5.0	10.0	15.0	20.0	25.0	30.0	饱和状态 水	饱和状态 水蒸气	温度 t (℃)
0	1792	1781	1770	1759	1749	1740	1731	1792	9.22	0
20	1003	1001	999.3	997.7	996.3	995.0	993.9	1003	9.73	20
40	653.2	653.6	654.0	654.5	655.0	655.6	656.2	653.1	10.31	40
60	466.9	467.9	469.0	470.1	471.2	472.3	473.4	466.8	10.94	60
80	355.0	356.3	357.6	358.9	360.2	361.5	362.8	354.9	11.60	80
100	12.27	283.6	234.9	286.2	287.6	288.9	290.2	282.1	12.28	100
120	13.02	233.4	234.7	236.1	237.4	238.7	240.0	232.1	12.97	120
140	13.79	197.4	198.7	200.0	201.3	202.6	203.9	196.1	13.67	140
160	14.58	170.7	172.0	173.3	174.5	175.8	177.0	169.6	14.37	160
180	15.37	150.4	151.6	152.9	154.1	155.3	156.5	149.4	15.07	180
200	16.18	134.5	135.7	137.0	138.2	139.4	140.6	133.6	15.78	200
220	16.99	121.7	122.9	124.2	125.4	126.6	127.8	121.0	16.49	220
240	17.81	111.0	112.3	113.6	114.9	116.1	117.3	110.5	17.22	240
260	18.63	101.6	103.1	104.5	105.8	107.1	108.4	101.5	17.98	260
280	19.46	18.91	94.6	96.2	97.7	99.1	100.5	93.41	18.80	280
300	20.29	19.86	86.4	88.3	90.1	91.7	93.2	85.81	19.74	300
320	21.12	20.79	20.76	80.2	82.4	84.4	86.2	78.27	20.89	320
340	21.95	21.70	21.71	70.6	74.1	76.8	79.1	70.21	22.52	340
360	22.78	22.60	22.65	23.24	62.7	67.9	71.3	60.21	25.53	360
380	23.61	23.49	23.57	24.05	25.66	52.2	61.7			380
400	24.44	24.37	24.49	24.91	25.96	28.98	43.66			400
420	25.27	25.25	25.39	25.78	26.61	28.32	32.38			420
440	26.10	26.11	26.28	26.66	27.37	28.62	30.90			440
460	26.93	26.97	27.16	27.53	28.17	29.19	30.82			460
480	27.75	27.82	28.03	28.40	28.99	29.87	31.17			480
500	28.57	28.67	28.89	29.26	29.82	30.61	31.70			500
520	29.38	29.51	29.74	30.12	30.64	31.37	32.33			520
540	30.20	30.34	30.59	30.96	31.47	32.14	33.01			540
560	31.01	31.12	31.38	31.75	32.25	32.88	33.67			560
580	31.81	31.95	32.22	32.58	33.06	33.67	34.40			580
600	32.62	32.76	33.04	33.41	33.88	34.45	35.15			600

表Ⅱ-2　　　　　　　　　　　水 和 水 蒸 气 的 密 度

绝对压力 p(MPa)	饱和温度 t_s(℃)	饱和水密度 ρ'_s(kg/m³)	饱和蒸汽密度 ρ''_s(kg/m³)	下列温度值(℃)时，水和水蒸气的密度 ρ'、ρ''(kg/m³)															
				0	20	40	60	80	100	120	140	160	180	200	220	240	260	280	300
0.1	99.63	958.41	0.590 1	999.80	998.30	992.26	983.19	971.63	0.589 6	0.557 6	0.529 6	0.504 0	0.481 0	0.460 4	0.441 0	0.423 9	0.407 9	0.392 8	0.378 9
0.2	120.23	942.68	1.128 8	999.90	998.40	992.36	983.19	971.72	958.13	942.86	1.069 3	1.016 1	0.969 0	0.925 9	0.886 5	0.851 1	0.818 3	0.788 0	0.759 9
0.3	133.54	931.53	1.650 5	999.90	998.40	992.36	983.28	971.72	958.22	942.86	1.620 7	1.536 6	1.462 0	1.395 9	1.335 8	1.281 2	1.231 1	1.185 1	1.142 5
0.4	143.62	922.59	2.162 5	1000.0	998.50	992.46	983.28	971.82	958.22	942.95	925.93	2.066 5	1.963 1	1.871 6	1.789 5	1.715 0	1.647 2	1.584 5	1.527 2
0.5	151.85	915.08	2.668 0	1000.0	998.50	992.46	983.38	971.82	958.31	942.95	925.93	2.606 9	2.471 6	2.353 5	2.247 7	2.152 4	2.065 7	1.986 5	1.913 5
1.0	179.88	887.00	5.146 7	1000.3	998.70	992.65	983.57	972.10	958.59	943.22	926.27	907.52	5.144 0	4.856 7	4.610 4	4.395 6	4.205 2	4.032 3	3.876 0
1.5	198.28	866.70	7.595 9	1000.5	999.00	992.95	983.77	972.29	958.77	943.49	926.53	907.77	887.23	7.552 9	7.112 4	6.743 6	6.426 7	6.146 3	5.892 8
2.0	212.37	849.91	10.047	1000.8	999.20	993.15	984.06	972.57	959.05	943.75	926.78	908.10	887.63	865.05	9.794 3	9.225 1	8.741 3	8.333 3	7.968 1
2.5	223.94	835.28	12.516	1001.0	999.40	993.34	984.25	972.76	959.32	944.02	927.04	908.43	887.94	865.43	840.55	11.850	11.169	10.600	10.109
3.0	233.34	822.17	15.011	1001.3	999.60	993.54	984.45	972.95	959.51	944.29	927.39	908.68	888.26	865.80	840.97	14.667	13.725	12.963	12.321
3.5	242.54	810.04	17.538	1001.5	999.90	993.74	984.64	973.24	959.79	944.55	927.64	909.01	888.57	866.18	841.40	813.80	16.434	15.434	14.613
4.0	250.33	798.66	20.105	1001.8	1000.1	994.04	984.93	973.43	959.97	944.82	927.90	909.34	888.97	866.55	841.89	814.33	19.327	18.028	16.992
4.5	257.41	787.96	22.717	1002.0	1000.3	994.23	985.12	973.71	960.25	945.00	928.16	909.67	889.28	867.00	842.32	814.86	22.452	20.764	19.470
5.0	263.92	777.73	25.374	1002.3	1000.5	994.43	985.32	973.90	960.43	945.27	928.42	909.92	889.60	867.30	842.74	815.39	784.31	23.674	22.065
6.0	275.56	758.32	30.855	1002.8	1001.0	994.93	985.80	974.37	960.98	945.81	929.02	910.50	890.31	868.13	843.67	816.39	785.61	30.148	27.655

续表

下列温度值(℃)时,水和水蒸气的密度 ρ'、ρ''(kg/m³)

绝对压力 p(MPa)	饱和温度 t_s(℃)	饱和水密度 ρ'_s(kg/m³)	饱和蒸汽密度 ρ''_s(kg/m³)	0	20	40	60	80	100	120	140	160	180	200	220	240	260	280	300
7.0	285.80	739.97	36.576	1003.3	1001.4	995.32	986.19	974.75	961.45	946.34	929.54	911.08	890.95	868.81	844.52	817.46	786.91	751.48	33.944
8.0	294.98	722.39	42.571	1003.8	1001.9	995.72	986.68	975.23	961.91	946.79	930.06	911.74	891.58	869.56	845.38	818.46	788.21	753.18	41.237
9.0	303.31	705.27	48.876	1004.2	1002.3	996.21	987.07	975.70	962.37	947.33	930.67	912.33	892.30	870.32	846.24	819.54	789.45	754.77	713.17
10.0	310.96	688.42	55.556	1004.7	1002.8	996.61	987.56	976.18	962.83	947.78	931.19	912.91	892.94	871.08	847.10	820.48	790.64	756.37	715.41
11.0	318.04	671.73	62.617	1005.2	1003.2	997.01	987.95	976.56	963.30	948.32	931.71	913.49	893.58	871.84	847.96	821.49	791.89	757.92	717.57
12.0	324.64	655.01	70.175	1005.7	1003.6	997.41	988.34	977.04	963.76	948.77	932.23	914.08	894.21	872.52	848.75	822.50	793.08	759.49	719.68
13.0	330.81	638.16	78.309	1006.2	1004.1	997.90	988.83	977.42	964.23	949.31	932.75	914.66	894.85	873.29	849.62	823.45	794.28	760.98	721.76
14.0	336.63	620.96	87.032	1006.7	1004.5	998.30	989.22	977.90	964.69	949.76	933.27	915.25	895.50	873.97	850.41	824.47	795.42	762.49	723.80
15.0	342.12	603.14	96.618	1007.3	1005.0	998.70	989.61	978.38	965.16	950.30	933.79	915.83	896.14	874.74	851.21	825.42	796.62	763.94	725.74
16.0	347.32	584.76	107.18	1007.7	1005.4	999.20	990.10	978.76	965.62	950.75	934.32	916.42	896.78	875.43	852.08	826.38	797.77	765.40	727.70
17.0	352.26	565.29	119.03	1008.2	1005.8	999.60	990.49	979.24	966.09	951.29	934.84	916.93	897.42	876.12	852.88	827.27	798.91	766.81	729.55
18.0	356.96	544.07	132.73	1008.7	1006.3	1000.0	990.88	979.62	966.56	951.75	935.37	917.52	897.99	876.81	853.68	828.23	800.00	768.23	731.42
19.0	361.44	519.99	149.25	1009.2	1006.7	1000.4	991.38	980.10	966.93	952.20	935.89	918.11	898.63	877.50	854.48	829.12	801.09	769.59	733.19
20.0	365.71	490.68	170.27	1009.7	1007.2	1000.8	991.77	980.49	967.40	952.74	936.42	918.61	899.28	878.19	855.21	830.08	802.18	770.95	734.97

续表

绝对压力 p(MPa)	饱和温度 t_s(℃)	饱和水密度 ρ_s'(kg/m³)	饱和蒸汽密度 ρ_s''(kg/m³)	下列温度值(℃)时，水和水蒸气的密度 ρ'、ρ''(kg/m³)															
				320	340	360	380	400	420	440	460	480	500	520	540	560	580	600	700
0.1	99.63	958.41	0.5901	0.3660	0.3541	0.3428	0.3322	0.3223	0.3130	0.3040	0.2959	0.2879	0.2805	0.2734	0.2667	0.2602	0.2542	0.2483	0.2227
0.2	120.23	942.68	1.1288	0.7337	0.7092	0.6862	0.6653	0.6453	0.6266	0.6096	0.5924	0.5764	0.5615	0.5470	0.5330	0.5208	0.5084	0.4968	0.4456
0.3	133.54	931.53	1.6505	1.1029	1.0661	1.0311	1.0000	0.9699	0.9416	0.9146	0.8881	0.8651	0.8425	0.8210	0.8013	0.7813	0.7634	0.7457	0.6684
0.4	143.62	922.59	2.1625	1.4738	1.4243	1.3780	1.3348	1.2943	1.2563	1.2206	1.1867	1.1547	1.1245	1.0955	1.0685	1.0428	1.0180	0.9945	0.8921
0.5	151.85	915.08	2.6680	1.8464	1.7838	1.7253	1.6711	1.6201	1.5723	1.5271	1.4841	1.4447	1.4067	1.3705	1.3365	1.3045	1.2732	1.2431	1.1150
1.0	179.88	887.00	5.1467	3.7341	3.6023	3.4807	3.3670	3.2616	3.1636	3.0713	2.9843	2.9019	2.8249	2.7510	2.6817	2.6157	2.5536	2.4938	2.2331
1.5	198.28	866.70	7.5959	5.6657	5.4585	5.2659	5.0916	4.9264	4.7733	4.6318	4.4984	4.3725	4.2535	4.1425	4.0355	3.9355	3.8405	3.7495	3.3557
2.0	212.37	849.91	10.047	7.6453	7.3527	7.0871	6.8399	6.6136	6.4061	6.2116	6.0277	5.8548	5.6948	5.5435	5.3996	5.2632	5.1335	5.0125	4.4803
2.5	223.94	835.28	12.515	9.6768	9.2937	8.9367	8.6207	8.3264	8.0601	7.8064	7.5700	7.3529	7.1480	6.9541	6.7705	6.5965	6.4350	6.2814	5.6085
3.0	233.34	822.17	15.011	11.765	11.273	10.832	10.432	10.067	9.7314	9.4250	9.1324	8.8652	8.6132	8.3752	8.1502	7.9428	7.7396	7.5529	6.7431
3.5	242.54	810.04	17.538	13.914	13.303	12.762	12.276	11.833	11.427	11.055	10.652	10.387	10.088	9.8058	9.5420	9.2937	9.0587	8.8339	7.8740
4.0	250.33	798.66	20.105	16.129	15.387	14.734	14.152	13.626	13.148	12.708	12.303	11.927	11.577	11.249	10.941	10.653	10.380	10.122	9.0171
4.5	257.41	787.96	22.717	18.416	17.525	16.748	16.064	15.449	14.892	14.382	13.914	13.481	13.079	12.703	12.350	12.021	11.710	11.416	10.158
5.0	263.92	777.73	25.374	20.786	19.724	18.811	18.015	17.301	16.661	16.077	15.542	15.051	14.592	14.168	13.770	13.398	13.046	12.716	11.305
6.0	275.56	758.32	30.855	25.800	24.325	23.089	22.036	21.106	20.280	19.535	18.857	18.235	17.662	17.132	16.639	16.176	15.743	15.335	13.607

续表

下列温度值（℃）时，水和水蒸气的密度 ρ'、ρ''(kg/m³)

绝对压力 p(MPa)	饱和温度 t_s(℃)	饱和水密度 ρ'_s(kg/m³)	饱和蒸汽密度 ρ''_s(kg/m³)	320	340	360	380	400	420	440	460	480	500	520	540	560	580	600	700
7.0	285.80	739.97	36.576	31.260	29.231	27.601	26.233	25.050	24.010	23.084	22.247	21.487	20.790	20.145	19.547	18.990	18.471	17.982	15.924
8.0	294.98	722.39	42.571	37.286	34.518	32.373	30.628	29.146	27.863	26.731	25.720	24.808	23.969	23.207	22.497	21.844	21.231	20.657	18.255
9.0	303.31	705.27	48.876	44.092	40.258	37.467	35.249	33.411	31.857	30.488	29.283	28.201	27.211	26.316	25.491	24.728	24.021	23.359	20.602
10.0	310.96	688.42	55.556	51.975	46.577	42.918	40.128	37.864	35.984	34.364	32.938	31.666	30.516	29.481	28.531	27.655	26.838	26.089	22.957
11.0	318.04	671.73	62.617	61.538	53.648	48.804	45.290	42.535	40.274	38.358	36.684	35.211	33.887	32.701	31.616	30.618	29.700	28.843	25.329
12.0	324.64	655.01	70.175	669.30	61.728	55.249	50.787	47.438	44.743	42.481	40.535	38.835	37.327	35.971	34.746	33.625	32.595	31.636	27.724
13.0	330.81	638.16	78.309	672.54	71.327	62.344	56.689	52.604	49.383	46.751	44.504	42.553	40.850	39.308	37.922	36.670	35.511	34.447	30.120
14.0	336.63	620.96	87.032	675.63	83.264	70.323	63.091	58.072	54.230	51.177	48.591	46.361	44.425	42.699	41.152	39.761	38.476	37.300	32.541
15.0	342.12	603.14	96.618	678.61	612.63	79.491	70.028	63.857	59.347	55.741	52.798	50.277	48.100	46.168	44.444	42.882	41.477	40.177	34.977
16.0	347.32	584.76	107.18	681.48	618.24	90.334	77.700	70.077	64.683	60.533	57.143	54.289	51.840	49.677	47.778	46.062	44.504	43.085	37.425
17.0	352.26	565.29	119.03	684.33	623.36	103.99	86.207	76.746	70.323	65.488	61.614	58.411	55.648	53.277	51.177	49.285	47.574	46.019	39.888
18.0	356.96	544.07	132.73	686.91	628.14	122.93	95.932	83.963	76.278	70.671	66.269	62.617	59.595	56.948	54.615	52.549	50.684	48.996	42.355
19.0	361.44	519.99	149.25	689.51	632.63	534.47	107.24	91.827	82.576	76.104	71.073	66.979	63.573	60.680	58.140	55.866	53.850	52.002	44.843
20.0	365.71	490.68	170.27	692.04	636.82	548.55	120.88	100.48	89.366	81.766	76.046	71.480	67.705	64.475	61.690	59.242	57.045	55.066	47.371

注　临界状态参数 $p=22.115$MPa，$t=374.12$℃，$\rho=317.763$kg/m³。

表Ⅱ-3　　　　　　　　　　　　　　节流件和管道材料的线膨胀系数 λ

$\lambda \times 10^6$ （℃$^{-1}$） ＼ 温度范围（℃） ＼ 材料	20～100	20～200	20～300	20～400	20～500	20～600	20～700
A3 钢	11.75	12.41	13.45	13.60	13.85	13.90	
A3F，B3 钢	11.5						
10 号钢	11.60	12.60		13.00		14.60	
20 号钢	11.16	12.12	12.78	13.38	13.93	14.38	14.81
45 号钢	11.59	12.32	13.09	13.71	14.18	14.67	15.08
1Cr13，2Cr13	10.59	11.00	11.50	12.00	12.00		
1Cr17	10.00	10.00	10.50	10.50	11.00		
12CrMoV	10.8	11.79	12.35	12.80	13.20	13.65	13.80
10CrMo910	12.50	13.60	13.60	14.00	14.40	14.70	
Cr6SiMo	11.50	12.00		12.50		13.00	
X20CrMoWV121 X20CrMoV121	10.80	11.20	11.60	11.90	12.10	12.30	
1Cr18Ni9Ti	16.60	17.00	17.20	17.50	17.90	18.20	18.60
普通碳钢	10.60～12.20	11.30～13.00	12.10～13.50	12.90～13.90		13.50～14.30	14.70～15.00
工业用铜	16.60～17.10	17.10～17.20	17.60	18.00～18.10		18.60	
红铜	17.20	17.50	17.90				
黄铜	17.80	18.80	20.90				
12Cr3MoVSiTiB①	10.31	11.46	11.92	12.42	13.14	13.31	13.54
12CrMo②	11.20	12.50	12.70	12.90	13.20	13.50	13.80

①② 采用该列数据时，工作温度 t 下的管道内径 D 和节流件开孔直径 d 应采用下式计算：

$$D = D_{20}[1 + \lambda_D(t - 25)]; d = d_{20}[1 + \lambda_d(t - 25)]$$

采用其余各列数据时，工作温度 t 下的管道内径 D 和节流件开孔直径 d 应采用下式计算：

$$D = D_{20}[1 + \lambda_D(t - 20)]; d = d_{20}[1 + \lambda_d(t - 20)]$$

表Ⅱ-4　　　　　　　　　　　　标准孔板开孔直径 d 的加工公差

开孔直径 d （mm）	加工公差（mm）	开孔直径 d （mm）	加工公差（mm）
$5 \leqslant d \leqslant 6$	±0.008	$10 < d \leqslant 25$	±0.013
$6 < d \leqslant 10$	±0.010	$d > 25$	d 每增加 25mm，公差增大 0.013mm

表Ⅱ-5　　　　　　　　　　　　各种管道的绝对粗糙度 K_s 值

材质	状态	K_s （mm）	材质	状态	K_s （mm）
黄铜、铜、铝、塑料、玻璃	光滑，无沉积物的管子	<0.03	钢	长硬皮的钢管	0.50～2
				严重起皮的钢管	>2
钢	新冷拔无缝钢管	<0.03		涂沥青的新钢管	0.03～0.05
	新热拉无缝钢管 新轧制无缝钢管 新纵缝钢管	0.05～0.10		一般的涂沥青的钢管	0.10～0.20
				涂锌钢管	0.13
	新螺旋焊接钢管	0.1	铸铁	新的铸铁管	0.25
	轻微锈蚀钢管	0.1～0.2		锈蚀铸铁管	1.0～1.5
				起皮铸铁管	>1.5
	锈蚀钢管	0.2～0.3		涂沥青的新铸铁管	0.03～0.05

表Ⅱ-6　　　　　　角接取压标准孔板（$D \geqslant 71.12\text{mm}$）的流出系数 C

直径比 β \ Re_D	5×10^3	1×10^4	2×10^4	3×10^4	5×10^4	7×10^4	1×10^5	3×10^5	1×10^6	1×10^7	1×10^8	∞
0.10	0.600 6	0.599 0	0.598 0	0.597 6	0.597 2	0.597 9	0.596 9	0.596 6	0.596 5	0.596 4	0.596 4	0.596 4
0.12	0.601 4	0.599 5	0.598 3	0.597 9	0.597 5	0.597 3	0.597 1	0.596 8	0.596 6	0.596 5	0.596 5	0.596 5
0.14	0.602 1	0.600 0	0.598 7	0.598 2	0.597 7	0.597 5	0.597 3	0.596 9	0.596 8	0.596 6	0.596 6	0.596 6
0.16	0.602 8	0.600 5	0.599 1	0.598 5	0.598 0	0.597 8	0.597 6	0.597 1	0.596 9	0.596 8	0.596 8	0.596 8
0.18	0.603 6	0.601 1	0.599 5	0.598 9	0.598 3	0.598 1	0.597 8	0.597 4	0.597 1	0.597 0	0.597 0	0.596 9
0.20	0.604 5	0.601 7	0.600 0	0.599 3	0.598 7	0.598 4	0.598 1	0.597 6	0.597 4	0.597 2	0.597 2	0.597 1
0.22	0.605 3	0.602 3	0.600 5	0.599 8	0.599 1	0.598 7	0.598 5	0.597 9	0.597 6	0.597 4	0.597 4	0.597 4
0.24	0.606 2	0.603 0	0.601 0	0.600 2	0.599 5	0.599 1	0.598 8	0.598 2	0.597 9	0.597 7	0.597 6	0.597 6
0.26	0.607 2	0.603 8	0.601 6	0.600 7	0.599 9	0.599 6	0.599 2	0.598 6	0.598 2	0.598 0	0.597 9	0.597 9
0.28	0.608 3	0.604 6	0.602 2	0.601 3	0.600 4	0.600 0	0.599 7	0.599 0	0.598 6	0.598 3	0.598 2	0.598 1
0.30	0.609 5	0.605 4	0.602 9	0.601 9	0.601 0	0.600 5	0.600 1	0.599 4	0.598 9	0.598 6	0.598 5	0.598 4
0.32	0.610 7	0.605 3	0.603 6	0.602 6	0.601 6	0.601 1	0.600 6	0.599 8	0.599 3	0.599 0	0.598 8	0.598 7
0.34	0.612 0	0.607 3	0.604 4	0.603 3	0.602 2	0.601 7	0.601 2	0.600 3	0.599 8	0.599 3	0.599 2	0.599 1
0.36	0.613 5	0.608 4	0.605 3	0.604 0	0.602 9	0.602 3	0.601 8	0.600 8	0.600 2	0.599 7	0.599 6	0.599 4
0.38	0.615 1	0.609 6	0.606 2	0.604 9	0.603 6	0.603 0	0.602 4	0.601 3	0.600 7	0.600 1	0.599 9	0.599 8
0.40	0.615 8	0.610 9	0.607 2	0.605 8	0.604 4	0.603 7	0.603 1	0.601 9	0.601 2	0.600 6	0.600 3	0.600 1
0.42	0.618 7	0.612 2	0.608 3	0.606 7	0.605 2	0.604 4	0.603 8	0.602 5	0.601 7	0.601 0	0.600 7	0.600 5
0.44	0.620 7	0.613 7	0.609 4	0.607 7	0.606 1	0.605 2	0.604 5	0.603 1	0.602 2	0.601 4	0.601 1	0.600 8
0.46	0.622 8	0.615 2	0.610 6	0.608 7	0.607 0	0.606 1	0.605 3	0.603 7	0.602 7	0.601 9	0.601 5	0.601 2
0.48	0.625 1	0.616 9	0.611 8	0.609 8	0.607 9	0.606 9	0.606 1	0.604 3	0.603 3	0.602 3	0.601 9	0.601 5
0.50	0.627 6	0.618 6	0.613 1	0.610 9	0.608 8	0.607 8	0.605 9	0.605 0	0.603 8	0.602 7	0.602 2	0.601 8
0.51	0.628 9	0.619 5	0.613 8	0.611 5	0.609 3	0.608 2	0.607 3	0.605 3	0.604 0	0.602 9	0.602 4	0.601 9
0.52	0.630 2	0.620 4	0.614 4	0.612 1	0.609 8	0.608 7	0.607 7	0.605 6	0.604 3	0.603 0	0.602 5	0.602 0
0.53	0.631 6	0.621 3	0.615 1	0.612 6	0.610 3	0.609 1	0.608 0	0.605 9	0.604 5	0.603 2	0.602 6	0.602 1
0.54	0.633 0	0.622 3	0.615 8	0.613 2	0.610 8	0.609 5	0.608 4	0.606 1	0.604 7	0.603 3	0.602 7	0.602 1
0.55	0.634 4	0.623 2	0.616 5	0.613 8	0.611 2	0.609 9	0.608 8	0.606 4	0.604 9	0.603 4	0.602 8	0.602 2
0.56	—	0.624 2	0.617 2	0.614 3	0.611 7	0.610 3	0.609 1	0.606 6	0.605 0	0.603 5	0.602 8	0.602 2
0.57	—	0.625 2	0.617 9	0.614 9	0.612 1	0.610 7	0.609 5	0.606 9	0.605 2	0.603 6	0.602 8	0.602 2
0.58	—	0.626 2	0.618 5	0.615 5	0.612 6	0.611 1	0.609 8	0.607 0	0.605 3	0.603 6	0.602 8	0.602 1
0.59	—	0.627 2	0.619 2	0.616 0	0.613 0	0.611 4	0.610 1	0.607 2	0.605 4	0.603 6	0.602 8	0.602 0
0.60	—	0.628 2	0.619 8	0.616 5	0.613 4	0.611 7	0.610 3	0.607 3	0.605 4	0.603 5	0.602 7	0.601 9
0.61	—	0.629 2	0.620 5	0.617 0	0.613 7	0.612 0	0.610 6	0.607 4	0.605 4	0.603 4	0.602 5	0.601 7
0.62	—	0.630 2	0.621 1	0.617 5	0.614 0	0.612 3	0.610 8	0.607 5	0.605 4	0.603 3	0.602 3	0.601 4
0.63	—	0.631 2	0.621 7	0.617 9	0.614 3	0.612 5	0.610 9	0.607 5	0.605 2	0.603 0	0.602 1	0.601 1
0.64	—	0.632 1	0.622 2	0.618 3	0.614 5	0.612 6	0.611 0	0.607 4	0.605 1	0.602 8	0.601 7	0.600 7
0.65	—	0.633 1	0.622 7	0.618 6	0.614 7	0.612 7	0.611 0	0.607 3	0.604 8	0.602 4	0.601 3	0.600 2
0.66	—	0.634 0	0.623 2	0.618 9	0.614 8	0.612 8	0.611 0	0.607 1	0.604 5	0.602 0	0.600 8	0.599 7
0.67	—	0.634 8	0.623 6	0.619 1	0.614 9	0.612 7	0.610 8	0.606 8	0.604 1	0.601 4	0.600 2	0.599 0
0.68	—	0.635 7	0.623 9	0.619 3	0.614 9	0.612 6	0.610 6	0.606 4	0.603 6	0.600 8	0.599 5	0.598 3
0.69	—	0.636 4	0.624 2	0.619 3	0.614 7	0.612 4	0.610 4	0.605 9	0.603 0	0.600 1	0.598 7	0.597 4
0.70	—	0.637 2	0.624 4	0.619 3	0.614 5	0.612 1	0.610 0	0.605 3	0.602 3	0.599 2	0.597 8	0.596 4
0.71	—	0.637 8	0.624 5	0.619 2	0.614 2	0.611 7	0.609 4	0.604 6	0.601 4	0.598 2	0.596 7	0.595 3
0.72	—	0.638 3	0.624 4	0.618 9	0.613 8	0.611 1	0.608 8	0.603 9	0.600 5	0.597 1	0.595 5	0.594 0
0.73	—	0.638 8	0.624 3	0.618 6	0.613 2	0.610 4	0.608 0	0.602 9	0.599 3	0.595 8	0.594 2	0.592 6
0.74	—	0.639 1	0.624 0	0.618 1	0.612 5	0.609 6	0.607 1	0.601 6	0.598 0	0.594 3	0.592 6	0.591 0
0.75	—	0.639 4	0.623 6	0.617 4	0.611 6	0.608 6	0.606 0	0.600 3	0.596 5	0.592 7	0.590 9	0.589 2

注　1. 提供本表是为方便使用，表中的数值不供精确内插之用，不允许外推。
　　2. 本表摘自 GB/T 2624.2—2006。

表Ⅱ-7   角接取压标准孔板的流束膨胀系数 ε 值

p_2/p_1 〖斜线〗 β^4	1.0	0.98	0.96	0.94	0.92	0.90	0.85	0.80	0.75
				$\kappa=1.20$					
0.00	1.000 0	0.991 9	0.984 5	0.977 4	0.970 3	0.963 4	0.946 3	0.929 4	0.912 6
0.10	1.000 0	0.991 2	0.983 2	0.975 4	0.967 8	0.960 3	0.941 7	0.923 3	0.905 1
0.20	1.000 0	0.990 5	0.981 9	0.973 5	0.965 2	0.957 1	0.937 1	0.917 3	0.897 6
0.30	1.000 0	0.989 8	0.980 6	0.971 5	0.962 7	0.954 0	0.932 5	0.911 2	0.890 1
0.40	1.000 0	0.989 2	0.979 2	0.969 6	0.960 2	0.950 8	0.927 8	0.905 2	0.882 6
0.41	1.000 0	0.989 1	0.979 1	0.969 4	0.959 9	0.950 5	0.927 4	0.904 6	0.881 9
				$\kappa=1.30$					
0.00	1.000 0	0.992 5	0.985 6	0.979 0	0.972 4	0.965 9	0.949 9	0.934 1	0.918 3
0.10	1.000 0	0.991 9	0.984 4	0.977 2	0.970 0	0.963 0	0.945 6	0.928 4	0.911 2
0.20	1.000 0	0.991 2	0.983 2	0.975 4	0.967 7	0.960 1	0.941 3	0.922 7	0.904 2
0.30	1.000 0	0.990 6	0.981 9	0.973 5	0.965 3	0.957 2	0.937 0	0.917 1	0.897 2
0.40	1.000 0	0.989 9	0.980 7	0.971 7	0.962 9	0.954 2	0.932 7	0.911 4	0.890 2
0.41	1.000 0	0.989 9	0.980 6	0.971 6	0.962 7	0.953 9	0.932 3	0.910 9	0.889 5
				$\kappa=1.40$					
0.00	1.000 0	0.993 0	0.986 6	0.980 3	0.974 2	0.968 1	0.953 1	0.938 1	0.923 2
0.10	1.000 0	0.992 4	0.985 4	0.978 7	0.972 0	0.965 4	0.949 1	0.932 8	0.916 6
0.20	1.000 0	0.991 8	0.984 3	0.977 0	0.969 8	0.962 7	0.945 0	0.927 5	0.910 0
0.30	1.000 0	0.991 2	0.983 1	0.975 3	0.967 6	0.959 9	0.941 0	0.922 2	0.903 4
0.40	1.000 0	0.990 6	0.982 0	0.973 6	0.965 3	0.957 2	0.937 0	0.916 9	0.896 8
0.41	1.000 0	0.990 5	0.981 9	0.973 4	0.965 1	0.956 9	0.936 6	0.916 4	0.896 1
				$\kappa=1.66$					
0.00	1.000 0	0.994 0	0.988 5	0.983 2	0.977 9	0.972 7	0.959 7	0.946 6	0.933 5
0.10	1.000 0	0.993 5	0.987 5	0.981 7	0.976 0	0.970 3	0.956 2	0.942 1	0.927 8
0.20	1.000 0	0.993 0	0.986 6	0.980 3	0.974 1	0.968 0	0.952 7	0.937 5	0.922 1
0.30	1.000 0	0.992 5	0.985 6	0.978 8	0.972 2	0.965 6	0.949 3	0.932 9	0.916 4
0.40	1.000 0	0.992 0	0.984 6	0.977 4	0.970 3	0.963 3	0.945 8	0.928 3	0.910 7
0.41	1.000 0	0.991 9	0.984 5	0.977 3	0.970 1	0.963 0	0.945 5	0.927 9	0.910 1

注　本表不供精确内插之用。

表 Ⅱ - 8　　　　　　　　　　　　ISA 1932 喷嘴的流出系数 *C* 值

C $\quad Re_D$ β	2×10^4	3×10^4	5×10^4	7×10^4	1×10^5	3×10^5	1×10^6	2×10^6	1×10^7
0.30	—	—	—	9855	9865	9978	9882	9883	9884
0.32	—	—	—	9847	9858	9873	9877	9878	9879
0.34	—	—	—	9838	9850	9866	9871	9872	9873
0.36	—	—	—	9828	9840	9859	9864	9865	9866
0.38	—	—	—	9816	9830	9849	9855	9856	9857
0.40	—	—	—	9803	9818	9839	9845	9846	9847
0.42	—	—	—	9789	9805	9827	9833	9834	9835
0.44	9616	9692	9750	9773	9789	9813	9820	9821	9822
0.45	9604	9682	9741	9764	9781	9805	9812	9813	9814
0.46	9592	9672	9731	9755	9773	9797	9804	9805	9806
0.47	9579	9661	9722	9746	9763	9788	9795	9797	9797
0.48	9567	9650	9711	9736	9754	9779	9786	9787	9788
0.49	9554	9638	9700	9726	9743	9769	9776	9777	9778
0.50	9542	9626	9689	9715	9733	9758	9766	9767	9768
0.51	9529	9614	9678	9703	9721	9747	9754	9756	9757
0.52	9516	9602	9665	9691	9709	9735	9743	9744	9745
0.53	9503	9589	9653	9678	9696	9722	9730	9731	9732
0.54	9490	9576	9639	9665	9683	9709	9717	9718	9719
0.55	9477	9562	9626	9651	9669	9695	9702	9704	9705
0.56	9464	9548	9611	9637	9655	9680	9688	9689	9690
0.57	9451	9534	9596	9621	9639	9664	9672	9673	9674
0.58	9438	9520	9581	9606	9623	9648	9655	9656	9657
0.59	9424	9505	9565	9589	9606	9630	9638	9639	9640
0.60	9411	9490	9548	9572	9588	9612	9619	9620	9621
0.61	9398	9474	9531	9554	9570	9593	9600	9601	9602
0.62	9385	9458	9513	9535	9550	9573	9579	9580	9581
0.63	9371	9442	9494	9515	9530	9551	9558	9559	9560
0.64	9358	9425	9475	9495	9509	9529	9535	9536	9537
0.65	9345	9408	9455	9473	9487	9506	9511	9512	9513
0.66	9332	9390	9434	9451	9464	9481	9487	9487	9488
0.67	9319	9372	9412	9428	9440	9456	9460	9461	9462
0.68	9306	9354	9390	9404	9414	9429	9433	9434	9435
0.69	9293	9335	9367	9379	9388	9401	9405	9405	9406
0.70	9280	9316	9343	9353	9361	9372	9375	9375	9376
0.71	9268	9296	9318	9326	9332	9341	9344	9344	9344
0.72	9255	9276	9292	9298	9303	9309	9311	9311	9312
0.73	9243	9256	9265	9269	9272	9276	9277	9277	9278
0.74	9231	9235	9238	9239	9240	9241	9242	9242	9242
0.75	9219	9213	9209	9208	9207	9205	9205	9205	9205
0.76	9207	9192	9180	9176	9172	9168	9166	9166	9166
0.77	9195	9169	9150	9142	9136	9128	9126	9126	9125
0.78	9184	9147	9118	9107	9099	9088	9084	9084	9083
0.79	9173	9123	9086	9071	9060	9045	9041	9040	9040
0.80	9162	9100	9053	9034	9020	9001	8996	8995	8994

注　1. 本表摘自资料 ISO 5167—2003，不供精确内插之用。

　　2. 表中 *C* 值皆应乘以 10^{-4}。

表Ⅱ-9　　　　　　　　　　ISA 1932 喷嘴的流束膨胀系数 ε 值

p_2/p_1 β^4	1.00	0.98	0.96	0.94	0.92	0.90	0.85	0.80	0.75
\multicolumn{10}{c}{$\kappa=1.20$}									
0.00	1.000 0	0.987 4	0.974 8	0.962 0	0.949 1	0.936 1	0.902 9	0.868 9	0.834 0
0.10	1.000 0	0.985 6	0.971 2	0.956 8	0.942 3	0.927 8	0.891 3	0.854 3	0.816 9
0.20	1.000 0	0.983 4	0.966 9	0.950 4	0.934 1	0.917 8	0.877 3	0.837 1	0.797 0
0.30	1.000 0	0.980 5	0.961 3	0.942 4	0.923 8	0.905 3	0.860 2	0.816 3	0.773 3
0.40	1.000 0	0.976 7	0.954 1	0.932 0	0.910 5	0.889 5	0.839 0	0.790 9	0.744 8
0.41	1.000 0	0.976 3	0.953 2	0.930 8	0.909 0	0.887 7	0.836 6	0.788 1	0.741 6

$\kappa-1.30$

0.00	1.000 0	0.988 4	0.976 7	0.964 9	0.952 9	0.940 8	0.910 0	0.878 3	0.845 7
0.10	1.000 0	0.986 7	0.973 4	0.960 0	0.946 6	0.933 1	0.899 0	0.864 5	0.829 4
0.20	1.000 0	0.984 6	0.969 3	0.954 1	0.938 9	0.923 7	0.885 9	0.848 1	0.810 2
0.30	1.000 0	0.982 0	0.964 2	0.946 6	0.929 2	0.912 0	0.869 7	0.828 3	0.787 5
0.40	1.000 0	0.978 5	0.957 5	0.936 9	0.916 8	0.897 1	0.849 5	0.803 9	0.759 9
0.41	1.000 0	0.978 1	0.956 7	0.935 8	0.915 4	0.895 4	0.847 2	0.801 2	0.756 9

$\kappa=1.40$

0.00	1.000 0	0.989 2	0.978 3	0.967 3	0.956 2	0.944 9	0.916 2	0.886 5	0.855 8
0.10	1.000 0	0.987 7	0.975 3	0.962 8	0.950 3	0.937 7	0.905 8	0.873 3	0.840 2
0.20	1.000 0	0.985 7	0.971 5	0.957 3	0.943 0	0.928 8	0.893 3	0.857 7	0.821 9
0.30	1.000 0	0.983 3	0.966 7	0.950 3	0.934 0	0.917 8	0.878 0	0.838 8	0.800 0
0.40	1.000 0	0.980 0	0.960 4	0.941 2	0.922 3	0.903 8	0.858 8	0.815 4	0.773 3
0.41	1.000 0	0.979 6	0.959 6	0.940 1	0.920 9	0.902 1	0.856 6	0.812 7	0.770 4

$\kappa=1.66$

0.00	1.000 0	0.990 9	0.981 7	0.972 4	0.962 9	0.953 3	0.928 8	0.903 3	0.876 8
0.10	1.000 0	0.989 6	0.979 1	0.968 5	0.957 8	0.947 1	0.919 7	0.891 7	0.862 9
0.20	1.000 0	0.987 9	0.975 9	0.963 7	0.951 6	0.939 4	0.908 8	0.877 8	0.846 4
0.30	1.000 0	0.985 8	0.971 8	0.957 7	0.943 8	0.929 9	0.895 3	0.860 9	0.826 5
0.40	1.000 0	0.983 1	0.966 4	0.949 9	0.933 6	0.917 6	0.878 3	0.839 7	0.802 0
0.41	1.000 0	0.982 7	0.951 7	0.949 0	0.932 4	0.916 1	0.876 2	0.837 3	0.799 3

注　本表不供精确内插之用。

表Ⅱ-10 节流装置不符合标准要求对流出系数的影响

序号	不符合标准要求的项目	标准流出系数 C_b 修正值 b 的倾向[①]
1	孔板入口边缘不尖锐	>1
2	孔板厚度 E 太大	<1
3	孔板开孔圆筒形部分长度 e 太大	>1
4	角接取压法取压位置不符	
	正压取压孔离节流件前端面太远	>1
	负压取压孔离节流件后端面太远	<1
5	孔板端面和开孔圆筒形污染，有脏污堆积	>1
6	喷嘴端面和圆筒形喉部污染，有脏污堆积	<1
7	孔板弯曲	不确定
8	节流件上游侧为如下局部阻力件形式，其直管段长度不足时：	
	同平面内 90°弯头 $l_1>3D$	<1
	小变大异径管 $l_1<（1\sim2）D$	>1
	小变大异径管 $l_1>（1\sim2）D$	<1
	大变小异径管 $l_1<5D$	<1
	大变小异径管 $l_1>5D$	>1
	空间弯头 β 较小时	>1
	空间弯头 β 较大时	<1
9	节流件上游侧直管段直径突变	不确定
10	环室或夹紧环内径超出规定	不确定
11	节流件安装偏心率超出规定	不确定

① 实际流出系数 $C_b=Cb$，其中 C 为标准情况下的流出系数；b 为由于不符合标准情况而应乘的修正值，$b>1$ 说明不标准情况使流出系数偏小，即流量指示偏低。

表Ⅱ-11 节流装置不符合标准要求所产生的流量误差

节流装置的缺陷	节流件名称	β 值	可能产生的流量误差 $\dfrac{实际值-标准值}{标准值}\times100\%$[①]
入口边缘不尖锐	孔板		$-450\dfrac{r_K}{d}\%$[②]
开孔圆筒形部分长度 e 太大	孔板	0.2	在厚度增加 1 倍时，-1%
孔板太厚	孔板	<0.7	在厚度 E 增加 1 倍时，$<+1\%$
取压孔位置不符合标准	角接取压孔板	<0.67	在距离 $0.05D$ 时，-0.1%
			在距离 $0.5D$ 时，-1.2%
	角接取压喷嘴	<0.6	在距离 $0.05D$ 时，-0.5%
			在距离 $0.5D$ 时，-2.6%
取压孔周围有毛刺	各种节流件		$-30\%\sim+30\%$
环室直径太小	角接取压孔板	0.7	差 10%时，$-2\%\sim+5\%$
	角接取压喷嘴	0.75	差 10%时，$-6\%\sim+1\%$
环室与法兰间的垫圈直径太小或偏心	孔板和喷嘴		$-60\%\sim+60\%$
节流件与管道不同心	孔板和喷嘴	0.8	偏心率为 $0.015D$，最大偏心率小于 5%时，$-1\%\sim+1\%$
孔板上游端面不光洁	孔板	0.5	表面粗糙度越大，误差越正。对水：$Re_D=20\ 000$ 及 $\dfrac{d}{K_s}=80$ 时，-3%[③]
上游直管段太短：			$Re_D=20\ 000$ 及 $\dfrac{d}{K_s}=620$ 时，-2%
一个 90°弯头	各种节流件		误差随直管段长度与取压口在圆周上的位置而变
两个弯头在同一平面	角接取压孔板	0.55	直管段长度>4D 时，$<+0.5\%$
		0.75	直管段长度>4D 时，$<+3\%$
成直角的三个弯头	角接取压孔板	<0.75	直管段长度>4D 时，$<-5\%$

续表

节流装置的缺陷	节流件名称	β 值	可能产生的流量误差：$\dfrac{实际值-标准值}{标准值}\times100\%$[①]
全开球阀	角接取压孔板	0.55	直管段长度>4D 时，<+1.5%
		0.75	直管段长度>8D 时，<+5%
扩散管（0.5D~D，长度 1.8D）	角接取压孔板	0.40	全无直管段时，−10%
		0.70	全无直管段时，−50%
收缩管（1.25D~D，长度 D）	角接取压孔板	0.40	全无直管段时，−0.5%~+0.5%
测温套管	孔板		在套管直径>0.04D 和直管段长度<15D 时，<+2%
管道焊接时内径不同	孔板		如直径相差<20%和直管长度>7D 时误差可以不计
下游直管段太短：			
一个 90°弯头			误差随直管段长度和取压口在圆周上的位置而变
两个弯头在同一平面上	角接取压孔板	0.55	直管段长度>1D 时，<−2%
		0.75	直管段长度>1D 时，<−3%
成直角的三个弯头	角接取压孔板	0.55	直管段长度>1D 时，<−2%
		0.75	直管段长度>1D 时，<−2.5%
全开球阀	角接取压孔板	0.55	直管段长度>1D 时，<−0.5%
		0.75	直管段长度>1D 时，<−1%
节流件和变径管之间无直管段		<0.4	+1%
（D~0.5D，长度 D）		0.7	−1%
测量 D 有误差	孔板	0.74	在 D=D+5%时，>−4%
下游侧管段粗糙	孔板	<0.3	可不计
下游侧管段绝对粗糙度 K_s 为 6mm	角接取压孔板	0.5	在 D=75mm 时，+9%
	（对其他取压法	0.7	在 D=75mm 时，+4%
	误差可能略小）	0.5	在 D=300mm 时，+2%
		0.7	在 D=300mm 时，+8%
节流件内孔有脏物积聚	各种节流件		误差为正值，β 值越大，误差越大
孔板上游侧有脏物积聚	孔板		误差为负值，β 值越大，误差越大
脉动流	各种节流件		一般为正值，而且很大
雷诺数太低	角接取压孔板	0.3	Re_D=1000 时，−2.5%
			Re_D=100 时，−14%
		0.6	Re_D=1000 时，−20%
			Re_D=200 时，−25%

① 表中所列为流量误差，因此其符号与节流件流量系数的误差相反。
　试验是在表中所列 β 值下进行的，在 β 不同时误差大小亦不同，一般说来，β 越大，误差就越大。
② r_K 为入口边缘不尖锐的圆角半径，d 为孔板孔径。
③ K_s 为孔板上游端面绝对粗糙度，d 为孔板孔径。

表Ⅱ-12　　　　　　　　　　1/4 圆弧孔板所用的 r/D 值

β	r/D	β	r/D	β	r/D
0.25	0.025 3	0.37	0.040 7	0.49	0.064 6
0.26	0.026 4	0.38	0.042 3	0.50	0.067 5
0.27	0.027 6	0.39	0.043 9	0.51	0.070 8
0.28	0.028 8	0.40	0.045 6	0.52	0.074 3
0.29	0.030 0	0.41	0.047 4	0.53	0.078 1
0.30	0.031 2	0.42	0.049 2	0.54	0.082 2
0.31	0.032 5	0.43	0.051 1	0.55	0.086 9
0.32	0.033 8	0.44	0.053 0	0.56	0.092 2
0.33	0.035 1	0.45	0.055 0	0.57	0.098 0
0.34	0.036 4	0.46	0.057 2	0.58	0.104 0
0.35	0.037 8	0.47	0.059 5	0.59	0.113 0
0.36	0.039 2	0.48	0.061 9	0.60	0.125 0

表Ⅱ-13　　　　　　　　　　　差 压 计 的 基 本 参 数

仪表型号	仪表结构	显示仪表类型	测量范围 流量 (t/h, kg/h, m³/h)	测量范围 压差 (Pa)	仪表基本误差 (%)	被测介质压力 (Pa)
CW^C_D-280		单指示			±1.0	
CW^C_D-282		指示带积算		CWC 型 $0.63 \times 9.81 \times 10^4$, $1 \times 9.81 \times 10^4$, $1.6 \times 9.81 \times 10^4$, $2.5 \times 9.81 \times 10^4$, $4.0 \times 9.81 \times 10^4$	±1.5	
CW^C_D-274		指示带气变送			±1.5	
CW^C_D-276		指示带电变送			±1.5	
CW^C_D-410	双波纹管压差计	单记录			±1.0	$16 \times 9.81 \times 10^4$, $60 \times 9.81 \times 10^4$, $160 \times 9.81 \times 10^4$, $400 \times 9.81 \times 10^4$
CW^C_D-610		单记录			±1.0	
CW^C_D-612		记录带积算		CWD 型 630×9.81, 1000×9.81, 1600×9.81, 2500×9.81, 4000×9.81, 6300×9.81	±1.5	
CW^C_D-415		记录带气调节			±1.5	
CW^C_D-615		记录带气调节			±1.5	
CW^C_D-430		双参数记录（流量、压力）			±1.0	
CW^C_D-630			1, 1.25, 1.6, 2, 2.5, 3.2, 4, 5, 6.3, 8×10^n n 为正负整数或零			
CEB-1.6		可配动圈仪表和 DDZ 记录仪等		10×9.81, 16×9.81, 25×9.81, 40×9.81, 60×9.81	±2.5	$1.6 \times 9.81 \times 10^4$
CEB-16						$16 \times 9.81 \times 10^4$
CEB-1.6A		配动圈仪表和自动平衡记录仪等				$1.6 \times 9.81 \times 10^4$, $16 \times 9.81 \times 10^4$
CEB-16A	膜盒式压差计					
CEB-1.6B		配差动仪				
CEB-16B						
CEB-64		配动圈仪表和 DDZ 记录仪		100×9.81, 160×9.81, 250×9.81, 400×9.81	±1.5	$64 \times 9.81 \times 10^4$, $160 \times 9.81 \times 10^4$
CEB-160						
CEB-64A		配动圈仪表和自动平衡记录仪等				
CEB-160A						
CEB-64B		配差动仪				
CEB-160B						
CEB-160		配动圈仪表和 DDZ 记录仪等		600×9.81, 1000×9.81, 1600×9.81,		$160 \times 9.81 \times 10^4$
CEB-320						$320 \times 9.81 \times 10^4$

仪表型号	仪表结构	显示仪表类型	测量范围		仪表基本误差 (%)	被测介质压力 (Pa)
			流量 (t/h, kg/h, m³/h)	压差 (Pa)		
CEB-160A	膜盒式压差计	配 XCT、XCZ、XWD、XWG 等记录仪		2500×9.81, 4000×9.81, 6000×9.81, $10\,000\times9.81$, $16\,000\times9.81$, $25\,000\times9.81$	±1.5	$160\times9.81\times10^4$
CEB-320A						$320\times9.81\times10^4$
CEB-160B		配差动仪				$160\times9.81\times10^4$
CEB-320B						$320\times9.81\times10^4$
DBC-110	电动差压变送器	配 DDZ 显示仪表	1, 1.25, 1.6, 2, 2.5, 3.2, 4, 5, 6.3, 8×10^n n 为正负整数或零	$(10, 16, 25, 40, 60)\times9.81$	±1.5	$0.1\times9.81\times10^4$
DBC-200				$(40, 60, 100, 160, 250, 400)\times9.81$	±1.0	$1\times9.81\times10^4$
DBC-210				$(100, 160, 250, 400, 600)\times9.81$	±1.0	$(16, 40, 64)\times9.81\times10^4$
DBC-310				$(1000, 1600, 2500, 4000, 6000)\times9.81$	±0.5	$(64, 100, 160)\times9.81\times10^4$
DBC-410					±1.0	$(250, 400)\times9.81\times10^4$
DBC-320				$(4000, 6000, 10\,000, 16\,000, 25\,000)\times9.81$	±0.5	$(64, 100, 160)\times9.81\times10^4$
DBC-420					±1.0	$(250, 400)\times9.81\times10^4$
DBC-430				$(4, 6, 10, 16, 25)\times9.81\times10^4$	±1.0	$(250, 400)\times9.81\times10^4$
1151DR	电容式差压变送器	有配套的 4～20mA 直流指示表		$(12.5\sim152)\times9.81$	±0.5	7×10^5
1151DP				$(127\sim762)\times9.81$ $(635\sim3810)\times9.81$ $(3175\sim19\,050)\times9.81$	±0.2	14×10^6
1151HP				$(0\sim635)\times9.81$ $(0\sim70\times10^4)\times9.81$	±0.25	31.5×10^6

参 考 文 献

[1] 凌善康，原遵东. 90 国际温标通用热电偶分度表手册. 北京：中国计量出版社，1994.

[2] 肖明耀. 误差理论与应用. 北京：中国计量出版社，1985.

[3] 张世英，刘智敏. 测量实践的数据处理. 北京：科学出版社，1997.

[4] 国家技术监督局计量司. 1990 年国际温标宣贯手册. 北京：中国计量出版社，1990.

[5] 方原柏. 数字显示仪综述. 世界仪表与自动化，2001，5（5）：40-42.

[6] 高魁明. 热工测量仪表. 2 版. 北京：冶金工业出版社，2004.

[7] 孙丽. 距离对红外热像仪测温精度的影响研究. 长春理工大学，2008.

[8] 范书彦. 红外辐射测温精度与误差分析. 长春理工大学，2005.

[9] 李军，刘梅东. 非接触式红外测温的研究. 压电与声光，2001，23（3）：202-205.

[10] 沈策，胡杏素. 便携式红外辐射温度计光学系统设计. 自动化仪表，1993，14（6）：7-11.

[11] 沈国清，安连锁，姜根山. 炉膛烟气温度声学测量方法的研究与进展. 仪器仪表学报，2003（1）：555-558.

[12] 梁福生. 应用超声技术的燃烧气体温度测量方法的研究. 中国测试技术，2006，32（4）：51-53，108.

[13] 王铭学，王文海，田文军，等. 数字式超声波气体流量计的信号处理及改进. 传感技术学报，008，21（6）：1010-1014.

[14] 米小兵，张淑仪，张俊杰，等. 超声波自动测温技术. 南京大学学报：自然科学版，2003，39（4）：517-524.

[15] 徐全怀，陈永波，周红，等. 插入式超声波流量计在供水大口径管道中的应用. 仪器仪表标准化与计量，2005（3）：42-43.

[16] 林亮，梁明华. SATAM 型现场流量计检定装置的分析. 工业仪表与自动化装置，2008（3）：68-69，72.

[17] 晏建武，周继承. 合金薄膜电阻应变式压力传感器的研究进展. 材料导报，2005，19（12）：31-34.

[18] 武因超. 涡街流量计在化工行业流量测量中的应用. 化学工业与工程技术，2005，26（3）：43-45.

[19] 王晓梅，杨铁岭，李兴盛. Micro Motion 8800C 型智能涡街流量计的应用. 中国计量，2005（7）：52-53.

[20] 刘志刚，赵耀华. 微型管内流动特性的实验研究. 工程热物理学报，2005（5）：835-837.

[21] 徐科军，陈智渊. 一种涡街流量计数字信号处理方法研究和系统设计. 电子测量与仪器学报，2005，19（4）：91-94.

[22] 孙伟波，陈国华. 电磁流量计的正确安装与使用. 中国仪器仪表，2008（8）：85-86.

[23] 李艳，李新娥，裴东兴. 应变式压力传感器及其应用电路设计. 计量与测试技术，2007，34（12）：32-33，36.

[24] 杜健生. 1151 电容变送器线性补偿电路分析. 工业仪表与自动化装置，1994（6）：8-12.

[25] 张鑫，郭清南，李学磊. 压力传感器研究现状及发展趋势. 电机电器技术. 2004（4）：28-30.

[26] 曾明如，陈祥，陈强. 基于 HART 协议的智能压力变送器的开发. 自动控制与测试测量，2006（3）：72-74.

[27] 孔祥伟，周杏鹏. 基于 HART 协议的智能涡街流量计的设计与实现. 仪器仪表装置，2009，24（12）：13-16，20.

[28] Jim Cobb. Control in the field with HART communication. ISA TRANSACTION. 1996.

[29] Ronald B. Helson. The HART Protocol an enabler for improved plant performance. ISA TRANSAC-TION, 1996.

[30] 王楠, 谷立臣. 霍尔传感器状态监测电路的设计及其应用. 中国测试, 2009, 35 (5): 73 - 76.

[31] 赵艳平, 丁建宁, 杨继昌, 等. 硅压力传感器芯片设计分析与优化设计. 微纳电子技术, 2006, 43 (9): 438 - 441.

[32] 刘齐茂, 李微. 传感器弹性元件的结构优化设计. 仪表技术与传感器, 2004 (6): 3 - 5, 12.

[33] 严钟豪, 谭祖根. 非电量电测技术. 2 版. 北京: 机械工业出版社, 2001.

[34] 刘吉川, 于剑宇, 褚得海, 等. 汽包水位测量新技术. 中国电力, 2006, 39 (3): 102 - 104.

[35] 侯子良, 刘吉川, 侯云浩, 等. 锅炉汽包水位测量系统. 北京: 中国电力出版社, 2005.

[36] 程启明, 汪明媚, 王映斐, 等. 火电厂锅炉汽包水位测量技术发展与现状. 电站系统工程, 2010 (2): 5 - 8.

[37] 俞利锋. 压力补偿在汽包水位测量中的精确应用. 自动化与仪器仪表. 2007 (4): 44, 50.

[38] 李竞武. 物位测量新技术及我国的物位仪表行业概况. 中国仪器仪表, 2007 (9): 21 - 26.

[39] 赵永成, 郭丽平. 无轴承电机转子位移测量系统中电涡流传感器的安装. 电气技术与自动化. 2007, 36 (2): 124 - 125.

[40] 王爱中. 多种输入信号智能数显仪表的设计. 仪表技术, 2009 (3): 34 - 36.

[41] 高松巍, 刘云鹏, 杨理践. 大位移电涡流传感器测量电路的设计. 仪表技术与传感器, 2009 (12): 88 - 90.

[42] 沈健, 查美生. 虚拟热工测量技术的研究和开发. 工业控制计算机. 2002, 15 (8): 56 - 57.

[43] 钱可元. 高精度热电偶温度变送器. 自动化仪表. 2003, 24 (8): 27 - 29.

[44] 韦维, 朱小良. 声学测温方法在空预器温度场测量中的应用研究. 江苏电机工程, 2008 (4): 14 - 16.

[45] 朱小良, 张夕林. 热电偶测量锅炉烟气温度的动态补偿方法. 传感技术学报, 2003, 16 (3): 359 - 362.

[46] 李如斌. 现场总线型变送器的特点及应用. 硅谷, 2008 (9): 14.

[47] 顾伟俊, 金建祥, 褚健. 基于 HART 协议的 1151 智能变送器的开发. 自动化仪表, 1998, 19 (3): 5 - 7.

[48] 李浴, 徐桂云. 基于 CH371 的 USB 接口数据采集系统设计. 世界仪表与自动化, 2005, 9 (6): 49 - 50.

[49] 陈昌学. 无纸记录仪 AX100. 世界仪表与自动化, 2002, 6 (12): 65 - 66.

[50] 孙宝芝, 姜任秋, 姚熊亮, 等. 基于传热原理的高温蒸汽流量测量研究. 计量学报, 2005, 26 (4): 326 - 328.

[51] 王孟浩, 王衡, 郑民牛. 超 (超) 临界锅炉炉外壁温测点的测量误差. 中国电力, 2009 (2): 45 - 48.

[52] 甄成刚, 韩璞, 牛玉广. 炉膛火焰图像处理技术及温度场重构. 动力工程, 2003, 23 (4): 2548 - 2551.

[53] 唐晓刚, 颜永安, 王建民, 等. MEMS 差动电容加速度传感器. 仪表技术与传感器, 2005 (12): 8 - 9.

[54] 曹柏荣, 谢东晓. 二氧化碳浓度的测量与控制. 仪表技术, 2006 (1): 54 - 56.

[55] 康为远, 朱小良. 涡街流量计测量系统不确定度的分析. 能源研究与利用, 2009 (1): 39 - 42.

[56] 朱小良, 张夕林, 徐治皋. 火力发电厂振动传感器的低频补偿方法. 发电设备, 2005, 19 (1): 7 - 10.

[57] Mohd Hafiz Fazalul Rahiman, Ruzairi Abdul Rahim, Nor Muzakkir Nor Ayob . The Front-End Hard-ware Design Issue in Ultrasonic Tomography, SENSORS, 2010, 10 (7): 1276 - 1281.

[58] Petter Norli, Per Lunde, and Magne Vestrheim. Investigation of precision sound velocity. measurement

methods as reference for ultrasonic gas flow meters . Ultrasonics Symposium，2005（3）：1443 - 1447.

[59] 张广军，武晓利. 新型高性能红外二氧化碳传感器. 红外与激光工程，2002，31（6）：540 - 544.

[60] 周洁，张时良. 基于紫外吸收的烟气中 NO 和 NO_2 成分浓度的同时测量. 光谱学与光谱分析，2008，28（4）：870 - 874.

[61] 张玉财，董爽. 可检测氧传感器电阻的炉烟分析系统设计. 传感器与仪器仪表，2007，23（12）.